Springer Lehrbuch

Springer

Berlin
Heidelberg
New York
Barcelona
Budapest
Hongkong
London
Mailand
Paris
Santa Clara
Singapur
Tokio

Gerhard Werner · Karlheinz Zimmer

Holzbau Teil 1

Grundlagen
DIN 1052 / Eurocode 5

Unter Mitarbeit von KARIN LISSNER

Mit 231 Abbildungen

 Springer

Prof. Dipl.-Ing. Gerhard Werner
Kohlpottweg 6
32545 Bad Oeynhausen

Prof. Dr. sc. techn. Karlheinz Zimmer
Bamberger Straße 34
01187 Dresden

Dr.-Ing. Karin Lißner
Rothenburger Straße 13
01099 Dresden

ISBN 3-540-58680-6 Springer-Verlag Berlin Heidelberg New York

Die Deutsche Bibliothek – CIP-Einheitsaufnahme

Werner, Gerhard: Holzbau / Gerhard Werner ; Karlheinz Zimmer. Unter Mitarb. von Karin Leissner. –
Berlin ; Heidelberg ; New York ; Barcelona ; Budapest ; Hong Kong ; London ; Mailand ; Paris ; Santa Clara ;
Singapur ; Tokyo : Springer.
 (Springer-Lehrbuch)
NE: Zimmer, Karlheinz:
Teil 1. Grundlagen DIN 1052/Eurocode 5. – 1996
 ISBN 3-540-58680-6

Produktion: PRODUserv Springer Produktions-Gesellschaft, Berlin
Einbandentwurf: Struve & Partner, Heidelberg; Satz: Fotosatz-Service Köhler OHG, 97084 Würzburg

SPIN: 10628224   68/3020 – 5 4 3 2 1 – Gedruckt auf säurefreiem Papier

Vorwort

Der gegenwärtige Entwicklungsstand des ingenieurmäßigen Holzbaues ist gekennzeichnet durch bevorzugte Verwendung gerader und gekrümmter Brettschichtträger sowie vielfältiger Sonderbauarten von Fachwerk- und Vollwandträgern, deren Bauteile durch Leim oder mechanische Verbindungsmittel zusammengefügt werden.

Teil 1 behandelt die Grundlagen des Holzbaues. Die Einleitung gibt einen Überblick über Tragwerkssysteme und -konstruktionen, Holz- und Holzwerkstoffeigenschaften sowie über den Holzschutz. Es folgt eine ausführliche Beschreibung der gebräuchlichen Verbindungsmittel zur Herstellung von Anschlüssen, Stößen und mehrteiligen Stäben unter verschiedenen Beanspruchungsarten.

Bemessung und Ausführung von Trägern und Stützen mit einteiligen und zusammengesetzten Querschnitten werden umfassend behandelt und durch vollständige Beispiele zur statischen Berechnung und Konstruktion erläutert.

Konstruktive Details werden in verschiedenen Varianten dargestellt, die weder Anspruch auf Vollständigkeit noch auf optimale Gestaltung erheben. Sie sollen dem Lernenden kritische Vergleiche ermöglichen und seine Phantasie zur eigenen Entwurfsidee anregen.

Ziel des entwerfenden Ingenieurs sollte es stets sein, das Tragwerk so zu gestalten, daß die idealisierenden Annahmen der Berechnung weitestgehend durch die Konstruktion verwirklicht werden. Besondere Aufmerksamkeit verdienen die Anschlüsse. Verschiedenartige verzinkte Blechformteile und Nagelplatten finden dafür zunehmend Verwendung. Aber auch Zugbänder, Stützen und Kranbahnträger aus Stahl können vorteilhaft mit Holzbauteilen kombiniert werden.

Das vorliegende Werk gibt den derzeitigen Stand der Forschung, Entwicklung und Fertigungstechnik wieder. Die Aufnahme des neuen Bemessungskonzeptes nach Eurocode 5 – unter Beibehaltung der auf der Grundlage der DIN 1052 erzielten Ergebnisse, die für den Holzbau in den nächsten Jahren noch bestimmend sein werden – macht das Werk für Studenten, Bauingenieure und Architekten zu einer wertvollen Arbeitshilfe und Studienliteratur.

Die z. T. neuartigen und rechnerisch aufwendigen Bemessungsregeln sollten in der Baupraxis, den Hochschulen und Universitäten bei möglichst vielen zu entwerfenden Holztragwerken angewendet und erprobt werden, damit Unterschiede in den Ergebnissen der Bemessung im Vergleich mit DIN 1052 erkennbar werden und der Eurocode 5 ergänzt werden kann, um später Rechenprogramme und Bemessungsnomogramme entwickeln zu können. Mit der Herausgabe des Nationalen Anwendungsdokumentes (NAD) gilt der Eurocode 5 alternativ zur DIN 1052.

Im Eurocode 5 werden SI-Einheiten benutzt. Dementsprechend wurde für die Spannungen und Festigkeiten die Einheit N/mm^2 verwendet.

Neue Forschungsergebnisse sowie bauaufsichtliche Zulassungen wurden ausgewertet und z.T. eingearbeitet, so z.B. im 4. Abschnitt DIN 4102 T4 (3/94).

Das umfangreiche Literaturverzeichnis enthält u.a. Berichte der Holzbautagungen in Friedrichshafen/Bodensee (1992), Würzburg (1993), Garmisch-Partenkirchen (1993) und Nürnberg (1994).

Anregungen und Hinweise aus dem Leserkreis werden stets dankbar angenommen und bei Erweiterungen und Ergänzungen des Werkes beachtet. Allen Beteiligten, die zum guten Gelingen dieses Buches beigetragen haben, und im voraus denjenigen, die an der Fortführung dieses Werkes mitwirken werden, sei an dieser Stelle herzlich gedankt. Besonderer Dank gilt der Arbeitsgemeinschaft Holz e.V., der Entwicklungsgesellschaft Holzbau sowie einigen Herstellerfirmen für die Bereitstellung ihres Informationsmaterials. Auch dem Springer-Verlag gilt ein besonderer Dank für die Herausgabe dieses Werkes und die verlegerische Betreuung.

Möge dieses Werk helfen, durch die schrittweise Überleitung von nationalen in europäische Normen den Lernenden im Studium, aber auch Praktikern, die Einführung in das neue Bemessungskonzept der Euronormen zu erleichtern.

Bad Oeynhausen   Gerhard Werner
Dresden, im Juli 1995   Karlheinz Zimmer

Inhalt

Holzbau Teil II

Inhaltsübersicht

Dach- und Hallentragwerke (DIN 1052 / Eurocode 5)

Bezeichnungen und Abkürzungen

Allgemeingültige und für eine Bemessung nach DIN 1052

NH	Nadelholz
LH	Laubholz
VH	Vollholz
BSH	Brettschichtholz aus NH
BFU	Bau-Furniersperrholz DIN 68 705 T 3
BFU-BU	Bau-Furniersperrholz aus Buche DIN 68 705 T 5
FP	Flachpreßplatte DIN 68 763
HFM	mittelharte Holzfaserplatten DIN 68 754 T 1
HFH	harte Holzfaserplatten DIN 68 754 T 1
Gkl I	Güteklasse I $\triangleq$ Sortierklasse S 13
Gkl II	Güteklasse II $\triangleq$ Sortierklasse S 10
Gkl III	Güteklasse III $\triangleq$ Sortierklasse S 7
NH II	Nadelholz der Gkl II
∥ Fa	in Faserrichtung
⊥ Fa	rechtwinklig zur Faserrichtung
⊀ Fa	schräg zur Faserrichtung
∥ Kr	in Kraftrichtung
⊥ Kr	rechtwinklig zur Kraftrichtung
∥ Pl	in Plattenebene
⊥ Pl	rechtwinklig zur Plattenebene
$E_{\parallel}$	Elastizitätsmodul ∥ Fa
$E_{\perp}$	Elastizitätsmodul ⊥ Fa
G	Schubmodul
G_T	Torsionsmodul
g	ständige Last
p	ruhende Verkehrslast
ef I	wirksames Flächenmoment 2. Grades
I_n	Netto-Flächenmoment 2. Grades
α_T	Wärmedehnzahl
ω	Feuchtegehalt
α	Schwind- und Quellmaß
VM	Verbindungsmittel
Dü	Dübel
SDü	Stabdübel
PB	Paßbolzen

Bo	Bolzen
Nä	Nägel
RNa	Rillennagel
SNa	Schraubnagel

Für eine Bemessung nach Eurocode 5

EC 5	Eurocode 5
Fkl	Festigkeitsklasse
BS 14	Brettschichtholz der Festigkeitsklasse BS 14
VH S 10	Vollholz der Sortierklasse S 10
Nkl	Nutzungsklasse
LED	Lasteinwirkungsdauer
A_{tot}	Gesamtquerschnittsfläche
V	Volumen
t	Holz- oder Stahlblechdicke
λ_{rel}	bezogener Schlankheitsgrad
S_d	Bemessungswert einer Schnittgröße
R_d	Bemessungswert der Tragfähigkeit (Beanspruchbarkeit)
V_d	Bemessungswert der Querkraft
γ_G, γ_Q	Teilsicherheitsbeiwert für Einwirkungen (Lastfaktoren)
γ_M	Teilsicherheitsbeiwert für Baustoffe (Materialfaktor)
k_{mod}	Modifikationsfaktor
$\sigma_{t,0,d}$	Bemessungswert der Zugspannung ‖ Fa
$f_{t,0,d}$	Bemessungswert der Zugfestigkeit ‖ Fa
f_m	Biegefestigkeit
f_c	Druckfestigkeit
f_v	Schub- oder Torsionsfestigkeit
$E_{0,mean}$	Mittelwert des Elastizitätsmoduls ‖ Fa
$E_{0,05}$	5% Fraktil des Elastizitätsmoduls ‖ Fa
K_{ser}	Anfangsverschiebungsmodul für Grenzzustand der Gebrauchstauglichkeit
$K_u = 2/3\, K_{ser}$	Anfangsverschiebungsmodul für Grenzzustand der Tragfähigkeit
k_{def}	Deformationsfaktor
u_0	Überhöhung
$u_{inst} = f_{inst}$	Anfangsdurchbiegung (elastische Durchbiegung)
$u_{fin} = f_{fin}$	Enddurchbiegung

Allgemeine Bezeichnungen, zum Beispiel:

[16]   Literaturhinweis Nr. 16
(5.3)   Gleichung 3 im Abschnitt 5

Abb. 6.4   Abbildung 4 im Abschnitt 6
Taf. 9.3   Tafel 3 im Abschnitt 9

Hinweise im Text auf DIN V ENV 1995 Teil 1-1, DIN 1052 und Erläuterungen zu DIN 1052, zum Beispiel:

−5.1.2 [1]−   DIN V ENV 1995 Teil 1-1, Abschnitt 5.1.2
−9.1.8−   DIN 1052. Teil 1. Abschnitt 9.1.8
−T 2. 4.3−   DIN 1052. Teil 2. Abschnitt 4.3
−E 36−   Erläuterungen zu DIN 1052 [2]. Seite 36

Umrechnungsfaktoren

$$1\,\text{N/mm}^2 \, \hat{=} \, 1\,\text{MN/m}^2 \, \hat{=} \, 10^{-1}\,\text{kN/cm}^2$$
$$1\,\text{N/mm} \, \hat{=} \, 10^{-2}\,\text{kN/cm}$$

Koordinatensystem nach DIN 1080 Teil 1 (6/76)

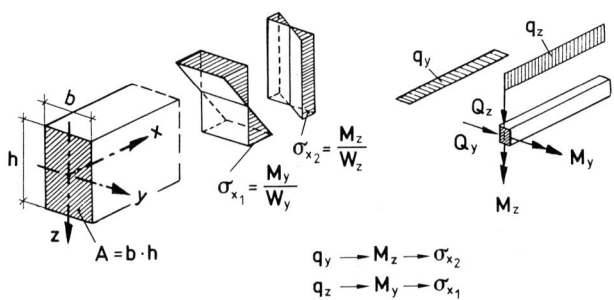

Bei einachsiger Biegung können die Indizes y und z entfallen.

1 Einleitung

1.1 Tragwerke aus Vollholz

Holz ist ein seit Jahrhunderten bewährter Baustoff. Es besitzt eine Reihe von günstigen Eigenschaften. Das Holz läßt sich u. a. leicht und mit einfachen Werkzeugen bearbeiten. Heute kommt hinzu, daß der Energieverbrauch bei der Produktion und der Verarbeitung des Rohstoffes Holz erheblich günstiger ist als bei anderen Baustoffen. Holz wächst unter Nutzung der Sonnenenergie. Es ist damit ein Roh- und ein Baustoff, der den Menschen auch weiterhin zur Verfügung stehen wird, wenn sie die Wälder erhalten [3].

Durch den Holzbau sind viele architektonisch wertvolle Bauwerke entstanden. Zu nennen sind die Fachwerkbauten des Mittelalters und der ihnen folgenden Jahrhunderte sowie die alten überdachten Holzbrücken, die sog. Hausbrücken.

Für Wohnhäuser und landwirtschaftliche Gebäude sowie für Gerüste und Schalungen war und ist *Vollholz* der bevorzugte Baustoff [4–6].

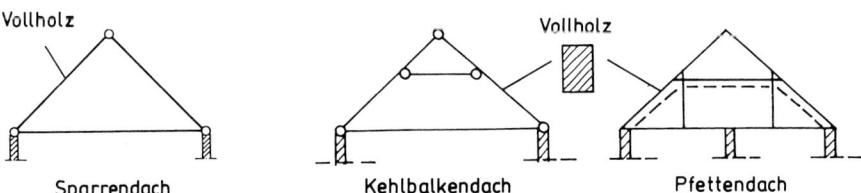

Abb. 1.1. Hausdächer aus einteiligen Vollhölzern [7]

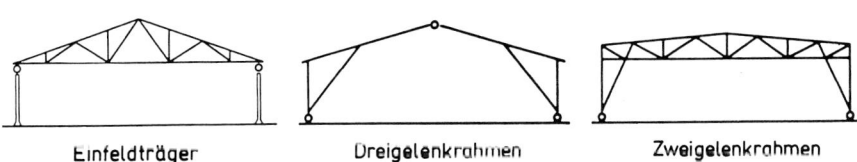

Abb. 1.2. Hallendächer aus ein- oder mehrteiligen Vollhölzern [7]

1.2 Tragwerke aus BSH und Sonderbauarten

Im neuzeitlichen Holzbau ist eine technologische Entwicklung zu beobachten von der direkten Verwendung des geschnittenen Rechteckquerschnittes über vielfältige Formen zusammengesetzter Vollwand-, Rahmen- und Fachwerkträger bis hin zu beliebig geformten verleimten Brettschichtträgern, mit denen Binderspannweiten bis annähernd 100 m erreicht worden sind [8–10].

Die Leistungsfähigkeit des Holzbaues ist der intensiven Forschungs- und Entwicklungsarbeit zu verdanken, die sich in der *DIN 1052 (4/88)*, den dazugehörenden Erläuterungen [2] und neuerdings in dem Eurocode 5 [1] niederschlägt. Sie hat dem Holzbau moderner Prägung ein weites Anwendungsfeld eröffnet auf dem Gebiet der Hallen- und Dachtragwerke für Industrie, Sportstätten, Versammlungsräume, Ausstellungen, Großmärkte, Kirchen, Schulen Turmbauten sowie der Brücken [11–14].

Der geleimte Holzbinder zeichnet sich aus durch *hohe Festigkeit* bei geringem Gewicht. Im Vergleich zu anderen Baustoffen, vor allem Stahl, besitzt Holz eine bemerkenswerte *Widerstandsfähigkeit gegen Säuren und Salze*. Deshalb finden Holztragwerke häufig Anwendung in der chemischen Industrie [18].

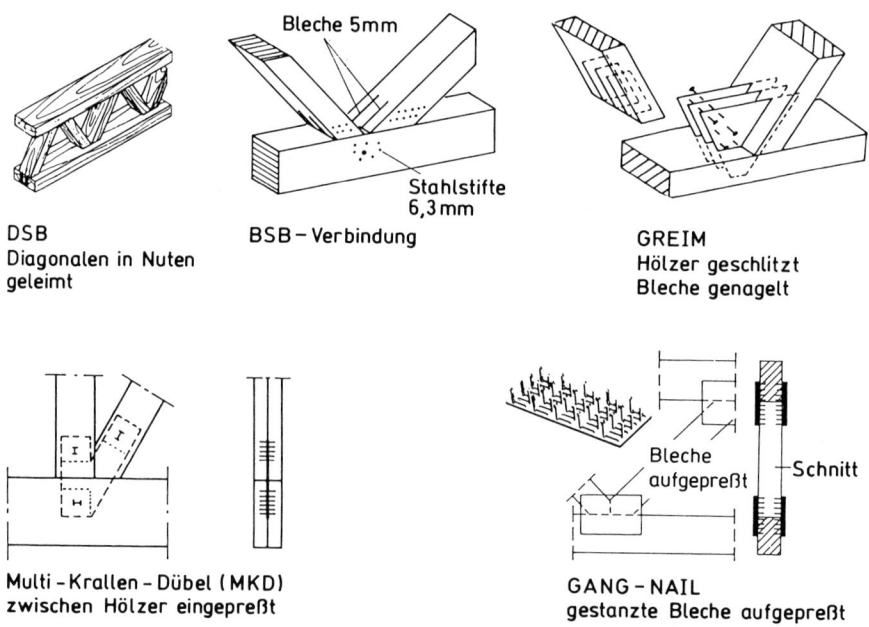

Abb. 1.3. Fachwerkträger-Sonderbauarten mit bauaufsichtlicher Zulassung [7, 15, 16]

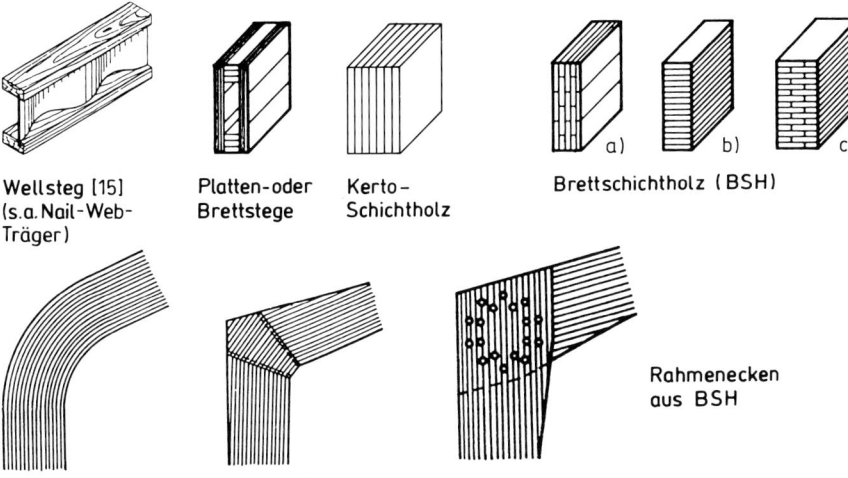

Wellsteg [15] Platten-oder Kerto- Brettschichtholz (BSH)
(s.a.Nail-Web- Brettstege Schichtholz
Träger)

a) b) c)

Rahmenecken
aus BSH

Abb. 1.4. Geleimte Vollwandträger

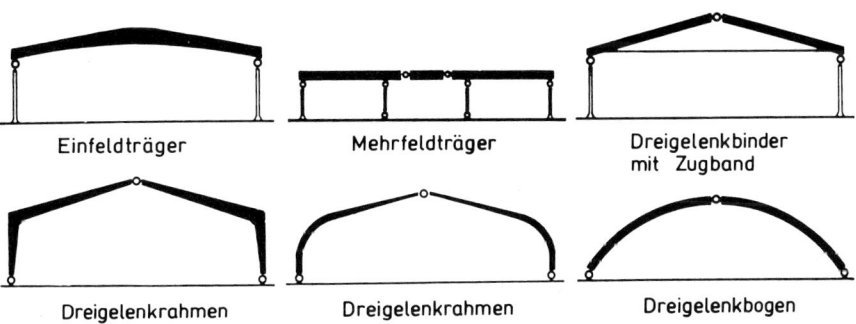

Einfeldträger   Mehrfeldträger   Dreigelenkbinder
mit Zugband

Dreigelenkrahmen   Dreigelenkrahmen   Dreigelenkbogen

Rohkohle-Mischhalle in Leimbauweise [19]

Abb. 1.5. Tragwerke aus BSH

Besonders herausgestellt werden muß das für den Tragwerksplaner günstige Brandverhalten von BSH-Bauteilen. Obwohl aus brennbarem Material bestehend, ist ihr Feuerwiderstand größer als der von ungeschützten Stahlkonstruktionen [20].

1.3 Räumliche Tragwerke

Die große Elastizität der Brettlamelle, die leichte Bearbeitbarkeit des Holzes, der hohe Entwicklungsstand der Leimtechnik und die reiche Auswahl mechanischer Verbindungsmittel lassen eine Vielfalt der Formgebungen (Abb. 1.6)

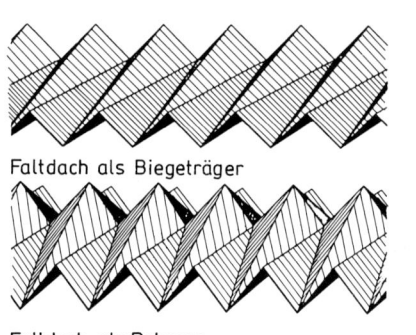

Faltdach als Biegeträger

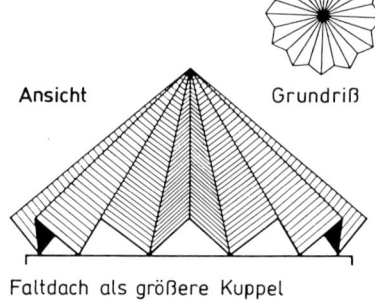

Ansicht   Grundriß

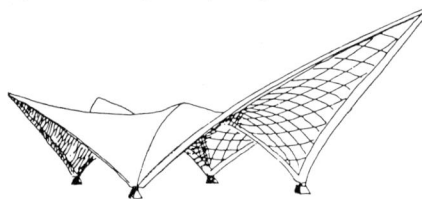

Faltdach als Rahmen

Faltdach als größere Kuppel

a) Faltwerke [bmh 5/1975]

b) Rippenschale [11]

c) Bogenkuppel [21]   d) Holzschale [19]

Abb. 1.6. Räumliche Tragwerke [7]

zu, die der Phantasie des gestaltenden Architekten großen Spielraum lassen. So ist inzwischen eine Reihe eindrucksvoller räumlicher Holztragwerke entstanden [11, 12, 19, 21].

1.4 Zimmermannsmäßige Verbindungen

Die zimmermannsmäßige Verbindungstechnik (Abb. 1.7), deren Grundsatz der Verzicht auf fremde Baustoffe war, mit Ausnahme von Nägeln und Bolzen, hat eine erstaunliche Vielfalt form- und kraftschlüssiger Verbindungen für Stöße und Anschlüsse hervorgebracht, deren Formen und Abmessungen nach Erfahrungswerten bestimmt wurden. Nachteile dieser Bauweise sind jedoch hohe Herstellungskosten und erhebliche Querschnittsschwächungen [22–24].

1.5 Ingenieurmäßige Verbindungen

Der *ingenieurmäßige Holzbau* ist gehalten, rationell zu arbeiten und vor allem verbindliche Aussagen über die Tragfähigkeit aller Verbindungen zu machen,

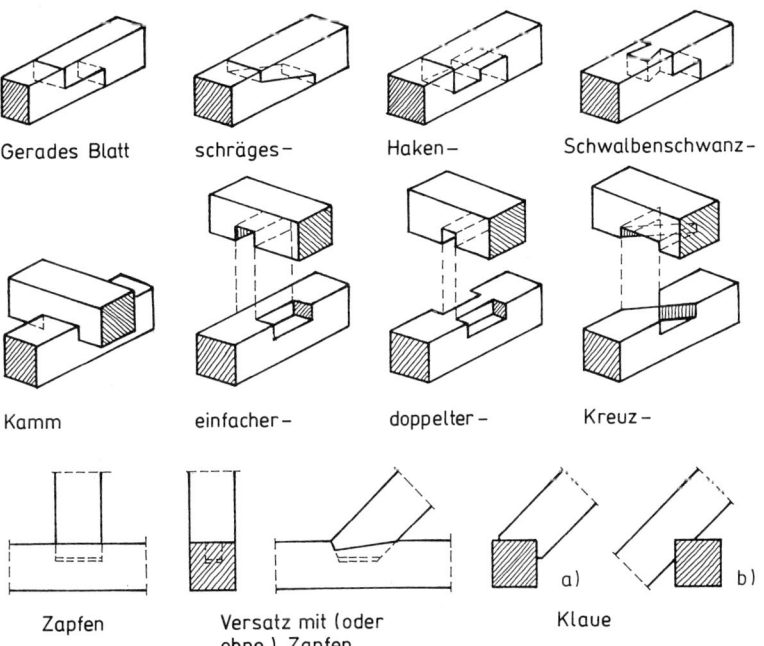

Abb. 1.7. Zimmermannsmäßige Verbindungen

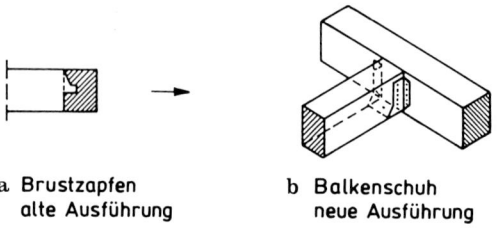

a Brustzapfen   b Balkenschuh
  alte Ausführung   neue Ausführung

Abb. 1.8. Gegenüberstellung für Balkenanschluß

d. h. nur *geprüfte* bzw. *genormte Verbindungselemente* zu verwenden, die einer statischen Berechnung zugänglich sind. Diese Forderung hat zu einer Konstruktionstechnik geführt, die sich neben Kunstharzleimen vorwiegend *metallischer Verbindungselemente* bedient, wie z. B. Nägel, Bolzen, Stabdübel, Dübel besonderer Bauart (Abb. 1.9), sowie gelochter bzw. gestanzter Knotenplatten und aus abgekanteten bzw. geschweißten Blechen hergestellter gelenkiger oder biegesteifer Anschlüsse und Stöße (Abb. 1.10 und 1.11) [16, 23].

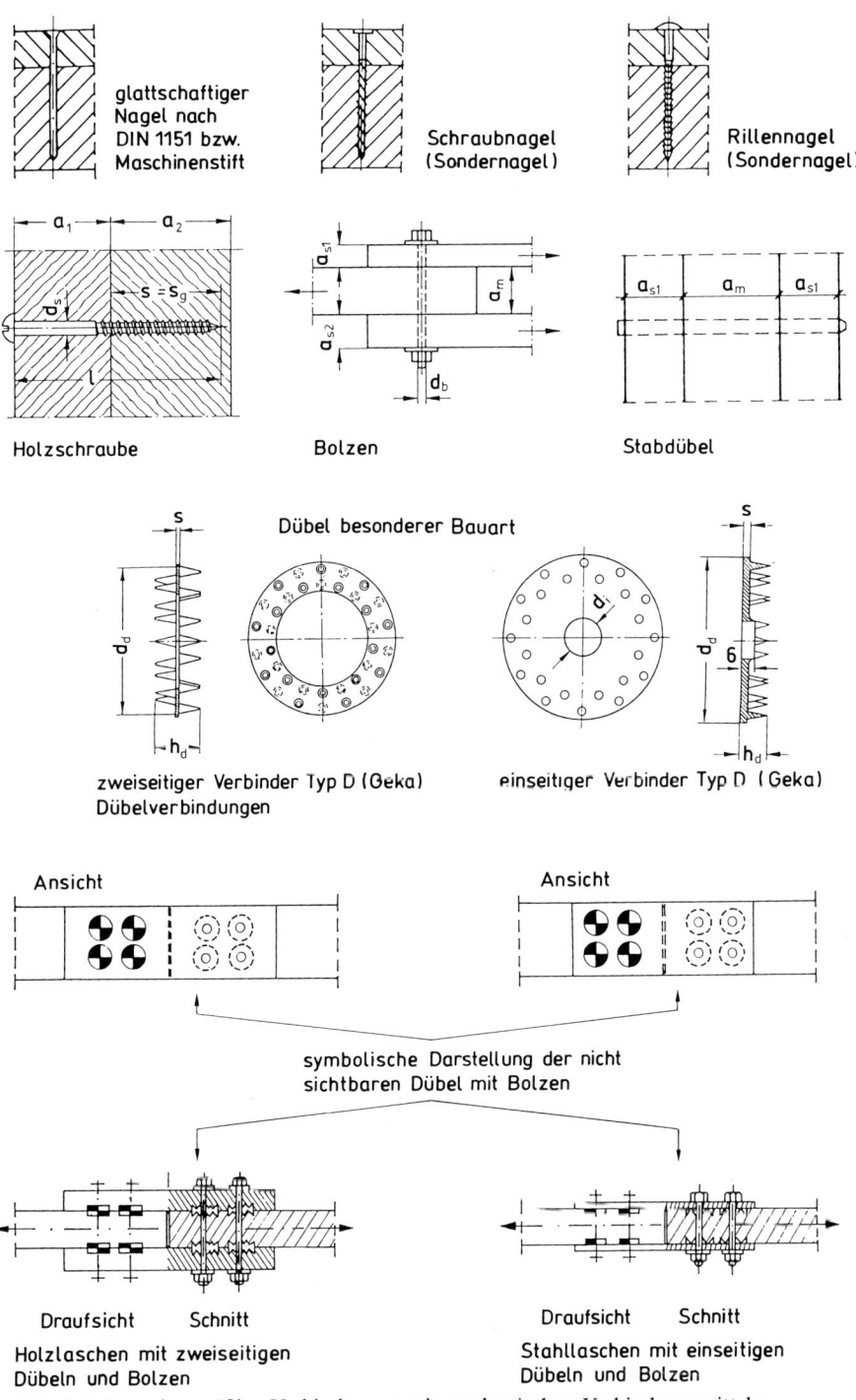

Abb. 1.9. Ingenieurmäßige Verbindungen mit mechanischen Verbindungsmitteln

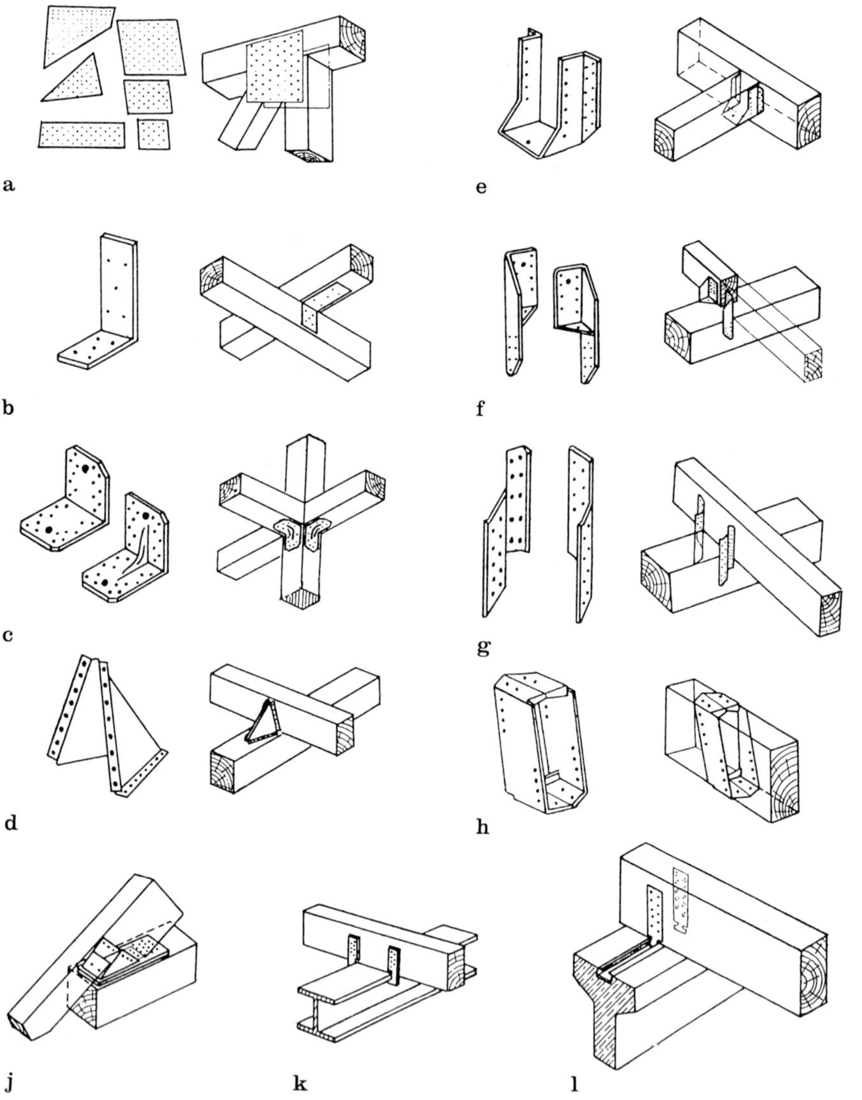

a

e

b

f

c

g

d

h

j

k

l

a) Lochplatte
b) ⎱ Winkel-
c) ⎰ verbinder
d) Knagge

e) Balkenschuh
f) Universalverbinder
g) Sparrenpfettenanker
h) Gerberverbinder

j) Sparrenfuß
k) Trägeranker
l) Schienenanker

Abb. 1.10. Feuerverzinkte Blechformteile, $t \geq 2$ mm $- T2,7 -$ Eine Auswahl verschiedener Fabrikate, s. [15]. Befestigung durch Sondernägel nach DIN 1052 T2

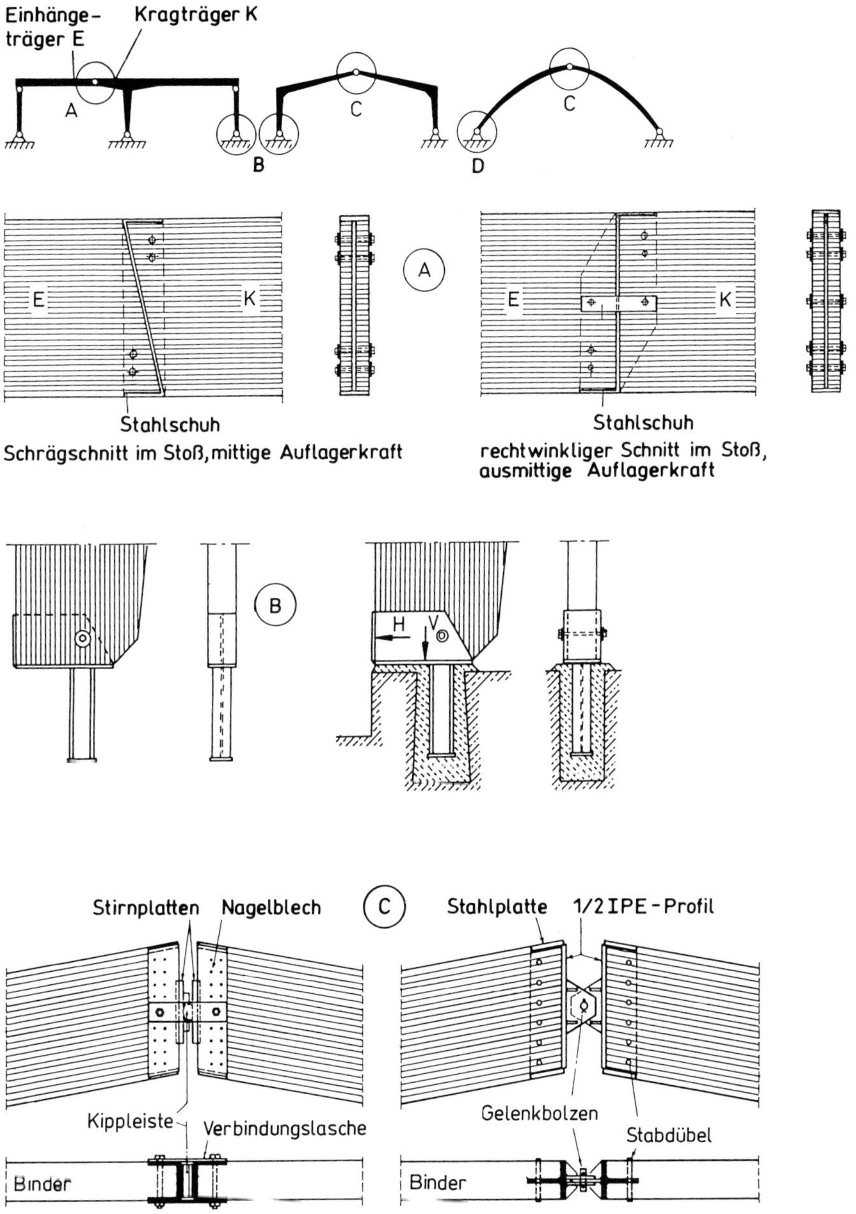

Einhänge-   Kragträger K
träger E

A

B

C

D

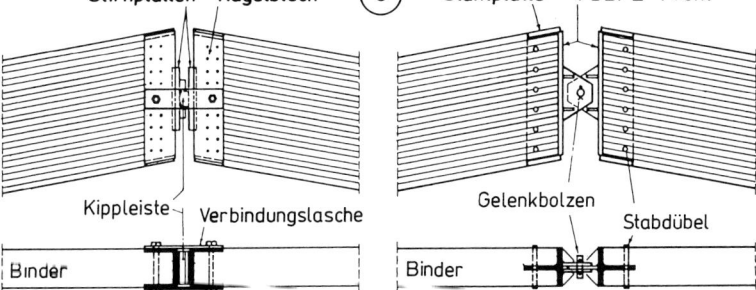

A

Stahlschuh
Schrägschnitt im Stoß, mittige Auflagerkraft

E

K

Stahlschuh
rechtwinkliger Schnitt im Stoß,
ausmittige Auflagerkraft

E

K

B

H V

Stirnplatten Nagelblech   C   Stahlplatte   1/2 IPE-Profil

Kippleiste   Verbindungslasche

Binder

Gelenkbolzen

Stabdübel

Binder

Abb. 1.11. Gelenke aus Stahlblechen oder -profilen [7, 25–27]

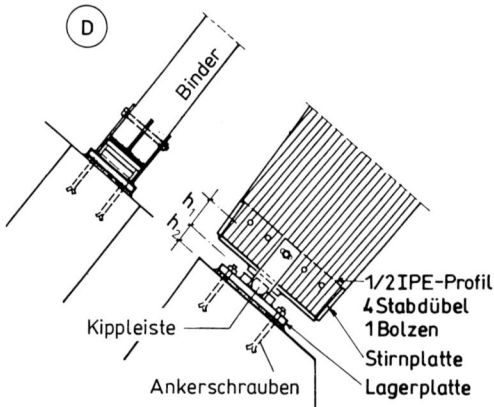

Abb. 1.11. Gelenke aus Stahlblechen oder -profilen [28] (Fortsetzung)

2 Holz als Baustoff

Holz ist ein organisch gewachsener, anisotroper, inhomogener Baustoff. Seine Eigenschaften sind nur zu verstehen aus der Sicht seiner Entstehung im lebenden Baum [29].

Die Vorzüge des Baustoffes Holz sind bereits in der Einleitung beschrieben worden. Seine naturbedingten Nachteile lassen sich in zwei Merkmalen zusammenfassen:

relativ großer Streubereich der mechanischen Eigenschaften
Empfindlichkeit gegen Feuchtigkeitseinflüsse

Durch sachkundige Planung, Konstruktion und chemische Behandlung sowie durch neuzeitliche Fertigungsverfahren kann den genannten Nachteilen wirkungsvoll begegnet werden. Die moderne holzverarbeitende Industrie ist z.B. in der Lage, durch definierte Zerlegung des gewachsenen Holzes in kleinere Elemente, deren Sortierung und anschließendes Zusammenfügen unter geregelten Klimabedingungen die Eigenschaften des Naturholzes zu vergleichmäßigen und damit zu vergüten (Brettschichtholz, Sperrholz, Flachpreßplatten u.a.m.), vgl. [29].

2.1 Holzarten

Als Bauhölzer werden vorwiegend genutzt:

2.1.1 Nadelhölzer (NH)

Fichte (FI), Kiefer (KI), Lärche (LA), Tanne (TA), Douglasie (DG), Southern Pine (PIR), Western Hemlock (HEM)

2.1.2 Laubhölzer (LH)

Gruppe A: Eiche (EI), Buche (BU), Teak (TEK), Keruing (Yang) (YAN)
Gruppe B: Afzelia (AFZ), Merbau (MEB), Angelique (Basralocus) (AGQ)
Gruppe C: Azobé (Bongossi) (AZO), Greenheart (GRE)

Die gebräuchlichsten Bauhölzer im Hochbau sind Kiefer und Fichte. Lärche ist das für Bauzwecke hochwertigere Nadelholz. Eiche und Buche benutzt man in der Regel nur für hoch beanspruchte Teile, wie Dübel, Unterlagshölzer, Druckverteilungsplatten u.ä. Die besonders widerstandsfähigen Hölzer Eiche und Teak, Afzelia, Azobé und Greenheart sind außerdem für den Hafenbau geeignet. Neuerdings wird auch Buche als Brettschichtholz bei Tragwerken eingesetzt.

Ausführlichere Beschreibungen der Hölzer und ihrer Verwendungsmöglichkeiten sind in [3, 30] enthalten.

2.2 Holzabmessungen

2.2.1 Baurundholz

 Gütebedingungen für NH DIN 4074 T 2 (12/58).
Muß im eingebauten Zustand von Rinde und Bast befreit sein.

2.2.2 Bauschnittholz oder Vollholz (VH)

Gütebedingungen für NH DIN 4074 T 1 (9/89); Maße nach Tab. 1 der DIN 4074 T 1.

Kantholz

$$b > 40\,\text{mm}$$
$$b/h = 1:1 \text{ bis } 1:3$$

Balken
Kantholz mit $h \geqq 200\,\text{mm}$

Brett und Bohle

Brett: $6\,\text{mm} \leqq a \leqq 40\,\text{mm}$; $b \geqq 80\,\text{mm}$
Bohle: $\quad a > 40\,\text{mm}$; $b > 3 \cdot a$
ungehobelt: DIN 4071 T 1
gehobelt: DIN 4073 T 1
gespundete Bretter: DIN 4072

Meßbezugsfeuchte für Querschnittsmaße: 14–20 %.

Übliche Lagerlängen für VH: $l \leqq 6,5\,\text{m}$

Größere Längen ergeben wegen Abholzigkeit des Stammes ungünstige Ausbeute; sie werfen bzw. verdrehen sich auch leicht.

Auf Bestellung lieferbar: max $l \leqq$ etwa 14 m

Latte

$$b < 80\,\text{mm};\ A \leqq 32 \cdot 10^2\,\text{mm}^2\ (h \leqq 40\,\text{mm})$$
Dachlatten:
$$h/b = 24/48,\ 30/50,\ 40/60\,\text{mm}$$

In DIN 4070 sind Querschnittsmaße und statische Werte für Kanthölzer, Balken und Dachlatten angegeben, bezogen auf den scharfkantigen Querschnitt zum Zeitpunkt des Einschnitts. Baumkanten und Maßänderungen durch Schwinden bleiben unberücksichtigt.

Eurocode 5

Nach Eurocode 5 [31] wird das Bauholz auf der Grundlage von Sortierregeln, die in EN 518 [1] (visuelle Sortierung) und EN 519 (maschinelle Sortierung) enthalten sind, in Festigkeitsklassen (EN 338) und nicht in Güte- oder Sortierklassen eingeteilt.

Querschnittsmaße für Bauholz und ihre zulässigen Abweichungen von den Sollmaßen enthält EN 336.

Im NAD [124] ist festgelegt, daß Bauholz nach DIN 4074 Teil 1 zu sortieren und klassifizieren ist.

2.2.3 Lagenholz

Durch Zusammenfügen gehobelter Bretter zu verleimten Verbundquerschnitten lassen sich vergütete Holzträger großer Abmessungen herstellen, z. B.:

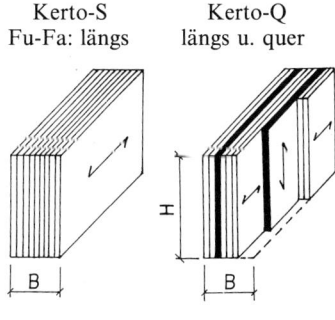 *Brettschichtholz* (BSH) aus Brettern
$a \leq$ 33 mm (40 mm) $-12.6-$
$b \leq$ 220 mm ($>$220 mm Längsnuten oder Längsfuge),
vgl. Abb. 2.3

Versetzte Keilzinkenverbindung der Einzelbretter nach Abb. 6.1. BSH-Trägerlängen begrenzt durch Betriebseinrichtungen, Transportwege und Montagebedingungen auf max $l \leq$ etwa 40 m.

Auf der Grundlage einer BAZ [32] darf das Furnierschichtholz „Kerto-Schichtholz" als „Kerto-S" (ohne querverlaufende Fu-Lagen) oder „Kerto-Q" (mit querverlaufenden Fu-Lagen) im Holzbau anstelle von oder gemeinsam mit Brettschichtholz, für stabförmige Bauteile sowie ebene Flächentragwerke verwendet werden. Die europäischen FI- oder KI-Furniere von 3,2 mm Dicke sind mit Phenolharz zu Schichtholz mit den Abmessungen $B \times H$ verleimt.

Kerto-S   Kerto-Q
Fu-Fa: längs   längs u. quer

In beiden Abbildungen
je 9 Furnierlagen
Aufbausymbol für
Kerto-Q: II–III–II
max. 27 Furnierlagen
21 mm $\leq B \leq$ 81 mm
$H \leq$ 900 mm bzw.
$H \leq$ 1800 mm bei Platten
Lieferlängen $\leq$ 23 m
Standardlängen $\leq$ 12 m

[1] z. Z. Normenentwürfe.

Eurocode 5

Brettschichtholz ist nach EN 386 [1] herzustellen. Abmessungen und ihre zulässigen Abweichungen von den Sollmaßen sind in EN 390 angegeben. Die Keilzinkenverbindung ist nach EN 387 auszuführen.

Für Deutschland gilt nach NAD [124]
- für die Keilzinkenverbindungen: DIN 68140
- für die Anforderungen an BSH: DIN 1052 Teil 1, Abschnitt 12, NAD, Anhang C.

2.2.4 Mindestquerschnitte –6.3–

Tragende einteilige Einzelquerschnitte von Vollholzbauteilen

$$a \geq 24 \, \text{mm}$$
$$A \geq 14 \cdot 10^2 \, \text{mm}^2$$

Bei Lattungen $A \geq 11 \cdot 10^2 \, \text{mm}^2$

Für *Rundholz* wird $d \geq 70 \, \text{mm}$ an der Zopfseite empfohlen.

Diese Mindestquerschnitte sind auch bei einer Bemessung nach Eurocode 5 einzuhalten [124].

2.3 Holzwerkstoffe

Zu ihnen zählen im Sinne der DIN 1052 Sperrholz, Flachpreß- und Holzfaserplatten. Unter Sperrholz werden alle Platten (Furnier- und Tischlerplatten) aus ≥ 3 aufeinandergeleimten Holzlagen verstanden, deren Faserrichtungen gegeneinander versetzt sind.

Als Bau-Furniersperrholz (BFU) bezeichnet man Sperrholz, bei dem alle Lagen aus Furnieren bestehen, die parallel zur Plattenebene kreuzweise aufeinandergeleimt sind, und das den Gütebedingungen in DIN 68 705 T 3 entspricht.

BFU aus Buchenfurnieren (BFU-BU) nach DIN 68 705 T 5 hat z.T. günstigere Eigenschaften als BFU nach DIN 68 705 T 3 [33].

Flachpreßplatten (FP) müssen bei Verwendung für tragende Bauteile der DIN 68 763 entsprechen.

Harte und mittelharte Holzfaserplatten nach DIN 68 754 T 1 können für Holzhäuser in Tafelbauart verwendet werden. Mindestplattendicken von BFU und FP nach –6.3.3–, für Tafeln nach –11.1.1– [7].

Furnierstreifenholz (Handelsname „Parallam PSL") kann auf der Grundlage einer BAZ [34] im Holzbau anstelle von oder gemeinsam mit Brettschichtholz und für stabförmige Bauteile mit einteiligem Rechteckquerschnitt

$$40 \, \text{mm} \leq h \leq 356 \, \text{mm}$$
$$40 \, \text{mm} \leq b \leq 280 \, \text{mm}$$

angewendet werden.

---

[1] z. Z. Normenentwürfe.

Die Furnierstreifen, die aus Douglas Fir oder Southern Yellow Pine bestehen und mit Phenolharz in einer Durchlaufpresse zum Furnierstreifenholz verleimt werden, müssen eine Dicke von 2,5 oder 3,2 mm, eine Breite von 16 mm und eine Länge von mindestens 0,45 m und höchstens 2,60 m haben.

PSL – Parallel Strand Lumber

Eurocode 5
Die Verwendung von Baufurniersperrholz für ungeschützten, geschützten äußeren Einsatz und für den trockenen Innenbereich regelt Eurocode 5 in Verbindung mit EN 636-1 – EN 636-3.

Die Nutzung von Flachpreßplatten nach EN 312-5 oder 312-7 sowie 312-4 oder 312-6 für tragende Zwecke im Bauwesen erfolgt nach der im Eurocode 5 entsprechend den Nutzungsklassen vorgenommenen Einstufung der Flachpreßplatten.

Der Einsatz von Holzfaserplatten nach EN 622-3 und EN 622-5 ist im Eurocode 5 wieder mit Hilfe von Nutzungsklassen geregelt.

Im NAD [124] ist folgende Zuordnung festgelegt:
- Flachpreßplatten nach DIN 68 763:   Spanplatten nach prEN 312-4 und 312-5
- Holzfaserplatten nach DIN 68 754 T1:   Faserplatten nach prEN 622-3.

Für Sperrholz gilt DIN 68 705 Teil 3 bzw. Teil 5.

Nutzungsklassen bzgl. der Wetterbeständigkeit [124]:

BFU 100 G: Anwendung in Nutzungsklasse 1, 2 oder 3,
            Feuchtegrenzwerte nach DIN 68 800 Teil 2 beachten
BFU   100: Anwendung nur in Nutzungsklasse 1 oder 2
BFU   20: Anwendung nur in Nutzungsklasse 1, nur für Holztafeln und
            Deckenschalungen

Nutzungsklassen bzgl. der Feuchtebeständigkeit für Span- und Faserplatten s. NAD [124].

2.4 Sortierklassen des Bauholzes

Die Sortierung des Baurundholzes (NH) erfolgt nach DIN 4074 T2 (12/58). Das Nadelschnittholz kann nach DIN 4074 T1 (9/89) visuell oder maschinell sortiert werden. Sortiermerkmale für die visuelle Sortierung durch erfahrenes Fachpersonal sind u.a.:

Baumkante, Äste, Jahrringbreite, Faserneigung, Risse, Krümmung.

Die drei Sortierklassen S7, S10, S13 (visuell) und die vier Sortierklassen MS7, MS10, MS13, MS17 (maschinell) bedeuten:

S7, MS7 (bisher Gkl III):	Bauschnittholz mit geringer Tragfähigkeit
S10, MS10 (bisher Gkl II):	Bauschnittholz mit normaler Tragfähigkeit
S13, MS13, MS17 (bisher Gkl I):	Bauschnittholz mit überdurchschnittlicher Tragfähigkeit

Bauholz der Sortierklassen S13, MS7–MS17 ist dauerhaft zu kennzeichnen (z.B. mit einem Brennstempel). Von den Sortierklassen des Holzes hängen die Tragfähigkeit und die zulässigen Spannungen ab –5.1–.

Ein Ergänzungsblatt A1 zu DIN 1052 (s. Anhang) läßt für die neuen Sortierklassen MS13 und MS17 höhere zulässige Spannungen und Elastizitätsmoduln zu [35].

Als Bauholz wird in der Regel Nadelholz der Sortierklassen S10, MS10 verwendet. In der statischen Berechnung und auf den Zeichnungen sind die verwendeten Bauhölzer, z.B. die Nadelhölzer mit NH und der Sortierklasse, zu bezeichnen –3.4–.

Die zulässigen Spannungen der Bauschnitthölzer S13 dürfen bei Sparren, Pfetten und Deckenbalken aus Kantholz oder Bohlen in der Regel nicht angewendet werden, da bei diesen Bauteilen, die in größeren Mengen anfallen, eine zuverlässige Holzauswahl nicht gewährleistet ist –5.1.3–.

Eurocode 5

Nach Eurocode 5 werden Festigkeitsklassen für Bauschnittholz (EN 338) und Brettschichtholz (EN 1194) eingeführt. Eurocode 5 gestattet, daß das Bauholz auch weiterhin nach nationalen Vorschriften visuell sortiert werden kann. Es ist dann aber nach einheitlichen Regeln in eine der Festigkeitsklassen einzustufen.

Für Bauschnittholz sind vorgesehen:
- 9 Festigkeitsklassen (C14–C40) für Nadelhölzer und Pappelholz
- 6 Festigkeitsklassen (D30–D70) für Laubhölzer

Das nach DIN 4074 sortierte Nadelschnittholz ist nach der nationalen Richtlinie zur Anwendung von Eurocode 5 in folgende Klassen einzustufen [35]:

$$S7/MS7 \; \triangleq C16 \; \text{aber} \; \varrho_k = 350 \, kg/m^3$$
$$S10/MS10 \triangleq C24 \; \text{aber} \; \varrho_k = 380 \, kg/m^3$$
$$S13 \quad \triangleq C30$$
$$MS13 \quad \triangleq C35$$
$$MS17 \quad \triangleq C40$$

Die Rohdichte ist nach Eurocode 5 für die Bemessung der Verbindungsmittel maßgebend.

Für Brettschichtholz sind die Festigkeitsklassen GL24–GL36 vorgesehen.

Die Einstufung von Brettschichtholz in eine dieser Klassen erfolgt in Abhängigkeit von der Festigkeitsklasse der verwendeten Brettlamellen und von der charakteristischen Keilzinkenfestigkeit.

Die Brettschichtholz-Güteklassen I und II nach DIN 1052 entsprechen näherungsweise folgenden Festigkeitsklassen:

GklI $\hat{=}$ GL 28; NAD [124]: BS 14 (Lamellenaufbau s. Tab. B.1–1, NAD)
Gkl II $\hat{=}$ GL 24   BS 11 (alle Lamellen S 10) vgl. 19.9.1

Die Festigkeitsklassen GL 32 und GL 36 sind nur mit höherwertigen Brettlamellen der Klassen C 35 (MS 13) und C 40 (MS 17) zu erreichen [35]. Sie sind
im NAD [124] mit BS 16 und BS 18 bezeichnet (Lamellenaufbau s. Tab. B.1–1,
NAD).

2.5 Feuchtegehalt

2.5.1 Auswirkungen

Der Feuchtegehalt des Holzes ist in mehrfacher Hinsicht von Bedeutung:
- Zunahme der Holzfeuchte bewirkt Abnahme der Festigkeit.
- Hohe Holzfeuchte begünstigt Pilz- und Insektenbefall (Frischholzinsek-
  ten).
- Hohe Holzfeuchte beeinträchtigt die Güte der Leimverbindung.
- Wechsel der Holzfeuchte bewirkt Arbeiten des Holzes.

2.5.2 Mittlerer Feuchtegehalt

Einteilung der Bauhölzer nach dem mittleren Feuchtegehalt als Prozentsatz
der Darrmasse gemäß DIN 4074 T 1:

Trockenes Bauholz: $\omega \leq 20\%$
Halbtrockenes Bauholz: $\omega \leq 30\%$ (s. 2.5.3)
                       $\omega \leq 35\%$ für $A > 200 \cdot 10^2\,\mathrm{mm}^2$
Frisches Bauholz: $\omega > 30\%$
                       $> 35\%$ für $A > 200 \cdot 10^2\,\mathrm{mm}^2$

2.5.3 Einbaufeuchte

Holzbauteile sind möglichst mit dem Feuchtegehalt einzubauen, der als Mittelwert im fertigen Bauwerk zu erwarten ist.

Tafel 2.1. Mittlere Gleichgewichtsfeuchte

Klimaeinfluß nach Bauwerksform	geschlossen		offen	der Witterung ausgesetzt
	mit Heizung	ohne Heizung	überdeckt	
Feuchtegehalt im fertigen Bauwerk	$(9 \pm 3)\%$	$(12 \pm 3)\%$	$(15 \pm 3)\%$	$(18 \pm 6)\%$
Künstliche Trocknung der Bretter für BSH auf	8–9%	10–12%	12–14%	12–14%

Die Holzfeuchte darf beim Einbau höher als die zu erwartende Ausgleichs-feuchte sein, wenn das Holz nachtrocknen kann *–4.2.2–*. Weitere Bedingung ist jedoch Unempfindlichkeit des Tragwerks gegenüber Schwindverformungen *–4.2.4–*.

2.5.4 Künstliche Holztrocknung

Holz für Leimbauteile soll vor der Verleimung künstlich vorgetrocknet werden auf einen Wert (s. Tafel 2.1), der im unteren Toleranzbereich der zu erwarten-den Ausgleichsfeuchte liegt, weil nachträgliches Quellen besser zu ertragen ist als nachträgliches Schwinden (Risse).

2.5.5 Schwind- und Quellmaße

Jede Änderung des Feuchtegehaltes im hygroskopischen Bereich ($\omega \leq$ etwa 30 %), also unterhalb des Fasersättigungsbereiches, erzeugt Schwind- oder Quellbewegungen. Die mittleren Schwind- und Quellmaße unterscheiden sich wegen der Inhomogenität in den drei Hauptrichtungen.

Tafel 2.2. Rechenwerte der Schwind- und Quellmaße in %

Holzart	α_t tangential zum Jahrring *–E11–*	α_r radial zum Jahrring	α ⊥ Fa nach *–4.2.3–*
NH, BSH, EI	0,32	0,16	0,24
BU, YAN, AGQ, GRE	0,40	0,20	0,30
TEK, AFZ, MEB	0,25	0,15	0,20
AZO	0,41	0,31	0,36

Tafelwerte gelten für Änderung der Holzfeuchte um 1 % der Darrmasse unter-halb des Fasersättigungsbereiches (≈ 30 %).

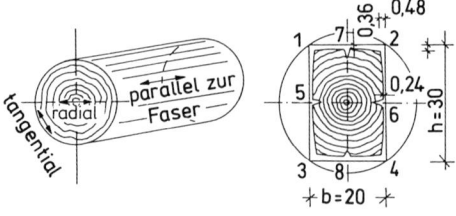

Abb. 2.1. Schwindmaße [1]

$$\Delta b = \alpha \frac{\Delta \omega}{100} \cdot b$$

---

[1] Maße in cm.

Für eine Feuchteabnahme von 30 auf 15% können die Schwindmaße eines Balkens 20/30 aus NH wie folgt berechnet werden:

$$\Delta\omega = 30 - 15 = 15\%$$

Kante $\overline{1\ 2}$: $\Delta b \approx 0,32 \cdot \dfrac{15}{100} \cdot 200 = 9,6\,\text{mm}$

Mitte $\overline{5\ 6}$: $\Delta b = 0,16 \cdot \dfrac{15}{100} \cdot 200 = 4,8\,\text{mm}$

Kante $\overline{2\ 4}$: $\Delta h \approx 0,24 \cdot \dfrac{15}{100} \cdot 300 = 10,8\,\text{mm}$

Mitte $\overline{7\ 8}$: $\Delta h = 0,16 \cdot \dfrac{15}{100} \cdot 300 = 7,2\,\text{mm}$

Bei behinderter Quellung oder Schwindung dürfen die Werte in Tafel 2.2 und α_1 mit dem halben Betrag berücksichtigt werden.

Der Rechenwert für das Schwindmaß α_1 ($\parallel$ Fa) beträgt 0,01% –4.2.4–.

2.5.6 Konstruktive Maßnahmen

In den meisten Fällen des Hochbaues ist nach dem Einbau des Holzes mit einem Nachtrocknen zu rechnen. Das bedeutet, daß nicht nur beim Lagern des Holzes, sondern auch meistens im eingebauten Zustand mit Schwinden zu rechnen ist.

Die *Schwindmaße* sind tangential zu den Jahrringen größer als radial, im weitringigen Holz größer als im engringigen, im Splintholz größer als im Kernholz. Verformungsbehinderungen führen zu Spannungen und eventuell zu Schwindrissen.

Bei Treppenstufen und bei Fußbodenbrettern legt man trotz ungünstiger Schwindverformungen die Kernseite nach unten, um Schiefern der Trittseite zu vermeiden.

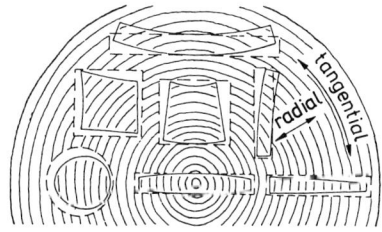

Abb. 2.2. Charakteristische Schwindverformungen des Schnittholzes entsprechend seiner Lage im Stamm. Beim Einbau von Vollhölzern und bei der Anordnung zusammengesetzter Querschnitte sollte auf die Lage der Jahrringe Rücksicht genommen werden.

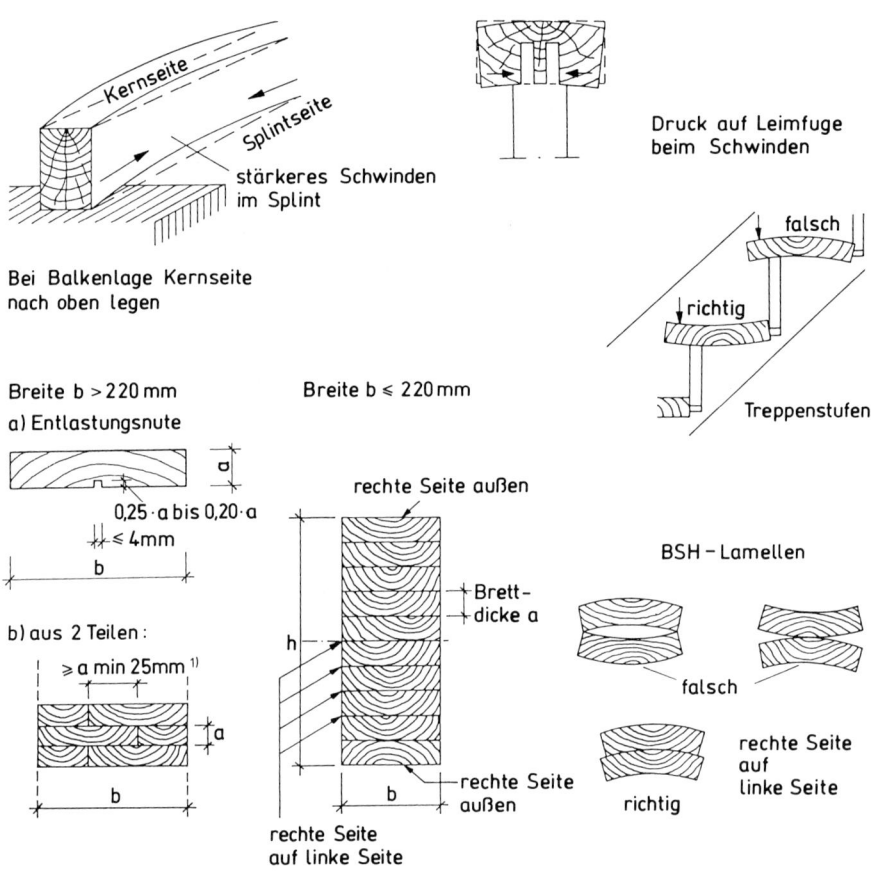

Abb. 2.3. Jahrringlage

2.6 Berechnungslast [36]

Untere/obere Grenzwerte in kN/m^3

VH (NH) 4/6	BSH (NH) 4/5
VH (LH) 6/8	BFU 4,5/8
FP 5/7,5	HFH 9/11

---

[1] Bretter an den Schmalseiten nicht verleimt.

2.7 Wärmeausdehnung −E13−

Wärmedehnzahl ∥ Fa: $\alpha_T = 3 \cdot 10^{-6}$ bis $6 \cdot 10^{-6}\,K^{-1}$

Da Wärmedehnzahl und Wärmeleitfähigkeit des Holzes relativ niedrig sind, darf der Temperatureinfluß in reinen Holzkonstruktionen meist vernachlässigt werden.

Bei kombinierten Tragwerken aus Holz und Metall, z.B. Holzbinder mit Stahlzugband, sollte der Temperatureinfluß überprüft werden.

2.8 Elastizitäts-, Schub- und Torsionsmoduln nach DIN

Tafel 2.3. Rechenwerte für Elastizitäts-, Schub- und Torsionsmodul in MN/m² *−4.1.1−*

Vollholz und BSH, $\omega \leqq 20\%$ *−Tab. 1 und 4.1.1−*

Holzart		$E_{\parallel}$	$E_{\perp}$	G	G_T	
VH (NH)		10000	300	500	333	NH Gkl III: $E_{\parallel} = 8000$
BSH (NH)		11000	300	500	500	$E_{\perp} = 240$
VH	A	12500	600	1000	670	Baurundholz (NH):
(LH)	B	13000	800	1000	670	$E_{\parallel} = 12000$
	C	17000 [1]	1200 [1]	1000 [1]	670 [1]	

[1] Unabhängig von der Holzfeuchte.

Die Rechenwerte für Baufurniersperrholz nach DIN 68 705 Teil 3 und Teil 5 sind in *−Tab. 2−* und für Flachpreßplatten nach DIN 68 763 in *−Tab. 3−* enthalten.

Rechenwerte für E, G und G_T sind abzumindern auf
$^5/_6$ bei VH und BSH, das der Witerung allseitig ausgesetzt oder wenn vorübergehende Durchfeuchtung möglich ist
$^3/_4$ bei dauernder Durchfeuchtung, z.B. dauernd im Wasser befindlichen Bauteilen
  bei BFU 100 G mit $\omega > 18\%$ über mehrere Wochen
$^2/_3$ bei FP V 100 G mit $\omega > 18\%$ über mehrere Wochen

2.9 Zulässige Spannungen (DIN)

Alle Tabellenwerte gelten grundsätzlich für Lastfall H. Für Lastfall HZ dürfen sie um 25% erhöht werden −5.1.6−. Bei Feuchtigkeitseinwirkung sind sie abzumindern auf:

5/6 bei Bauteilen − außer Gerüsten −, die der Feuchtigkeit ausgesetzt, aber zwischen Bearbeitung und Zusammenbau mit geprüftem Mittel geschützt sind.

3/4 bei BFU 100 G mit $\omega > 18\%$ über mehrere Wochen

2/3 a) wie oben, aber ungeschützt,
   b) bei Bauteilen und Gerüsten, die dauernd im Wasser stehen, auch geschützt
   c) bei Gerüsten aus Hölzern, die bis zur Belastung noch nicht halbtrocken sind
   d) bei FP V 100 G mit $\omega > 18\%$ über mehrere Wochen

Spannungsermäßigung entfällt für Fliegende Bauten mit Schutzanstrich, der mindestens alle 2 Jahre erneuert wird.

Tafel 2.4. Zulässige Spannungen[1] in MN/m² für VH und BSH im Lastfall H

Beanspruchungsart			VH (NH)			BSH (NH)		VH (LH)		
			Güteklasse			Güteklasse		A	B	C
			III	II	I	II	I	mittlere Güte		
1	Biegung	zul σ_B	7	10	13	11	14	11	17	25
2	Zug	zul $\sigma_{Z\parallel}$	0	8,5	10,5	8,5	10,5	10	10	15
3	Druck	zul $\sigma_{D\parallel}$	6	8,5	11	8,5	11	10	13	20
4	Druck	zul $\sigma_{D\perp}$	2 2,5[a]			2,5 3,0[a]		3 4[a]	4 –	8 –
5	Abscheren	zul τ_a				0,9				
6	Schub aus Querkraft	zul τ_Q	0,9			1,2		1	1,4	2
7	Schub aus Torsion[b]	zul τ_T	0	1,0		1,6		1,6	1,6	2
8	Querzug	zul $\sigma_{Z\perp}$	0	0,05		0,2		0,05		

[a] Bei Anwendung dieser Werte ist mit größeren Eindrückungen zu rechnen, die erforderlichenfalls konstruktiv zu berücksichtigen sind. Bei Anschlüssen mit verschiedenen Verbindungsmitteln sind diese Werte nicht zulässig.
[b] Für Kastenquerschnitte gelten zul τ_Q-Werte.

Die zulässigen Spannungen der Gkl I dürfen bei Sparren, Pfetten, Deckenbalken aus Kanthölzern oder Bohlen i. d. R. nicht angewendet werden.

Zulässige Erhöhungen der Spannungen nach Tafel 2.4 (Zeile)

(1) zul σ_B um 10%   bei Durchlaufträgern ohne Gelenke über Innenstützen, nicht bei Sparren von Kehlbalkenbindern (verschieblich)

(1) zul σ_B ⎫
(3) zul $\sigma_{D\parallel}$ ⎭ um 20%   bei Rundhölzern mit ungeschwächter Randzone

(6) zul τ_Q auf 1,2 N/mm²   bei durchlaufenden Trägern oder Kragträgern $\geq 1,5$ m vom Stirnende (NH, LH A)

---

[1] DIN 1052 A1 beachten, erscheint 1995 als „Gelbdruck", s. Anhang.

(4) $\mathrm{zul}\,\sigma_{D\perp}$ auf $k_{D\perp}\cdot\mathrm{zul}\,\sigma_{D\perp}$ mit $k_{D\perp}=\sqrt[4]{150/l}$; $1\leqq k_{D\perp}\leqq 1{,}8$;
$l<150\,\mathrm{mm}$; l Länge der Druckfläche in mm (Abb. 2.4e) $-5.1.11-$

Abminderungen der Spannungen nach Tafel 2.4 (Zeile)

(2) $\mathrm{zul}\,\sigma_{Z\|}$ um 20%   bei symmetrisch beanspruchten Teilen genagelter Zugstöße oder -anschlüsse (Teil MH in Abb. 2.4c)

(4) $\mathrm{zul}\,\sigma_{D\perp}$ um 20%   wenn Überstand $\ddot{u}$ der Schwellen (Schwellenhöhe h) über Druckfläche $<100\,\mathrm{mm}$ (für $h>60\,\mathrm{mm}$) oder $<75\,\mathrm{mm}$ (für $h\leqq 60\,\mathrm{mm}$)

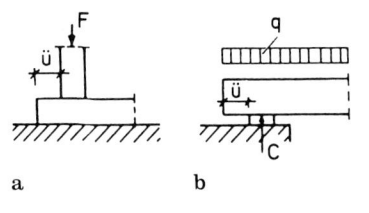 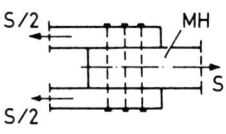 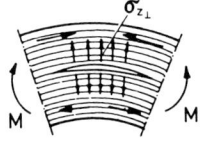

a   b   c Genagelter Zug-   d Gekrümmter
            stoß oder -anschluß   BSH - Träger

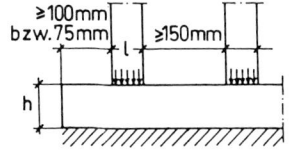

$\ddot{u}\geqq 100\,\mathrm{mm}$ bei $h>60\,\mathrm{mm}$
$\ddot{u}\geqq\ 75\,\mathrm{mm}$ bei $h\leqq 60\,\mathrm{mm}$

e Kleinflächiger Schwellendruck

Abb. 2.4. Erläuterungsskizzen für zulässige Spannungen

Die zulässigen Druckspannungen bei Kraftangriff unter $\measuredangle\,\alpha$ zur Faserrichtung nach Abb. 2.5 werden nach $-5.1.5-$ berechnet.

$$\mathrm{zul}\,\sigma_{D\measuredangle\alpha}=\mathrm{zul}\,\sigma_{D\|}-(\mathrm{zul}\,\sigma_{D\|}-\mathrm{zul}\,\sigma_{D\perp})\cdot\sin\alpha$$

$\alpha\triangleq\measuredangle$ zwischen Kraft- und Faserrichtung (Abb. 2.5)

Beispiel: NH II, $\alpha=30°$

Fuge	I	II	III
$\measuredangle\,\alpha$	60°	30°	0°
$\mathrm{zul}\,\sigma_{D\measuredangle\alpha}$ MN/m²	2,9	5,2	8,5

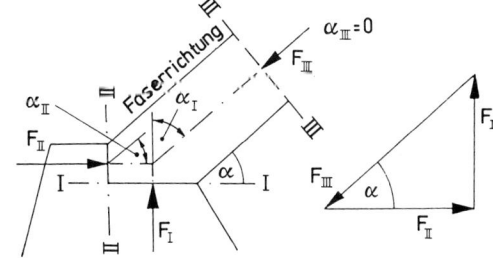

Abb. 2.5

Die zulässigen Spannungen für Baufurniersperrholz nach DIN 68 705 Teil 3 und Teil 5 sowie für Flachpreßplatten nach DIN 68 763 sind in *– Tab. 6 –* enthalten.

Zulässige Spannungen für Stahlteile

- Falls Werkstoffgüte nach DIN 17 100 nachgewiesen ist, gelten die zulässigen Spannungen nach DIN 18 800 T 1.
- Ohne Gütenachweis gilt nach *–5.3.3–* allgemein:
  $\text{zul}\,\sigma_B = \text{zul}\,\sigma_Z = 110\,\text{MN/m}^2$ für Lastfall H und HZ.
- Ohne Gütenachweis gilt nach *–5.3.3–* für Zugglieder:
  $\text{zul}\,\sigma_Z = 100\,\text{MN/m}^2$ im Gewindekernquerschnitt.

2.10 Kriechverformungen nach DIN [7]

Unter ständiger Last auftretende Kriechverformungen sind beim Durchbiegungsnachweis zu berücksichtigen, wenn die Gebrauchstauglichkeit des Bauteils es erfordert *–4.3–*.

Wenn $g > 0,5\,q$, ist die Gesamtdurchbiegung

$$f = \left(1 + \varphi\,\frac{g}{q}\right) f_q \quad \text{(Einfeldträger)}$$

mit Kriechzahl $\varphi = \dfrac{1}{\eta_k} - 1$

η_k für VH, BSH, BFU, FP[1]

Holzfeuchte im Gebrauchszustand ω	η_k
$\leq 18\%$	$1,5 - g/q$
$> 18\%$	$1,67 - 1,33\,g/q$

[1] Für FP mit $\omega \geqq 15\%$: zweifache φ-Werte.

Abminderung von E und G nach *–4.1.2–* beachten.

Höhere Schneelasten als die Regelschneelast von $s_0 = 0,75\,\text{kN/m}^2$ sind bei Dächern anteilmäßig nach *–4.3–* den ständigen Lasten zuzurechnen:

$$g_{\text{ges}} = g + 0,5\,(s_0 - 0,75)\,\frac{s}{s_0} \quad g,\,s,\,s_0 \text{ in kN/m}^2$$

Bei Wohnhausdächern (Ausnahme: Flachdach) dürfen Kriechverformungen beim Durchbiegungsnachweis vernachlässigt werden.

Beispiel

BSH-Binder eines Hallendaches, NH, $\omega < 18\%$, Dachneigung $< 30°$

$$e = 4{,}5\,\text{m (Binderabstand)}$$
$$g = 5{,}0\ \text{kN/m}$$
$$\underline{s = s_0 = 0{,}9 \cdot 4{,}5 = 4{,}05\ \text{kN/m}}$$
$$q = 9{,}05\ \text{kN/m}$$

$$g_{\text{ges}} = 5{,}0 + 0{,}5\,(0{,}9 - 0{,}75) \cdot 4{,}5 = 5{,}34\ \text{kN/m}$$
$$g_{\text{ges}}/q = 5{,}34/9{,}05 = 0{,}59$$
$$\eta_k = 1{,}5 - 0{,}59 = 0{,}91 \rightarrow \varphi = \frac{1}{0{,}91} - 1 = 0{,}10$$
$$f = (1 + 0{,}10 \cdot 0{,}59)\,f_q = 1{,}06\,f_q$$

2.11 Bemessungskonzept nach Eurocode 5

2.11.1 Grenzzustände

Das Bemessungskonzept im EC 5 beruht auf dem Nachweis, daß die definierten Grenzzustände [37–39]
– Tragfähigkeit
– Gebrauchstauglichkeit (Nutzungsfähigkeit)
nicht überschritten werden.
Grenzzustände der Tragfähigkeit sind nachzuweisen u.a. für:
– Zug   – Schub
– Druck   – Torsion
– Biegung

Grenzzustände der Gebrauchstauglichkeit für:
– Verformungen (z.B. Durchbiegungen)
– Schwingungen.

Die im EC 5 verwendete Bemessung nach Grenzzuständen wird auch als Methode der Teilsicherheitsbeiwerte bezeichnet. Sie unterscheidet sich von dem herkömmlichen Verfahren unter Verwendung zulässiger Spannungen und Belastungen insoweit, daß sie die Sicherheitsbeiwerte sowohl für die Tragfähigkeit als auch für die Einwirkungen benutzt [40–43].
Die Anwendung des neuen Bemessungskonzeptes nach EC 5 ist im einzelnen nur mit Hilfe des nationalen Anwendungsdokumentes (NAD) [126] möglich, das ein wichtiges Bindeglied zwischen den nationalen Normen für die Baustoffe und die Lastannahmen sowie der europäischen Vornorm für die Bemessungsverfahren bildet.

2.11.2 Nachweis der Tragfähigkeit

Beim Grenzzustand der Tragfähigkeit ist nachzuweisen:

$$S_d \leqq R_d \quad \text{oder} \quad \frac{S_d}{R_d} \leqq 1 \tag{2.1}$$

Es bedeuten:

S_d Bemessungswert einer Schnittgröße (z. B. Biegemomente, Längskräfte, Querkräfte) oder Spannung (z. B. Zugspannung) infolge einer Einwirkung F_d nach Gl. (2.2)

R_d Bemessungswert der Tragfähigkeit nach Abschn. 2.11.4

2.11.3 Einwirkungen

Die Einwirkung F_d berechnet sich nach EC 1 z. B. für ständige Einwirkungen G_k und veränderliche Einwirkungen Q_k zu:

$$F_d = \gamma_G \cdot G_k + \gamma_Q \left(Q_{k,1} + \sum_{i>1} \psi_{0,i} \cdot Q_{k,i} \right) \quad \text{(Grundkombination)} \tag{2.2}$$

k charakteristische Werte

γ_G, γ_Q Teilsicherheitsbeiwerte (Lastfaktoren)

$\psi_{0,i}$ Kombinationsbeiwerte, welche die reduzierte Wahrscheinlichkeit des gleichzeitigen Auftretens mehrerer veränderlicher Einwirkungen mit ihrem vollen charakteristischen Wert berücksichtigen

Einwirkung	ψ_0 [126]
Windlasten	0,6
Schneelasten	0,7

Solange der EC 1 für die Einwirkungen nicht in der für die europäischen Staaten verbindlichen Fassung vorliegt, gelten die Lasten nach DIN 1055 als charakteristische Werte [126].

Die Gl. (2.2) für die Einwirkung F_d vereinfacht sich, wenn nur die ungünstigste veränderliche Einwirkung (z. B. Schnee) berücksichtigt wird zu

$$F_d = \gamma_G G_k + 1{,}5 Q_{k,1} \tag{2.3}$$

oder zu

$$F_d = \gamma_G G_k + 1{,}35 \sum_{i \geq 1} Q_{k,1}, \tag{2.4}$$

wenn alle ungünstig wirkenden veränderlichen Einwirkungen berücksichtigt werden.

Sind mehr als eine veränderliche Einwirkung zu berücksichtigen, ist die Beziehung maßgebend, die die größeren Werte ergibt [31].

Die Teilsicherheitsbeiwerte γ_G sind aus EC 5 zu entnehmen. Sie betragen in der Regel

Tafel 2.5. Teilsicherheitsbeiwerte γ_G

ungünstige Auswirkungen	1,35
günstige Auswirkungen	1,0

Ständige Lasten wirken günstig, wenn sie die Auswirkungen der veränderlichen Lasten verringern.

Reduzierte Teilsicherheitsbeiwerte können nach EC 5 u.a. für einstöckige Gebäude mit mittleren Spannweiten, in denen sich nur gelegentlich Menschen aufhalten, leichte Trennwände und für Verschalungen verwendet werden (s. EC 5, Tabelle 2.3.3.1), vgl. NAD [126].

2.11.4 Bemessungswerte der Tragfähigkeit R_d

Die Bemessungswerte der Tragfähigkeit R_d erhält man aus den maßgebenden Bemessungswerten der Baustoffeigenschaften X_d (Festigkeits- und Steifigkeitskennwerte) und der geometrischen Größen a_d (i.d.R. $a_d = a_{nom}$ [31]):

$$R_d = R(X_d, a_d, \ldots)$$

Bemessungswerte X_d einer Baustoffeigenschaft folgen im allgemeinen aus den charakteristischen Baustoffeigenschaften X_k (Festigkeits- und Steifigkeitskennwerte):

$$X_d = \frac{X_k \cdot k_{mod}}{\gamma_M} \tag{2.5}$$

Dabei sind:

γ_M Teilsicherheitsbeiwert für die Baustoffeigenschaft

k_{mod} modifizierender Faktor, der den Einfluß der Lasteinwirkungsdauer und des Feuchtegehaltes der Konstruktion auf die Baustoffeigenschaften berücksichtigt.

Tafel 2.6. Teilsicherheitsbeiwerte γ_M für die Baustoffeigenschaften

Grenzzustände	γ_M
Tragfähigkeit:	
– Grundkombination	
Bauholz und Holzwerkstoffe	1,3
Stahl in Holzverbindungen	1,1
– außergewöhnliche Kombination [31]	1,0
Gebrauchstauglichkeit	1,0

Die Teilsicherheitsbeiwerte γ_M werden durch die zuständigen nationalen Behörden festgelegt. EC 5 empfiehlt die in Tafel 2.6 angegebenen Werte.

2.11.5 Modifizierungsfaktor k_{mod}

Teilsicherheitsbeiwerte für k_{mod} sind in Tafel 2.9 in Abhängigkeit von der Dauer der Lasteinwirkung und der Holzfeuchte angegeben. EC 5 definiert hierzu fünf Klassen der Lasteinwirkungsdauer (Tafel 2.7) und drei Nutzungsklassen mit den in Tafel 2.8 enthaltenen mittleren Holzfeuchten.

Tafel 2.7. Klassen der Lasteinwirkungsdauer (LED)

Klasse	Dauer der charakteristischen Lasteinwirkung	Beispiele
ständig	mehr als 10 Jahre	Eigenlast
lang	6 Monate–10 Jahre	Nutzlasten in Lagerhallen
mittel	1 Woche–6 Monate	Verkehrslasten (NAD beachten!)
kurz	kürzer als 1 Woche	Schnee[a] und Wind
sehr kurz		außergewöhnliche Einwirkungen

[a] DIN 1055, Teil 5; Schnee- und Eislast
$s_0 \leqq 2,0\,kN/m^2 \rightarrow$ kurz
$s_0 > 2,0\,kN/m^2 \rightarrow$ mittel [124].

Tafel 2.8. Nutzungsklassen (Nkl)

Nutzungsklasse	ω in %
1	$\leqq 12$
2	$\leqq 20$
3	unbegrenzt

Tafel 2.9. Rechenwerte für k_{mod}

Werkstoff und Klasse der Lasteinwirkungsdauer	Nutzungsklasse		
	1	2	3
Bauholz, BSH, Bausperrholz			
ständig	0,60	0,60	0,50
lang	0,70	0,70	0,55
mittel	0,80	0,80	0,65
kurz	0,90	0,90	0,70
sehr kurz	1,10	1,10	0,90

Für Spanplatten und Holzfaserplatten entsprechend den europäischen Normen (s. Abschn. 2.3) und dem NAD [124] sind die Rechenwerte für den Modifizierungsfaktor k_{mod} aus dem EC 5, Tabelle 3.1.7 zu entnehmen.

Besteht eine Lastkombination aus Einwirkungen, die zu verschiedenen Klassen der Lasteinwirkungsdauer gehören, so kann k_{mod} für die Einwirkung mit der kürzesten Dauer gewählt werden. Es können aber Lastanteile auftreten, die sehr klein sind (z. B. bei Hausdächern), so daß praktisch nur die ständige Last wirkt [43].

2.11.6 Charakteristische Festigkeits- und Steifigkeitswerte

Prinzipien:
- Die charakteristischen Festigkeitswerte sind als 5%-Fraktilen der Grundgesamtheit definiert, und zwar bezogen auf eine Einwirkungsdauer von 300 s bei einer Temperatur von 20 °C und einer relativen Luftfeuchte von 65%.
- Die charakteristischen Steifigkeitswerte sind als 5%-Fraktilen (benötigt für Grenzzustand der Tragfähigkeit) oder als Mittelwert (benötigt für Grenzzustand der Gebrauchstauglichkeit) unter Beachtung der obigen Testbedingungen definiert.
- Die charakteristischen Werte der Rohdichte sind als 5%-Fraktilen definiert, und zwar bezogen auf eine Holzfeuchte bei einer Temperatur von 20 °C und einer relativen Luftfeuchte von 65%.

Für Bauholz nach DIN 4074 gilt $k_h = 1$, Gl. (3.2.2) nach EC 5 entfällt.

Tafel 2.10. Charakteristische Festigkeits- und Steifigkeitskennwerte für VH in N/mm², charakteristische Rohdichtewerte für VH in kg/m³ [124]

		Sortierklasse nach DIN 4074 Teil 1				
		S7/MS7	S10/MS10	S13	MS13	MS17
Biegung	$f_{m,k}$	16	24	30	35	40
Zug ‖ Fa	$f_{t,0,k}$	0/10	14	18	21	24
Zug ⊥ Fa	$f_{t,90,k}$	0/0,2	0,2	0,2	0,2	0,2
Druck ‖ Fa	$f_{c,0,k}$	17	21	23	25	26
Druck ⊥ Fa	$f_{c,90,k}$	4	5	5	5	6
Schub und Torsion	$f_{v,k}$	1,8	2,5	2,5	3,0	3,5
E-Modul ‖ Fa	$E_{o,mean}$	8000	11000	12000	13000	14000
	$E_{0,05}$	5400	7400	8000	8700	9400
E-Modul ⊥ Fa	$E_{90,mean}$	270	370	400	430	470
	$E_{90,05}$	180	250	270	290	310
Schubmodul	G_{mean}	500	690	750	810	880
	G_{05}	330	460	500	540	590
Rohdichte	ϱ_k	350	380	380	400	420

Holzarten: Fichte, Kiefer, ... (wie in DIN 1052 Teil 1)

Tafel 2.11. Charakteristische Festigkeits- und Steifigkeitskennwerte für BSH in N/mm², charakteristische Rohdichtewerte für BSH in kg/m³ [124]

		BSH-Festigkeitsklasse						
		BS 11	BS 14		BS 16		BS 18	
			k[a]	h[b]	k[a]	h[b]	k[a]	h[b]
Biegung	$f_{m,g,k}$	24	28		32		36	
Zug ‖ Fa	$f_{t,0,g,k}$	17	17,5	20,5	18,5	23	23,5	25
Zug ⊥ Fa	$f_{t,90,g,k}$	0,45	0,45		0,45		0,45	
Druck ‖ Fa	$f_{c,0,g,k}$	24	27,5	29	28	31	30,5	32
Druck ⊥ Fa	$f_{c,90,g,k}$	5,5	5,5		5,5		6,5	
Schub und Torsion	$f_{v,g,k}$	2,7	2,7		2,7		3,2	
E-Modul ‖ Fa	$E_{o,g,mean}$	11 500	12 500		13 500		14 500	
	$E_{0,g,05}$	9 200	10 000		10 800		11 600	
E-Modul ⊥ Fa	$E_{90,g,mean}$	380	420		450		480	
Schubmodul	$G_{g,mean}$	720	780		840		900	
Rohdichte	$\varrho_{g,k}$	410	410		410	430	430	450

[a] Kombiniertes BSH unter Verwendung von Lamellen aus zwei unterschiedlichen Sortier- bzw. Festigkeitsklassen.
[b] Homogenes BSH unter Verwendung von Lamellen einer Sortier- bzw. Festigkeitsklasse.
$E_{90,g,05} = 0,8 \cdot E_{90,g,mean}$; $G_{g,05} = 0,8 \cdot G_{g,mean}$.

Weitere Einzelheiten zur Festlegung und Anwendung der in Tafel 2.10 und 2.11 enthaltenen charakteristischen Festigkeits- und Steifigkeitswerte s. [31, 37].

Die Einstufung des nach DIN 4074 sortierten Nadelschnittholzes und des Brettschichtholzes der Gkl I und II nach DIN 1052 in eine dieser Festigkeitsklassen erfolgt nach Abschn. 2.4.

Charakteristische Festigkeits- und Steifigkeitswerte für Bausperrholz, Span- und Holzfaserplatten entsprechend den europäischen Normen (s. Abschn. 2.3) sind im NAD [126] enthalten. Fehlende Festigkeits- und Steifigkeitswerte sind nach einer in EN 1058 angegebenen Methode zu berechnen.

2.11.7 Nachweis der Gebrauchstauglichkeit

In der Beziehung für die Einwirkung F_d sind die Teilsicherheitsbeiwerte $\gamma_G = \gamma_Q = 1$. Es gilt:

$$F_d = G_k + Q_{k,1} + \sum_{i>1} \psi_{1,i} \cdot Q_{k,i} \qquad (2.6)$$

Einwirkung	ψ_1 [126]
Windlasten	0,5
Schneelasten	0,2

Die Durchbiegung eines Bauteils berechnet sich zu:

$$f^1 = f_0(1 + k_{def}) \qquad (2.7)$$

mit

f_0 elastische Durchbiegung

k_{def} Deformationsfaktor, berücksichtigt den Einfluß des Kriechens und der Baustoffeuchte

Besteht eine Lastkombination aus Einwirkungen, die zu verschiedenen Klassen der Lasteinwirkungsdauer gehören, dann können die Durchbiegungsanteile für die einzelnen Einwirkungen mit den entsprechenden Werten für k_{def} berechnet werden.

Beim Nachweis der Durchbiegungen nach EC 5 sind stets die Einflüsse infolge Kriechens und der Holzfeuchte zu berücksichtigen, also unabhängig vom Anteil der ständigen Last an der Gesamtlast.

2.11.8 Rechenwerte für Deformationsfaktor k_{def}

Für Vollholz, das mit einer Holzfeuchte nahe dem Fasersättigungspunkt eingebaut wird und unter Last austrocknet, ist der Rechenwert für k_{def} in der Nutzungsklasse 3 um 1,0 zu erhöhen.

Tafel 2.12. Rechenwerte für k_{def} für Vollholz, BSH, Bausperrholz und Verbindungen mit diesen Werkstoffen

Klasse der Lasteinwirkungsdauer	Nutzungsklasse		
	1	2	3
ständig	0,60 (0,80)	0,80 (1,00)	2,00 (2,50)
lang	0,50	0,50 (0,60)	1,50 (1,80)
mittel	0,25	0,25 (0,30)	0,75 (0,90)
kurz	0,00	0,00	0,30 (0,40)

( )-Werte stehen für Bausperrholz, wenn sie von den Werten der anderen Hölzer abweichen.

Für Spanplatten und Holzfaserplatten sind die Rechenwerte für den Faktor k_{def} aus dem EC 5, Tabelle 4.1 zu entnehmen.

Besteht eine Verbindung aus Baugliedern mit unterschiedlichen Kriecheigenschaften $k_{def,1}$ und $k_{def,2}$, dann ist die Endverformung mit

$$u_{fin} = u_{inst} \cdot \sqrt{(1 + k_{def,1})(1 + k_{def,2})} \qquad (2.8)$$

zu berechnen.

Nachweis der Schwingungen z.B. in Wohnungsdecken s. EC 5, Abschn. 4.4.3.

---

[1] Im EC 5 wird anstelle f der Buchstabe u verwendet.

3 Holzschutz im Hochbau

3.1 Schadeinflüsse

Holz kann durch Fäulnispilze, Insektenfraß und Feuer zerstört werden [44, 45].

3.1.1 Pilze

Pilze sind pflanzliche Holzschädlinge, die nur feuchtes Holz ($u > 20\%$) befallen. Ständig trockenes oder ständig wassergesättigtes Holz ist nicht gefährdet (Ausnahme: echter Hausschwamm). *Holzverfärbende Pilze* greifen die zellwände nicht an, beeinträchtigen die Holzfestigkeit also nicht. Sie verfärben das Holz und rufen Anstrichschäden hervor. Die *Bläuepilze* als wichtigste Vertreter dieser Gruppe befallen ausschließlich den Splint von Nadel- und Laubhölzern.

Holzzerstörende Pilze verursachen mit dem Abbau der Zellwände eine „Fäulnis". Gefährlichster Vertreter ist der *echte Hausschwamm.* Ihm allein ist es möglich, nach anfänglicher Entwicklung auf feuchtem Holz später auf trockenem Holz weiterzuwachsen, indem er in seinen Strängen das zu seinem Wachstum notwendige Wasser weiterleiten kann [29].

Echter Hausschwamm, Keller- und *Porenschwamm* sowie *Blättlinge* rufen die *Braunfäule* hervor (würfelförmiger Bruch mit Braunfärbung).

Schimmelpilze verursachen z.B. die *Moderfäule* (Erweichung der Holzoberfläche, insbesondere im Erdreich).

3.1.2 Insekten

Tierische Holzschädlinge sind Insekten, die entweder nur frisches oder lufttrockenes Holz befallen. Ihr Angriff kann durch Vorarbeit der Pilze begünstigt werden [29].

Frischholzinsekten befallen frisch gefälltes Holz im Wald und auf dem Lagerplatz, jedoch kein abgetrocknetes Holz. *Borkenkäfer* legen im Splintholz Brutgänge an. *Holzwespen* zerstören das Holz durch Fraßgänge der Larven.

Trockenholzinsekten sind Bauholzschädlinge, d.h., sie befallen vorwiegend lufttrockenes Bauholz, dessen Standsicherheit durch die Bohrgänge gefährdet werden kann. Die Käferlarven fressen sich durch das Holz und hinterlassen in ihren Gängen lockeres Bohrmehl.

Der *Hausbock* befällt nur Nadelsplintholz. *Anobienlarven* leben in Nadel- und Laubhölzern, *Splintholzkäfer* nur im Splint von Laubhölzern, bevorzugt

Tropenhölzern. *Termiten* sind die bedeutendsten Holzschädlinge der Mittelmeerländer und der Tropen.

3.1.3 Meerwasserschädlinge

Sie befallen Holz unter der Wasseroberfläche. Zu ihnen gehören *Bohr- oder Wasserassel* und *Bohrmuschel* [46].

3.1.4 Feuer

Holz als organischer Baustoff ist *brennbar*, kann jedoch als Bauteil eine *Feuerwiderstandsdauer* von 30 Minuten und länger erreichen, vgl. Abschn. 4 und [20, 47, 48].

3.2 Baulicher Holzschutz

DIN 68 800 T 2 gibt Hinweise für vorbeugende bauliche Maßnahmen. Unter baulichem Holzschutz versteht man die dauerhafte Bewahrung des eingebauten Holzes durch bauphysikalische und konstruktive Maßnahmen [45].

Gegen Pilzbefall sowie gegen übermäßige Schwind- bzw. Quellverformungen, die, wie beispielsweise Schwindrisse, die Brauchbarkeit der Konstruktion beeinträchtigen können, schützt man das Holz wirksam, indem man eine Veränderung des Feuchtegehaltes verhindert.

Ein *nachträgliches Schwinden* verhindert man, indem man durch künstliche Vortrocknung die Einbauholzfeuchte auf die im fertigen Bauwerk zu erwartende Holzfeuchte abstimmt.

Einen *Schutz gegen Feuchtezunahme* durch Niederschlags-, Spritz- oder Tauwasser bzw. Wasserdampf kann man erreichen durch:
- einwandfreie Dachentwässerung,
- ausreichend große Dachüberstände,
- hinter die Fassade zurückspringende Einbauten,
- Vermeidung von wasserspeichernden Flächen, Kehlen und Nuten,
- Abdeckung oder Schrägschnitt von Hirnholzoberflächen,
- Anordnung von Wassernasen,
- Abdichtung von Verbindungsstellen,
- Ausschaltung von Spritzwasser (Abstand UK Holz bis OK Erdreich ≥ 300 mm).
   Einlegen von Sperrpappe gegen aufsteigende Feuchtigkeit,
- Einbau von Dämmstoffen gegen Schwitzwasserbildung,
- Sicherstellung einer ausreichenden Luftzirkulation in Feuchträumen.

Beispiele vgl. Abb. 3.1.

Gegen Insektenbefall sind im allgemeinen keine konstruktiven Maßnahmen möglich.

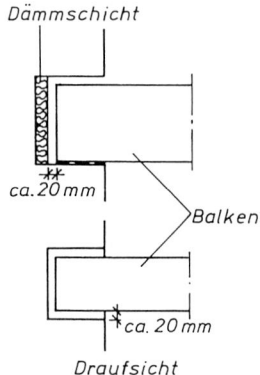

Dämmschicht

ca. 20 mm

Balken

ca. 20 mm

Draufsicht

Balkenauflager auf Mauerwerk/Beton [7, 45]

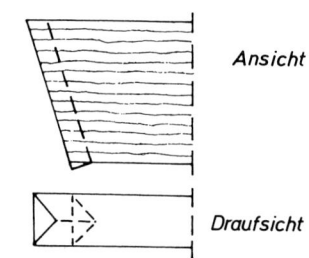

Ansicht

Draufsicht

Dachbinder:
Abdeckung des Hirnholzes durch
eingeleimte Dreikantleiste

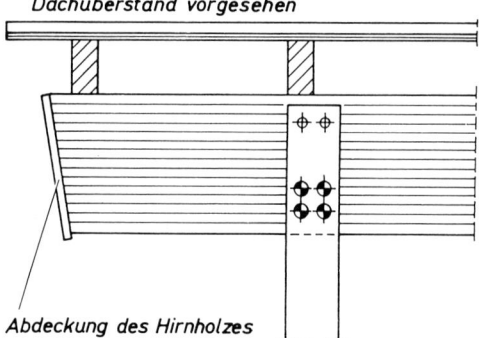

Dachüberstand vorgesehen

Abdeckung des Hirnholzes

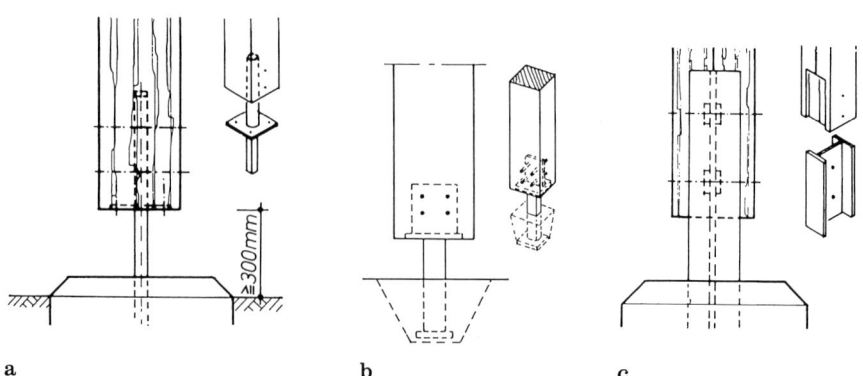

a   b   c

Frei stehende Stützen a [45], b [25], c: Das Hirnholz der Stütze ist luftumspült, Spritzwasser
kann abtrocknen

Abb. 3.1. Baulicher Holzschutz

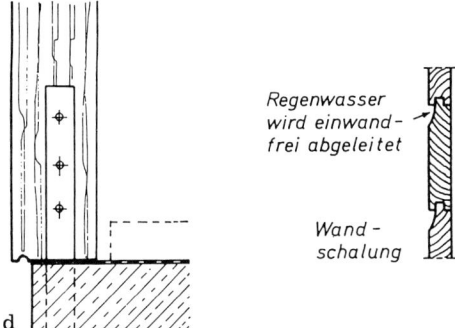

Wandstützen d:
Gegen aufsteigende Feuchtigkeit schützt eine Sperrschicht, Regenwasser kann an der Wassernase abtropfen [45].

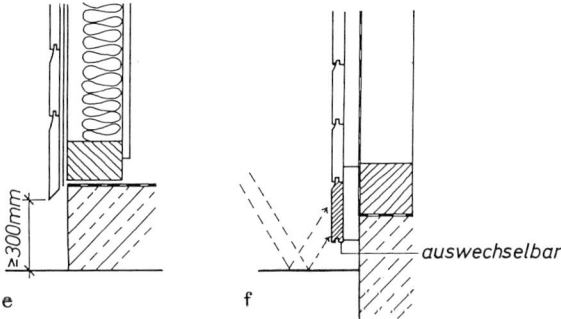

Außenwand – Fußpunkte e [45], f [49]

Abb. 3.1. Baulicher Holzschutz (Fortsetzung) [7]

Zur *Erhöhung des Feuerwiderstandes* von Holzbauteilen können geeignete Querschnittsformate oder Verkleidungen nach DIN 4102 eingesetzt werden (s. hierzu Abschnitt „Brandverhalten").

3.3 Chemischer Holzschutz

3.3.1 Vorbeugende Maßnahmen

Chemische Holzschutzmaßnahmen sind nur dann vorzunehmen, wenn der bauliche Holzschutz die Gefahr von Bauschäden durch Pilze bzw. Insekten nicht verhindern kann. Holzschutzmittel, insbesondere in Wohnräumen, sind sparsam, sachgerecht und nur dort, wo sie wirklich erforderlich sind, anzuwenden [29]. DIN 68 800 T 3 regelt die vorbeugenden chemischen Maßnahmen zum Schutz des tragenden Holzes und enthält Hinweise für den Schutz von nichttragenden Holzbauteilen.

Außerdem kann Bauholz durch chemische Feuerschutzmittel schwerentflammbar nach DIN 4102 gemacht werden.

Erfolg und Wirkungsdauer einer Holzschutzbehandlung sind abhängig von der Art und dem Feuchtegehalt des Holzes sowie von der Art und Menge des Holzschutzmittels und dem Einbringverfahren. Die Tränkbarkeit ist abhängig von der anatomischen Struktur des Holzes. Kiefer ist gut, Fichte hingegen schwer imprägnierbar. Ölige Holzschutzmittel sind allgemein nur bei Holz mit Holzfeuchte $\leq 20\%$ anwendbar, wasserlösliche Holzschutzmittel können auch bei höherer Feuchte eingesetzt werden [7]. Bei Nadelhölzern ist das Kernholz schwerer tränkbar als das Splintholz, dafür jedoch bei Kiefer dauerhafter als Splintholz, bei Fichte nicht.

Laubhölzer sind meist besser tränkbar als Nadelhölzer. Eine Verbesserung der Tränkbarkeit kann erreicht werden durch Perforation (radiale Bohrungen). Dieses Verfahren wird z. B. angewendet bei Telegrafenmasten aus Fichte in der Erd-Luft-Zone.

Perforation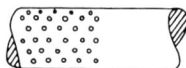

Im Hochbau werden wasserlösliche oder ölige Holzschutzmittel und Sonderpräparate sowie schaumschichtbildende Feuerschutzmittel verwendet. Im Holzbau sind nur Präparate zu verwenden, die vom Institut für Bautechnik (IfBt), Berlin, ein gültiges Prüfzeichen sowie die ihren Eigenschaften entsprechenden amtlichen Prüfprädikate erhalten haben. Ihre Bezeichnungen sind [29]:

P   wirksam gegen Pilze
Iv gegen Insekten vorbeugend wirksam
W   auch für Holz geeignet, das der Witterung ausgesetzt ist
E   auch für Holz geeignet, das extremer Beanspruchung ausgesetzt ist (Erdkontakt und in ständigem Kontakt mit Wasser)

Jährlich veröffentlicht das Institut für Bautechnik ein „Holzschutzmittelverzeichnis" [50]. Auf Nebenwirkungen der Schutzmittel ist zu achten. Die meisten Schutzmittel sind für Menschen und Nutztiere giftig. Deshalb ist beim Umgang mit Holzschutzmitteln besondere Sorgfalt geboten.

Bei *Leimkonstruktionen* ist zu prüfen (amtliche Prüfung), ob Leimart und Schutzmitteltyp miteinander verträglich sind, damit die Leimbindefestigkeit erhalten bleibt. Im Zweifelsfalle empfiehlt sich eine Rückfrage bei dem Schutzmittelhersteller. Erwähnt sei, daß an Leimbindern bisher keine Insektenschäden bekannt geworden sind.

Die Korrosionswirkung wasserlöslicher Schutzmittel auf Metallteile, insbesonder bei Nagelbindern, ist erfahrungsgemäß gering. Auch hier empfiehlt sich jedoch eine Rückfrage beim Hersteller [50]. Eingebracht werden die Holzschutzmittel:

- im *handwerklichen Verfahren* durch Trogtränkung, Tauchen, Streichen oder Spritzen [51],
- im *großtechnischen Verfahren* durch Kesseldruck-, Vakuum- oder Diffusionstränkung sowie durch Saftverdrängung.

Die Imprägnierung erfolgt im allgemeinen *nach dem letzten Bearbeitungsgang*, d.h. nach dem Verleimen und Bearbeiten von Verbundquerschnitten bzw. nach dem Abbund von Bauhölzern. Die Eindringtiefe wird nach dem Grad der Gefährdung gewählt:

Randschutz < 10 mm, Tiefschutz > 10 mm

Tiefschutz erforden z. B. Bauhölzer, die Niederschlägen unmittelbar ausgesetzt oder in Erdreich, Mauerwerk oder Beton eingebunden sind.

Für die Schutzbehandlung gegen Feuer können wasserlösliche Feuerschutzmittel im Kesseldruckverfahren bzw. schaumschichtbildende Feuerschutzmittel im Streich-, Spritz- oder Gießverfahren angewendet werden. Ist gleichzeitig ein Schutz gegen Pilze und Insekten erforderlich, muß dieser *vor der Feuerschutzbehandlung* ausgeführt werden. Mehrfachschutz (z. B. P, Iv) ist grundsätzlich möglich. Die Verträglichkeit der Holzschutzmittel untereinander ist nachzuweisen.

Feuerschutzmittel sind nicht witterungsbeständig. Ein vorbeugender chemischer Feuerschutz ist daher nur bei Holzbauteilen möglich, die vor Witterungseinflüssen und ähnlicher Feuchtigkeitsbeanspruchung geschützt sind [48].

3.3.2 Bekämpfungsmaßnahmen

DIN 68 800 T 4 regelt *Bekämpfungsmaßnahmen* gegen Pilz- und Insektenbefall. Sie müssen ergriffen werden, wenn die entstandenen Schäden die Standsicherheit von Holztragwerken gefährden.

Zunächst sind Schadensumfang und Ursache sehr sorgfältig zu untersuchen. Befallenes Material muß entfernt und vernichtet werden. Nach Erledigung der umfangreichen Vorarbeiten und baulichen Maßnahmen kann die Bekämpfung durch Behandlung mit einem Holzschutzmittel oder – bei Insektenbefall – auch durch Heißluft- oder Durchgasungsverfahren vorgenommen werden.

Für vorbeugende Holzschutzmaßnahmen ist Teil 3 zu beachten. Solche Bekämpfungsmaßnahmen sollten grundsätzlich einer Fachfirma übertragen werden, die über die notwendige Sachkenntnis und Erfahrung verfügt [29, 48, 52].

Eurocode 5
Nach EC 5 wird die Wahrscheinlichkeit, wann Holz oder Holzwerkstoffe von holzzerstörenden Organismen angegriffen werden, mit Hilfe der in EN 335

- Teil 1   Allgemeines
- Teil 2   Bauholz
- Teil 3   Holzwerkstoffplatten

angegebenen Gefährdungsklassen eingeschätzt.

Die Auswahl resistenter Holzarten erfolgt in Übereinstimmung mit der EN 350-2.

Ein chemischer Holzschutz zum Erreichen einer angemessenen Dauerhaftigkeit der Hölzer ist unter Beachtung der EN 351-1 bzw. EN 460 vorzunehmen.

Nach NAD [124] gilt:

Widerstand gegen biologische Organismen:

Es gelten DIN 68 364 sowie DIN 68 800 Teil 2 und Teil 3.

4 Brandverhalten von Bauteilen aus Holz

4.1 Allgemeines

Holzbauteile besitzen, obwohl sie aus brennbarem Material bestehen, eine bemerkenswert hohe Feuerwiderstandsfähigkeit, wenn ihre Querschnittsabmessungen genügend groß sind.

Ursache des günstigen Brandverhaltens ist die vorzügliche Eigenschaft des Holzes, durch Verkohlung der Außenzonen eine Schutzschicht zu bilden, die wegen ihrer geringen Wärmeleitfähigkeit den weiteren Abbrand erheblich verzögert.

Angaben über die Feuerwiderstandsdauer von Holzkonstruktionen – Einzelbauteilen, verschiedenartigen Verbindungsmitteln und Gesamtkonstruktionen – können dem Holz-Brandschutz-Handbuch [20] entnommen werden, in dem DIN 4102 T 4 hinsichtlich Holzbauteile ausführlich erläutert wird [7].

Weitere Hinweise zum Entwerfen und Konstruieren unter Berücksichtigung des Brandschutzes im Holzbau sind in [47] und [53] bis [57] enthalten.

Die Brandschutzbemessung von Holzbauteilen wird in Zukunft international nach EN 1995-1-2 in Verbindung mit EN 1995-1-1 durchgeführt [56].

Im Nationalen Anwendungsdokument (NAD), das die Anwendung des EC 5 in Deutschland regelt, ist festgelegt, daß für die brandschutztechnische Bemessung die DIN 4102 gilt [124].

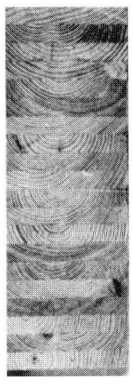 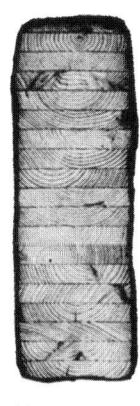 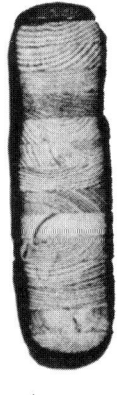

Abb. 4.1. BSH-Querschnitt
a) vor dem Brandversuch
b) nach 30 min Branddauer
c) nach 60 min Branddauer

a)   b)   c)

4.2 Entzündungstemperatur T_E und Abbrandgeschwindigkeit v_A von NH

Bei spontaner Entzündung kleiner Holzproben: $T_E \geqq 350\,°C$
Bei langanhaltender Erwärmung von Holzbauteilen: $T_E \geqq 120\,°C$

Die Abbrandgeschwindigkeit beträgt für Holz während 30 bis 90 Minuten Branddauer i. M. $v_A = 0{,}67\,mm/min$. Das entspricht 20 mm Abbrand bei 30 min Branddauer.

In der Biegezugzone ist infolge stärkeren Ablösens der Kohleschichten ein schnellerer Abbrand zu beobachten (Tafel 4.1).

Tafel 4.1. Abbrandgeschwindigkeit von Holzbauteilen [7]

Art der Bauteile aus NH		v_A (in mm/min)
Stützen		0,7
Balken	Seiten und Oberseite	0,8
	Unterseite	1,1
Decken- und Dachschalungen	Unterseite	1,1
	Oberseite	0,65

Querschnittsteile innerhalb einer Abbrandzone von 20 mm (nach 30 min) oder von 40 mm (nach 60 min) werden i. M. nicht wesentlich über 100 °C erhitzt.

Die Zersetzungszone liegt bei etwa $\geqq 100\,°C$
Die Verkohlungszone liegt bei etwa $\geqq 200\,°C$

Die Brandschutzbemessung wird mit den folgenden Abbrandgeschwindigkeiten

$v_{VH} = 0{,}8\,mm/min$

$v_{BSH} = 0{,}7\,mm/min$

vorgenommen [56, 47].

4.3 Festigkeit und E-Modul für NH bei 100 °C

Festigkeit und E-Modul des Holzes nehmen bei Temperaturerhöhung ab, vgl. Tafel 4.2.

Materialabhängige Ausgangswerte für die Brandschutzbemessung s. [56].

Tafel 4.2. Festigkeit und E-Modul für NH bei 100 °C, bezogen auf entsprechende Werte bei Raumtemperatur [7, 56]

Festigkeit bzw. E-Modul	$\beta_{Z\parallel}$	$\beta_{D\parallel}$	β_B	$E_{D,Z\parallel}$	$E_{B\parallel}$
Bezogene Werte bei 100 °C	90 %	55 %	75 %	85 %	85 %

4.4 Baustoffklassen von Holz und Holzwerkstoffen

DIN 4102 T1 regelt brandschutztechnische Begriffe, Anforderungen, Prüfungen und Kennzeichnungen für Baustoffe.

Baustoffe der Klasse B1 bedürfen eines Prüfzeichens des IfBt. Ohne Prüfzeichen können Holz und Holzwerkstoffe gemäß DIN 4102 T4 in die Baustoffklasse B2 und B3 eingereiht werden.

B2: Holz und Holzwerkstoffe mit Dicken > 2 mm;
    weitere Bedingungen für Holzwerkstoffe s. [20]
B3: Holz und Holzwerkstoffe mit Dicken ≤ 2 mm

Holz und Holzwerkstoffe mit chemischer Brandschutzausrüstung können auf der Grundlage besonderer Bestimmungen mit Prüfbescheid in B1, Spanplatten in Sonderfällen sogar in A2 eingestuft werden, vgl. [20].

Tafel 4.3. Baustoffklassen nach DIN 4102 T1

A	A1, A2	nichtbrennbare	Baustoffe
B		brennbare	Baustoffe
	B1	schwerentflammbare	Baustoffe
	B2	normalentflammbare	Baustoffe
	B3	leichtentflammbare	Baustoffe

4.5 Feuerwiderstandsdauer/Feuerwiderstandsklasse

Die Feuerwiderstandsdauer ist die Zeit in Minuten, während der ein Bauteil seine Funktionen – Tragfähigkeit oder Raumabschluß – uneingeschränkt erfüllen muß. Sie kann durch geeignete Querschnittsformate oder Bekleidungen erhöht werden. Sie steigt z.B. mit wachsendem Verhältnis Volumen/Oberfläche und ist bei BSH höher als bei VH (Schwindrisse). Holzbauteile werden entsprechend ihrer Feuerwiderstandsdauer (30, 60, 90 min) in die Feuerwiderstandsklassen F30-B, F60-B, F90-B eingestuft.

Möglich ist auch eine Klassifizierung nach „wesentlichen" (z.B. tragenden) und „übrigen" Bestandteilen eines Bauteils, z.B.:

F30-AB: „wesentliche" Bestandteile aus nichtbrennbarem Baustoff
        „übrige"   Bestandteile aus brennbarem Baustoff

Anforderungen an die Feuerwiderstandsdauer in Abhängigkeit von Gebäudegröße, Geschoßzahl und Nutzung sind den Landesbauordnungen zu entnehmen und bei Sonderfällen möglichst frühzeitig mit den zuständigen Behörden zu klären [7].

Die für ein Tragwerk geforderte Feuerwiderstandsklasse wird nur erreicht, wenn gleichzeitig alle zugehörigen Einzelbauteile, Verbindungen, Auflager und Aussteifungen die brandschutztechnischen Anforderungen erfüllen. Beispiele s. [20] und [47].

Als Auszug aus DIN 4102 T 4 (3/94) werden hier in gekürzter Fassung einige Mindestabmessungen von Balken, Stützen, Zuggliedern und Verbindungen angegeben.

4.5.1 Mindestabmessungen unbekleideter Balken aus NH

Unbekleidete Balken mind. S 10 oder MS 10 müssen in Abhängigkeit von der Spannungsausnutzung bei 3- und 4 seitiger Brandbeanspruchung die Mindestbreite b und -höhe h nach Tafel 4.4 bzw. 4.5 besitzen. Mindestauflagertiefe auf Beton oder Mauerwerk ≥ 40 mm (80 mm) für F 30-B (F 60-B).

Für Balken und Stützen, für die nach DIN 1052 Teil 1 die Schubbemessung maßgebend wird, enthält DIN 4102 Teil 4 eine Bedingungsgleichung, die einzuhalten ist.

3seitige Brandbeanspruchung liegt vor bei abgedeckter Oberseite mit Beton-, Holz- oder Holzwerkstoffbauteilen.

Die Tabellen in der DIN 4102 Teil 4 enthalten weitere Mindestbreiten für $s = 5,0$ und $6,0$ m sowie für $\sigma_{D\,\|}/\mathrm{zul}\,\sigma_k = 0,8$ und $0,4$ und die entsprechenden $\sigma_B/\mathrm{zul}\,\sigma_B^*$.

Entsprechende Angaben für $h/b = 1$ und 2 sowie für F 60-B siehe DIN 4102 T 4 und [20].

Für $h/b > 3$ muß die Kippaussteifung der Balken nach der geforderten Feuerwiderstandsklasse ausgeführt werden.

Die in den Tafeln 4.4–4.6 enthaltenen Zahlenwerte gelten auch für Buche. Bei LH (außer Buche) mit $\varrho > 600$ kg/m³ dürfen alle Werte der Tafeln 4.4–4.6 mit 0,8 multipliziert werden.

Tafel 4.4. Mindestbreite b von Stützen und Balken aus VH (NH) sowie 4- bzw. 3seitiger Brandbeanspruchung für F 30-B (Auszug aus DIN 4102 Teil 4)

Statische Beanspruchung		Mindestbreite b in mm bei einem h/b					
		1,0			2,0		
Druck	Biegung	und einem Abstützungsabstand s bzw. einer Knicklänge s_k in m					
$\dfrac{\sigma_{D\,\|}}{\mathrm{zul}\,\sigma_k}$	$\dfrac{\sigma_B}{\mathrm{zul}\,\sigma_B^*}$ [a]	2,0	3,0	4,0	2,0	3,0	4,0
1,0	0	187 (163)	204 (181)	219 (194)	161 (151)	179 (169)	193 (182)
0,6	0	143 (127)	155 (136)	161 (143)	126 (120)	137 (130)	142 (132)
	0,4	177 (148)	189 (160)	198 (168)	146 (135)	159 (147)	167 (154)
0,2	0	102 (91)	105 (93)	105 (93)	91 (87)	92 (88)	92 (88)
	0,8	166 (128)	171 (133)	174 (135)	127 (113)	132 (118)	134 (122)
0	0,2	86 (80)	86 (80)	86 (80)	80 (80)	80 (80)	80 (80)
	1,0	160 (114)	160 (114)	160 (114)	113 (96)	113 (103)	118 (109)

[a] zul $\sigma^* = 1,1 \cdot k_B \cdot$ zul σ_B mit $1,1 \cdot k_B \leq 1$.
( )-Werte stehen für 3seitige Brandbeanspruchung.

Tafel 4.5. Mindestbreite b von Stützen und Balken aus BSH (NH) sowie 4- bzw. 3seitiger Brandbeanspruchung für F30-B (Auszug aus DIN 4102 Teil 4)

Statische Beanspruchung		Mindestbreite b in mm bei einem h/b					
		4,0			6,0		
Druck	Biegung	und einem Abstützungsabstand s bzw. einer Knicklänge s_k in m					
$\dfrac{\sigma_{D\parallel}}{\text{zul}\,\sigma_k}$	$\dfrac{\sigma_B}{\text{zul}\,\sigma_B^*}$ a	2,0	3,0	4,0	2,0	3,0	4,0
1,0	0	139 (135)	157 (153)	157 (153)	136 (134)	154 (151)	154 (151)
0,6	0	110 (107)	110 (107)	110 (107)	108 (106)	108 (106)	108 (106)
	0,4	123 (119)	133 (128)	133 (128)	123 (121)	135 (132)	137 (135)
0,2	0	80 (80)	80 (80)	80 (80)	80 (80)	80 (80)	80 (80)
	0,8	105 (102)	112 (109)	119 (116)	109 (107)	121 (119)	132 (130)
0	0,2	80 (80)	80 (80)	80 (80)	80 (80)	80 (80)	80 (80)
	1,0	95 (92)	105 (102)	114 (111)	103 (101)	117 (115)	130 (128)

a $\quad$ zul $\sigma^* = 1{,}1 \cdot k_B \cdot$ zul σ_B mit $1{,}1 \cdot k_B \leqq 1$.

( )-Werte stehen für 3seitige Brandbeanspruchung.

4.5.2 Mindestabmessungen unbekleideter Stützen aus NH

Für belastete Stützen mind. S10 bzw. MS10 sind die Mindestmaße in Abhängigkeit von der Spannungsausnutzung festgelegt, s. Tafel 4.4 und 4.5.

4.6 Mindestmaße unbekleideter Holz-Zugglieder

Tafel 4.6. Mindestbreite b unbekleideter Zugglieder

Statische Beanspruchung		NH				BSH			
		VH F30-B				BSH F30-B			
Zug	Biegung	Mindestbreite b in mm Brandbeanspruchung							
		3seitig		4seitig		3seitig		4seitig	
$\dfrac{\sigma_{Z\parallel}}{\text{zul}\,\sigma_{Z\parallel}}$	$\dfrac{\sigma_B}{\text{zul}\,\sigma_B^*}$ a	h/b				h/b			
		1,0	2,0	1,0	2,0	1,0	2,0	1,0	2,0
1,0	0	89	80	110	88	80	80	96	80
0,6	0	80	80	89	80	80	80	80	80
	0,4	102	105	133	112	89	92	117	98
0,2	0	80	80	80	80	80	80	80	80
	0,8	110	116	151	124	96	101	132	108
0	0,2	80	81	87	84	80	80	80	80
	1,0	114	120	160	128	100	105	140	112

a $\quad$ zul $\sigma^* = 1{,}1 \cdot k_B \cdot$ zul σ_B mit $1{,}1 \cdot k_B \leqq 1$.

Unbekleidete Holz-Zugglieder – auch Fachwerkstäbe – mind. S10 bzw. MS10 müssen in Abhängigkeit von der Spannungsausnutzung die in Tafel 4.6 enthaltenen Mindestquerschnitte besitzen.

Entsprechende Angaben für $\sigma_{Z\|}/\text{zul}\,\sigma_{Z\|} = 0{,}8$ und $0{,}4$, die entsprechenden $\sigma_B/\text{zul}\,\sigma_B^*$ sowie für F60-B s. DIN 4102 T4.

4.7 Stahl-Zugglieder

Die Eignung von Stahl-Zuggliedern einschl. Anschlüssen ist stets nach DIN 4102 T2 und T4 Abschnitt 6 zu prüfen. Eine Einstufung unbekleideter Stahl-Zugglieder in F30 ist möglich [47].

4.8 Feuerwiderstandsklassen von Holzverbindungen

4.8.1 Anwendungsbereich

Verbindungselemente bestehen meistens aus Stahl, bei Dübeln auch aus Alu-Legierungen. Ungeschützte Verbindungen aus Metall besitzen i. d. R. nur eine

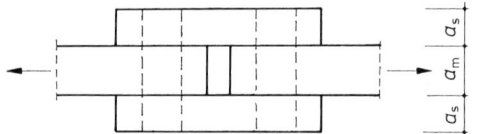

Abb. 4.2

Feuerwiderstandsdauer von 15–25 min [20]. Die Angaben in DIN 4102 T4 zu den Feuerwiderstandsklassen von Verbindungen gelten für auf Druck, Zug oder Abscheren beanspruchte und senkrecht zur Kraftrichtung symmetrisch ausgeführte Verbindungen (s. Abb. 4.2).

Im folgenden werden die Mindestabmessungen einiger geprüfter Verbindungen gemäß DIN 4102 T4 auszugsweise mitgeteilt, vgl. auch [20].

4.8.2 Holzabmessungen

Für tragende Verbindungen und Verbindungen zur Lagesicherung sind folgende Holzabmessungen einzuhalten.

Randabstände der VM:

$$\min e_{r,f} = e_r + c_f \tag{4.1}$$

Es bedeuten:

e_r Randabstand ($\|$ oder $\perp Kr$ nach DIN 1052 T2)

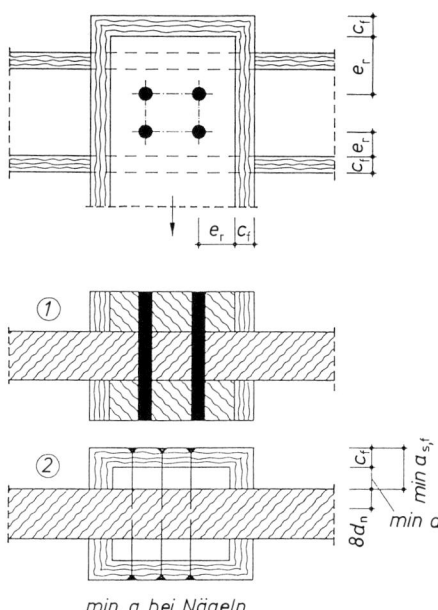

min a bei Nägeln

Abb. 4.3. Randabstände und Seitenholzdicken

	F 30-B	F 60-B
c_f (mm)	10	30

Für SDü u. Bo mit Schaft-$\varnothing \geq 20\,$mm:

min $c_{r,f}$	e_r	$e_r + 20\,$mm

Seitenholzdicke (hinsichtlich der Brandbeanspruchung):

$$\min a_{s,f} = 50\,\text{mm} \quad \text{für F 30}$$

$$\min a_{s,f} = 100\,\text{mm} \quad \text{für F 60}$$

VM können durch eingeleimte Holzscheiben, Pfropfen oder Decklaschen
– Dicke mind. c_f
– Einschlagtiefe der Nägel mind. $6\,d_n$
– je 150 cm² Decklasche ein Befestigungsmittel

geschützt werden (s. DIN 4102 T4). Bei Einhaltung der Randabstände der VM nach Gl. (4.1) und von min $a_{s,f}$ ist dann keine Lastabminderung erforderlich.

4.8.3 Dübelverbindung

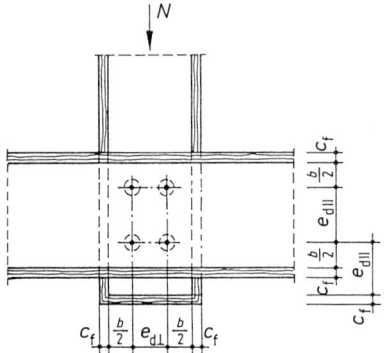

$c_f = 10\,\text{mm}$
$e_{d\perp}$, $e_{d\parallel}$, b, min a und zul N
nach DIN 1052 T 2, Tab. 4, 6 und 7

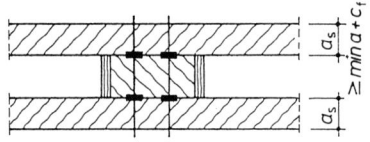

Abb. 4.4. Mindestabmessungen
für Dübelverbindungen bei F 30-B

Bei Dübeln mit ungeschützten Schraubenbolzen (s. Abb. 4.4) und ohne zusätzliche Sondernägel ist für F 30-B nachzuweisen, daß

$$N \leq 0,25 \cdot \text{zul}\,N \cdot a_s/(\text{min}\,a + c_f)$$
$$\leq 0,5 \cdot \text{zul}\,N \quad \text{ist.} \tag{4.2}$$

min a – Mindestholzdicken für Verbindungen nach DIN 1052
zul N – zulässige Belastung je Dübel

Bei Anordnung von Klemmbolzen –4.1.3– darf grundsätzlich

$$N = 0,5\,\text{zul}\,N$$

gesetzt werden.
Sondernägel sind als Brandschutzmaßnahme besonders geeignet [47].

4.8.4 Stabdübel- und Paßbolzenverbindungen

Für ungeschützte Stabdübel (s. Abb. 4.5) bei F 30-B mit innenliegenden Stahlblechen ist je Stabdübel nachzuweisen, daß

$$N \leq 1,25 \cdot \text{zul}\,\sigma_1(a_s - 30 \cdot v) \cdot d_{st} \cdot 1,25 \cdot \eta \cdot \left(1 - \frac{\alpha}{360}\right) \tag{4.3}$$

ist.

$$\eta = \frac{d_{st}/a_s}{\text{min}\,(d_{st}/a_s)} \leq 1 \tag{4.4}$$

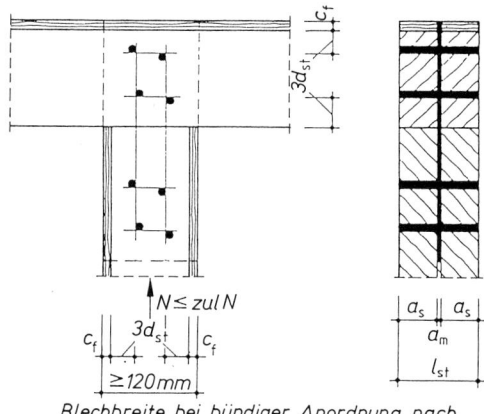

$a_s \geqq 50\,\mathrm{mm}$; $\quad c_f \geqq 10\,\mathrm{mm}$
$a_m \geqq 2\,\mathrm{mm}$; $\quad l_{st} \geqq 120\,\mathrm{mm}$
d_{st} nach folgender Zusammenstellung:

a_s mm	SDü-$\varnothing$ mm
60 und 80	8
100	10
120 und 140	12
160 und 180	16
200 und 220	20

a_s und zugehörige SDü-$\varnothing$ d_{st} unter Berücksichtigung von Vorzugsmaßen für $N \leqq$ zul N

Blechbreite bei bündiger Anordnung nach Bild 55 a), DIN 4102

Abb. 4.5. Mindestabmessungen für Stabdübelverbindungen mit innenliegenden Stahlblechen bei F 30-B

Es ist keine weitere Lastabminderung erforderlich sofern die folgenden Bedingungen eingehalten werden:

$$l_{st} = 2 \cdot a_s + a_m \geqq 120\,\mathrm{mm} \qquad \text{(SDü ohne Überstand)}$$
$$l_{st} = 2 \cdot a_s + a_m + 2 \cdot \ddot{u} \geqq 200\,\mathrm{mm} \qquad \text{(SDü mit Überstand)}$$
$$\ddot{u} \leqq 20\,\mathrm{mm}$$

Ein Überstand bis 5 mm kann vernachlässigt werden.

$$d_{st}/a_s \geqq \min(d_{st}/a_s)$$

mit

$$\min(d_{st}/a_s) = 0{,}08 \left(1 + \left[\frac{110}{l'_{st}}\right]^4\right)\left(1 - \frac{\alpha}{360}\right)$$

$l'_{st} = l_{st}$ (SDü ohne ü) bzw. $0{,}6\,l_{st}$ (SDü mit ü)

Bei bündig innenliegenden Stahlblechen dürfen bestimmte Blechmaße D nicht unterschritten werden. Wenn z. B. zwei gegenüberliegende Ränder ungeschützt sind, muß für

F 30-B: $D = 120\,\mathrm{mm}$ ($= h$ z. B. für Zugstoß) s. a. Abb. 4.5

eingehalten werden [47].

Werden die Blechmaße D nicht eingehalten, sind die Blechränder zu schützen (s. DIN 4102 T 4) [47].

4.8.5 Nagelverbindungen

Eine Verbindung mit ungeschützten Nägeln und innenliegenden Stahlblechen bei Anschlüssen F 30-B ist nach Abb. 4.6 auszuführen.

Weitere Einzelheiten zu den oben genannten Verbindungen (z. B. zu F 60-B) und Angaben zu Stahl- und Balkenschuhen, Stirnversätzen sowie Firstgelenken sind aus DIN 4102 Teil 4 zu entnehmen [47].

Für First-, Gerber- und Fußgelenke liegen noch keine ausreichenden Versuchsergebnisse vor. In derartigen Fällen hat sich eine Ummantelung mit nichtbrennbarer Mineralwolle ($\varrho \geqq 30\ \text{kg/m}^3$) als brauchbarer Brandschutz erwiesen.

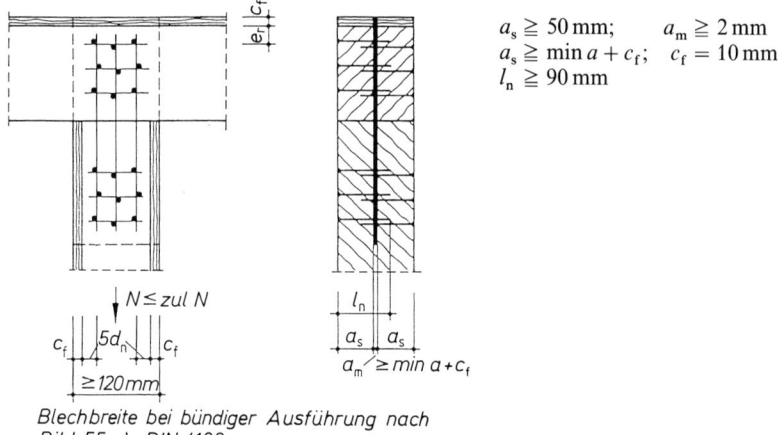

$$a_s \geqq 50\ \text{mm}; \qquad a_m \geqq 2\ \text{mm}$$
$$a_s \geqq \min a + c_f; \qquad c_f = 10\ \text{mm}$$
$$l_n \geqq 90\ \text{mm}$$

Blechbreite bei bündiger Ausführung nach Bild 55a), DIN 4102

Abb. 4.6. Mindestabmessungen für Nagelverbindungen mit innenliegenden Stahlblechen bei F 30-B

4.9 Feuerwiderstandsklassen von Tafelelementen

Ausführliche Angaben s. DIN 4102 T4, [20] und [47].

4.10 Formänderungen im Brandfall

Holzleimbinder erleiden bei Feuereinwirkung keine nennenswerte Längenänderung, da die Verlängerung infolge Temperaturerhöhung und das gleichzeitige Schwinden infolge Feuchteabnahme sich weitgehend ausgleichen. Holzleimbinder üben daher im Brandfalle keine nach außen gerichtete Kraft auf die Umfassungswände aus wie z.B. Stahlbinder [20].

5 Stöße und Anschlüsse

5.1 Zugstöße und -anschlüsse ‖ Fa

Die Deckungsteile sind symmetrisch zur Stabachse anzuordnen (Abb. 5.2).
Einseitig beanspruchte Holzlaschen oder -stabteile nach Abb. 5.1 und 5.2
sind wegen der außermittigen Kraftwirkung nach DIN für die *1,5fache* anteilige Zugkraft zu bemessen –7.3–, die Verbindungsmittel nur für die *einfache*. Bei einseitigen *Stahllaschen* darf die Außermittigkeit vernachlässigt
werden –*E34*–.

Bei *genagelten* Zugstößen und -anschlüssen ist zul $\sigma_{Z\parallel}$ in mittig beanspruchten Holzbauteilen nach DIN um 20% abzumindern –*5.1.10*–.

EC 5 berücksichtigt die Spannungserhöhung infolge der Außermittigkeit,
die Abminderung der Festigkeiten für mittig beanspruchte genagelte Holzbauteile jedoch nicht. Die charakteristische Festigkeit nach EC 5 für Zugbeanspruchung hat – unter Beachtung der Teilsicherheitsbeiwerte – im Vergleich
mit der zulässigen Spannung i. d. R. einen größeren Holzquerschnitt zur Folge
[60].

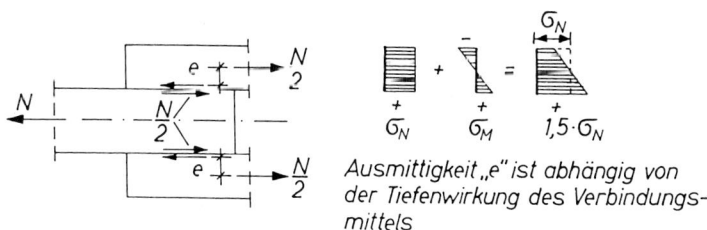

Ausmittigkeit „e" ist abhängig von
der Tiefenwirkung des Verbindungsmittels

Abb. 5.1

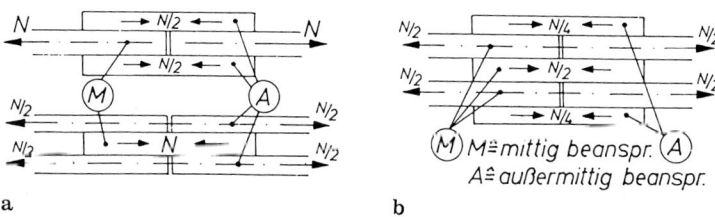

$M \hat{=}$ mittig beanspr. $A \hat{=}$ außermittig beanspr.

a   b

Abb. 5.2

Bemessung nach DIN

zu a):

Teile M: $\dfrac{\dfrac{N}{A_n}}{\text{zul}\,\sigma_{Z\,\|}} \leqq 1$ (Dübel, Bolzen, Stabdübel) (5.1)

$\dfrac{\dfrac{N}{A_n}}{0,8 \cdot \text{zul}\,\sigma_{Z\,\|}} \leqq 1$ (Nägel) $-5.1.10-$

Teile A: $\dfrac{1,5 \cdot \dfrac{N}{2\,A_n}}{\text{zul}\,\sigma_{Z\,\|}} \leqq 1$ (alle VM außer Leim) (5.2)

zu b):

$\dfrac{N}{2}$ statt N in (5.1) und (5.2) einsetzen.

Bemessung nach EC 5

Folgende Bedingung muß erfüllt sein:

$$\sigma_{t,0,d} \leqq f_{t,0,d}$$

zu a):

Teile M: $\dfrac{\dfrac{N_d}{A_n}}{f_{t,0,d}} \leqq 1$ (5.3)

Teile A: $\dfrac{1,5^{1} \cdot \dfrac{N_d}{2\,A_n}}{f_{t,0,d}} \leqq 1$ (5.4)

zu b):

Teile M: $\dfrac{\dfrac{N_d}{2\,A_n}}{f_{t,0,d}} \leqq 1$ (5.5)

Teile A: $\dfrac{1,5 \cdot \dfrac{N_d}{4\,A_n}}{f_{t,0,d}} \leqq 1$ (5.6)

---

[1] Näherung, abhängig von der Tiefenwirkung der Verbindungsmittel

genauer: $\dfrac{N_d/(2\,A_n)}{f_{t,0,d}} + \dfrac{M_d/W_n}{f_{m,d}} \leqq 1$.

mit

N_d Bemessungswert der Stabkraft

$f_{t,0,d}$ Bemessungswert der Zugfestigkeit $\left(= \dfrac{k_{mod}}{\gamma_M} \cdot f_{t,0,k} \right)$

A_n nutzbare Querschnittsfläche

Querschnittsschwächungen sind zu berücksichtigen mit Ausnahme von
- Nägeln mit Durchmessern bis zu 6 mm, ohne Vorbohrung
- symmetrisch angeordneten Stabdübel-, Schrauben- und Nagellöchern in Druckstäben
- Löchern in der Druckzone von Biegegliedern, wenn die Löcher mit einem Material ausgefüllt sind, dessen Steifigkeit größer ist als die des Holzes.

Geleimte Zugstöße werden nicht mit Laschen ausgeführt, da die Scherspannungen in der Fuge nicht konstant sind und zusätzlich Querzugspannungen infolge der Außermittigkeit entstehen. Statt dessen wird der *Keilzinkenstoß* verwendet, s. Abb. 5.3.

DIN:

$$\frac{\dfrac{N}{A_n}}{zul\,\sigma_{Z\,\|}} \leqq 1$$

EC 5:

$$\frac{\dfrac{N_d}{A_n}}{f_{t,0,d}} \leqq 1$$

Nach Moers [61] und Möhler/Hemmer [62] können Zugstöße und -anschlüsse auch mit eingeleimten Gewindestangen ausgeführt werden, s. Abb. 5.4 und Abschn. 6.1.5.

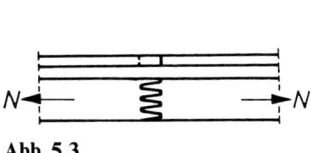

Abb. 5.3

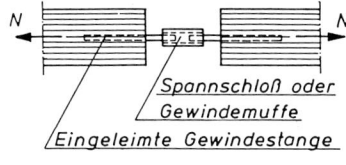

Spannschloß oder Gewindemuffe

Eingeleimte Gewindestange

Abb. 5.4

5.2 Zuganschlüsse ⊥ Fa (Querzug)

5.2.1 Allgemeines

VH- und BSH-Träger werden durch angehängte Lasten nach Abb. 5.5 nicht nur auf Lochleibung, sondern auch auf Querzug beansprucht. Möhler/Siebert

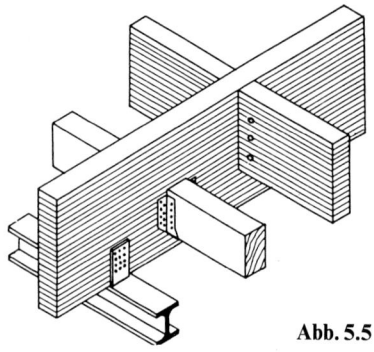

Abb. 5.5

[63] geben für Queranschlüsse mit Dübeln Typ A bzw. D, Stabdübeln und Nägeln Konstruktions- und Bemessungsvorschläge an, die im folgenden mitgeteilt werden. Eine Empfehlung zum einheitlichen, genaueren Querzugnachweis – $T2, 3.5$ – für Anschlüsse mit mechanischen Verbindungsmitteln ist in [64] enthalten.

In [38, Abschn. 5.2] ist ein ähnlich formulierter Querzugnachweis für eine Bemessung nach EC 5 angegeben.

5.2.2 Allgemeine Hinweise zur Querzugbeanspruchung

a) Bei vollflächigen, über die ganze Trägerhöhe H verteilten Anschlüssen besteht i. d. R. keine Querzugrißgefahr.

b) Die aufnehmbare Querzuglast ist um so größer, je größer der Abstand a vom belasteten Trägerrand (Unterkante) und die Anschlußbreite W_0 ist, s. Abb. 5.6.

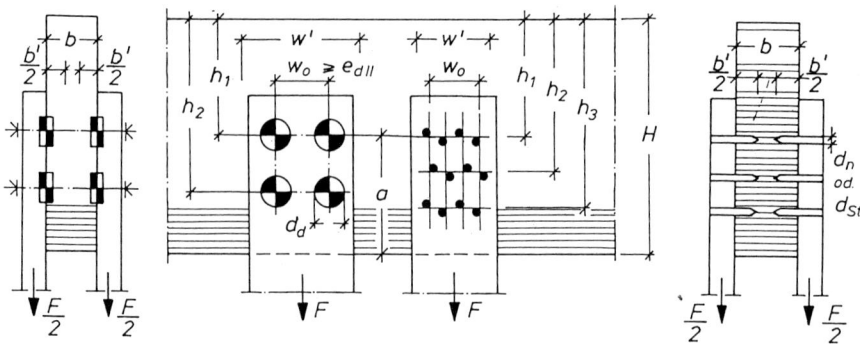

Abb. 5.6. Querzuganschlüsse

5.2.3 Bemessungsvorschlag nach DIN

Die zulässige Querzuglast zul F_Q^R kann mit den Bezeichnungen nach Abb. 5.6 für Brettschichtträger mit $H \geqq 300\,\text{mm}$ nach Gl. (5.7) berechnet werden.

$$\text{zul}\,F_Q^R = \frac{f'(a, H)}{75,4} \cdot \frac{b' \cdot W'}{s \cdot (b' \cdot W' \cdot h_1)^{0,2}} \quad (\text{in kN}) \tag{5.7}$$

Erläuterungen und Bedingungen zur Anwendung der Gl. (5.7) werden im folgenden beschrieben:

Tafel 5.1. Wirksame Querschnittsbreite b' (in mm)

$b' \leqq b$ (in mm)	Art der Verbindungsmittel
$\leqq 100\,\text{mm}$	Dübel Typ A oder D (beidseitig)
$\leqq 6 \cdot d_{\text{st}}$	Stabdübel
$\leqq 2 \cdot 12 \cdot d_n$	einschnittige Nägel (beidseitig)
$\leqq 12 \cdot d_n$	zweischnittige Nägel
$\leqq 100\,\text{mm}$	in beiden o. g. Fällen

Tafel 5.2. Wirksame Anschlußbreite W' (in mm)

W' (in mm) nach Abb. 5.6	Art der Verbindungsmittel
$W_0 + 2,15 \cdot d_d \leqq m \cdot 2,15 \cdot d_d$	Dübel Typ A oder D
$W_0 + 5,00 \cdot d_{\text{st}} \leqq m \cdot 5,00 \cdot d_{\text{st}}$	Stabdübel
$W_0 + 5,00 \cdot d_n \leqq m \cdot 5,00 \cdot d_n$	Nägel

W_0 = Achsabstand der äußeren Verbindungsmittel in oberster Reihe
m = Anzahl der Verbindungsmittel in oberster Reihe
$m \geqq 2 \rightarrow$ Gl. (5.7) liefert zutreffende Werte
$m = 1 \rightarrow$ Gl. (5.7) liefert Werte, die sehr auf der sicheren Seite liegen

$$s = \frac{1}{n} \cdot \sum_{i=1}^{n} (h_1/h_i)^2 \qquad \text{mit } n \geqq 2 \tag{5.8}$$

n = Anzahl der ∥ Kraft übereinanderliegenden Verbindungsmittelreihen

$$f'(a, H) = 0,68 + \frac{1,37 \cdot H}{1000} + \frac{0,2 \cdot a}{H} + \frac{0,4 \cdot a}{1000} \tag{5.9}$$

$a \geqq 0,2 \cdot H$ muß erfüllt sein
$H > 1500\,\text{mm} \rightarrow H = 1500\,\text{mm}$ ist einzusetzen

Folgende Beschränkungen sind zu beachten:

Dübel Typ A: $d_d \leqq 126\,\text{mm}$
Dübel Typ D: $d_d \leqq 115\,\text{mm}$

Stabdübel: $d_{st} \leq 24\,mm$
Nägel: bei $d_n \geq 4,2\,mm \rightarrow$ Nagellöcher vorbohren

Bei Trägerhöhen $H < 300\,mm$:

Bemessung nach Gl. (5.7) ist nur erforderlich, wenn der Anschlußschwerpunkt unterhalb der Trägerachse liegt.

Neben zul F_Q^R darf natürlich zul F der Verbindungsmittel nicht überschritten werden.

5.2.4 Berechnungsbeispiele

Querzuglast $F = 28\,kN$ (Abb. 5.7)

Gewählt: 2×4 Dübel $\varnothing\,50\,mm - D$

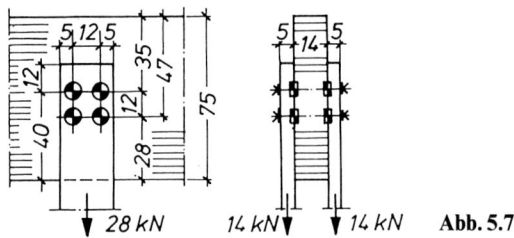

28 kN   14 kN 14 kN   **Abb. 5.7**

a) **zul $F_{d\perp}$ für Verbindungsmittel**
   nach – *T2, Tab. 7, Spalte 15* –:

$$zul\,F_{d\perp} = 2 \cdot 4 \cdot 7 = 56\,kN > 28\,kN$$

b) **zul F_Q^R auf Querzug:**

$m = 2$ Dübel in oberster Reihe
$n = 2$ Dübelreihen übereinander
$d_d = 50\,mm < 115\,mm$ (Typ D)
$a = 400\,mm > 0,2 \cdot 750 = 150\,mm$

Nachweis auf Querzug:

Tafel 5.1: $b' = 100\,mm < 140\,mm = b$
Tafel 5.2: $W' = 120 + 2,15 \cdot 50 = 227,5\,mm$
$\qquad\qquad\quad \leq 2 \cdot 2,15 \cdot 50 = \textbf{215,0\,mm} \qquad \textbf{maßgebend}$

Gl. (5.8): $s = \dfrac{1}{2} \cdot \left[\left(\dfrac{350}{350}\right)^2 + \left(\dfrac{350}{470}\right)^2 \right] = 0,777$

Gl. (5.9): $f'(a, H) = 0,68 + \dfrac{1,37 \cdot 750}{1000} + \dfrac{0,2 \cdot 400}{750} + \dfrac{0,4 \cdot 400}{1000} = 1,97$

Tafel 5.3. Vergleich der zulässigen Querzugbelastung

a/H	zul F_Q^R (kN) (Möhler/Siebert)	zul $F_{Z\perp}$ (kN) nach Gl. (1) [64]
0,36	44,5	42,2
0,48	50,5	52,0
0,60	58,8	68,7
0,72	72,5	101,8

Gl. (5.7): $\displaystyle \text{zul}\,F_Q^R = \frac{1,97}{75,4} \cdot \frac{100 \cdot 215}{0,777 \cdot (100 \cdot 215 \cdot 350)^{0,2}} = 30,5\,\text{kN} > 28,0\,\text{kN}$

$F/\text{zul}\,F_Q^R = 28 : 30,5 = 0,918$

zul $F_Q^R = 30,5\,\text{kN}$ kann auch dem Diagramm in [58] entnommen werden. In [16] sind Hilfstabellen, die auf der Grundlage von [64] erstellt worden sind, für den Querzugnachweis enthalten.

Tafel 5.3 enthält die aus [64] entnommenen zulässigen Querzugbelastungen. Bei architektonisch anspruchsvollen BSH-Konstruktionen lassen sich Querzugrisse mit dem Nachweis nach Möhler/Siebert [63] weitgehendst vermeiden.

5.2.5 Bemessung nach EC 5

Unter der Voraussetzung $b_e > 0,5 \cdot h$ folgt:

$$V_d \leq 2 f_{v,d} \cdot b_e \cdot t/3 \tag{5.10}$$

mit

V_d Bemessungswert der Querkraft, die durch die Verbindungsmittel erzeugt wird

t Dicke des querbeanspruchten Holzes

$f_{v,d}$ Bemessungswert der Scherfestigkeit $\left(= \dfrac{k_{mod}}{\gamma_M} \cdot f_{v,k}\right)$ des Holzes

b_e Abstand der vom beanspruchten Rand am weitesten entfernt angeordneten Verbindungsmittel

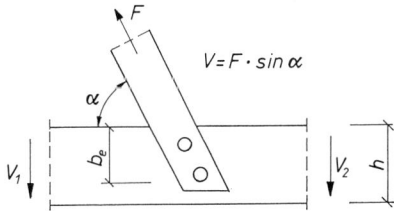

Abb. 5.8. Anschluß einer Kraft

Dieser Nachweis entspricht einem ersatzweise geführten Schubspannungsnachweis im Restquerschnitt $b_e \cdot t$. Hierbei bleiben folgende Einflußfaktoren unberücksichtigt [38]:

- Anordnung, Größe und Anzahl der Verbindungsmittel und ihre Verteilung über die Trägerhöhe
- Querzugfestigkeit des Holzes in Abhängigkeit von der wirksamen Anschlußfläche
- Verhältnis des Abstandes der obersten Verbindungsmittelreihe vom beanspruchten Rand zur Trägerhöhe

Bei Anschlüssen mit stiftförmigen Verbindungsmitteln können genauere Nachweise nach [38] geführt werden.

5.2.6 Berechnungsbeispiel (EC 5)

Konstruktionsdetails s. Abb. 5.7

$$F = 28 \, \text{kN}; \quad F_G = 0,4 \, F, \quad F_Q = 0,6 \, F$$

BS 14 (s. Tafel 2.11), mittlere LED (s. Tafel 2.7), Nkl1 oder 2 (s. Tafel 2.8).

Bemessungswert F_d:

Gl. (2.3): $F_d = \gamma_G \cdot G_k + 1,5 \, Q_k$

Tafel 2.5: $\gamma_G = 1,35$

Gl. (2.3): $\gamma_Q = 1,5$

$$F_d = 1,35 \cdot 0,4 \cdot F + 1,5 \cdot 0,6 \cdot F = 1,44 \cdot F$$

$$F_d = 1,44 \cdot 28 = 40,3 \, \text{kN}$$

Bemessungswert V_d auf Querzug:

Gewählt: 2×4 Dübel $\varnothing \, 50 \, \text{mm} - \text{D}$ (Abb. 5.7)

$$b_e = 400 + 25 = 425 \, \text{mm}, \quad t = 140 \, \text{mm}$$

$$b_e > 0,5 \cdot h = 0,5 \cdot 750 = 375 \, \text{mm}$$

Gl. (5.10): $V_d = 2 \cdot f_{v,d} \cdot b_e \cdot t / 3$

Gl. (2.5): $f_{v,d} = \dfrac{k_{mod}}{\gamma_M} \cdot f_{v,k}$

Tafel 2.6: $\gamma_M = 1,3$

Tafel 2.9: $k_{mod} = 0,8$

Tafel 2.11: $f_{v,k} = 2,7 \, \text{N/mm}^2$

$$f_{v,d} = \frac{0,8 \cdot 2,7}{1,3} = 1,66 \, \text{N/mm}^2$$

$$V_d = 2 \cdot 1,66 \cdot 425 \cdot \frac{140}{3} = 65\,847 \, \text{N}$$

Tafel 5.4. Ausnutzungsgrad in Abhängigkeit von F_Q/F_G und der Lasteinwirkungsdauer

Lasteinwirkungsdauer		mittel		ständig	
F_Q/F_G	F_d (kN)	V_d (kN)	F_d/V_d	V_d (kN)	F_d/V_d
0,5	39,2		0,596		0,790
1	40,0	65,8	0,608	49,6	0,806
1,5	40,3		0,612		0,812

Nachweis auf Querzug:

$$V_d = 65,8 \, \text{kN} > F_d = 40,3 \, \text{kN}$$

Neben dem Bemessungswert V_d darf auch der Bemessungswert R_d der Verbindungsmittel (Dübel besonderer Bauart) nicht überschritten werden (Abschnitt 6).

Der Ausnutzungsgrad beträgt:

$$F_d/V_d = 0,61$$

Bei einem Verhältnis b_e/h nahe 0,5 sollte der Bemessungswert V_d nicht voll ausgeschöpft werden.

Weitere Beispiele zur Berechnung von Querzuglasten:
- Hirnholz-Dübelverbindung: Abb. 5.29, 6.21 A
- Sparrenpfettenanker: Abb. 6.64
- Balkenschuhe: Abb. 6.64 B
- Nagelplatten: Abb. 6.65 I

5.3 Druckstöße ‖ Fa

Stöße von Druckstäben werden unterschieden
a)   hinsichtlich ihrer Lage
a$_1$)   in den äußeren Viertelteilen der Knicklänge
a$_2$)   im knickgefährdeten Bereich (seitliches Ausweichen möglich)
b)   hinsichtlich ihrer Ausführung
b$_1$)   als Kontaktstoß (einwandfreie Herstellung ist möglich, z.B. durch Eintreiben eines 4 mm dicken verzinkten Bleches in einen durch Sägeschnitt hergestellten 3 mm breiten Spalt)
b$_2$)   als kontaktloser Stoß (Luft)

5.3.1 Kontaktstoß in Knotenpunktnähe (a$_1$, b$_1$)

Lagesicherung der verbundenen Teile durch Laschen.
    Bei reinem Kontaktstoß (Abb. 5.9 b) sind ≥ 4 Nägel je Lasche und Anschluß erforderlich.

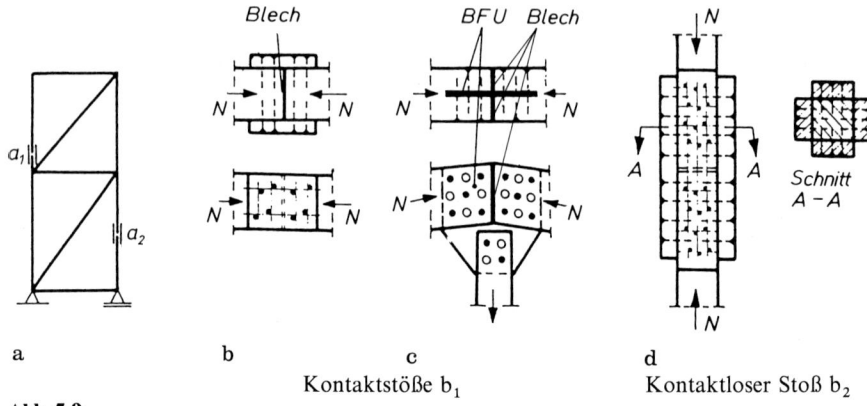

a   b   c   d

Kontaktstöße b_1 Kontaktloser Stoß b_2

Abb. 5.9

5.3.2 Kontaktstoß im knickgefährdeten Bereich (a_2, b_1)

Berechnung der gesamten VM-Anzahl für $\dfrac{N}{2}$:

DIN:

$$\mathrm{erf}\, n = \frac{N}{2 \cdot \mathrm{zul}\, N_{\mathrm{VM}}}$$

EC 5:

$$\mathrm{erf}\, n = \frac{N_{\mathrm{d}}}{2 \cdot R_{\mathrm{d,VM}}}$$

Volle Stoßdeckung für beide Hauptachsen durch Laschen.

$$I_{y\,\mathrm{Laschen}} \geqq I_{y\,\mathrm{Stab}} \quad \text{und} \quad I_{z\,\mathrm{Laschen}} \geqq I_{z\,\mathrm{Stab}}$$

Diese Bedingungen sind erfüllt, wenn:

bei 4 Laschen: $a \geq 0{,}425\,h$ (Abb. 5.10a)

$$I_{y\mathrm{L}} = I_{z\mathrm{L}} = 2 \cdot a \cdot \frac{h^3}{12} + 2 \cdot h \cdot \frac{a^3}{12} = \frac{2 \cdot h^4}{12}\left(\frac{a}{h} + \frac{a^3}{h^3}\right)$$

$$= \frac{h^4}{12} \cdot 2\,(0{,}425 + 0{,}425^3) = 1{,}004\,\frac{h^4}{12} \approx \frac{h^4}{12}$$

bei 2 Laschen auf $h > b$: $a \geqq 0{,}8\,b$ (Abb. 5.10b)

$$I_{y\mathrm{L}} = \frac{2ha^3}{12} = \frac{2h(0{,}8\,b)^3}{12} = 1{,}024\,\frac{hb^3}{12} \approx \frac{hb^3}{12}$$

$$I_{z\mathrm{L}} = \frac{2ah^3}{12} = \frac{2\,(0{,}8\,b)h^3}{12} = 1{,}6\,\frac{bh^3}{12} > \frac{bh^3}{12}$$

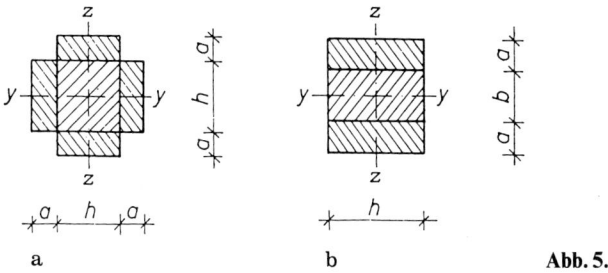

a   b   **Abb. 5.10**

Eine genauere Bemessung des Druckstoßes im knickgefährdeten Bereich sollte mit ef I und entsprechender Querkraft erfolgen (s. mehrteiliger Druckstab).

5.3.3 Kontaktloser Stoß (b₂)

Berechnung der gesamten VM-Anzahl für N im nicht knickgefährdeten Bereich.

DIN:

$$\text{erf}\, n = \frac{N}{\text{zul}\, N_{\text{VM}}}$$

EC 5:

$$\text{erf}\, n = \frac{N_{\text{d}}}{R_{\text{d, VM}}}$$

Volle Stoßdeckung wie Variante a_2, b_1

5.4 Druckanschlüsse ⊥ Fa

Zapfen sind wegen großer Querschnittsschwächung möglichst zu vermeiden (keine Passung im Zapfengrund).

Berechnung der Anschlüsse nach Abb. 5.11
Für alle Beispiele gewählt: Pfosten   14/16
                             Schwelle 14/14 NH Gkl II $\cong$ S10/MS10

DIN:
(nur Beispiel e)

e) Aufgeleimte Beihölzer sollen bei Kontaktdruckanschlüssen nach $-E\,206-$ mit Rücksicht auf das Arbeiten des Holzes nicht dicker als 40 mm sein.
   Die Ausmittigkeit erfordert bei Außerachtlassung von Reibungskräften in der Auflagerfuge die Beiholzlänge:

$$\text{erf}\, l = a_1 \sqrt{\frac{3 \cdot \text{zul}\, \sigma_{D\perp}}{\text{zul}\, \sigma_{Z\perp}}} \qquad a_1 \cong \text{Beiholzdicke} \qquad (5.11)$$

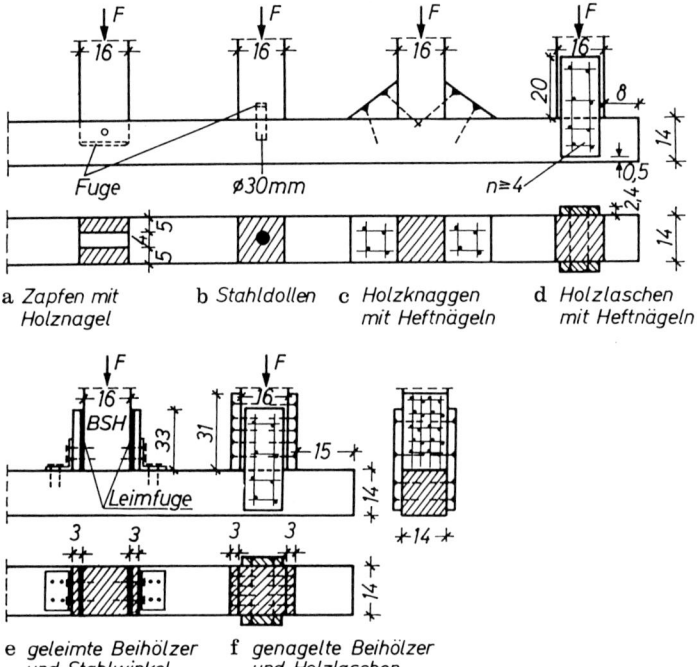

a Zapfen mit   b Stahldollen   c Holzknaggen   d Holzlaschen
  Holznagel   mit Heftnägeln   mit Heftnägeln

e geleimte Beihölzer   f genagelte Beihölzer
  und Stahlwinkel   und Holzlaschen
  mit Heftnägeln   **Abb. 5.11.** Druckanschlüsse $\perp$ Fa

Mit $\mathrm{zul}\,\sigma_{\mathrm{D}\perp} = 2{,}0\,\mathrm{MN/m^2}$ und $\mathrm{zul}\,\sigma_{\mathrm{Z}\perp} = 0{,}05\,\mathrm{MN/m^2}$ wird

$$\mathrm{erf}\,l \approx 11 \cdot a_1 \qquad\qquad (5.12)$$

$$\mathrm{zul}\,F = 2{,}0 \cdot (160 + 2 \cdot 30) \cdot 140 = 61\,600\,\mathrm{N} = 61{,}6\,\mathrm{kN}$$

$$l = 11 \cdot 30 = 330\,\mathrm{mm}$$

f) Genagelte Beihölzer müssen nach $-T2,14-$ für die 1,5fache anteilige Kraft angeschlossen werden.

EC 5:
Folgende Bedingung muß erfüllt sein:

$$\sigma_{\mathrm{c},90,\mathrm{d}} \leqq k_{\mathrm{c},90} \cdot f_{\mathrm{c},90,\mathrm{d}} \qquad\qquad (5.13)$$

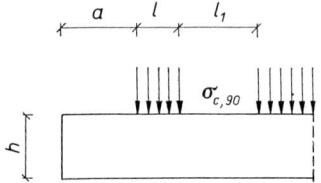

Abb. 5.12. Druck rechtwinklig zur Faserrichtung

Tafel 5.5. Faktor $k_{c,90}$ (s. Abb. 5.12)

	$l_1 \leqq 150\,mm$	$l_1 > 150\,mm$	
		$a \geqq 100\,mm$	$a < 100\,mm$
$l \geqq 150\,mm$	1	1	1
$150\,mm > l \geqq 15\,mm$	1	$1 + \dfrac{150-l}{170}$	$1 + \dfrac{a(150-l)}{17\,000}$
$15\,mm > l$	1	1,8	$1 + a/125$

Für alle Beispiele sind außerdem vorgegeben:

S 10/MS 10

mittlere LED, Nkl 1 oder 2

a) $A_n = 2 \cdot 50 \cdot 160 = 160 \cdot 10^2\,mm^2$

$F_d = A_n \cdot k_{c,90} \cdot f_{c,90,d}$

Mit

$l \geqq 150\,mm,$

$l_1 > 150\,mm,$

$a \geqq 100\,mm$

folgt aus Tafel 5.5: $k_{c,90} = 1$

Für $l \geqq 150\,mm$ ist der Faktor stets 1.

$$f_{c,90,d} = \frac{k_{mod}}{\gamma_M} \cdot f_{c,90,k} \qquad (Gl.\,(2.5))$$

$$\gamma_M = 1,3 \quad (Tafel\,2.6); \qquad k_{mod} = 0,8 \quad (Tafel\,2.9)$$

$$f_{c,90,k} = 5,0\,N/mm^2 \quad (Tafel\,2.10)$$

$$f_{c,90,d} = \frac{0,8 \cdot 5,0}{1,3} = 3,08\,N/mm^2$$

$$F_d = 160 \cdot 10^2 \cdot 3,08 = 49\,280\,N = 49,3\,kN$$

Vergleich mit DIN:

Mit

$$F_G = 0,4\,F, \qquad F_Q = 0,6\,F$$

folgt zum Beispiel:

$$F_d = (1,35 \cdot 0,4 + 1,5 \cdot 0,6)\,F = 1,44\,F$$

$$F = \frac{49,3}{1,44} = 34,2\,kN$$

Es kann in diesem Falle eine größere Last als nach DIN (32 kN) aufgenommen werden. Die nach EC 5 aufnehmbare Last ist von der Lasteinwirkungsdauer, der Nutzungsklasse und dem Verhältnis F_Q/F_G abhängig (s. Tafel 5.4).

b) $A_n = 140 \cdot 160 - \dfrac{\pi \cdot 30^2}{4} = 217 \cdot 10^2 \, \text{mm}^2$

$F_d = 217 \cdot 10^2 \cdot 3{,}08 = 66836 = 66{,}8 \, \text{kN}$

c) $F_d = 140 \cdot 160 \cdot 3{,}08 = 68992 = 69{,}0 \, \text{kN}$

d) F_d wie im Fall c)

   $a = 80 \, \text{mm} < 100 \, \text{mm}$ hat nach EC 5 keine Abminderung zur Folge, da $l \geqq 150 \, \text{mm}$.

EC 5 kennt auch keine Erhöhung der charakteristischen Festigkeiten $f_{c,90,k}$, wenn größere Eindrückungen unbedenklich sind.

e) Analog Gl. (5.11) folgt für die Beiholzlänge l:

$$\text{erf } l = a_1 \sqrt{3 \frac{f_{c,90,k}}{f_{t,90,k}}} \tag{5.14}$$

$$\text{erf } l = a_1 \sqrt{\frac{3 \cdot 5{,}0}{0{,}2}} = 8{,}7 \cdot a_1 \tag{5.15}$$

Gleichung (5.15) hat kleinere Beiholzlängen zur Folge als Gl. (5.12).

$$F_d = (160 + 2 \cdot 30) \cdot 140 \cdot 3{,}08 = 94864 \, \text{N} = 94{,}9 \, \text{kN}$$

$$l = 8{,}7 \cdot a_1 = 8{,}7 \cdot 30 = 261 \, \text{mm} \rightarrow 330 \, \text{mm} \ [7]$$

f) Genagelte Beihölzer, auf die der rechnerisch kleinere Teil der zu übertragenden Kraft entfällt, sind für die 1,5fache anteilige Kraft anzuschließen.

$$F_d \quad = (160 + 2 \cdot 30) \cdot 140 \cdot 3{,}08 = 94864 \, \text{N} = 94{,}9 \, \text{kN}$$

$$F_{d,1} = 30 \cdot 140 \cdot 3{,}08 = 12936 \, \text{N} = 12{,}9 \, \text{kN je Beiholz}$$

$$F_{d,1}^* = 1{,}5 \cdot 12{,}9 = 19{,}4 \, \text{kN} \ \text{für den Nagelanschluß}$$

$$\text{erf } n = \frac{F_{d,1}^*}{R_{d,VM}} = \frac{19{,}4}{1{,}083} = 17{,}9$$

gewählt: 20 Nä 42 × 110, vorgebohrt

$R_{d,VM}$ Bemessungswert der Tragfähigkeit eines Nagels 42 × 110 (Berechnung s. Abschn. 6, Gl. (6.7d)). Einfluß der Nagelspitze ($\sim 2 \, d$) wurde vernachlässigt.

Vergleich mit DIN:

$$F_G = 0{,}4 \, F; \qquad F_Q = 0{,}6 \, F$$

$$F_1^* = \frac{19,4}{1,44} = 13,5\,\text{kN} > 12,6\,\text{kN in [7]}$$

$$\text{erf}\,n = \frac{13,5}{1,25 \cdot 0,621} = 17,4$$

gewählt: 20 Nä 42×110, vorgebohrt

5.5 Druckanschlüsse ⊀ Fa (EC 5)

Die aufnehmbare Druckspannung in der Fuge muß für den Winkel zwischen der Kraftrichtung auf die Fuge und der Faserrichtung des Holzes berechnet werden, s. Abb. 2.5.

Komponenten V und H des Druckstabes D werden durch Kontakt in den Fugen übertragen. Lagesicherung durch seitliche Laschen mit je vier Heftnägeln je Anschluß.

Horizontalkomponente H wird durch genagelte Knagge aufgenommen.

Gegeben: S 10/MS 10

$$k_{\text{mod}} = 0,8; \quad \gamma_M = 1,3$$

$$D_d = 34\,\text{kN}$$

$$V_d = 34 \cdot \sin 60° = 29,4\,\text{kN}$$

$$H_d = 34 \cdot \cos 60° = 17\,\text{kN}$$

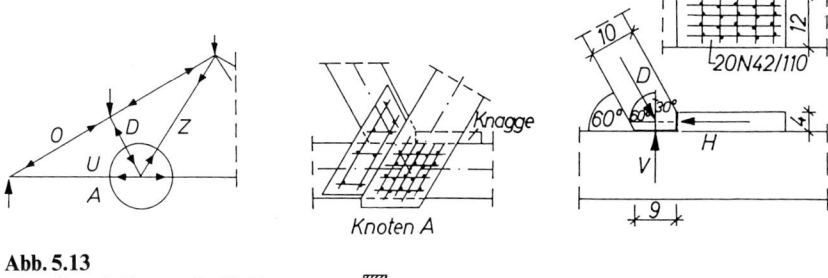

Abb. 5.13

Einteilige Stäbe: O, U, D

zweiteiliger Stab: Z

Die aufnehmbaren Spannungen $\sigma_{c,\alpha,d}$ in den beiden Fugen sind abhängig vom jeweiligen Winkel zwischen Kraft- und Faserrichtung:

$$\sigma_{c,\alpha,d} \leqq \frac{f_{c,0,d}}{(f_{c,0,d}/f_{c,90,d})\sin^2\alpha + \cos^2\alpha} = f_{c,\alpha,d} \qquad (5.16)$$

mit

$$f_{c,0,d} = \frac{k_{\text{mod}}}{\gamma_M} \cdot f_{c,0,k} = \frac{0{,}8}{1{,}3} \cdot 21 = 12{,}9 \, \text{N/mm}^2$$

$$f_{c,90,d} = \frac{k_{\text{mod}}}{\gamma_M} \cdot f_{c,90,k} = \frac{0{,}8}{1{,}3} \cdot 5{,}0 = 3{,}08 \, \text{N/mm}^2$$

Lotrechte Fuge:
Knagge $\alpha = 0° \rightarrow$ $f_{c,0,d} = 12{,}9 \, \text{N/mm}^2$
Diagonale $\alpha = 60° \rightarrow$ $f_{c,\alpha,d} = 3{,}80 \, \text{N/mm}^2$

Horizontale Fuge:
Untergurt $\alpha = 90° \rightarrow$ $f_{c,90,d} = 3{,}08 \, \text{N/mm}^2$
Diagonale $\alpha = 30° \rightarrow$ $f_{c,\alpha,d} = 7{,}18 \, \text{N/mm}^2$

Spannungsnachweise in den beiden Fugen:

Lotrechte Fuge: $\sigma = \dfrac{17\,000}{40 \cdot 120} = 3{,}54 \, \text{N/mm}^2 < 3{,}80 \, \text{N/mm}^2$

Horizontale Fuge: $\alpha = \dfrac{29\,400}{90 \cdot 120} = 2{,}72 \, \text{N/mm}^2 < 3{,}08 \, \text{N/mm}^2$

Bemessung des Knaggenanschlusses: Nägel 42×110, nicht vorgebohrt, Gl. (6.7f)

$$\text{erf}\,n = \frac{17}{0{,}930} = 18{,}3 \rightarrow 20 \, \text{Nä} \, 42 \times 110$$

Die Berechnung der Druckanschlüsse $\measuredangle$ Fa nach DIN erfolgt analog. Anstelle der Bemessungswerte sind die zulässigen Spannungen und Normwerte für die Kräfte zu verwenden [7].

5.6 Der Versatz (EC 5)

5.6.1 Allgemeine Grundlagen und Berechnungsformeln

Der Versatz ist ein Anschluß zur Übertragung von Druckkräften bei geneigter Stabachse (Abb. 5.14).
Die Druckkraft wird durch Kontakt übertragen. Die Lagesicherung durch Bolzen oder genagelte Laschen hergestellt (Abb. 5.14).

Anwendungsbeispiele für Stabanschlüsse mit Versatz zeigen die Knotenpunkte der Abb. 5.14.

Die üblichen Versatzformen sind (Abb. 5.15):

der Stirnversatz $\Big\}$ der doppelte Versatz
der Fersenversatz

Die zulässige Versatztiefe t_v beträgt für einseitigen Einschnitt s. Tafel 5.6, für zweiseitigen Einschnitt stets $t_v \leqq h/6$ (Abb. 5.14, Knotenpunkt E).

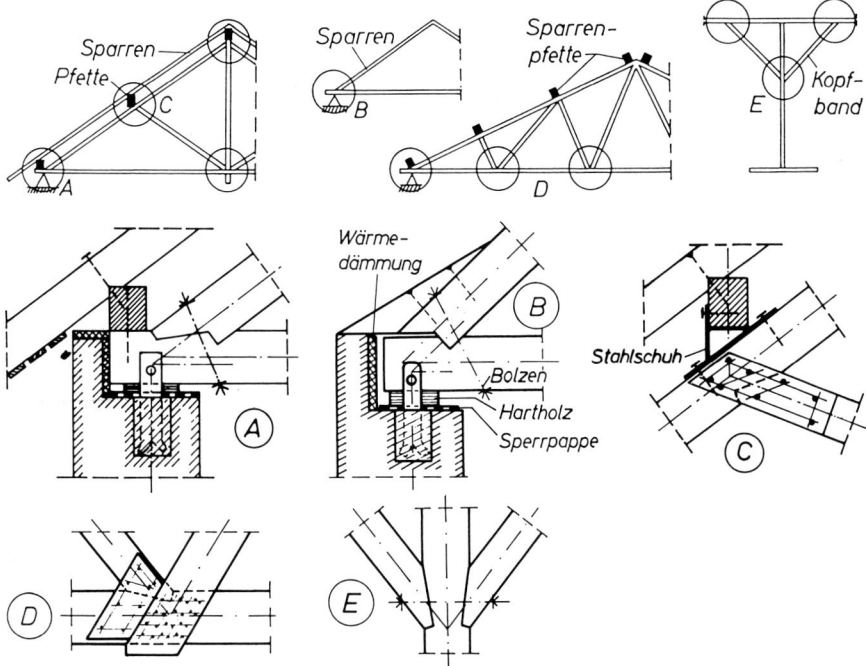

Abb. 5.14. Knotenpunkte ○, in denen der Druckstab durch Versatz angeschlossen werden kann

a) Stirnversatz	b) Fersenversatz	c) Doppelter Versatz
Stirnneigung $\beta/2$ maßgebend $f_{c,\alpha/2,d}$	Fersenneigung $90°$ maßgebend $f_{c,\alpha,d}$	Neigungen wie a, b $t_{v1} = 0,8\,t_{v2}$ $\leqq t_{v2} - 10\,\text{mm}$
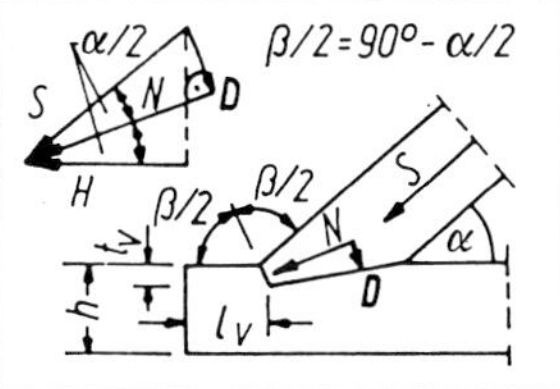 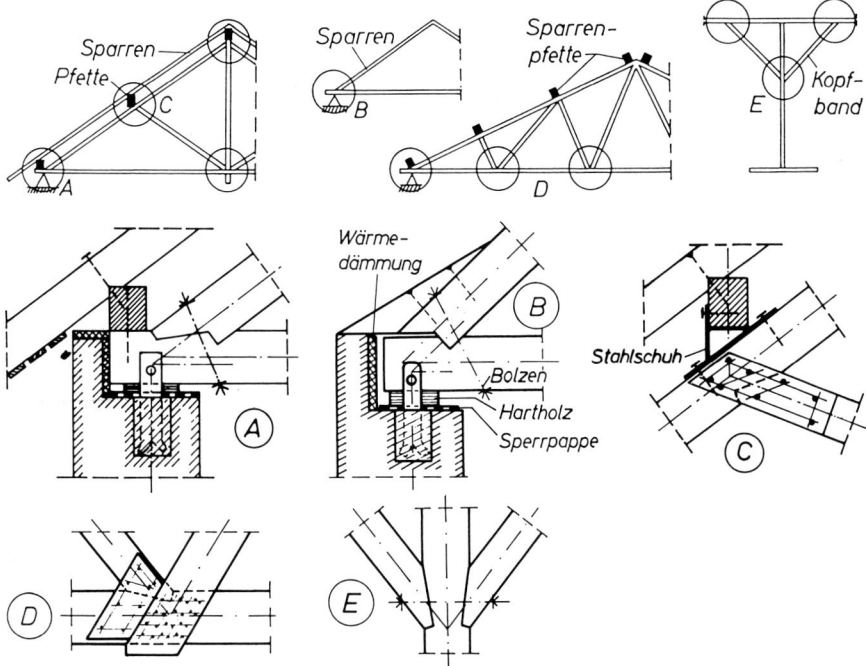	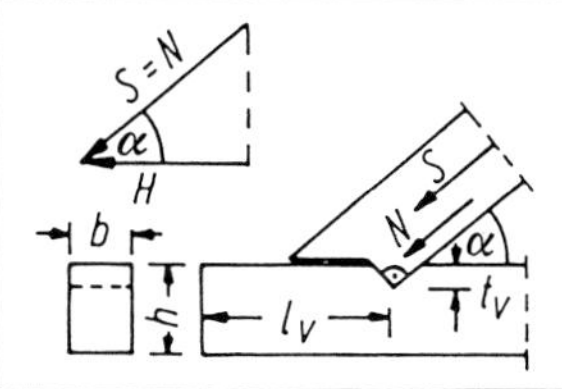	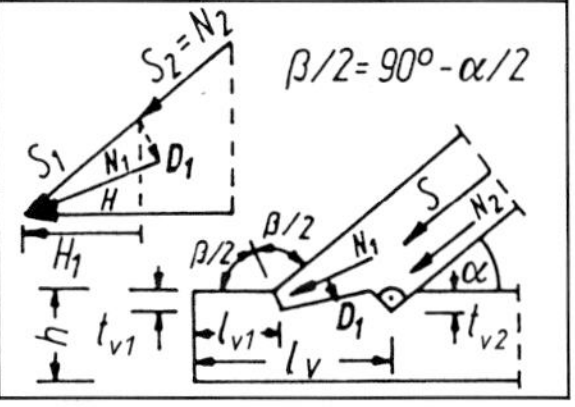

Abb. 5.15. Versatzformen

Tafel 5.6

α	$\leqq 50°$	$50°$ bis $60°$	$> 60°$
t_v	$\leqq h/4$	$h/4$ bis $h/6$	$\leqq h/6$

Tafel 5.7. Aufnehmbare Kraft S_d (in N) des Versatzes, S10/MS10, kurze LED, Nkl 1 oder 2

Stirnversatz $S_{1,d}$	$b \cdot t_{v1} \cdot \dfrac{f_{c,\alpha/2,d}}{\cos^2(\alpha/2)} = b \cdot t_{v1} \cdot f_{c,1,d}$	(5.17)
Fersenversatz $S_{2,d}$	$b \cdot t_{v2} \cdot \dfrac{f_{c,\alpha,d}}{\cos\alpha} = b \cdot t_{v2} \cdot f_{c,2,d}$	(5.18)
Doppelter Versatz S_d	$S_{1,d} + S_{2,d}$	(5.19)

b, t_{v1}, t_{v2} (in mm)

Tafel 5.8. $f_{c,1,d}$ und $f_{c,2,d}$ (in N/mm^2)

α	15°	20°	25°	30°	35°	40°	45°	50°	55°	60°
$f_{c,1,d}$	14,0	13,7	13,3	12,8	12,4	12,0	11,6	11,3	11,0	10,8
$f_{c,2,d}$	12,4	11,3	10,2	9,33	8,65	8,17	7,91	7,86	8,05	8,55

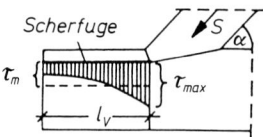

Abb. 5.16

Die waagerechte Komponente H der Stabkraft S wird von dem Vorholz aufgenommen.

$$H_d = S_d \cdot \cos\alpha \leqq b \cdot l_v \cdot f_{v,d} \qquad (5.20)$$

Aus Gl. (5.20) folgt die Vorholzlänge l_v (Abb. 5.16) zu

$$\text{erf}\, l_v = \frac{S_d \cdot \cos\alpha}{b \cdot f_{v,d}} \qquad (5.21)$$

Empfehlung [22]: $200\,\text{mm} \leqq l_v \leqq 8 \cdot t_v$

Untere Grenze wegen möglicher Schwächung durch vorhandene Schwindrisse. Obere Grenze wegen ungleichmäßiger Scherspannungsverteilung (Abb. 5.16).

Für den doppelten Versatz (Abb. 5.15c) gilt

$$\text{erf}\, l_{v1} = \frac{S_{1,d} \cdot \cos\alpha}{b \cdot f_{v,d}} \qquad (5.22)$$

$$\text{erf}\, l_v = \frac{S_d \cdot \cos\alpha}{b \cdot f_{v,d}} \qquad (5.23)$$

Voraussetzung:

$$t_{v1} = 0.8\, t_{v2} \leqq t_{v2} - 10\, \text{mm}$$

Bei einer Bemessung des Versatzes nach DIN sind anstelle der Bemessungswerte für die Festigkeiten die zulässigen Spannungen in die Gl. (5.17) bis (5.21) einzusetzen [7].

Ausmittigkeit des Anschlusses
Im Druckstab erzeugt die Ausmittigkeit des Anschlusses Biegemomente gemäß Abb. 5.17.

Fall a)   Berechnung für mittige Druckkraft
    Gegenläufige Stabendmomente setzen die Knicklast gegenüber mittigem Kraftangriff nicht herab. Deshalb darf mit $M = 0$ gerechnet werden $-E31-$.

Fall b)   Berechnung für Druckkraft mit Biegung
    Das über die Stablänge konstante Biegemoment $M_d = S_d \cdot e$ muß bei der Bemessung berücksichtigt werden $-E31-$.

Im Bereich der Knotenpunkte A, B nach Abb. 5.14 entsteht durch den einseitigen Versatzeinschnitt im Untergurt eine Ausmittigkeit der Zugkraft Z. Durch Anordnung der Auflagermitte nach Abb. 5.14 und 5.18 kann das Biegemoment dem Bruttoquerschnitt zugewiesen werden zugunsten einer axialen Beanspruchung des Nettoquerschnitts.
    Der Spannungsnachweis für den Nettoquerschnitt lautet dann

$$\sigma_{t,0,d} = Z_d/A_n \leqq f_{t,0,d} \tag{5.24}$$

Bei Bolzensicherung ist der Nettoquerschnitt nach Sonderregel gemäß Tafel 7.1

$$A_n = b(h - t_v) - (d_b + 1\,\text{mm})(h - t_v) \tag{5.25}$$

Der Bruttoquerschnitt ist in diesem Fall für Längskraft mit Biegung nach Gl. (11.2) zu bemessen.

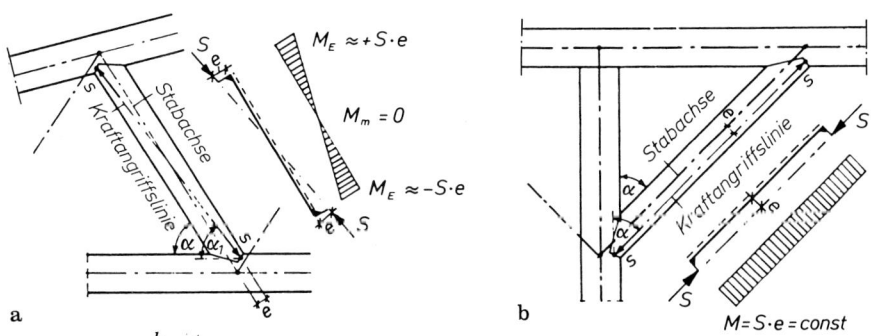

a   b

Abb. 5.17. $e = \dfrac{h}{2} - \dfrac{t_v}{2} \hat{=}$ Ausmittigkeit nach Abb. 5.19 b und c

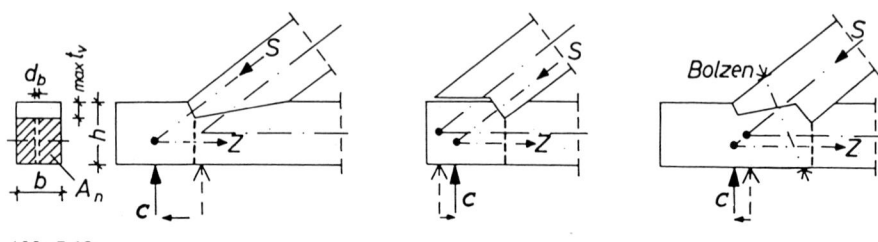

Abb. 5.18

5.6.2 Erläuterungen und Beispiele

Die Tragfähigkeit des Versatzes wird durch die Neigungswinkel der Druck-flächen bestimmt.

Der Stirnversatz

Der Berechnung des Stirnversatzes legt man die idealisierte Versatzform $\gamma = 90°$ gemäß Abb. 5.19a zugrunde.

Mit der Stirnneigung $\beta/2$ erzielt man optimale Tragfähigkeit, da dann der Winkel zwischen Kraftrichtung N und Faserrichtung für Gurt und Strebe gleich groß ($\alpha/2$) ist, vgl. Abb. 5.19d.

$$\alpha + \beta = 180° \rightarrow \alpha/2 + \beta/2 = 90° \rightarrow \alpha/2 = 90° - \beta/2$$

Mit

$$N_d = S_d \cdot \cos(\alpha/2) \quad \text{und} \quad t_s = \frac{t_v}{\cos(\alpha/2)}$$

wird

$$\sigma_{c,d} = \frac{N_d}{b \cdot t_s} = \frac{S_d \cdot \cos^2(\alpha/2)}{b \cdot t_v} \leqq f_{c,\alpha/2,d}$$

und somit

$$\boxed{S_d = b \cdot t_v \cdot \frac{f_{c,\alpha/2,d}}{\cos^2(\alpha/2)}} \tag{5.17}$$

Folgende Abweichungen von der idealisierten Versatzform nach Abb. 5.19 a) sind meistens zu beobachten:
a) $\gamma > 90°$ wegen Beschränkung der Versatztiefe t_v (Tafel 5.6)
b) Die Passung in der langen Fuge (Abb. 5.19a, b) trifft i. d. R. wegen nach-träglichen Schwindens [65] und handwerklichen „Unterschneidens" nicht zu (geöffnete Fuge nach Abb. 5.19c, d). Herstellung des Gleichgewichts dann im wesentlichen durch Reibungskraft R in der kurzen Versatzfläche und/oder durch Druckkraft D im vorderen Teil der langen Versatzfläche [22].

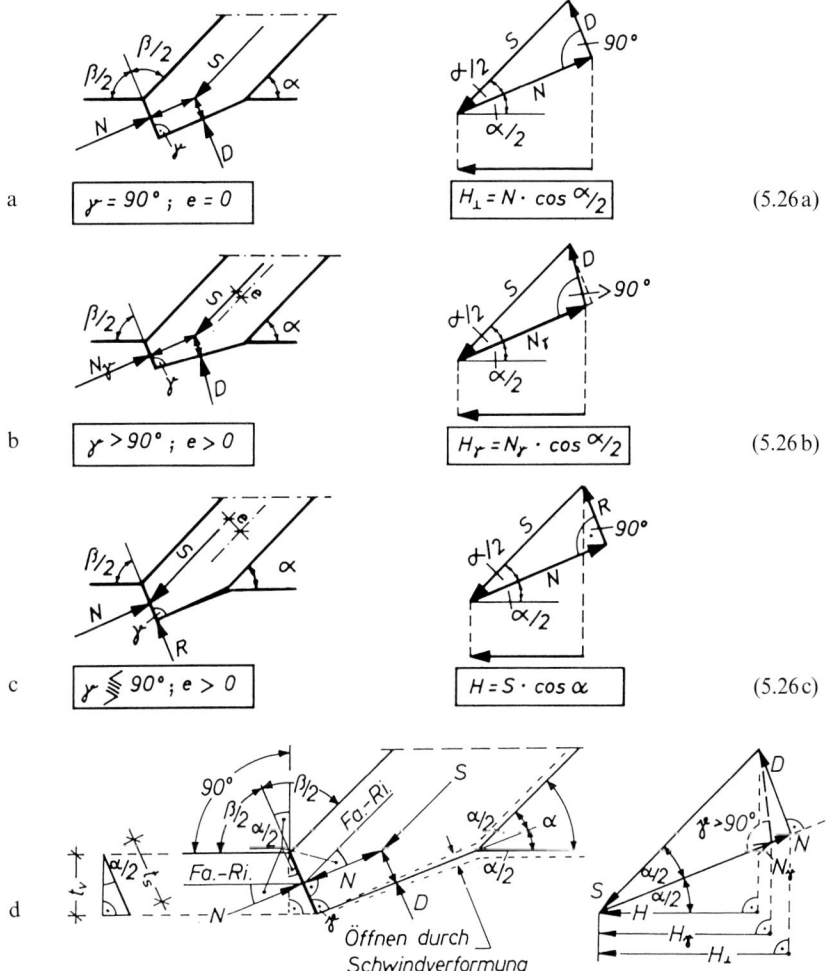

$$\boxed{\gamma = 90°\ ;\ e = 0}$$ a

$$\boxed{H_\perp = N \cdot \cos {}^\alpha\!/_2}$$ (5.26a)

$$\boxed{\gamma > 90°\ ;\ e > 0}$$ b

$$\boxed{H_\gamma = N_\gamma \cdot \cos {}^\alpha\!/_2}$$ (5.26b)

$$\boxed{\gamma \lesseqqgtr 90°\ ;\ e > 0}$$ c

$$\boxed{H = S \cdot \cos\alpha}$$ (5.26c)

d

Abb. 5.19. Kräftespiel im Stirnversatz

In beiden Fällen wird eine Ausmittigkeit e der Stabkraft S erzwungen, vgl. auch Abb. 5.17.

Ein Vergleich der Kräfte N in Abb. 5.19a, b und c zeigt, daß Gl. (5.17) auf der sicheren Seite liegt, denn

$$N^a = N^c > N_\gamma^b$$

Beanspruchung des Vorholzes

Die auf das Vorholz wirkende Horizontalkraft ist abhängig von dem im Stirnversatz angenommenen Kräftespiel. Nach dem in b) Gesagten dürfte Gl. (5.26c) der Wirklichkeit am nächsten kommen, vgl. Abb. 5.19c.

Die Berechnung der Vorholzlänge nach (5.21) hat sich deshalb in der Praxis durchgesetzt, vgl. Abb. 5.15 und 5.16 sowie [36, 44, 66].

Fersenversatz
Die Druckfläche des Fersenversatzes liegt rechtwinklig zur Stabachse. Damit beträgt der Winkel zwischen Kraft- und Faserrichtung
a) bezogen auf die Strebe 0°
b) bezogen auf den Untergurt $\alpha°$ (Abb. 5.20)

Die Tragfähigkeit wird bestimmt durch $f_{c,\alpha,d}$.

Mit

$$N_d = S_d \quad \text{und} \quad t_s = \frac{t_v}{\cos \alpha}$$

wird
$$\sigma_{c,d} = \frac{N_d}{b \cdot t_s} = \frac{S_d \cdot \cos \alpha}{b \cdot t_v} \leqq f_{c,\alpha,d}$$

und somit

$$S_d = b \cdot t_v \cdot \frac{f_{c,\alpha,d}}{\cos \alpha} \tag{5.18}$$

Vorteil des Fersenversatzes gegenüber dem Stirnversatz: Die Konstruktion erlaubt bei gleicher Vorholzlänge einen kleineren Balkenüberstand über die Strebenvorderkante (Abb. 5.14 B und 5.18).
Nachteil: Die Tragfähigkeit ist, bezogen auf die Versatztiefe, geringer.

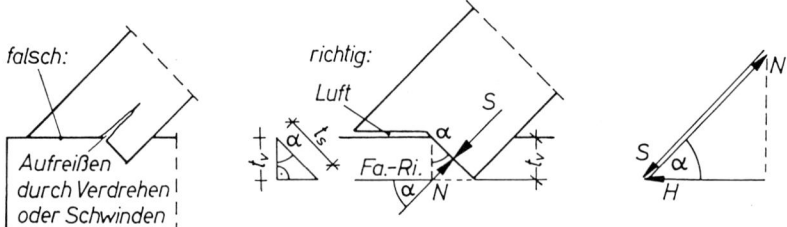

Abb. 5.20

Doppelter Versatz
Der doppelte Versatz sollte nur angewendet werden, wenn der einfache Versatz bei voller Ausnutzung der zulässigen Versatztiefe nicht ausreicht. Die gleichzeitige Passung beider Versatzflächen ist schwer herzustellen. Zweckmäßig für die Fertigung ist, den Fersenversatz anzupassen und den absichtlich mit Fuge geschnittenen Stirnversatz auf der Baustelle zu futtern (verzinktes Blech), vgl. Abb. 5.21.

Scherfläche I: l_{v1}, zu berechnen für $S_{1,d} \cdot \cos \alpha$

Scherfläche II: l_v, zu berechnen für $S_d \cdot \cos \alpha$

Tragfähigkeit $S_d = S_{1,d} + S_{2,d}$

Berechnung unter der Annahme $t_{v1} = 0,8\, t_{v2}$

$$S_d = (0,8 \cdot f_{c,1,d} + f_{c,2,d}) \cdot b \cdot t_{v2} \qquad (5.19)$$

Für die Bemessung:

$$\mathrm{erf}\, t_{v2} = \frac{S_d}{(0,8 \cdot f_{c,1,d} + f_{c,2,d}) \cdot b} \leqq \frac{h}{4}$$

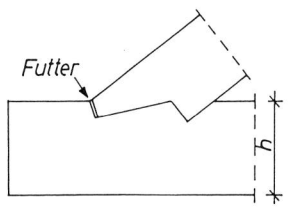 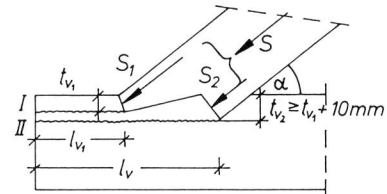

Abb. 5.21

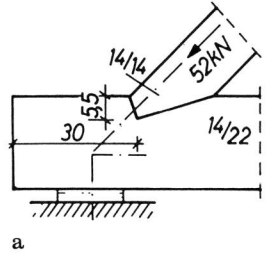 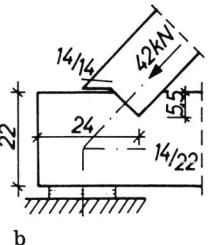 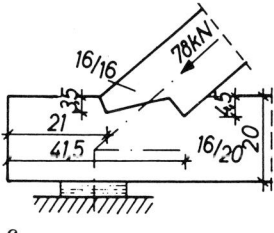

a   b   c

Abb. 5.22

1. Beispiel: Stirnversatz (Abb. 5.22)
Berechnungsannahmen für die Beispiele 1 bis 3:

S 10/MS 10, kurze LED, Nkl 1 oder 2

$S_G = 0,45\, S, \qquad S_Q = 0,55\, S$

eine veränderliche Einwirkung

$S = 52\, \mathrm{kN} \qquad \alpha = 45° \qquad \cos \alpha = 0,707$

$S_d = (1,35 \cdot 0,45 + 1,5 \cdot 0,55) \cdot 52 = 1,43^{1} \cdot 52 = 74,4\, \mathrm{kN}$

$$\mathrm{erf}\, t_v = \frac{74,4 \cdot 10^3}{11,6 \cdot 140} = 45,8\, \mathrm{mm} < \frac{220}{4} = 55\, \mathrm{mm}$$

---

[1] Summarischer Sicherheitsbeiwert für die Einwirkungen.

Gewählt: $t_v = 55\,\text{mm}$

$$S_d = 11{,}6 \cdot 140 \cdot 55 = 89{,}3 \cdot 10^3\,\text{N} = 89{,}3\,\text{kN} > 74{,}4\,\text{kN}$$

Vorholzlänge: $\text{erf}\,l_v = \dfrac{74{,}4 \cdot 10^3 \cdot 0{,}707}{140 \cdot 1{,}73} = 217\,\text{mm} \rightarrow 300\,\text{mm}$ $\begin{array}{l} > 200\,\text{mm} \\ < 8 \cdot 55 \end{array}$

mit $= 440\,\text{mm}$

$$f_{v,d} = \frac{k_{\text{mod}}}{\gamma_M}\, f_{v,k} = \frac{0{,}9}{1{,}3} \cdot 2{,}5 = 1{,}73\,\text{N/mm}^2$$

2. Beispiel: Fersenversatz (Abb. 5.22)

$S = 42\,\text{kN}$ $\alpha = 45°$ $\cos\alpha = 0{,}707$

$S_d = 1{,}43 \cdot 42 = 60{,}1\,\text{kN}$

$$\text{erf}\,t_v = \frac{60{,}1 \cdot 10^3}{7{,}91 \cdot 140} = 54{,}3\,\text{mm} < \frac{220}{4} = 55\,\text{mm}$$

Gewählt: $t_v = 55\,\text{mm}$

$$S_d = 7{,}91 \cdot 140 \cdot 55 = 60{,}9 \cdot 10^3\,\text{N} = 60{,}9\,\text{kN} > \text{vorh}\,S_d$$
$$= 60{,}1\,\text{kN}$$

Vorholzlänge: $\text{erf}\,l_v = \dfrac{60{,}1 \cdot 10^3 \cdot 0{,}707}{140 \cdot 1{,}73} = 175\,\text{mm} \rightarrow 240\,\text{mm}$ $\begin{array}{l} > 200\,\text{mm} \\ < 440\,\text{mm} \end{array}$

3. Beispiel: Doppelter Versatz (Abb. 5.22)

$S = 78\,\text{kN}$ $\alpha = 40°$ $\cos 40° = 0{,}766$

$S_d = 1{,}43 \cdot 78 = 111\,\text{kN}$

Einfacher Versatz: $\text{erf}\,t_v = \dfrac{111 \cdot 10^3}{12 \cdot 160} = 57{,}8\,\text{mm} > \dfrac{200}{4} = 50\,\text{mm}$

Doppelter Versatz: $\text{erf}\,t_v = \dfrac{111 \cdot 10^3}{(0{,}8 \cdot 12 + 8{,}17) \cdot 160} = 39{,}0\,\text{mm} < 50\,\text{mm}$

Gewählt: $t_{v2} = 45\,\text{mm},\quad t_{v1} = 35\,\text{mm}$

$$S_d = 12{,}0 \cdot 35 \cdot 160 + 8{,}17 \cdot 45 \cdot 160$$
$$= (67{,}2 + 58{,}8)\,10^3 = 126{,}0 \cdot 10^3\,\text{N} = 126\,\text{kN}$$
$$> 111\,\text{kN}$$

Vorholzlängen: $\text{erf}\,l_{v1} = \dfrac{111}{126} \cdot \dfrac{67{,}2 \cdot 10^3 \cdot 0{,}766}{160 \cdot 1{,}73} = 164\,\text{mm} \rightarrow 210\,\text{mm (DIN)}$

$$\text{erf}\,l_v = \frac{111 \cdot 10^3 \cdot 0{,}766}{160 \cdot 1{,}73} = 307\,\text{mm} \rightarrow 415\,\text{mm (DIN)}$$

Jede der beiden statisch erforderlichen Vorholzlängen l_{v1} und l_v gilt als Mindestwert für die Konstruktion. Die maßstäbliche Zeichnung – hier Abb. 5.22c

– gibt Auskunft darüber, welches der beiden Maße zwangsläufig größer als erforderlich wird.

Zur Lagesicherung der Streben können Bolzen oder genagelte Laschen gemäß Abb. 5.14 oder Sondernägel nach 6.5 verwendet werden.

Die in Abb. 5.22 angegebenen Einschnittiefen und Vorholzlängen ergeben sich nach DIN [7]; nach EC 5 folgen kleinere Werte.

5.7 Biegestöße und -anschlüsse

5.7.1 Allgemeines

In der Praxis müssen biegesteife Verbindungen neben Biegemomenten i.d.R. Querkräfte, bisweilen auch Längskräfte übertragen.

Je nach Art, Form und Größe der Bauteile können biegesteife Stöße verschieden ausgebildet werden. Eine Auswahl praktischer Ausführungsformen soll hier gezeigt werden.

5.7.2 Biegesteife VH-Trägerstöße

5.7.2.1 Allgemeines

Biegesteife Verbindungen von VH-Trägern kommen häufig vor über den Auflagern durchlaufender Sparrenpfetten. Sie werden i.d.R. als Überkopplungsstöße nach Abb. 5.23a hergestellt. Sparrenpfetten mit beidseitigen Laschen nach Abb. 5.23b und Abb. 18.3 (Teil 2) werden seltener ausgeführt.

VH-Trägerstöße im Feld können mit genagelten Laschen ausgeführt werden, s. Abb. 5.23c. Wegen der Querzugrißgefahr des Holzes durch $\perp$ Fa gerich-

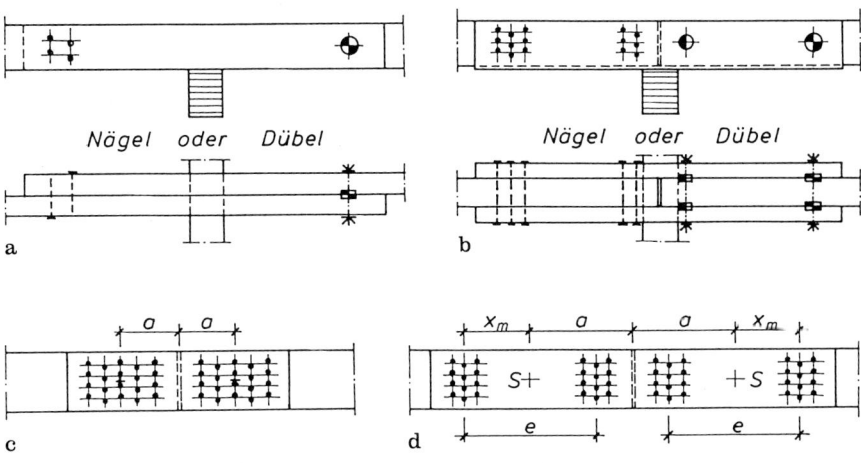

Abb. 5.23. VH-Trägerstöße

tete Nagelkraftkomponenten und wegen erhöhter Schubspannungen infolge M_A im Anschlußbereich wird die Lösung d mit Nagelgruppen bevorzugt, da sie dank größerer Nagelabstände geringere Beanspruchung als Lösung c erzeugt.

5.7.2.2 Überkopplungsstöße nach Abb. 5.23a

Tabellarische Ermittlung der maßgebenden Biegemomente, Überkopplungs- längen, Kopplungskräfte, Durchbiegungen und konstruktive Details sind Teil 2, Abschn. 18.5 „Koppelpfetten" zu entnehmen.

5.7.2.3 Laschenstöße über den Auflagern nach Abb. 5.23b, 5.24

Die Anschlüsse an den Laschenenden werden zweckmäßig in Anlehnung an die Ausführungsregeln für Koppelpfetten angeordnet. Das bedeutet, daß die Sparrenpfetten nach den Feldmomenten bemessen werden (Teil 2, Abb. 18.17). Überkopplungslänge s. Tafel 18.6.

Beachte: Die Anschlußkräfte müssen – abweichend von den Kopplungs- kräften nach Tafel 18.6 – besonders berechnet werden.

Empfehlung: Direkte Einleitung der Auflagerkräfte in die Laschen durch Überstand an der Unterkante nach Abb. 5.23, 5.24.

Berechnung und Konstruktion werden am Beispiel des Zweifeldträgers mit dem vereinfachten System nach Abb. 5.24a beschrieben.

Lagerreaktionen und Schnittgrößen:

$$A = C = 0,375 \cdot 2,0 \cdot 6 = 4,5 \, \text{kN}$$
$$B = 1,25 \cdot 2,0 \cdot 6 = 15,0 \, \text{kN}$$
$$M_{St} = -0,125 \cdot 2,0 \cdot 6^2 = -9,0 \, \text{kNm}$$
$$M_F = 0,0703 \cdot 2,0 \cdot 6^2 = 5,06 \, \text{kNm}$$
$$K_1 = (2,0 \cdot 6,0 \cdot 2,87 - 4,5 \cdot 5,87)/0,47 = 17,1 \, \text{kN}$$
$$K_2 = (2,0 \cdot 6,0 \cdot 2,40 - 4,5 \cdot 5,40)/0,47 = 9,6 \, \text{kN}$$

Gewählt: Sparrenpfette 8/20, Laschen $2 \times 6/22$, OK bündig, S10/MS10.

Spannungs- und Durchbiegungsnachweis nach DIN:
Querschnittsschwächung durch Nägel im Biegezugbereich ist vernachlässigbar klein.

8/20: $W_y = 533 \cdot 10^3 \, \text{mm}^3$; $I_y = 5333 \cdot 10^4 \, \text{mm}^4$

$\sigma_B = 5060/533 = 9,5 \, \text{N/mm}^2 < 10 \, \text{N/mm}^2$ NH II, Lastfall H

$2 \times 6/22$: $W_y = 968 \cdot 10^3 \, \text{mm}^3$; $I_y = 10648 \cdot 10^4 \, \text{mm}^4$

$\sigma_B = 9000/968 = 9,3 \, \text{N/mm}^2 < 11 \, \text{N/mm}^2$

nach *–5.1.8–* vgl. 18.5.2

$$f = \frac{5,21 \cdot 10 \cdot 2,0 \cdot 6,0^4}{5333} = 25,3 \, \text{mm} < 6000/200 = 30 \, \text{mm}$$

nach Tafel 18.7 (T2)

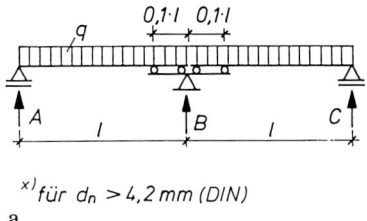

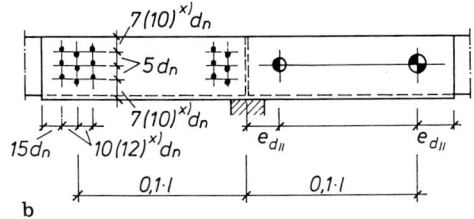

a $^{x)}$für $d_n > 4{,}2\,mm$ (DIN)

b

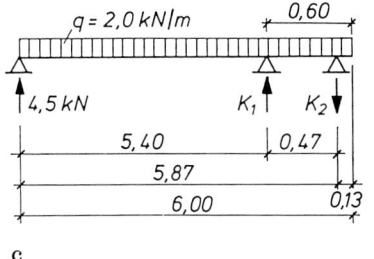

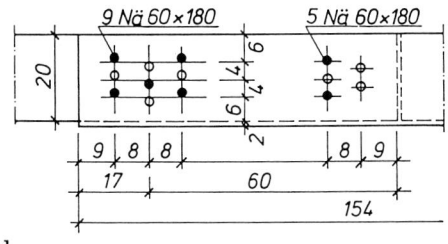

c   d

Abb. 5.24. Beidseitiger VH-Laschenstoß

Anschlüsse mit Nägeln bzw. Dübeln Typ D nach DIN:

a) Nägel 60×180 nach Abb. 5.24 b, linke Seite

2schnittig: vorh $s = 180 - 60 - 80 = 40\,mm$

   erf $s = 8 \cdot 6 = 48\,mm$

   zul $N_1 = 1{,}12\,(1 + 40/48) = 2{,}05\,kN$

   erf $n_1 = 17{,}1/2{,}05 = 8{,}34 \rightarrow 9\,$Nä 60×180

   erf $n_2 = 9{,}6/2{,}05 = 4{,}68 \rightarrow 5\,$Nä 60×180

Nagelabstände: $5 \cdot d_n = 5 \cdot 6 = 30 \rightarrow 40\,mm$

   $10 \cdot d_n = 10 \cdot 6 = 60 \rightarrow 60\,mm$

   $12 \cdot d_n = 12 \cdot 6 = 72 \rightarrow 80\,mm$

   $15 \cdot d_n = 15 \cdot 6 = 90 \rightarrow 90\,mm$

b) 2 Dü $\varnothing$ 65-D; 2 Dü $\varnothing$ 50-D, Abb. 5.24 b, rechte Seite

$2 \varnothing 65$: zul $K_1 = 2 \cdot 10{,}0 = 20\,kN > 17{,}1$; $e_{d\,\|} = 140\,mm$

$2 \varnothing 50$: zul $K_2 = 2 \cdot 7{,}0 = 14\,kN > 9{,}6$; $e_{d\,\|} = 120\,mm$

Spannungs- und Durchbiegungsnachweise nach EC 5:
S 10/MS 10
kurze LED, Nkl 1 oder 2

   q, $q_G = 0{,}45\,q$, $q_Q = 0{,}55\,q$

eine veränderliche Einwirkung.

Spannungsnachweis:

$$\frac{\sigma_{m,y,d}}{f_{m,y,d}} \leqq 1 \qquad\qquad (5.27)$$

8/20: $W_y = 533 \cdot 10^3\,mm^3;\quad I_y = 5333 \cdot 10^4\,mm^4$

$M_{F,d} = (1{,}35 \cdot 0{,}45 + 1{,}5 \cdot 0{,}55)\,M_F = 7{,}25\,kNm$

$f_{m,y,d} = \dfrac{k_{mod}}{\gamma_M}\,f_{m,y,k} = \dfrac{0{,}9}{1{,}3} \cdot 24 = 16{,}6\,N/mm^2$

$\dfrac{7250/533}{16{,}6} = 0{,}819 < 1$

$2 \times 6/22$: $W_y = 968 \cdot 10^3\,mm^3;\quad I_y = 10\,648 \cdot 10^4\,mm^4$

$M_{St,d} = 1{,}43\,M_{St} = -12{,}9\,kNm$

$\dfrac{12\,900/968}{16{,}6} = 0{,}803 < 1$

Durchbiegungsnachweis:

$$f = f_0(1 + k_{def}) \qquad\qquad Gl.\ (2.7)$$

Tafel 2.12: $k_{def} = 0{,}8$ (ständig)

$k_{def} = 0{,}0$ (kurz)

Die Durchbiegung unter der Verkehrslast beträgt ohne Berücksichtigung von k_{def}:

$$f_p = 5{,}21 \cdot 10 \cdot \frac{10\,000}{11\,000}\frac{pl^4}{I} = 47{,}4\,\frac{0{,}55 \cdot 2{,}0 \cdot 6^4}{5333} = 12{,}7\,mm < \frac{6000}{300} = 20\,mm$$

nach Tafel 18.7 (T2)

Die Durchbiegung unter Gesamtlast beträgt unter Berücksichtigung von k_{def}:

$$f_q = 47{,}4\,\frac{2{,}0 \cdot 6^4}{5333}\,[0{,}55(1+0{,}0) + 0{,}45(1+0{,}8)] = 31{,}3\,mm > \frac{6000}{200} = 30\,mm!$$

Der Durchbiegungsnachweis nach EC 5 ist für Gesamtlast annähernd erfüllt.

Anschlüsse mit Nägeln bzw. Dübeln Typ D (DIN 1052 T2):

a) Nägel 60×180 nach Abb. 5.24 b, linke Seite

2schnittig: vorh $t_1 = 180 - (60 + 80) = 40\,mm < \min t_1 = 8 \cdot 6 = 48\,mm$

Für einschnittige Nagelung folgt:

$t_1 = 60\,mm, \qquad t_2 = 80\,mm$

$R_d = 1{,}69\,kN$ (nicht vorgebohrt, s. Abschnitt 6, Gl. (6.7d))

$K_{1,d} = 1{,}43\ ^1K_1 = 24{,}4\,kN \qquad s.\,Abb.\,5.24$

$K_{2,d} = 1{,}43\,K_2 = 13{,}7\,kN$

---

[1] Summarischer Sicherheitsbeiwert für die Einwirkungen.

$$\text{erf}\, n_1 = \frac{24,4}{2 \cdot 1,69} = 7,2 \rightarrow 7\,\text{Nä}\, 60 \times 180\ \text{je Seite}$$

$$\text{erf}\, n_2 = \frac{13,7}{2 \cdot 1,69} = 4,0 \rightarrow 4\,\text{Nä}\, 60 \times 180\ \text{je Seite}$$

Nach EC 5 wird fast die doppelte Nagelanzahl und außerdem wegen des Nichteinhaltens der Bedingung für die Überlappung der Nägel eine größere Nagelanschlußfläche benötigt.

Vorschlag:

2schnittig:
$$t_1 = 8 \cdot d = 48\,\text{mm} = \min t_1$$
$$R_{1,d} = 1,7\,\text{kN} \quad \text{(nicht vorgebohrt, Gl. (6.7 i))}$$

$R_{1,d}$ Bemessungswert der Tragfähigkeit eines Nagels je Scherfläche

$$R_d = R_{1,d}\left(1 + \frac{\text{vorh}\, t_1}{\min t_1}\right) = 1,7\left(1 + \frac{40}{48}\right) = 3,12\,\text{kN}$$

$$4\,\text{d} \leqq \text{vorh}\, t_1 \leqq 8\,\text{d} = \min t_1$$

$$\text{erf}\, n_1 = \frac{24,4}{3,12} = 7,8 \rightarrow 9\,\text{Nä}\, 60 \times 180$$

$$\text{erf}\, n_2 = \frac{13,7}{3,12} = 4,4 \rightarrow 5\,\text{Nä}\, 60 \times 180$$

Die Nagelanzahl stimmt für kurze LED annähernd und für mittlere LED mit der nach DIN überein.

Nagelabstände ($\varrho_k \leqq 420\,\text{kg/m}^3$):
(s. Abb. 5.24)

$$5\,\text{d} = \quad 5 \cdot 6 = 30 \rightarrow 40\,\text{mm}$$
$$10\,\text{d} = 10 \cdot 6 = 60 \rightarrow 60\,\text{mm}$$
$d \geqq 5\,\text{mm:}$
$$12\,\text{d} = 12 \cdot 6 = 72 \rightarrow 80\,\text{mm}$$
$$15\,\text{d} = 15 \cdot 6 = 90 \rightarrow 90\,\text{mm}$$

b) 2 Dü $\varnothing$ 65-D; 2 Dü $\varnothing$ 50-D, Abb. 5.24 b, rechte Seite

$2\varnothing 65$: $R_{c,0,d} = \dfrac{0,9}{1,3}\, 26,2 = 18,1\,\text{kN}$ [37], s. a. Abschnitt 6

$R_{c,0,d}$ Bemessungswert der Tragfähigkeit eines Dübels in Faserrichtung

$a_{3,t} = 140\,\text{mm}$ Dübelabstand vom beanspruchten Rand in Faserrichtung

$$R_{c,90,d} = \frac{R_{c,0,d}}{k_{90}} = \frac{18,1}{1,15} = 15,7\,\text{kN} \quad \text{je Dübel}$$

Der Einfluß der Bolzentragfähigkeit wurde vernachlässigt; der Faktor k_{90} wurde mit Hilfe der zulässigen Dübelbelastungen festgelegt (s. Gl.(6.2 d))

$$R_{c,90,d} = 2 \cdot 15,7 = 31,4\,\text{kN} > K_{1,d} = 24,4\,\text{kN}$$

$2 \varnothing 50$: $\quad R_{c,0,d} = \dfrac{0,9}{1,3}\, 20,8 = 14,4\,\text{kN}$

$$R_{c,90,d} = \dfrac{14,4}{1,15} = 12,5\,\text{kN} \ (= 11,1\,\text{kN für mittlere LED})$$

$$a_{3,t} = 120\,\text{mm}$$

$$R_{c,90,d} = 2 \cdot 12,5 = 25,0\,\text{kN} > K_{2,d} = 13,7\,\text{kN}$$

5.7.2.4 Laschenstöße im Feld nach Abb. 5.23 c, d

Die Nägel eines Anschlusses nach Abb. 5.25 (rechte Seite ist maßgebend) werden berechnet für die Übertragung der Querkraft V und des Anschluß-momentes $M_A = M + V \cdot a$.

Die Berechnung der Nagelkräfte solcher Anschlüsse ist ausführlich beschrieben in Teil 2, Abb. 15.53 mit Gln. (15.8–15.12). Danach gilt bei beidseitiger Nagelung mit n = Anzahl der Nagelpaare je Anschluß:

$$N_{1V}^V = \frac{V}{2 \cdot n} \qquad\qquad \text{infolge } V \text{ nach (15.8)}$$

$$N_{1V}^M = \frac{M_A \cdot x_1}{2 \cdot \sum\limits_{i=1}^{n} (x_i^2 + z_i^2)} \qquad\qquad \text{infolge } M_A \text{ nach (15.10)}$$

$$N_{1H}^M = \frac{M_A \cdot z_1}{2 \cdot \sum\limits_{i=1}^{n} (x_i^2 + z_i^2)} \qquad\qquad \text{infolge } M_A \text{ nach (15.11)}$$

$$\max N_1 = \sqrt{(N_{1V}^V + N_{1V}^M)^2 + (N_{1H}^M)^2} \qquad\qquad \text{nach (15.12)}$$

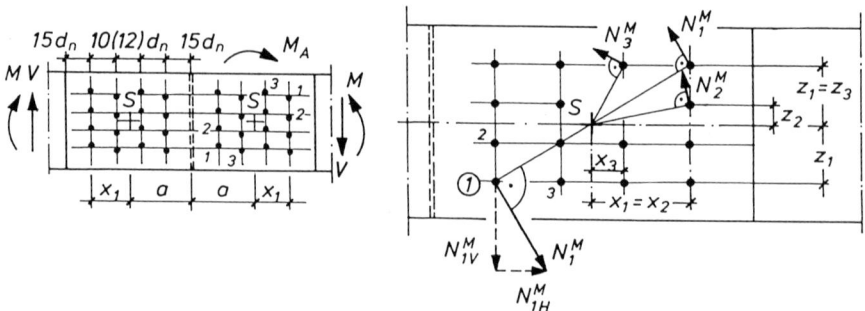

Abb. 5.25. Trägerstoß mit genagelten Laschen

Bei langen Anschlüssen, z. B. mit Nagelgruppen nach Abb. 5.23 b, d ($x_1 \gg z_1$), kann vereinfacht unter Vernachlässigung von N_{1H}^M nach (5.28) gerechnet werden:

$$\max N_1 \approx N_{1V} = \frac{1}{2} \cdot \frac{M_A \cdot x_1}{\sum\limits_{i=1}^{n} x_i^2} + \frac{V}{2 \cdot n} \tag{5.28}$$

Als grobe Näherung kann das Moment M_A als Kräftepaar auf die Nagelgruppen (n Nägel je Gruppe) verteilt werden nach (5.29):

$$N_{1m} \approx \frac{M_A}{e \cdot n} + \frac{V}{2 \cdot n} \tag{5.29}$$

Dröge/Stoy [65] geben für verschiedene Nagelgruppensysteme Berechnungsgleichungen von Möhler an.

Die vertikalen Komponenten der Nagelkräfte infolge M_A erzeugen im Anschlußbereich erhöhte Querkräfte, vgl. Teil 2, Abschn. 19.8.4.4. In Anlehnung an Gl. (19.50 c und 19.50 d) ist V_A im Anschlußbereich:

$$|V_A| = \frac{|M_A|}{2} \cdot \frac{\sum\limits_{i=1}^{n} x_i}{\sum\limits_{i=1}^{n} (x_i^2 + z_i^2)} - \frac{|V|}{2} \tag{5.30}$$

Bei langen Anschlüssen mit Nagelgruppen nach Abb. 5.26 ($x_1 \gg z_1$) folgt daraus mit $n/2$ Nagelpaaren je Gruppe und $z_1 \approx 0$ die vereinfachte Gl. (5.31):

$$|V_A| \approx \frac{|M_A|}{e} - \frac{|V|}{2} \tag{5.31}$$

Berechnungsbeispiel nach Abb. 5.26 (EC 5):

Gegeben: $M = 6 \, \text{kNm}$ im Stoß

$V = 4 \, \text{kN}$ im Stoß

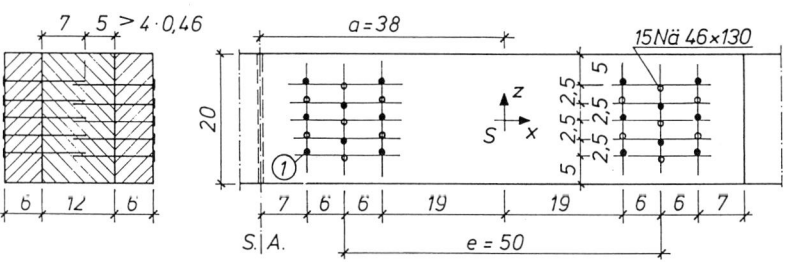

S ≙ Schwerpunkt eines Anschlusses

S.A. ≙ Symmetrieachse des Stoßes

Abb. 5.26. Biegesteifer Trägerstoß mit Laschen und Nagelgruppen

$$M_A = 6 + 4 \cdot 0,38 = 7,52 \, \text{kNm}$$

mittlere LED, Nkl1 oder 2

$$q, \quad g = 0,45 \, q, \quad p = 0,55 \, q$$

eine veränderliche Einwirkung

Gewählt: Träger 12/20 mit Laschen $2 \times 6/20$ S10/MS10

Bemessungswerte nach EC 5:

$$M_d = (1,35 \cdot 0,45 + 1,5 \cdot 0,55) \, M = 1,43 \, M = 8,58 \, \text{kNm}$$
$$V_d = 1,43 \, V = 5,72 \, \text{kN}$$
$$M_{A,d} = 1,43 \, M_A = 10,7 \, \text{kNm}$$

Berechnung der Nagelkräfte (Nä 46 × 130):

einschnittig: $t_1 = 60 \, \text{mm}$; vorh $t_2 = 130 - 60 = 70 \, \text{mm} > 8 \, \text{d} = 36,8 \, \text{mm}$

Überlappung $t_2 - l = 120 - 70 = 50 \, \text{mm} > 4 \, \text{d} = 18,4 \, \text{mm}$

Mindestholzdicke (nicht vorgebohrt):

$$t = \max \begin{cases} 7 \, \text{d} & = 32,2 \, \text{mm} \\ (13 \, \text{d} - 30) \, \varrho_k/400 = 28,3 \, \text{mm}, & \varrho_k = 380 \, \text{kg/m}^3 \end{cases}$$

$$t_1, t_2 > \min t = 32,2 \, \text{mm}$$

$$R_d = 1,08 \, \text{kN} \quad (\text{s. Gl. (6.7 f)})$$
$$n = 2 \cdot 15 = 30 \text{ Nagelpaare je Anschluß}$$
$$x_1 = 0,31 \, \text{m}$$
$$z_1 = 0,05 \, \text{m}$$
$$\sum x_i = 10 \cdot (0,19 + 0,25 + 0,31) = 7,50 \, \text{m}$$
$$\sum x_i^2 = 10 \cdot (0,19^2 + 0,25^2 + 0,31^2) = 1,947 \, \text{m}^2$$
$$\sum (x_i^2 + z_i^2) = 10 \cdot (0,19^2 + 0,25^2 + 0,31^2)$$
$$+ 12 \, (0,025^2 + 0,050^2) = 1,984 \, \text{m}^2$$

a) Grobe Näherung nach (5.29):

$$N_{1m,d} \approx \frac{10,7}{0,50 \cdot 30} + \frac{5,72}{2 \cdot 30} = 0,809 \, \text{kN} < 1,08 \, \text{kN}$$

b) Vereinfachter Nachweis nach (5.28):

$$\max N_{1,d} \approx \frac{10,7 \cdot 0,31}{2 \cdot 1,947} + \frac{5,72}{2 \cdot 30} = 0,947 \, \text{kN} < 1,08 \, \text{kN}$$

c) Genauer Nachweis nach (15.8–15.12):

$$N_{1V,d}^V = \frac{5,72}{2 \cdot 30} \qquad\qquad = 0,095\,\text{kN}$$

$$N_{1V,d}^M = \frac{10,7 \cdot 0,31}{2 \cdot 1,984} \qquad\qquad = 0,836\,\text{kN}$$

$$\underline{\qquad\qquad 0,931\,\text{kN}}$$

$$N_{1H,d}^M = \frac{10,7 \cdot 0,05}{2 \cdot 1,984} \qquad\qquad = 0,135\,\text{kN}$$

$$\max N_{1,d} = \sqrt{0,931^2 + 0,135^2} = 0,941\,\text{kN} < 1,08\,\text{kN}$$

$$\approx 0,947\,\text{kN} \quad \text{nach b}$$

Spannungsnachweis
Beim σ_m-Nachweis werden Schwächungen im Zugbereich abgezogen.

$$I_n = 120 \cdot 200^3/12 - 120 \cdot 4,6 \cdot (50^2 + 25^2) = 7827 \cdot 10^4\,\text{mm}^4$$

$$W_n = 7827 \cdot 10^4/100 = 783 \cdot 10^3\,\text{mm}^3$$

$$\sigma_{m,d} = 8580/783 = 11,0\,\text{N/mm}^2 < 14,8\,\text{N/mm}^2$$

$$f_{m,d} = \frac{0,8}{1,3}\,24 = 14,8\,\text{N/mm}^2$$

max τ darf nach Teil 2, Abschn. 19.8.4.4 vereinfacht mit dem Bruttoquerschnitt berechnet werden.

Berechnung der Anschlußquerkraft
a) Vereinfachter Nachweis nach (5.31):

$$V_A = \frac{10,7}{0,50} - \frac{5,72}{2} = 18,5\,\text{kN}$$

b) Genauer Nachweis nach (5.30):

$$V_A = \frac{10,7 \cdot 7,5}{2 \cdot 1984} - \frac{5,72}{2} = 17,3\,\text{kN} < 18,5$$

$$\max \tau = 1,5 \cdot \frac{17\,300}{120 \cdot 200} = 1,08\,\text{N/mm}^2$$

$$f_{v,d} = \frac{0,8}{1,3}\,2,5 = 1,54\,\text{N/mm}^2$$

$$\frac{1,08}{1,54} = 0,701 < 1$$

Die Bemessung der Biegestöße nach DIN erfolgt analog. Anstelle der Bemessungswerte sind die zulässigen Spannungen und Normwerte (charakteristischen Werte) für die Kräfte zu verwenden [7].

5.7.3 Biegesteife BSH-Trägerstöße

5.7.3.1 Biegesteife Stöße gerader Träger (EC 5)

Über mehrere Felder durchlaufende BSH-Träger werden meistens als Gelenkträger nach Abb. 1.5 und 1.11 gebaut, weil Herstellung und Montage gelenkiger Anschlüsse (Abb. 1.11) im Hinblick auf die Paßgenauigkeit einfacher sind als bei biegesteifen Stößen. Möglichkeiten konstruktiver Gestaltung sind in Abb. 5.27 aufgezeigt, vgl. Milbrandt [58].

Der Keilzinkenvollstoß a kann mit red A nach (19.1) und mit red W_y nach (19.2) bemessen werden, vgl. Abb. 19.3c (Teil 2). Bei den Stößen nach Abb. 5.27b und c werden Biegemoment (als Kräftepaar) und Längskraft durch die Stahllaschen übertragen. Im Biegedruckbereich ist auch Kraftfluß durch Kontakt ‖ Fa möglich. Die Querkraft wird durch die in der Stoßfuge angeordneten Dübel aufgenommen. Hirnholzdübel nach c sind Rechteckdübeln nach b – Ausklinkung! – vorzuziehen wegen geringerer Querzugbeanspruchung des Holzes.

Bei der Hirnholz-Dübelverbindung nach Abb. 5.27c ist die Verwendung von Klemmbolzen nach Abb. 6.20 und 6.21 nicht möglich. Die durch das Kippmoment der Dübel nach Abb. 6.4a hervorgerufenen Spreizkräfte (Klemmkräfte) müssen statt dessen durch die Stahllaschen aufgenommen werden. Nach entsprechenden Versuchen erzeugt ein mit R_d nach Tafel 6.4A beanspruchter Hirnholzdübel bzw. bei symmetrischen Anschlüssen ein Hirnholz-Dübelpaar:

$$\boxed{\text{eine Spreizkraft von} \leq 1{,}43^{\,1} \cdot 3{,}5 = 5{,}0 \text{ kN}}$$ [7]   (EC 5)

Die Spreizkräfte – vereinfacht in Dübelachse angenommen (Abb. 6.4a) – werden nach den Regeln der Statik anteilig der Zug- und der Drucklasche bzw. dem Druckflächenschwerpunkt zugewiesen. Dabei wird die Entlastung der

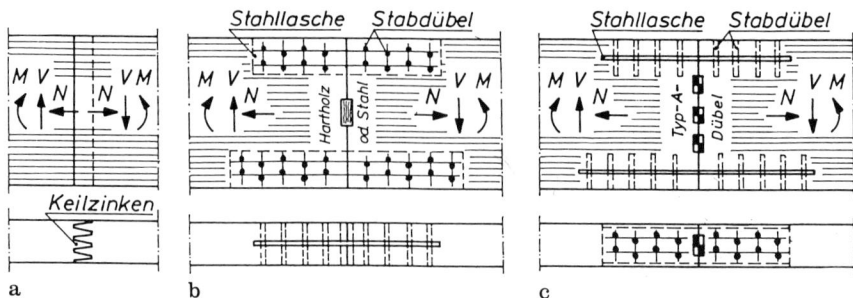

Abb. 5.27. Biegesteife BSH-Trägerstöße

---

[1] Summarischer Sicherheitsbeiwert für die Einwirkungen.

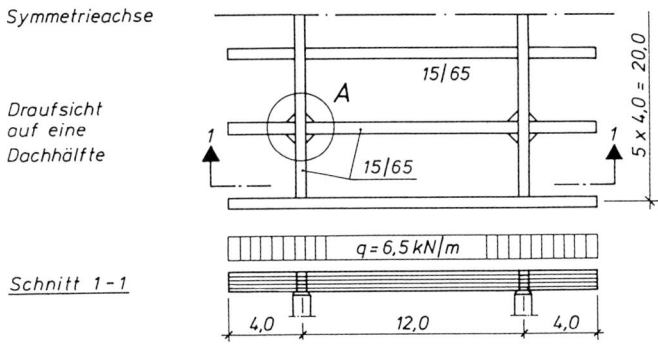

Abb. 5.28. BSH-Dachtragwerk aus [58]

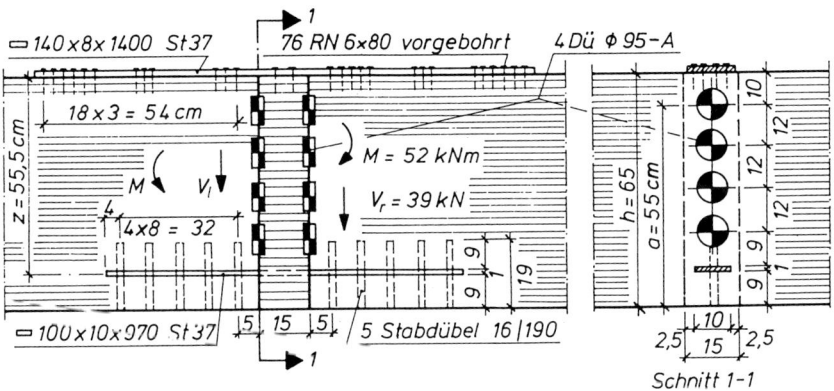

Abb. 5.29. Trägerstoß im Punkt A nach [58]

Druckkraft vernachlässigt, da untere Grenzwerte der Spreizkräfte nicht vorliegen.

An dem Dachtragwerk nach Abb. 5.28 aus [58] werden Berechnung und Konstruktion des Brettschichtträger-Kreuzungspunktes A mit bündiger Oberkante gezeigt.

Schnittgrößen des gestoßenen Trägers im Punkt A (Abb. 5.29):

$$V_{Al} = -6,5 \cdot 4,0 = -26\,\text{kN}$$

$$V_{Ar} = 6,5 \cdot 12/2 = 39\,\text{kN}$$

$$M_A = -6,5 \cdot 4,0^2/2 = -\cdot\ 52\ \text{kNm}$$

Bemessungswerte nach EC 5
Berechnungsannahmen:

kurze LED, Nkl 1 oder 2, BS 14

$q,\quad g = 0,45\,q,\quad p = 0,55\,q$

eine veränderliche Einwirkung

Bemessungswerte:

$$V_{A,l,d} = -(1,35 \cdot 0,45 + 1,5 \cdot 0,55) \cdot 26 = -37,2 \, \text{kN}$$

$$V_{A,r,d} = 1,43 \cdot 39 = 55,8 \, \text{kN}$$

$$M_{A,d} = -1,43 \cdot 52 = -74,4 \, \text{kNm}$$

Anschluß der Querkräfte:

a) Hirnholz-Dübelverbindung mit 2×4 Dü $\oslash$ 95-A

$$V_d = 4 \cdot R_d = 4 \cdot 16,3 = 65,2 \, \text{kN} > \text{vorh } V_d = 55,8 \, \text{kN}$$

Tafel 6.4 B: $R_d = 14,5 \, \text{kN}$ (mittlere LED)

kurze LED: $R_d = \dfrac{0,9}{0,8} \cdot 14,5 = 16,3 \, \text{kN}$

R_d Bemessungswert der Tragfähigkeit eines Dübels bei Hirnholz-Dübelverbindungen für BSH.

b) Querzuganschluß für den lastaufnehmenden Träger:
Berechnung nach Abschnitt 5.2.5 mit Gl. (5.10):

$$b_e = 550 + 47,5 = 597 \, \text{mm} > 0,5 \, h = 0,5 \cdot 650 = 325 \, \text{mm}$$

Gl. (5.10): $V_d = 2 \cdot f_{v,d} \cdot b_e \cdot t/3$

Tafel 2.11: $f_{v,k} = 2,7 \, \text{N/mm}^2$; $f_{v,d} = \dfrac{0,9}{1,3} \cdot 2,7 = 1,87 \, \text{N/mm}^2$

$$V_d = 2 \cdot 1,87 \cdot 597 \cdot 150/3 = 111\,639 \, \text{N} = 111,6 \, \text{kN}$$

$$V_d/2 = 55,8 \, \text{kN} = \text{vorh } V_d$$

Bemessung eines Querzuganschlusses nach DIN (s. Abschn. 5.2.3).

c) Anschluß des Biegemomentes und der Spreizkräfte:

Das Kräftepaar M/z wird durch zug- und druckfest angeschlossene Stahllaschen übertragen. Die Drucklasche ist hier statisch unentbehrlich, um Querdruckbeanspruchung des lastaufnehmenden Trägers zu vermeiden. Spreizkräfte der oberen 2 Dübelpaare belasten die Zuglasche zusätzlich. Die Entlastung der Drucklasche durch die unteren 2 Dübelpaare wird vernachlässigt.

Zuglasche mit je 76 Rillennägeln 6×80 mm (vorgebohrt):

$$\text{vorh } Z_d = 74,4/0,555 + 2 \cdot 5,0 = 144 \, \text{kN}$$

einschnittig und dicke Bleche mit $t > d$:

$$t = 8 \, \text{mm} > d = 6 \, \text{mm}$$

$$t_1 = 80 - 8 - 2 \cdot 6 = 60 \, \text{mm}$$

Einfluß der Nagelspitze ($\sim 2 \, d$) wurde vernachlässigt

$$\varrho_k = 410 \, \text{kg/m}^3 \quad (\text{BS 14})$$

$$R_d = 3,20 \, \text{kN} \quad \text{je Nagel nach Gl. (6.7o)}$$

Im EC 5 ist auf Grund neuerer Untersuchungen [67] für mehr als 10 hinter-einander angeordnete Nägel keine Abminderung (ef n) von R_d festgelegt worden.

Die Festlegung in der DIN 1052 T 2, daß mehr als 30 Nägel hintereinander nicht in Rechnung gestellt werden dürfen, sollte aber beibehalten werden.

$$R_d = 76 \cdot 3,20 = 243\,\text{kN} > \text{vorh}\,Z_d = 144\,\text{kN}$$

$$n = 144/3,20 = 45 \rightarrow 48 \text{ Rillennägel } 6 \times 80$$

Es werden 12 Rillennägel weniger als nach DIN benötigt (kurze LED!) [7]. Drucklasche mit je 5 Stabdübeln $\varnothing 16\,\text{mm}$:

$$\text{vorh}\,D = 74,4/0,555 = 134\,\text{kN}$$

Für zweischnittige Verbindungsmittel bei einem Mittelteil aus Stahlblech gel-ten nach EC 5 die Gleichungen für einschnittige Verbindungen mit dickem Stahlblech.

$$t_1 = 90\,\text{mm}, \quad \varrho_k = 410\,\text{kg/m}^3 \quad (\text{BS } 14)$$

$R_d = 15,4\,\text{kN}$ je Stabdübel und Schnitt nach (6.7 o und 6.7 t)

$$R_d = 5 \cdot 2 \cdot 15,4 = 154\,\text{kN} > \text{vorh}\,D = 134\,\text{kN}$$

Ausnutzungsgrad nach EC 5:

$$134/154 = 0,870$$

5.7.3.2 Biegesteife Eckverbindungen

Biegesteife Ecken können als geleimte Keilzinkenvollstöße (B 1) oder als Dübel- bzw. Stabdübelverbindungen (A, B 2, C) hergestellt werden, s. Abb. 5.30.

Berechnung und Konstruktion solcher Eckverbindungen sind ausführlich in Teil 2, Abschn. 19.8 beschrieben. Sonderformen von Montagestößen ge-knickter Brettschichtträger zeigt Milbrandt [16, 58].

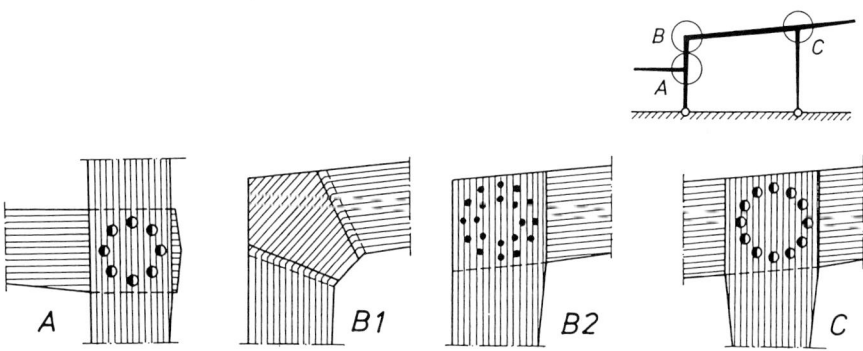

Abb. 5.30. Biegesteife Eckverbindungen

6 Verbindungsmittel

Für die zulässigen Belastungen aller Verbindungsmittel gelten im allgemeinen nach DIN folgende Erhöhungen – *T2, 3.2* –:
a) um 25 % im Lastfall HZ
b) um 100 % bei waagerechten Stoßlasten und Erdbebenlasten
c) um 25 % für Transport- und Montagezustände.

Bei Feuchteeinwirkungen sind die zulässigen Belastungen im allgemeinen auf 5/6 bzw. 2/3 zu ermäßigen – *T2, 3.1* – [7].

Nach EC 5 werden Erhöhungen oder Abminderungen der Bemessungswerte der Tragfähigkeiten der Verbindungsmittel über die charakteristischen Werte der Festigkeiten und die Klassen der Lasteinwirkungsdauer sowie der Nutzung mit dem Faktor k_{mod} (Tafel 2.9) geregelt.

6.1 Leim

6.1.1 Tragverhalten und Bauteilfertigung

Der Leim nimmt unter den Verbindungsmitteln insofern eine Sonderstellung ein, als die Leimverbindung als starr anzusehen ist, während alle mechanischen Holzverbindungen mehr oder weniger nachgiebig sind.

Leimverbindungen wirken flächenhaft. Sie eignen sich besonders gut zur Herstellung von Vollwandträgern und zur Längsverleimung von Bauholz mit Keilzinken bis zu einem Querschnitt von $120 \times 300 \, \text{mm}^2$ [68].

Bei der Herstellung geleimter Fachwerkträger ist Vorsicht geboten, da die starre Leimverbindung die theoretische Voraussetzung gelenkiger Knoten nicht erfüllt und deshalb mit Nebenspannungen zu rechnen ist. Wie in [69] gezeigt, sind darüber hinaus verschiedene Einflußparameter auf die Festigkeit geleimter Knotenverbindungen zu beachten. Für Sonderbauarten mit bauaufsichtlicher Zulassung (z.B. DSB) werden kleinflächige, geleimte Knoten verwendet [7].

In [70] sind Hinweise zur Sanierung von Rissen und Fugen im BSH enthalten, die im wesentlichen auf Verarbeitungsfehler, unzulässige Feuchteaufnahme bei Transport, Lagerung auf der Baustelle und Einbau sowie das Überschreiten der aufnehmbaren Querzugspannung zurückzuführen sind.

Anforderungen an Leimverbindungen
a) sorgfältige Gütesortierung des zu verleimenden Holzes
b) künstliche Vortrocknung auf $\omega \leq 15 \%$

c) Hobeln bzw. Fräsen der zu verleimenden Flächen
d) gleichmäßiger Leimauftrag
e) richtige Jahrringlage der Brettlamellen zueinander
f) gleichmäßiger Preßdruck bei Normalklima (20 °C Raumtemperatur, 65% relative Luftfeuchte) über bestimmte Preßdauer

Herstellen geleimter Bauteile
Das Herstellen geleimter, tragender Holzbauteile erfordert geeignete Werkstätten und geschultes Fachpersonal. Die Arbeitsräume müssen klimatisierbar sein *– E 124 –*.

Eine Eignung zum Herstellen geleimter, tragender Holzbauteile muß nachgewiesen werden *– DIN 1052 T1, Anhang A oder EN 386 –*. Die Leimgenehmigung wird von Prüfstellen (siehe Verzeichnis des IfBt) erteilt, und zwar für folgende vier Gruppen:

Bescheinigung A: geeignet zum Leimen tragender Holzbauteile aller Art
Bescheinigung B: geeignet zum Leimen *einfacher* geleimter Holzbauteile (z. B. Balken und Träger ≤ 12 m Stützweite, Dreigelenkbinder ≤ 15 m Spannweite, einhüftige Binder ≤ 12 m Abwicklungslänge)
   Eignung für Sonderbauarten *kann* enthalten sein (z. B. DSB, Trigonit-, Wellstegträger)
Bescheinigung C: geeignet *nur* zum Leimen von Sonderbauarten s. o.
Bescheinigung D: geeignet *nur* zum Leimen von Holztafeln für Holzhäuser in Tafelbauart

Die Bescheinigungen A und B schließen D ohne weiteren Nachweis ein. Ein Firmenverzeichnis mit Eignungsnachweis erscheint jährlich in „Bauen mit Holz".

6.1.2 Leimarten

Leime für tragende Bauteile müssen nach *– 12.4 –* die Prüfungen nach DIN 68 141 bestanden haben. Nach EC 5 müssen Leime für tragende Bauteile den Bestimmungen der EN 301 entsprechen. Sie sollen fugenfüllend sein, rasch abbinden und vor allem eine ausreichende Widerstandsfähigkeit gegen klimatische Einflüsse besitzen. Für Holzleimkonstruktionen dürfen in der Rangfolge ihrer Eignung verwendet werden [7]:
a) Resorzinharzleime: Kondensationsprodukte aus Resorzin und Formaldehyd
   Handelsnamen: Aerodux RL 185, RL 188, 500; Bakelite HL 283, HL 284; Cascophen RS-240; Casco/Synteko 1710, 1711, 1712, 1760, 1773, 1774; Dynosol S-199, S-202; Enocol RLF 185 und 187; Kauresin 440 und 460; Kleiberit Supracin 875.1; Penacolite, Priha RF 30; Strucol RF 9-A-

b) Phenol-Melamin-Harzleime:	Kondensationsprodukte aus Phenol, Melamin und Formaldehyd
Handelsname:	Kauramin 545
Eignung a, b:	für Bauteile, die der Witterung ausgesetzt sind oder Gleichgewichtsfeuchte von 20% überschreiten oder langfristig oder häufig wiederkehrend Bauteiltemperatur von 50 °C überschreiten
c) Harnstoffharzleime:	Kondensationsprodukte aus synthetischem Harnstoff und Formaldehyd
Handelsname:	Aerolite FFD und KL; Casco/Synteko 1206 und 1209; Dynorit HLB, L 103 und L 530 N; Kaurit 220, 234 und 270; W-Leim 62
Eignung:	für Bauteile, die kurzzeitig, jedoch nicht wiederholt der Feuchtigkeit ausgesetzt sind
d) Kaseinleime:	aus Milchsäurekasein und gelöschtem Kalk
Eignung:	nur für Bauteile, deren Leimfugen ständig gegen Eindringen freien Wassers geschützt sind

Obwohl Kaseinleime eine sehr gute Trockenbindefestigkeit besitzen, werden sie wegen ihrer Empfindlichkeit gegen Feuchtigkeit für die Herstellung von Brettschichtholz in der Bundesrepublik Deutschland nicht mehr verwendet [71].

Nach Untersuchungen von Radovic/Goth [79] können die von ihnen geprüften Einkomponenten-Polyurethan-Klebstoffe unter Beachtung der in den Bearbeitungsrichtlinien festgelegten Bedingungen zum Leimen tragender Holzbauteile verwendet werden. Die Einhaltung dünner Fugen (max 0,3 mm) ist zu beachten.

6.1.3 Tragfähigkeit

Die Leimfuge wird auf Abscheren beansprucht. Ihre Scherfestigkeit ist höher als die des Holzes. Zulässige Spannungen für verleimtes Brettschichtholz sind Tafel 2.4 zu entnehmen. Nach EC 5 sind die Bemessungswerte der Festigkeiten zu verwenden. Sie werden mit Hilfe der charakteristischen Festigkeitswerte (Tafel 2.11) unter Berücksichtigung des Faktors k_{mod} (Tafel 2.9) bestimmt.

Unvermeidbare Querzugspannungen in geleimten Zugstößen, die durch Schäftung mit einer Leimflächenneigung $\leq 1/10$ oder durch Keilzinkung nach DIN 68 140 oder EN 387 hergestellt sind, brauchen nicht besonders nachgewiesen zu werden. (Sie sollen etwa 0,1 N/mm² (DIN) oder 0,15 N/mm² (EC 5) nicht überschreiten.)

Weitere Hinweise zur Tragfähigkeit und zur Optimierung von Keilzinkenverbindungen sind in [72–74] enthalten.

6.1.4 Längsverbindungen

Als geleimte Längsverbindungen werden Keilzinkung und Schäftung verwendet: Keilzinkung vorwiegend für Bretter und Kanthölzer, Schäftung vorwiegend für dünne Bauteile und Holzwerkstoffe (Furniersperrholz und Spanplatten).

Beanspruchungsgruppe I ist erforderlich für Bauteile, die nach DIN 1052 berechnet werden müssen.

Der Verschwächungsgrad (Zugbeanspruchung) ist $v = \dfrac{b}{t}$.

Tafel 6.1. Zinkenprofile (Vorzugsprofile)

Beanspruchungsgruppe	l (in mm)	t (in mm)	b (in mm)	v
I und II	7,5	2,5	0,2	0,08
	10	3,7	0,6	0,16
	20 [a]	6,2	1	0,16
	50 [b]	12	2	0,17
	60	15	2,7	0,18

[a] Üblich für Einzelbrettstöße.
[b] Für Träger-Vollstöße (Rahmenecken).

Tafel 6.1A. Flankenwinkel und Verschwächungsgrad

Beanspruchungsgruppe	v	l (in mm)	α
I	$\leq 0,18$	≤ 10	$\leq 7,5°$ (1 . 7,6)
		> 10	$\leq 7,1°$ (1 : 8)

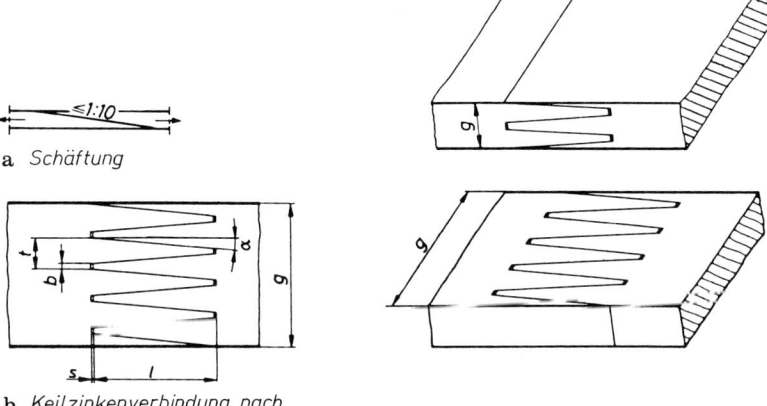

a *Schäftung*

b *Keilzinkenverbindung nach DIN 68140*

Abb. 6.1

Die einzelnen Größen müssen in folgendem Verhältnis zueinander stehen:

bei Zinkenlänge $l \leq 10$ mm: min $l = 3{,}6\,t \cdot (1-2\,v)$

bei Zinkenlänge $l > 10$ mm: min $l = 4\,t \cdot (1-2\,v)$

Nach EC 5 sind Keilzinkenverbindungen für Vollholz in Übereinstimmung mit EN 385 und für BSH mit EN 387 herzustellen (s. auch Abschnitt 2.2.3).

6.1.5 Eingeleimte Gewindestangen (GS)

Nach Untersuchungen von Möhler/Hemmer [62] können ‖ Fa oder ⊥ Fa in BSH eingeleimte Gewindestangen aus St 37 und St 52 Kräfte axial und quer zur Schaftrichtung nach Abb. 6.1 A übertragen. Jede Gewindestange erhält eine durchgehende rechteckige Längsnut nach Abb. 6.1 A e, durch die der überschüssige Leim an die Holzoberfläche gelangen kann. Sie erfüllt diese Aufgabe nur dann, wenn sie nicht nur die Gewindegänge durchschneidet, sondern auch geringfügig in den Kern eingefräst wird.

Erläuterungen zu Abb. 6.1 A
a) Gekrümmter Träger (Querzug)
b) Ausgeklinkter Träger (Querzug)
c) Begrenzte Auflagerfläche (Querdruck); Kraftübertragung von Stahlplatte in Schraubenkopf durch Kontakt, Weiterleitung vom Schraubenschaft in BSH durch Haftung
d) Eingespannte Stütze (kombinierte Beanspruchung)
e) Ausführungsdetail einer eingeleimten GS

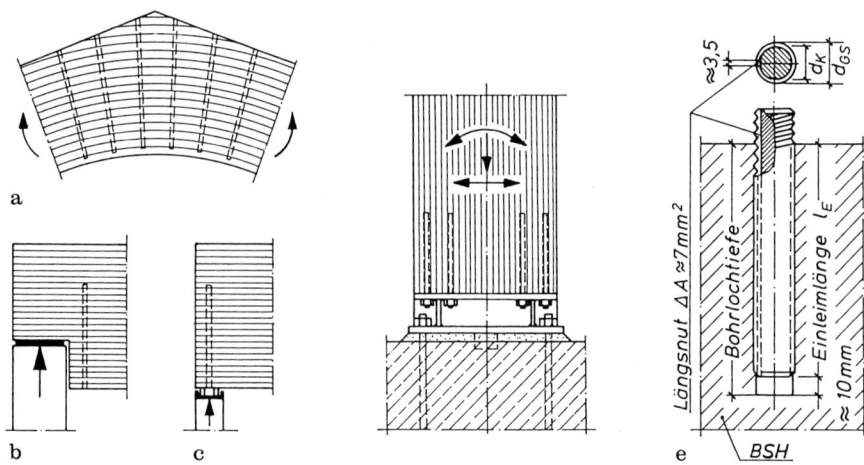

Abb. 6.1 A. Anwendungsbeispiele und Einbaudetail für GS

Kurzgefaßte Anwendungsregeln nach Möhler/Hemmer [62]:
- Mindestanzahl je Verbindung: $n \geq 1\,\mathrm{GS}$
- Mindestnenndurchmesser der GS: $d_{GS} \geq 8\,\mathrm{mm}$
- Mindestabstände s. Abb. 6.1 B/E, bei Querbelastung nach $-T2,\,5.7-$ oder Tafel 6.6a [31]
- Mindesteinleimlänge $l_E \geq 10\,d_{GS}$; $l_E > 20\,d_{GS}$ darf nicht in Rechnung gestellt werden
- Holz-Bohrlochdurchmesser $d_B = 0,5 \cdot (d_{GS} + d_k)$; $d_k = \mathrm{Kern}\text{-}\varnothing$ [36]
- Bohrloch mit Druckluft ausblasen, zur Hälfte mit Resorzinharzleim füllen, dann gereinigte, entfettete GS eindrehen
- volle Beanspruchung der Verbindung frühestens 7 Tage nach Herstellung

Nach Ehlbeck/Siebert [75] kann bei Verwendung von Gewindestangen nach DIN 975 mit metrischem Gewinde auf die Längsnut in den Gewindestangen verzichtet werden, wenn die Bohrung im Holz mit dem Gewindeaußendurchmesser ausgeführt wird.

In [76] sind weitere Empfehlungen für Einleimmethoden u.a. für eingeleimte Betonrippenstähle und Hinweise zur Reduzierung von Querzugrissen bei geleimten Satteldachbindern aus BSH sowie Verfahren zur Dimensionierung der Verstärkungsmaßnahmen enthalten (s.a. [77]).

Die von Möhler/Hemmer vorgeschlagenen Bemessungsgleichungen für eingeleimte Gewindestangen haben sich für die Praxis als geeignet erwiesen und sind im folgenden aufgeführt.

> **1. Fall:**
> **GS axial beansprucht, ∥ Fa eingeleimt**

d_{GS} = Außen-$\varnothing$ = Nenn-$\varnothing$ der GS nach DIN 975 bzw. DIN 976
A_n = Gewindestab-Nettoquerschnitt

Nach DIN:
Zulässige Spannungen

d_{GS} (in mm)	≤ 24	27	30
zul $\tau_\parallel$ (in N/mm^2)	1,2	1,0	0,8

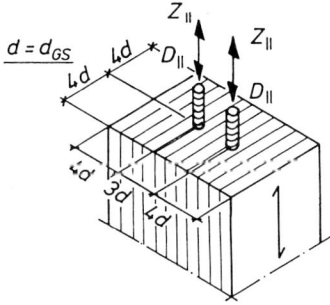

Abb. 6.1 B

zul $\sigma_{Z,D} = 100\,\text{MN/m}^2$ nach $-5.3.3-$; bei Werkstoffgüte nach DIN 17100
s. DIN 18800 T1

$$\text{zul}\,Z_{\|}, D_{\|} = \pi \cdot d_{GS} \cdot l_E \cdot \text{zul}\,\tau_{\|} \tag{6.0a}$$

$$\leqq A_n \cdot \text{zul}\,\sigma_{Z,D}, \quad \text{s. }[7,58] \tag{6.0b}$$

Nach EC 5 (Empfehlung):
Bemessungswerte der Haftfestigkeiten $f_{v,d}$
kurze LED, Nkl 1 oder 2 (BS 11 bis BS 18)

d_{GS} (mm)	$\leqq 24$	27	30
$f_{v,d}$ (N/mm²)	1,72	1,43	1,14

Umrechnungsfaktor: $f_{v,d} = 1,43^{\,1} \cdot \text{zul}\,\tau_{\|}$ [62]

$$Z_{\|,d}, D_{\|,d} = \pi \cdot d_{GS} \cdot l_E \cdot f_{v,d} \tag{6.0c}$$

$$\leqq A_n \cdot f_{u,d}, \tag{6.0d}$$

mit
$f_{u,d} = 1,43 \cdot 100 = 143\,\text{N/mm}^2$ (Empfehlung)

$f_{u,d}$ Bemessungswert der Stahlzugfestigkeit für Rundstahl ohne Werksbescheinigung entsprechend $-5.3.3-$ im Holzbau

Die vorgenommene Kalibrierung für $f_{u,d}$ eingeleimter Gewindestangen wird durch die Versuchsergebnisse in [62] gestützt.

---

2. Fall:
GS axial beansprucht, $\perp$ Fa eingeleimt

Nach DIN:
zul $D_\perp = $ zul $D_\|$ s. Gl. (6.0a) und (6.0b)

Bei Zugbeanspruchung $\perp$ Fa müssen die GS zur Vermeidung von Querzugrissen im Holz mindestens bis zur halben Trägerhöhe eingeleimt werden
($l_E > 20 \cdot d_{GS}$ darf nicht in Rechnung gestellt werden!).
zul $\tau_\|$ und zul σ_Z wie beim 1. Fall.

$$\text{zul}\,Z_\perp = 0,5 \cdot \pi \cdot d_{GS} \cdot l_E \cdot \text{zul}\,\tau_\| \tag{6.0e}$$

$$\leqq A_n \cdot \text{zul}\,\sigma_Z \quad \text{wie (6.0b)}$$

Nach EC 5:

$$D_{\perp,d} = D_{\|,d} \quad \text{s. Gl. (6.0c) und (6.0 d)}$$

$$Z_{\perp,d} = 0,5 \cdot \pi \cdot d_{GS} \cdot l_E \cdot f_{v,d} \tag{6.0f}$$

$$\leqq A_n \cdot f_{u,d} \quad \text{wie (6.0d)}$$

---

[1] Summarischer Sicherheitsbeiwert für die Einwirkungen.

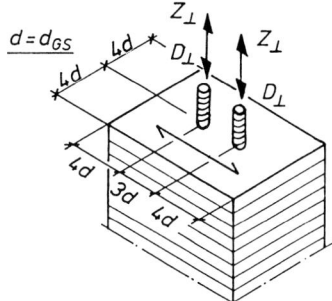

Abb. 6.1 C

$Z_{\parallel,d}$, $D_{\parallel,d}$, $D_{\perp,d}$, $Z_{\perp,d}$ s. Tafel 6.2 A mit zugehörigem $l_E(\dots)$ in Sp. 7 für $f_{u,d} = 143\ \text{N/mm}^2$ bzw. $l_E(=20 \cdot d_{GS})$ in Sp. 9.

Entsprechende Tafeln für die zulässigen Werte nach DIN sind in [7] oder [58] enthalten.

Die aufnehmbaren Axialbelastungen der Tafel 6.2 A, Sp. 6 können in Abhängigkeit von Stahlsorte und Beanspruchungsart mit den Faktoren μ nach Tafel 6.2 B multipliziert werden, dürfen jedoch die Werte der Tafel 6.2 A, Sp. 5 nicht überschreiten! Die Einleimlängen nach Sp. 7 sind dann entsprechend zu erhöhen.

Ein Berechnungsbeispiel für ausgeklinkte Träger mit Verstärkung durch eingeleimte Gewindestangen ist Abschn. 10.2.4.3 mit Abb. 10.5 A zu entnehmen.

Tafel 6.2 A. Aufnehmbare Axialbelastung (Bemessungswerte) eingeleimter GS (zugeh. l_E (in mm)), kurze LED, Nkl 1 oder 2 (BS 11–BS 18)

1	2	3	4	5	6	7	8	9
			$Z_{\parallel,d}$, $D_{\parallel,d}$, $D_{\perp,d}$ nach Gl. (6.0c) bzw. (6.0d) für				$Z_{\perp,d}$[b] nach Gl. (6.0f) für	
d_{GS}	A_n[a]	min l_E $=10 d_{GS}$	min l_E $=10 d_{GS}$	l_E $=20 d_{GS}$	$f_{u,d}$ $=143\,\text{N/mm}^2$		$l_E=20 d_{GS}$	
(mm)	(mm²)	(mm)	(kN)	(kN)	(kN)	(mm)	(kN)	(mm)
M 8	32	80	3,46	6,92	4,6	(106)	3,46	(160)
M10	51	100	5,40	10,8	7,3	(135)	5,40	(200)
M12	76	120	7,78	15,6	10,9	(168)	7,78	(240)
M16	144	160	13,8	27,6	20,6	(239)	13,8	(320)
M20	225	200	21,6	43,2	32,2	(298)	21,6	(400)
M22	282	220	26,1	52,2	40,3	(340)	26,1	(440)
M24	324	240	31,1	62,2	46,3	(358)	31,1	(480)
M27	427	270	32,7	65,4	61,1	(504)	32,7	(540)
M30	519	300	32,2[c]	64,4[c]	64,4[c]	(600)	31,4[c]	(600)

[a] $A_n = A_k$ (Kernquerschnitt) i. d. R.
[b] Für $Z_{\perp,d}$ ist stets Gl. (6.0f) maßgebend für die Bemessung.
[c] Wegen reduzierter $f_{v,d}$ auf $1,14\ \text{N/mm}^2$, siehe 1. Fall.

Tafel 6.2B. Faktoren μ zu $Z_{\parallel,d}$, $D_{\parallel,d}$, $D_{\perp,d}$ der Tafel 6.2A, Sp. 6

	EC 5 [a] (Vorschlag)	St 37		St 52	
	(Z, D)	(Z)	(D)	(Z)	(D)
Faktor μ	1,0	1,1	1,4	1,5	2,1

[a] ohne Werksbescheinigung.

Tafel 6.2C. Faktor $B_{\parallel}$ für Gl. (6.0 g)

d_{GS} (in mm)	8	10	12	16	20	22	24	27	30
$B_{\parallel}$ (in MN/m²)	10			10	9,43	9,14	8,86	8,43	8,00

Tafel 6.2D. Faktor $B_{\parallel,d}$ für Gl. (6.0 h)

d_{GS} (in mm)	8	10	12	16	20	22	24	27	30
$B_{\parallel,d}$ (in MN/m²)	14,3			14,3	13,5	13,1	12,7	12,0	11,4

---

3. Fall:
GS quer beansprucht, $\parallel$ Fa eingeleimt

Bei einer Mindesteinleimlänge von $10\,d_{GS}$ und Lastangriff in ≤ 10 mm Abstand von der Hirnholzoberfläche kann zul $F_{\parallel}$ einer GS – in Anlehnung an Gl. (6.5) – nach Gl. (6.0 g) berechnet werden mit dem Faktor $B_{\parallel}$ nach Tafel 6.2C.
Nach DIN:

$$\text{zul}\,F_{\parallel} = B_{\parallel} \cdot d_{GS}^2 \cdot 10^{-3} \quad (\text{in kN}) \tag{6.0 g}$$

Nach EC 5:

$$F_{\parallel,d} = B_{\parallel,d} \cdot d_{GS}^2 \cdot 10^{-3} \quad (\text{in kN}) \tag{6.0 h}$$

Umrechnungsfaktor: $B_{\parallel,d} = 1,43 \cdot \text{zul}\,B_{\parallel}$ vgl. Tafel 6.2 D

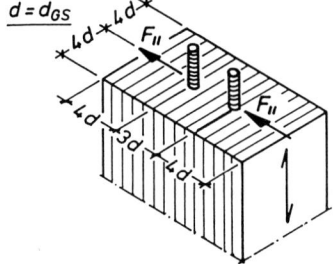

Abb. 6.1 D

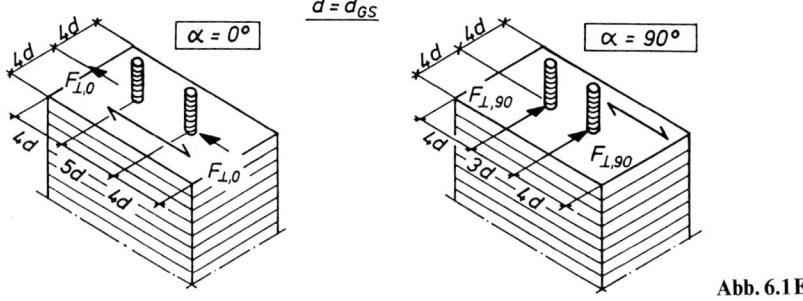

Abb. 6.1 E

---

4. Fall:
GS quer beansprucht, ⊥ Fa eingeleimt

Im 4. Fall ist die zulässige Belastung wie bei Stabdübeln – Gln. (6.5–6.7) – abhängig vom Kraft-Faser-Winkel.

Bei einer Mindesteinleimlänge von $10\,d_{GS}$ und Lastangriff in $\leq 10\,\text{mm}$ Abstand von der Holzoberfläche ist zul $F_\perp$ einer GS nach Abb. 6.1 E:

Nach DIN:

$$\alpha = \ \ 0°: \ \text{zul}\,F_{\perp 0°} \ = B_\perp \cdot d_{GS}^2 \cdot 10^{-3} \qquad \text{(in kN)} \qquad (6.0\,\text{i})$$

$$\alpha = 90°: \ \text{zul}\,F_{\perp 90°} = 0{,}75 \cdot \text{zul}\,F_{\perp 0°} \qquad \text{(in kN)} \qquad (6.0\,\text{j})$$

$$0° < \alpha < 90°: \ \text{zul}\,F_{\perp \alpha} \ = \left(1 - \frac{\alpha°}{360}\right) \cdot \text{zul}\,F_{\perp 0°} \quad \text{(in kN)} \qquad (6.0\,\text{k})$$

Darin ist $B_\perp = 14\,\text{MN/m}^2$ für $d_{GS} \leq 30\,\text{mm}$.

Nach EC 5:

$$\alpha = \ \ 0°: \ F_{\perp,0,d} \ = B_{\perp,d} \cdot d_{GS}^2 \cdot 10^{-3} \qquad \text{(in kN)} \qquad (6.0\,\text{l})$$

$$\alpha = 90°: \ F_{\perp,90,d} = 0{,}75 \cdot F_{\perp,0,d} \qquad \text{(in kN)} \qquad (6.0\,\text{m})$$

mit
$B_{\perp,d} = 20\,\text{MN/m}^2$ (Bemessungswert) für $d_{GS} \leq 30\,\text{mm}$
$F_{\parallel,d}$, $F_{\perp,0,d}$ und $F_{\perp,90,d}$ sind in Tafel 6.2 E zusammengestellt.

Die aufnehmbaren Belastungen $F_{\parallel,d}$ und $F_{\perp,d}$ des 3. und 4. Falles sind um 20% abzumindern, wenn der Abstand zwischen Lastangriffsebene und Holzoberfläche > 10 mm ist oder wenn 2 Hölzer durch eingeleimte GS miteinander verbunden werden.

Kombinierte Beanspruchung
Bei gleichzeitiger Beanspruchung von eingeleimten Gewindestangen durch Axial- und Querlasten ist folgender Nachweis zu führen:

Tafel 6.2E. Aufnehmbare Querbelastungen $F_{\parallel,\mathrm{d}}$ und $F_{\perp,\mathrm{d}}$ eingeleimter GS

d_{GS}	min l_{E}	Aufnehmbare Querbelastung[a]		
		$F_{\parallel,\mathrm{d}}$	$F_{\perp,\mathrm{d}}$ $\alpha = 0°$	$\alpha = 90°$
(in mm)	(in mm)	(in kN)	(in kN)	(in kN)
M 8	80	0,91	1,28	0,96
M10	100	1,43	2,00	1,50
M12	120	2,06	2,88	2,16
M16	160	3,66	5,12	3,84
M20	200	5,40	8,00	6,00
M22	220	6,34	9,68	7,26
M24	240	7,31	11,5	8,64
M27	270	8,75	14,6	10,9
M30	300	10,3	18,0	13,5

[a] Abminderung um 20%, wenn Abstand Last-Holz > 10 mm oder 2 Hölzer miteinander verbunden werden.

Nach DIN:

$$\left(\frac{\text{vorh } Z, D}{\text{zul } Z, D}\right)^2 + \left(\frac{\text{vorh } F_{\parallel,\perp}}{\text{zul } F_{\parallel,\perp}}\right)^2 \leqq 1 \qquad (6.0\,\mathrm{n})$$

Nach EC 5:

$$\left(\frac{F_{\mathrm{ax,d}}}{R_{\mathrm{ax,d}}}\right)^2 + \left(\frac{F_{\mathrm{la,d}}}{R_{\mathrm{la,d}}}\right)^2 \leq 1 \qquad (6.0\,\mathrm{o})$$

$F_{\mathrm{ax}}, R_{\mathrm{ax}}$ sind die Kräfte und die Tragfähigkeiten in Schaftrichtung (Herausziehen)

$F_{\mathrm{la}}, R_{\mathrm{la}}$ sind die Kräfte und die Tragfähigkeiten rechtwinklig zur Schaftrichtung (Abscheren)

z. B.: $F_{\mathrm{ax,d}} = \text{vorh } Z_{\perp,\mathrm{d}}$; $R_{\mathrm{ax,d}} = Z_{\perp,\mathrm{d}}$ (Tafel 6.2A)

$F_{\mathrm{la,d}} = \text{vorh } F_{\perp,0,\mathrm{d}}$; $R_{\mathrm{la,d}} = F_{\perp,0,\mathrm{d}}$ (Tafel 6.2E)

6.2 Dübel

6.2.1 Allgemeines

Dübel sind Verbindungsmittel, die überwiegend auf Druck und Abscheren beansprucht werden (Abb. 6.2). Man unterscheidet Rechteckdübel und Dübel besonderer Bauart. Stabdübel sind zylindrische Stifte gemäß Abschn. 6.3.

Rechteckdübel

Zu ihnen gehören rechteckige Dübel aus trockenem Hartholz oder aus Metall und ⊢-förmige Stahldübel, die in das Holz eingelegt werden. Ihre zulässige Belastung wird rechnerisch ermittelt.

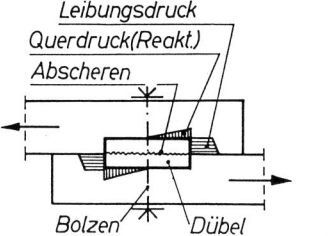

Abb. 6.2

Dübel besonderer Bauart

Zu ihnen gehören Sonderformen meist runder scheiben-, ring- oder tellerförmiger Dübel aus Hartholz oder Metall, die in das Holz eingelegt und/oder eingepreßt werden.

Ihre zulässige Beanspruchung ist nach Tragfähigkeits- und Verformungsuntersuchungen in –Teil 2– festgelegt worden.

Dieses Normblatt enthält auch Abbildungen der Dübel sowie alle für die Berechnung und Konstruktion notwendigen technischen Daten.

DIN 1052 T 2 enthält folgende Dübelbauarten (Abb. 6.3):

Einlaßdübel: Sie werden in passend vorbereitete Vertiefungen eingelegt
Typ: A (früher: Appel); B (früher: Kübler)
Einpreßdübel: Ihre Zähne werden durch Pressen in das Holz eingedrückt
Typ: C (früher: Bulldog); D (früher: Geka)
Einlaß-   Sie werden teils eingelassen (Ring- oder Grundplatte) und teils
Einpreßdübel: eingepreßt (Zähne oder Krallen)
Typ: E (früher: Siemens-Bauunion)

EC 5:
Charakteristische Tragfähigkeiten und weitere Angaben zu den Dübeln besonderer Bauart sind in CEN/TC 124.401 und CEN/TC 124.402 enthalten. Ein von der Arbeitsgruppe des CEN/TC 124 entwickeltes Rechenverfahren ist in [37] beschrieben und dient als Grundlage zur Berechnung der Tragfähigkeiten dieser Dübelverbindungen, vgl. NAD [126].

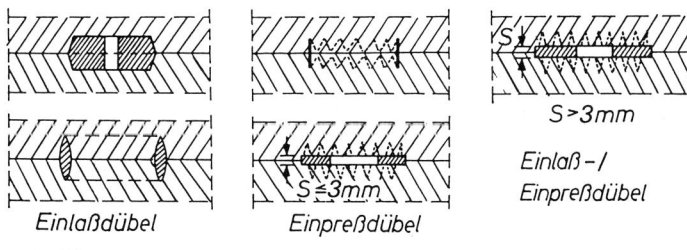

Abb. 6.3

6.2.2 Bestimmungen

a) Holzart, -güte, -vorbereitung
Dübel dürfen nicht in Holz der Gkl III oder der Festigkeitsklasse S7/MS7, Einpreßdübel nur in NH verwendet werden. Grundplatten von Einpreßdübeln mit $s > 2$ mm müssen nicht eingelassen werden.

b) Korrosionsschutz
Dübel aus Metall müssen den nach $-T2$, *Tab. 1*$-$ geforderten Korrosionsschutz aufweisen.

Im EC 5, Tafel 2.4.3 [31] sind entsprechende Mindestanforderungen an den Korrosionsschutz für Verbindungsmittel aus Stahl in Abhängigkeit der Nutzungsklassen enthalten.
 Nach EC 5 benötigen z. B. Stahlbleche über 3 mm bis 5 mm Dicke erst für die Nutzungsklasse 2 oder 3 einen Korrosionsschutz; die Bolzen aber schon für die Nutzungsklasse 2.

c) Dübelsicherung durch nachspannbare Schraubenbolzen
Die ausmittig auf einen Dübel wirkenden Druckkräfte erzeugen ein Kräftepaar, das zum Kippen des Dübels und damit zum Öffnen der Fuge führt (Abb. 6.4a).

Alle Dübelverbindungen müssen deshalb durch je einen Bolzen je Dübelachse zusammengehalten werden (Abb. 6.4b). Die Bolzen sind beim Einbau so anzuziehen, daß die Scheiben ≤ 1 mm in das Holz eingedrückt werden. Sie sind nach dem Schwinden des Holzes wiederholt nachzuziehen und müssen solange zugänglich bleiben.
 Zusätzliche Klemmbolzen sind an den Enden der Außenhölzer oder Außenlaschen anzuordnen, wenn Dübeldurchmesser oder -seitenlänge ≥ 130 mm ist. Sie sollen ein Abheben der Laschenenden infolge des ausmittigen Kraftangriffs verhindern (Abb. 6.5).

d) Dübelsicherung durch Holzschrauben oder Schraubnägel
Nach Untersuchungen von Möhler/Herröder [107] dürfen die zur Sicherung der Klemmkraft nach c) vorgesehenen Schraubenbolzen durch Holzschrauben oder Sondernägel ersetzt werden. Praktische Bedeutung erlangt

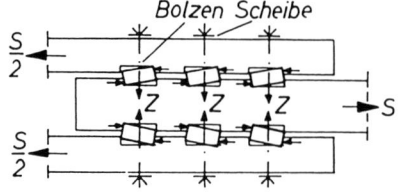

a) Kraftfluß in der Dübelverbindung
   und Verformungsfigur

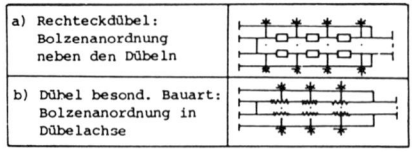

b) Bolzenanordnung in der Dübelverbindung

Abb. 6.4

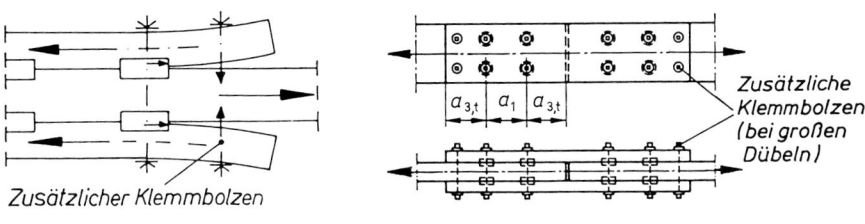

Zusätzlicher Klemmbolzen

Zusätzliche Klemmbolzen (bei großen Dübeln)

Abb. 6.5. (DIN: $e_{d\parallel} = a_1 = a_{3t}$)

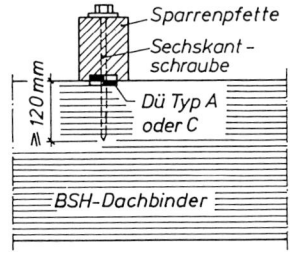

Sparrenpfette
Sechskant-schraube
Dü Typ A oder C
≥ 120 mm
BSH-Dachbinder

Abb. 6.5 A

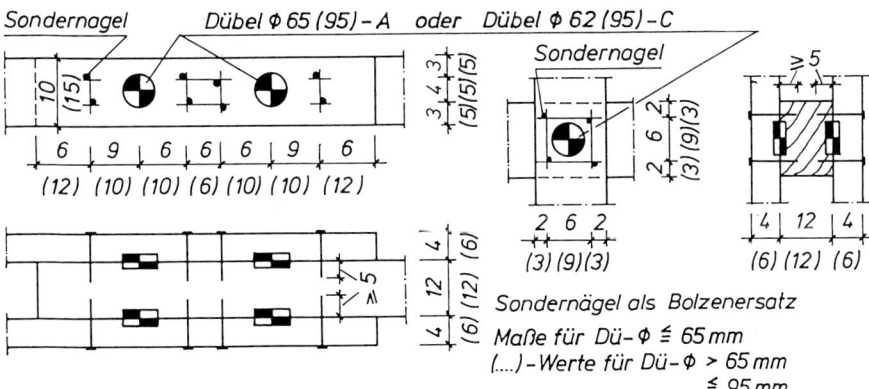

Abb. 6.5 B. Sondernägel als Bolzenersatz

diese Konstruktion z. B. beim Anschluß einer zum Aussteifungsverband gehörenden Pfette an der Schmalseite eines hohen Brettschichtträgers nach Abb. 6.5 A.

Bei Anschlüssen von VH- und BSH-Querschnitten an BSH-Träger mit zweiseitigen Dübeln Typ A und C mit Außendurchmessern $d_d \leq 95$ mm dürfen die Bolzen M12 bzw. M16 (Abb. 6.4a) ersetzt werden durch:
- Sechskant-Holzschrauben gleichen Durchmessers nach DIN 571 in Dübelachse mit einer Einschraublänge $l \geq 120$ mm (Abb. 6.5 A)
- oder mindestens 4 Sondernägel der Tragfähigkeitsklasse II oder III mit $d_n \geq 5$ mm,

einer wirksamen Einschlagtiefe $s \geq 50\,\mathrm{mm}$, (EC 5: t_{ef}),
einer zulässigen Ausziehlast zul $N_Z \geq 4 \cdot 0{,}75 = 3{,}0\,\mathrm{kN}$ oder – nach EC 5 –
einer Tragfähigkeit $R_{ax,d} \geq 4 \cdot 1{,}07^{[1]} = 4{,}3\,\mathrm{kN}$,
angeordnet nach Abb. 6.5 B.

Unter diesen Voraussetzungen können die zulässigen Belastungen der Dübel
nach – *T2, Tab. 4 bzw. 6* – oder die Tragfähigkeiten (Bemessungswerte) der
Dübel nach EC 5 in Rechnung gestellt werden.

6.2.3 Der Rechteckdübel (EC 5)

Der Rechteckdübel wird in der ganzen Holzbreite gleich tief in die zu verbin-
denden Hölzer eingelassen.

Einlaßtiefe: $t_d = 1/8\,h$ bis $1/10\,h$
Faserrichtung des Dübels = Faserrichtung des Holzes
Dübelanzahl hintereinander: $n \leq 4$ (ausgenommen mehrteilige Balken)

Die Anzahl der in einem Anschluß hintereinanderliegenden Dübel muß begrenzt werden, weil mit zunehmender Anzahl von Dübeln hintereinander eine
annähernd gleichmäßige Verteilung der Kraft auf die Dübel nicht mehr gewährleistet ist.

Empfehlung für Dübellängen und -abstände
a) Laubholzdübel
   Die Leibungsfestigkeiten $f_{l,d}$ sind abhängig von der Anzahl der hintereinanderliegenden Dübel.

Dübelabstände (Abb. 6.6):

aus $b \cdot a_1 \cdot f_{v,d} = b \cdot t_d \cdot f_{l,d}$ (6.1 a)

NH (S 10/MS 10): $a_1 = 9\,t_d\,(8\,t_d)$ (DIN: $e_{d\,\|} = 9{,}5\,t_d\,(8{,}5\,t_d)$)
LH (D 30): $a_1 = 8\,t_d\,(7\,t_d)$ (DIN: $e_{d\,\|} = 10\,t_d\,(9\,t_d)$)
$a_{3t} = a_1$ $(2 < n \leq 4)$

---

[1] $R_{ax,d}$ je Sondernagel folgt aus $0{,}75 \cdot 1{,}43 = 1{,}07$.

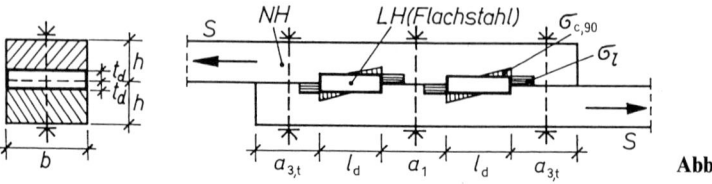

Abb. 6.6

Tafel 6.2 F. Bemessungswerte der Leibungsfestigkeiten $f_{1,d}$ in N/mm^2 parallel zur Faser (Empfehlung), mittlere LED, Nkl1 oder 2

Verhältnis der Dübellänge l_d zur Einschnittiefe t_d	Anzahl der in Kraftrichtung hintereinanderliegenden Dübel			
	1 und 2 und in verdübelten Balken		3 und 4	
	NH (S10/MS10)	LH (D30)	NH (S10/MS10)	LH (D30)
1 $l_d/t_d \geqq 5$	12,9	14,1	11,4	12,7
2 $3 \leqq l_d/t_d < 5$	6,0	7,0	5,3	6,3

S10/MS10: $f_{v,d} = 1,54 \, \text{N/mm}^2$
D30: $f_{v,d} = 1,85 \, \text{N/mm}^2$

Dübellängen l_d (Abb. 6.6):

aus $b \cdot l_d \cdot f_{v,\text{Dü},d} = b \cdot t_d \cdot f_{1,d}$ (6.1b)

NH (S10/MS10): $l_d = 7 \, t_d \, (6 \, t_d)$ (DIN: $l_d = 8,5 \, t_d \, (7,5 \, t_d)$)

LH (D30): $l_d = 8 \, t_d \, (7 \, t_d)$ (DIN: $l_d = 10 \, t_d \, (9 \, t_d)$)

b) Flachstahldübel

Nach Abb. 6.7 folgt aus der Gleichgewichtsbedingung $\Sigma M = 0$:

$$\frac{b \cdot l_d^2}{6} \cdot f_{c,90,d} = b \cdot t_d^2 \cdot f_{1,d}$$

NH (S10/MS10): $l_d = t_d \cdot \sqrt{6 \cdot \dfrac{12,9}{3,08} - 5,0 \cdot t_d}$ (6.1c)

Formeln (6.1b) und (6.1c) erfüllen die Bedingung der Tafel 6.2F, Zeile 1:

$l_d / t_d \geqq 5$

d. h., es darf mit $f_{1,d} = 12,9 \, (11,4) \, \text{MN/m}^2$ gerechnet werden.

Bei Verwendung von Flachstahldübeln, die mit Rücksicht auf eine ebene Stirnfläche nur mit Flankenkehlnähten an Blechlaschen mit $t \geqq 10 \, \text{mm}$ oder an [-Profile angeschweißt sind, darf in Rechnung gestellt werden:

$f_{1,d} = 12,9 \, (11,4) \, \text{MN/m}^2$, auch wenn $3 \leqq l_d / t_d < 5$
(kein Kippen der Dübel möglich)

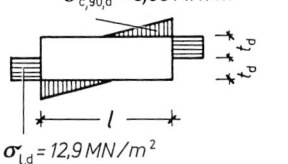

$\sigma_{c,90,d}^{\cdot} = 3,08 \, MN/m^2$

$\sigma_{1,d} = 12,9 \, MN/m^2$ **Abb. 6.7**

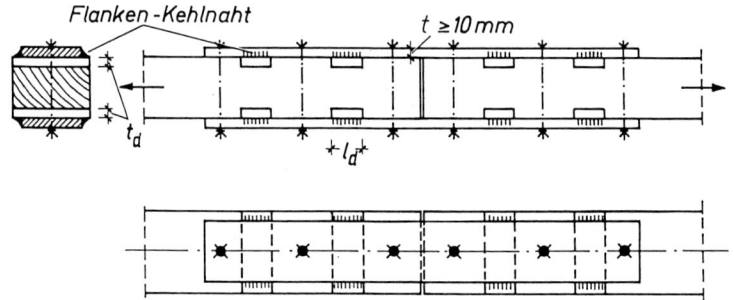

Abb. 6.8

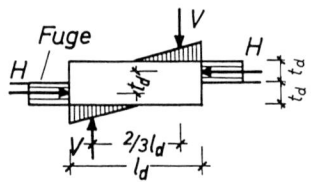

Abb. 6.9

Bolzenanordnung einreihig, wenn Dübelbreite $\leq 180\,$mm (s. Abb. 6.8)
Bolzenanordnung zweireihig, wenn Dübelbreite $> 180\,$mm

Zugkraft in den Schraubenbolzen (vgl. Abb. 6.4a)
Setzt man vereinfachend voraus, daß jede Schraube die Spreizkraft eines Dübels (Dübelpaares) aufzunehmen hat, dann läßt sich die Zugkraft wie folgt bestimmen:

Mit dem Bemessungswert der Stabkraft S_d und Dübelanzahl n wird

$$H_d = \frac{S_d}{n}$$

$$H_d \cdot t_d = \frac{S_d}{n} \cdot t_d = V_d \cdot \frac{2}{3} \cdot l_d \quad \text{(s. Abb.6.9)}$$

$$V_d = \frac{3}{2} \cdot \frac{t_d}{l_d} \cdot \frac{S_d}{n}$$

Bemessungswert der Zugkraft je Bolzen: $Z_d = 1{,}5 \cdot \dfrac{t_d}{l_d} \cdot \dfrac{S_d}{n}$ (6.1d)

1. Beispiel: Zugstoß mit LH-Rechteckdübeln

        Stabkraft $S = 90\,$kN, kurze LED, Nkl 1 oder 2

        Stabquerschnitt [///] *10/18* S10/MS10

Bemessungswert der Stabkraft: $S_d = 1{,}43 \cdot S = 129\,$kN

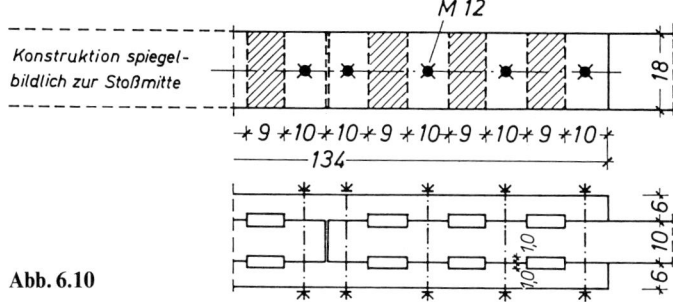

Abb. 6.10

Erforderliche Leibungsfläche A_L für 3 Dübel hintereinander (geschätzt) mit

$$f_{l,d} = \frac{0,9}{0,8} \cdot 11,4 = 12,8 \, \text{N/mm}^2 \quad \text{(Tafel 2.9)}$$

$$\text{erf} \, A_L = \frac{129 \cdot 10^3}{12,8} = 101 \cdot 10^2 \, \text{mm}^2$$

$$\text{erf} \, \Sigma \, t_d = \frac{101 \cdot 10^2}{180} = 56,1 \, \text{mm}$$

$$\text{zul} \, t_d \approx \frac{1}{8} \cdot 100 = 12,5 \, \text{mm}$$

$$\text{crf} \, n = \frac{56,1}{12,5} = 4,49 \rightarrow 6 \, \text{Dübel}$$

Gewählt: $\qquad t_d = \dfrac{56,1}{6} = 9,35 \rightarrow t_d = 10 \, \text{mm}$

Dübellänge (6.1 b): $\quad l_d = 6 \cdot 9,35 = 56,1 \rightarrow l_d = 90 \, \text{mm}$

Dübelabstand (6.1 a): $\quad a_1 = 8 \cdot 9,35 = 74,8 \rightarrow a_1 = 100 \, \text{mm}$

Bolzenzugkraft (6.1 d): $\quad Z_d = 1,5 \cdot \dfrac{10}{90} \cdot \dfrac{129}{6} = 3,58 \, \text{kN} < 22,1 \, \text{kN}$

M 12, St 37-2, $d \leqq 40$ [36]:

Grenzzugkraft: $\quad N_{R,d} = 0,843 \cdot 10^2 \cdot \dfrac{360}{1,25 \cdot 1,1} = 22071 \, \text{N} = 22,1 \, \text{kN}$

Unterlegscheibe: $\quad A_n = 50 \cdot 50 - \dfrac{\pi \cdot 13^2}{4} = 23,7 \cdot 10^2 \, \text{mm}^2$

$$\sigma_{c,90,d} = \frac{3,58 \cdot 10^3}{23,7 \cdot 10^2} = 1,51 \, \text{N/mm}^2 < 1,8 \, f_{c,90,d}$$

$$= 6,23 \, \text{N/mm}^2 \quad \text{(s. Abschnitt 6.3.6)}$$

Spannungen im Holz

Mittelholz:
$$A_n = 100 \cdot 180 - 2 \cdot 10 \cdot 180 - (100 - 2 \cdot 10) \cdot 13$$
$$= 133,6 \cdot 10^2 \, \text{mm}^2$$

(mittige Zugkraft): $\sigma_{t,0,d} = \dfrac{129 \cdot 10^3}{133,6 \cdot 10^2} = 9,66 \, \text{N/mm}^2 < 9,69 \, \text{N/mm}^2$

$$\text{mit } f_{t,0,d} = \frac{0,9}{1,3} \cdot 14 = 9,69 \, \text{N/mm}^2$$

Seitenholz:
$$A_n = 60 \cdot 180 - 10 \cdot 180 - (60 - 10) \cdot 13$$
$$= 83,5 \cdot 10^2 \, \text{mm}^2$$

(ausmittige Zugkraft): $I_n = \dfrac{180 \, (60 - 10)^3}{12} - \dfrac{13 \, (60 - 10)^3}{12}$

$$= 174,0 \cdot 10^4 \, \text{mm}^4$$

$$W_n = \frac{174,0 \cdot 10^4}{50} \cdot 2 = 69,6 \cdot 10^3 \, \text{mm}^3$$

$$\frac{\sigma_{t,0,d}}{f_{t,0,d}} + \frac{\sigma_{m,d}}{f_{m,d}} \leqq 1$$

mit
$$f_{m,d} = \frac{0,9}{1,3} \cdot 24 = 16,6 \, \text{N/mm}^2$$

$$\frac{S_d / 2 A_n}{f_{t,0,d}} + \frac{0,5 \cdot S_d (h - t_d)/(12 \, W_n)}{f_{m,d}} \leqq 1$$

mit
$$M_d = 0,5 \cdot \frac{S_d}{2 \cdot 3} \cdot \frac{h - t_d}{2} \quad \text{(analog Abb. 6.11)}$$

$$\frac{129 \cdot 10^3}{2 \cdot 83,5 \cdot 10^2 \cdot 9,69} + \frac{0,5 \cdot 129 \cdot 10^3 \cdot (60 - 10)}{12 \cdot 69,6 \cdot 10^3 \cdot 16,6} \leqq 1$$

$$0,797 + 0,233 = 1,03 \approx 1$$

2. Beispiel: Zugstoß mit geschweißten Flachstahldübeln
(s. a. $-E148-$)

Stabkraft $S = 96 \, \text{kN}$

Stabquerschnitt   *14/16* S10/MS10

mittlere LED, Nkl1 oder 2

$S_G = 0,45 \, S$, $S_Q = 0,55 \, S$; eine veränderliche Einwirkung.

Bemessungswert der Stabkraft:

$$S_d = (1,35 \cdot 0,45 + 1,5 \cdot 0,55) \cdot S = 1,43^{[1]} \cdot S$$
$$S_d = 1,43 \cdot 96 = 137 \, \text{kN}$$

---

[1] Summarischer Sicherheitsbeiwert für die Einwirkungen.

Geschätzt: 2 Dübel hintereinander $\rightarrow f_{l,d} = 12,9\ \text{N/mm}^2$

$$\text{erf}\ A_L = \frac{137 \cdot 10^3}{12,9} = 106 \cdot 10^2\ \text{mm}^2$$

$$\text{erf}\ \Sigma\ t_d = \frac{106 \cdot 10^2}{160} = 66,3\ \text{mm}$$

$$\text{zul}\ t_d \approx \frac{1}{8} \cdot 140 = 17,5\ \text{mm}$$

$$\text{erf}\ n = \frac{66,3}{17,5} = 3,8 \rightarrow 4\ \text{Dübel}$$

Gewählt: $\qquad\qquad t_d = \dfrac{66,3}{4} = 16,6 \rightarrow t_d = 17\ \text{mm}$

Dübelabstand (6.1 a): $\quad a_1 = 9 \cdot 16,6 = 150\ \text{mm} \rightarrow a_1 = 170\ \text{mm}$

Dübellänge: $\qquad$ angeschweißte
$\qquad\qquad\qquad$ Flachstahldübel
$\qquad\qquad\qquad$ mit $t \geqq 10\ \text{mm}$

DIN 18 800 T 1: $\quad \left.\begin{array}{l} l_d > 3 \cdot t_d = 3 \cdot 17 = 51\ \text{mm} \\ l_d > 15 \cdot a = 15 \cdot 3 = 45\ \text{mm} \end{array}\right\} \rightarrow l_d = 60\ \text{mm}$

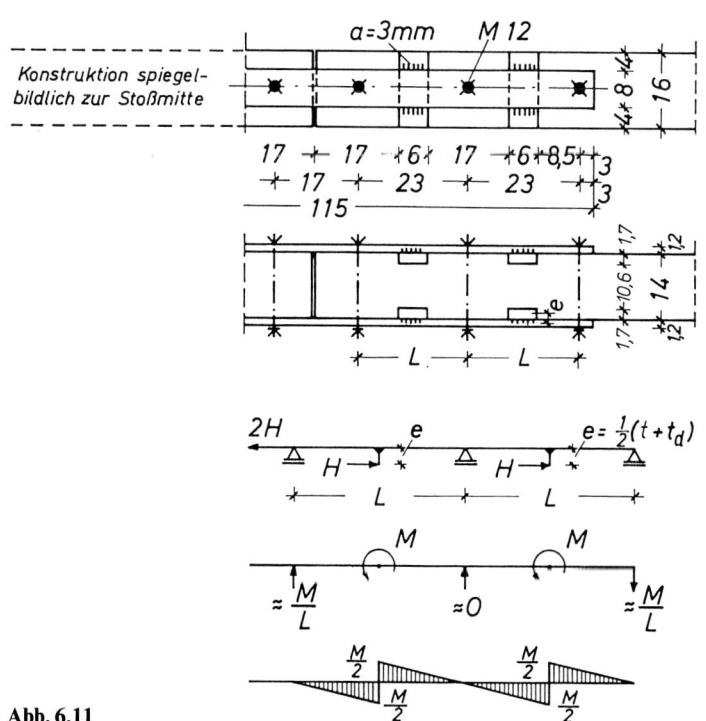

Abb. 6.11

Idealisiertes statisches System für die obere Lasche:

Aus H-Kraft am Dübel

$$M_d = H_d \cdot e = H_d \cdot \frac{t + t_d}{2} \quad \text{vgl. Abb. 6.11}$$

Biegemomente in der Lasche

$$\max M_d \approx \frac{M_d}{2} = \frac{1}{2} \cdot H_d \cdot e$$

Größte Bolzenkraft

$$Z_d \approx \frac{M_d}{L}$$

Die Lasche kann näherungsweise im Bruttoquerschnitt bemessen werden für

Längskraft $N_d = 2\,H_d$

Biegemoment $M_d = \frac{1}{2} \cdot H_d \cdot e$

Im Nettoquerschnitt ist

$$M_d = 0$$

Je Dübel: $H_d = \frac{1}{4} \cdot 137 = 34{,}2\,\text{kN}$

Schweißnaht: $A_w = 2 \cdot 3 \cdot 60 = 360\,\text{mm}^2$ $a = 3\,\text{mm}$

DIN 18 800 T 1: $W_w = 2 \cdot 3 \cdot (60^2/6) = 3{,}6 \cdot 10^3\,\text{mm}^3$

$M_w = 34{,}2 \cdot 10^3\,(17/2) = 291 \cdot 10^3\,\text{Nmm} = 291\,\text{Nm}$

$$\tau_{\parallel} = \frac{34{,}2 \cdot 10^3}{360} = 95\,\text{N/mm}^2$$

$$\sigma_{\perp} = \frac{291}{3{,}6} = 80{,}8\,\text{N/mm}^2 \quad \left(1\,\frac{\text{Nm}}{\text{cm}^3} = 1\,\text{N/mm}^2\right)$$

$$\sigma_{w,v} = \sqrt{95^2 + 80{,}8^2} = 125\,\text{N/mm}^2 < 207\,\text{N/mm}^2$$

Grenzschweißnahtspannung (St 37-2) [36]:

$$\sigma_{w,R,d} = 0{,}95 \cdot 240/1{,}1 = 207\,\text{N/mm}^2$$

Bolzen: $M_d \approx 34{,}2 \cdot 10^3 \cdot \frac{1}{2}\,(12 + 17) = 496 \cdot 10^3\,\text{Nmm}, \quad t = 12\,\text{mm}$

$t_d = 17\,\text{mm}$

$$Z_d \approx \frac{0{,}496}{0{,}23} = 2{,}16\,\text{kN} < N_{Rd} = 22{,}1\,\text{kN} \quad \text{(s. 1. Bsp.)}$$

Stahllasche: $A = 12 \cdot 80 = 9{,}6 \cdot 10^2\,\text{mm}^2$

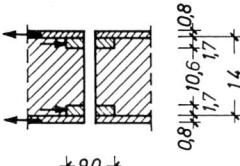

St 37-2

$$W_y = 80 \cdot 12^2/6 = 1{,}92 \cdot 10^3\,\text{mm}^3$$

$$\sigma_d = \frac{2 \cdot 34{,}2 \cdot 10^3}{9{,}6 \cdot 10^2} + \frac{1}{2} \cdot \frac{496 \cdot 10^3}{1{,}92 \cdot 10^3}$$

$$= 200\,\text{N/mm}^2 < f_{y,d} = 240/1{,}1 = 218\,\text{N/mm}^2$$

Holzstab: $A_n = (140 - 2 \cdot 17) \cdot (160 - 13) = 156 \cdot 10^2\,\text{mm}^2$ [36]

$$\sigma_{t,0,d} = \frac{137 \cdot 10^3}{156 \cdot 10^2} = 8{,}78\,\text{N/mm}^2$$

$$\frac{8{,}78}{8{,}61} = 1{,}02 \approx 1 \qquad \text{s. Gl. (2.5)}$$

3. Beispiel: Zugstoß mit Flachstahldübeln und Stahllaschen

Stabkraft und -querschnitt wie 2. Beispiel

Gewählt: 4 Dübel $t_d = 17\,\text{mm}$ wie 2. Beispiel
$a_1 = 170\,\text{mm}$ wie 2. Beispiel

Bolzen: Wird hier auf Abscheren und Lochleibung beansprucht, nicht auf Zug!

Je Dübel: $H_d = 34{,}2\,\text{kN}$

M 20, St 37-2

Grenzabscherkraft [36]:

$$V_{a,R,d} = 2{,}45 \cdot 10^2 \cdot 0{,}6 \cdot 360/1{,}1 = 48\,109\,\text{N} = 48\,\text{kN} > 34{,}2\,\text{kN}$$
(Gewindeteil des Schaftes in der Scherfuge)

Grenzlochleibungskraft [36]:

$$V_{l,R,d} = 8 \cdot 20 \cdot 2{,}84 \cdot 240/1{,}1 = 99\,142\,\text{N} = 99{,}1\,\text{kN} > 34{,}2\,\text{kN}$$

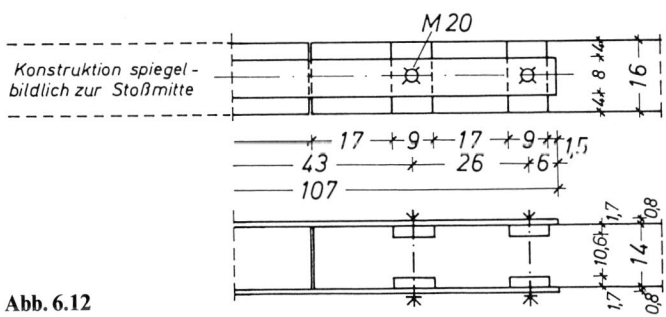

Konstruktion spiegel-
bildlich zur Stoßmitte

Abb. 6.12

Dübellänge: für beanspruchten Rand nach DIN 18 800 T 1
Randabstand $2 \cdot d_L$

$$l \geq 2 \cdot 2 \cdot (20 + 1) = 84 \,\text{mm} \rightarrow l = 90 \,\text{mm}$$

Lasche: $A_n = (80 - 21) \cdot 8 = 4,72 \cdot 10^2 \,\text{mm}^2$
St 37-2

$$\sigma_d = \frac{2 \cdot 34,2 \cdot 10^3}{4,72 \cdot 10^2} = 145 \,\text{N/mm}^2 < f_{y,d} = 218 \,\text{N/mm}^2$$

(s. 2. Bsp.)

Holzstab: $A_n = (140 - 2 \cdot 17) \cdot (160 - 21) = 147 \cdot 10^2 \,\text{mm}^2$

S 10/MS 10: $\sigma_{t,0,d} = \dfrac{137 \cdot 10^3}{147 \cdot 10^2} = 9,32 \,\text{N/mm}^2 > 8,61 \,\text{N/mm}^2$!

S 13: $\dfrac{9,32}{11,1} = 0,840 < 1$

$$\text{mit } f_{t,0,d} = \frac{0,8}{1,3} \cdot 18 = 11,1 \,\text{N/mm}^2 \quad \text{s. Gl. (2.5)}$$

Höhere Festigkeitsklasse (z. B. S 13) erforderlich oder neu dimensionieren!
Für den Fall einer kurzen LED (z. B. für $s_0 \leq 2\,\text{kN/m}^2$) ist der gewählte Querschnitt 14/16 für die Sortierklasse S 10/MS 10 ausreichend.

6.2.4 Dübel besonderer Bauart (DIN)

Allgemeine Bestimmungen   *– T2, 4.1 –*
Konstruktion, Berechnung   *– T2, Tabelle 4/6/7, Bild 3, 4, 6 bis 8 –*
Anordnung der Dübel   *– T2, Tabelle 8, Bild 9, 10 –*

a) Dübelformen
Verbindung Holz–Holz mit zweiseitigen Dübeln.
Anwendbar sind alle Typen bei NH, bei LH nur Einlaßdübel (Typ A, B).

Verbindung Holz–Metallaschen mit einseitigen Dübeln.
Anwendbar sind die Dübel Typ A, C, D und E.

Prinzipskizze s. Abb. 1.9

Einseitiger Dübel   Einseitiger Dübel
mit Nabe   ohne Nabe
z. B. Dü Typ A   z. B. Dü Typ D

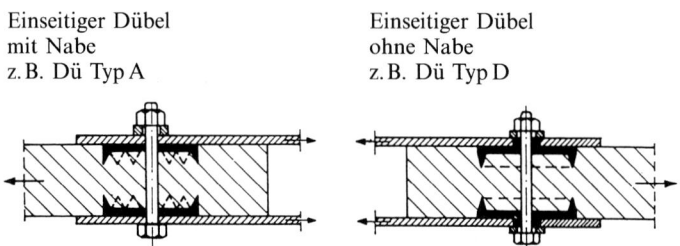

Abb. 6.13. Vergleichende Betrachtung beider Systeme

	Beanspruchung des Bolzens	Montage	Dübeltyp
mit Nabe	Klemmkraft	zwischen feste Bleche nicht einschiebbar	A E
ohne Nabe	Abscheren, Lochleibung, Klemmkraft	zwischen feste Bleche einschiebbar	B C D

b) Querschnittsschwächung bei Zugstäben (Abb. 6.14)

Abzuziehen ist

im Seitenholz: $\Delta A + a_s \cdot (d_b + 0{,}1)$ (in cm^2)

im Mittelholz: $2\Delta A + a_m \cdot (d_b + 0{,}1)$ (in cm^2)

ΔA (in cm^2) s. $-T2, Tab.\,4,6, Spalte\,8\ und\ Tab.\,7, Spalte\,5\ und\,8-$
d_b (in cm) s. $-T2, Tab.\,4,6,7, Spalte\,9-$

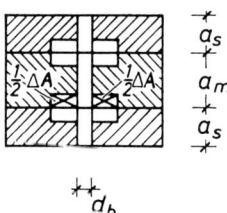

Abb. 6.14

c) Mindestabstände der Dübel (Tafel 6.3)

$e_{d\parallel} \;\hat{=}\;$ Mindestdübelabstand und -vorholzlänge $\parallel$ Fa
$-T2, Tab.\,4,6,7, Spalte\,12-$

$e_{d1\parallel} \;\hat{=}\;$ Mindestdübelabstand $\parallel$ Fa (versetzt) (Tafel 6.3, Spalte 3)

$e_{d\perp} \;\hat{=}\;$ Mindestabstand benachbarter Dübelreihen $\perp$ Fa (Tafel 6.3, Spalte 2)

$\frac{b}{2} \;\hat{=}\;$ Mindestrandabstand $\perp$ Fa $-T2, Tab.\,4,6,7, Spalte\,10\ und\,11-$

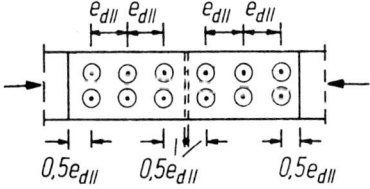

Bei Druckkraft darf Abstand vom unbeanspruchten Rand auf $0{,}5 \cdot e_{d\parallel}$ reduziert werden

Abb. 6.15

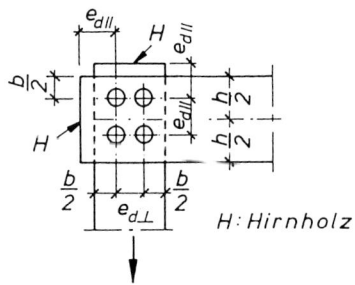

H: Hirnholz

Abb. 6.16

Tafel 6.3. Mindestabstände der Dübel nach DIN

	1	2	3	4
1	Zugbeanspruchung	$e_{d\perp}$	$e_{d1\parallel}$	Randab-stand $\perp$ Fa
2		$d_d + t_d$	$e_{d\parallel}$	
3		$d_d + t_d$	$e_{d\parallel}$	$b/2$ $b \cong$ Mindestbreite des Holzes
		d_d	$1{,}1 \cdot e_{d\parallel}$	
		Zwischenwerte interpolieren		
		$0{,}5\,(d_d + t_d)$	$1{,}8 \cdot e_{d\parallel}$	

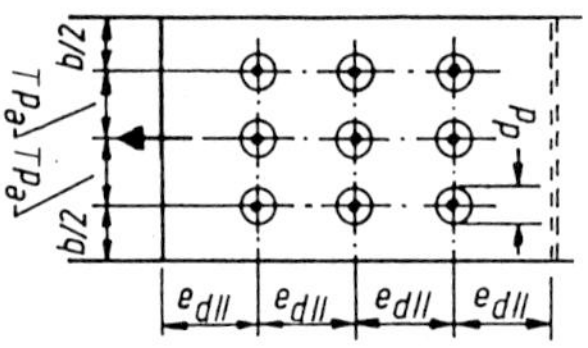

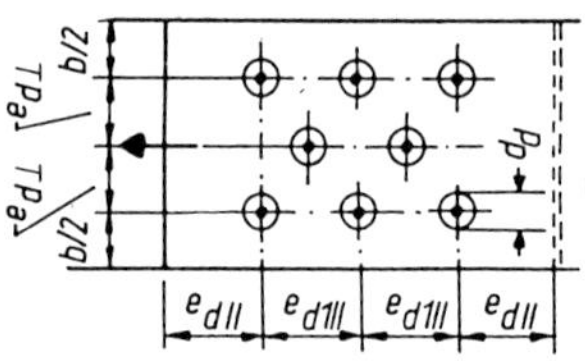

	Teil 2, Tabelle 4, 6, 7:	Spalte
4	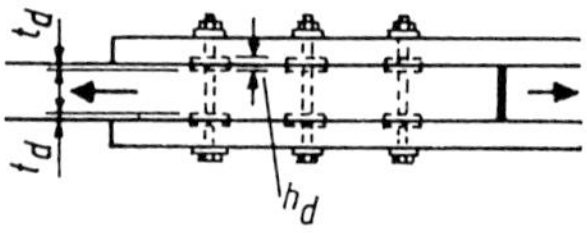 d_d	1
	$t_d = h_d/2$ (Typ A und B)	2
	$t_d = 0{,}5\,(h_d - s)$ (Typ C)	2, 3
	$t_d = 0{,}5\,(h_d - s)$ (Typ D)	3, 4
	$t_d = 0{,}5\,(h_d - 2s)$ (Typ E) (zweiseitige Dübel)	3, 4
	$e_{d\parallel}$	12

d) Zulässige Belastung eines Dübels im Lastfall H

Die zulässigen Belastungen eines Dübels sind $-T2$, *Tab. 4, 6, 7, Spalte 13 bis 15 –* zu entnehmen. Sie sind abhängig von der Anzahl der $\parallel$ Kraft hintereinanderliegenden Dübel und vom $\not< \alpha$ zwischen Kraft- und Faserrichtung.

Bei mehr als zwei in Kraftrichtung hintereinanderliegenden Dübeln ist die wirksame Anzahl

$$\text{ef}\,n = 2 + \left(1 - \frac{n}{20}\right) \cdot (n - 2) \qquad n > 2$$

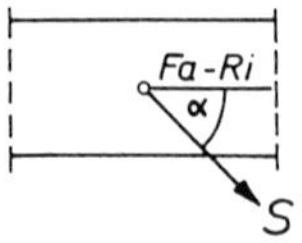

Zulässige Belastung im Lastfall HZ bzw. bei Feuchtigkeitseinwirkung nach
–*T2, 3.1 und 3.2*–.

e) Anzahl hintereinanderliegender Dübel
Mehr als 10 Dübel hintereinander dürfen nicht in Rechnung gestellt werden
–*T2, 4.3.5*–.

f) Verbolzung ohne Berechnung
nach –*T2, Tab. 4, 6, 7, Spalte 9 und Tab. 3*–

1. Beispiel: Zugstoß mit Einlaßdübeln Typ A (Abb. 6.17)
Stabkraft $\qquad$ $S = 125\,\text{kN}$ $\qquad$ Lastfall HZ

Stabquerschnitt $\quad$ ▨ 10/22 $\qquad$ NH II

Gewählt: Dübel $\varnothing\,80$–A ✜ (Symbol nach [23])

Je Dübel: $\qquad$ zul $N = 1{,}25 \cdot 14 = 17{,}5\,\text{kN}$ $\quad$ (HZ, $n_1 = 2$)

$$\text{erf}\,n = \frac{125}{17{,}5} = 7{,}14 \to 8 \text{ Dübel}$$

Dübelabstände: $\quad e_{d\parallel} \geqq 180\,\text{mm} \to 180\,\text{mm}$

$$e_{d\perp} \geqq 80 + \frac{1}{2} \cdot 30 = 95\,\text{mm} \to 100\,\text{mm}$$

$$\frac{b}{2} \geqq \frac{1}{2} \cdot 110 = 55\,\text{mm} \to 60\,\text{mm}$$

Spannungsnachweise:

MH: $\quad A_n = 100 \cdot 200 - 2 \cdot 2 \cdot 10{,}1 \cdot 10^2 - 2 \cdot 100 \cdot (12+1) = 153{,}6 \cdot 10^2\,\text{mm}^2$

$$\sigma_{z\parallel} = \frac{125 \cdot 10^3}{153{,}6 \cdot 10^2} = 8{,}14\,\text{N/mm}^2$$

$$\frac{8{,}14}{1{,}25 \cdot 8{,}5} = 0{,}77 < 1$$

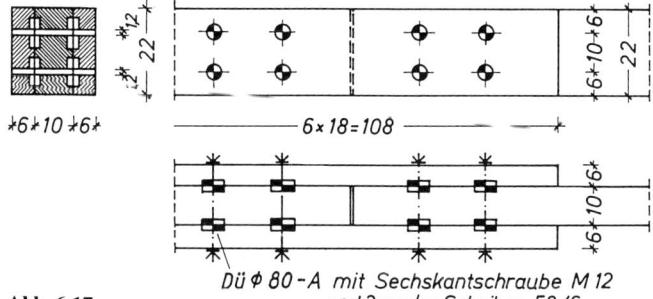

Abb. 6.17 $\qquad$ Dü φ 80–A mit Sechskantschraube M12
und 2 runden Scheiben 58/6

SH: $A_n = 60 \cdot 220 - 2 \cdot 10,1 \cdot 10^2 - 2 \cdot 60 \cdot (12+1) = 96,2 \cdot 10^2 \, \text{mm}^2$

$$\sigma_{z\parallel} = \frac{1,5 \cdot 125 \cdot 10^3}{2 \cdot 96,2 \cdot 10^2} = 9,75 \, \text{N/mm}^2$$

$$9,75/10,6 = 0,92 < 1$$

2. Beispiel: Zugstoß mit Einpreßdübeln

Stabkraft und -querschnitt wie 1. Beispiel, Lastfall HZ

Gewählt: Dübel $\varnothing 65-D$ ✛ (Symbol nach [23])

Je Dübel: zul $N = 1,25 \cdot 11,5 = 14,4 \, \text{kN}$ (HZ, $n_1 = 2$)

$$\text{erf } n = \frac{125}{14,4} = 8,7 \rightarrow 10 \, \text{Dübel}$$

Dübelabstände bei versetzter Anordnung

Gewählt: $e_{d\parallel} = 140 \, \text{mm}$

$$\frac{b}{2} = \frac{1}{2} \cdot 90 = 45 \, \text{mm} \rightarrow 50 \, \text{mm}$$

Dann ist $e_{d\perp} = \dfrac{1}{2} \cdot (220 - 2 \cdot 50) = 60 \, \text{mm} < d_d = 65 \, \text{mm}$

$$> 0,5 \, (d_d + t_d) = 38,5 \, \text{mm}$$

mit $t_d = 0,5 \, (27 - 3) = 12 \, \text{mm}$ (Tafel 6.3)

Gesucht: $e_{d1\parallel}$ nach Tafel 6.3, Spalte 2, 3 durch Interpolation

$$\Delta e = (65 - 60) \cdot \frac{98}{26,5} = 18,5 \, \text{mm}$$

$$e_{d1\parallel} = 154 + 18,5 = 173 \rightarrow 180 \, \text{mm}$$

$e_{d\perp} = 60 \, \text{mm}$	$e_{d1\parallel}$ nach Tafel 6.3
$d_d = 65 \, \text{mm}$	$1,1 \cdot 140 = 154 \, \text{mm}$
$0,5 \, (d_d + t_d) = 38,5 \, \text{mm}$	$1,8 \cdot 140 = 252 \, \text{mm}$
$\Delta X = 26,5 \, \text{mm}$	$\Delta Y = 98 \, \text{mm}$

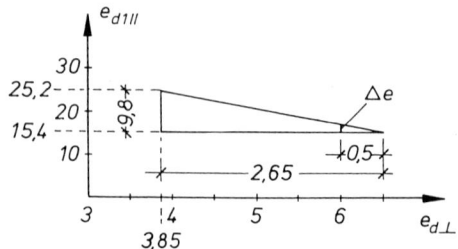

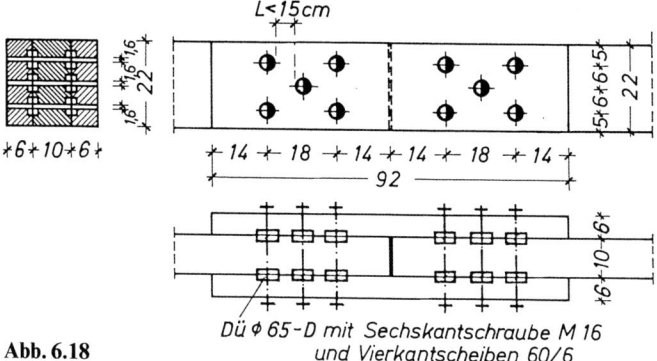

Abb. 6.18   Dü ⌀ 65–D mit Sechskantschraube M 16
und Vierkantscheiben 60/6

Spannungsnachweise:
Beachte! Da der lichte Abstand $L < 15$ cm, sind drei Schwächungen durch
Dübel im Querschnitt abzuziehen –6.4.2– [36], (Abb. 7.1). Abzug von nur
zwei Bolzenlöchern, da der lichte Abstand $> 4 \cdot 16 = 64$ mm.

MH: $A_n = 100 \cdot 220 - 3 \cdot 2 \cdot 3{,}6 \cdot 10^2 - 2 \cdot 100 \cdot (16+1) = 164{,}4 \cdot 10^2 \, \text{mm}^2$

$$\sigma_{z\parallel} = \frac{125 \cdot 10^3}{164{,}4 \cdot 10^2} = 7{,}60 \, \text{N/mm}^2$$

$$7{,}6/10{,}6 = 0{,}72 < 1$$

SH: $A_n = 60 \cdot 220 - 3 \cdot 3{,}6 \cdot 10^2 - 2 \cdot 60 \cdot 17 = 100{,}8 \cdot 10^2 \, \text{mm}^2$

$$\sigma_{z\parallel} = \frac{1{,}5 \cdot 125 \cdot 10^3}{2 \cdot 100{,}8 \cdot 10^2} = 9{,}30 \, \text{N/mm}^2$$

$$9{,}3/10{,}6 = 0{,}88 < 1$$

3. Beispiel: Anschlüsse von Stütze und Strebe an BSH-Riegel mit Einlaßdübeln ⌀ 65–A

Stabkräfte:
Stütze: $Z = 68$ kN Zug Lastfall H
Strebe: $D = 160$ kN Druck Lastfall HZ

Punkt A: Beanspruchung $\sim \perp$ Fa (Spalte 15)
Dübel: zul $Z = 2 \cdot 4 \cdot 9{,}0 = 72$ kN > 68 kN (Spalte 15)
Spannung im Anschlußquerschnitt (ausmittiger Zug):

$$A_n = 2 \cdot 80 \cdot 200 - 2 \cdot 2 \cdot 7{,}8 \cdot 10^2 - 2 \cdot 2 \cdot 80 \cdot (12+1) \doteq 247 \cdot 10^2 \, \text{mm}^2$$

$$\sigma_{z\parallel} = \frac{1{,}5 \cdot 68 \cdot 10^3}{247 \cdot 10^2} = 4{,}1 \, \text{N/mm}^2$$

$$4{,}1/8{,}5 = 0{,}48 < 1 \ (\text{H})$$

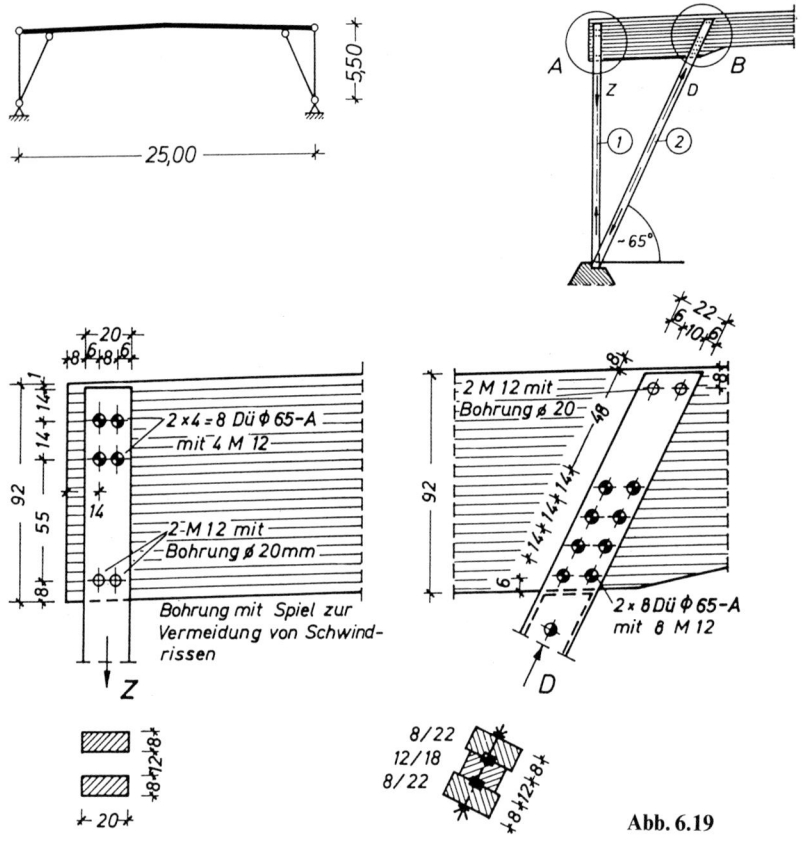

Abb. 6.19

Dübelabstände:

$$\frac{b}{2} \geqq \frac{100}{2} = 50 \to 60 \, \text{mm}$$

$$e_{d\,\|} = 140 \, \text{mm}; \quad e_{d\perp} = 65 + \frac{30}{2} = 80 \, \text{mm}$$

Punkt B: Beanspruchung: $\alpha \sim 65° \to$ Sp. 15

$n_1 = 4$ in einer Reihe: $\text{ef}\, n = 2 + \left(1 - \frac{2}{10}\right) \cdot (4 - 2) = 3,6$

Lastfall HZ: Erhöhung um 25 % $-T2, 3.2-$

Dübel: zul $D = 2 \cdot 2 \cdot 3,6 \cdot 1,25 \cdot 9,0 = 162 \, \text{kN} > 160 \, \text{kN}$

Spannung im Anschlußquerschnitt (ausmittiger Druck)

$$\sigma_{D\,\|} = \frac{160 \cdot 10^3}{2 \cdot 80 \cdot 220} = 4,5 \, \text{N/mm}^2$$

$$4,5/10,6 = 0,42 < 1 \quad (\text{HZ})$$

Unterer Randabstand:

$$\frac{b}{2} \geqq \frac{110}{2} = 55 \rightarrow 60\,\text{mm}$$

Um Queraufreißen des BSH-Riegels auszuschließen, ist bei der Kontruktion zu beachten:
a) Dübel des Zugstabes ① am oberen Rand,
   Dübel des Druckstabes ② am unteren Rand des Riegels konzentrieren
b) Bohrung für die Klemmbolzen mit Spiel vorsehen.

6.2.5 Dübel besonderer Bauart (EC 5)

a) Dübelformen [1], vgl. NAD [126]
   – T2, Tab. 4, 6, 7, Bild 3, 4, 6 bis 8 –
b) Querschnittsschwächung
   – T2, Tab. 4, 6, Spalte 8 und Tab. 7, Spalte 5 und 8 –
c) Mindestabstände
   – T2, Tab. 4, 6, 7, Spalte 12 –
d) Tragfähigkeit eines Dübels
Die charakteristische Tragfähigkeit $R_{c,0,k}$ für einen Ring- oder Scheibendübel ergibt sich nach [37] zu

$$R_{c,0,k} = 24\,[(d_c + h_c) \cdot a_{3,t} - \pi \cdot d_c^2/8]^{0,75} \quad \text{in N} \tag{6.2a}$$

mit
d_c Dübeldurchmesser, in mm
h_c Dübelhöhe, in mm (bei einseitigen Dübeln ist h_c die zweifache Dübelhöhe)
$a_{3,t}$ Dübelabstand vom beanspruchten Rand in Faserrichtung, in mm

$$\text{ef}\,n = 2 + \left(1 - \frac{n}{20}\right) \cdot (n-2) \quad n > 2$$

Bemessungswert der Tragfähigkeit eines Dübels:

$$R_{c,0,d} = \frac{k_{\text{mod}}}{\gamma_M} \cdot R_{c,0,k} \tag{6.2b}$$

Beanspruchung unter einem Winkel α zwischen Kraft- und Holzfaserrichtung:

$$R_{c,\alpha,k} = \frac{R_{c,0,k}}{k_{90} \cdot \sin^2\alpha + \cos^2\alpha} \tag{6.2c}$$

mit
$$k_{90} = R_{c,0,k}/R_{c,90,k}$$

[1] Europäischer Normenentwurf für Dübel besonderer Bauart in Bearbeitung.

Empfehlung [37]:

$$k_{90} \approx \text{zul } N_0 / \text{zul } N_{90} \tag{6.2d}$$

mit

zul N_0 zulässige Belastung für $\alpha = 0°$
zul N_{90} zulässige Belastung für $\alpha = 90°$

Charakteristische Tragfähigkeit $\perp$ Fa (Gl. (6.2c)):

$$R_{c,90,k} = \frac{1}{k_{90}} \cdot R_{c,0,k} \tag{6.2e}$$

Gleichung (6.2a) kann auch zur näherungsweisen Berechnung der Tragfähigkeiten der Einpreßdübel der Typen D und E – *T2, 4.3* – benutzt werden (Voraussetzung: $d_c \leqq 65$ mm).

Beispiel: Zugstoß mit Einlaßdübeln Typ A (DIN 1052 T 2)
Stabkraft und -querschnitt wie 1. Beispiel (DIN)

S10/MS10, $k_{mod} = 0,9$ ($\hat{=}$ LF HZ)

Bemessungswert $S_d = 1{,}43^{[1]} \cdot 125 = 179$ kN

Gewählt: Dübel $\varnothing 80$–A

Dübelabstände: $a_1 = 180$ mm
(Abb. 6.17)
$$a_2 = 80 + \frac{1}{2} \cdot 30 = 95 \text{ mm} \to 100 \text{ mm}$$

$$a_{4,c} = \frac{1}{2} \cdot 110 = 55 \text{ mm} \to 60 \text{ mm}$$

$$a_{3,t} = a_1$$

Charakteristische Tragfähigkeit:

$$R_{c,0,k} = 24 \, [(80 + 30) \cdot 180 - \pi \cdot 80^2/8]^{0,75} = 36\,182 \text{ N} = 36{,}2 \text{ kN}$$

$$R_{c,0,d} = \frac{0{,}9}{1{,}3} \cdot 36{,}2 = 25{,}1 \text{ kN}$$

$$\text{erf } n = \frac{179}{25{,}1} = 7{,}13 \to 8 \text{ Dübel}$$

Spannungsnachweise:

MH: $A_n = 100 \cdot 220 - 2 \cdot 2 \cdot 10{,}1 \cdot 10^2 - 2 \cdot 100 \cdot (12 + 1)$
      $\quad\quad = 154 \cdot 10^2 \text{ mm}^2$

$$\sigma_{t,0,d} = \frac{179 \cdot 10^3}{154 \cdot 10^2} = 11{,}6 > 9{,}7 \text{ N/mm}^2 !$$

S13: $11{,}6/12{,}5 = 0{,}93 < 1$ ($\hat{=}$ Gkl I)

---

[1] Summarischer Sicherheitsbeiwert für die Einwirkungen.

SH: $A_n = 60 \cdot 220 - 2 \cdot 10{,}1 \cdot 10^2 - 2 \cdot 60 \cdot 13 = 96{,}2 \cdot 10^2 \, \text{mm}^2$

$$I_n = \frac{220 \cdot 60^3}{12} - 2 \cdot 10{,}1 \cdot 10^2 \left(\frac{60-15}{2}\right)^2 - 2 \cdot \frac{13 \cdot 60^3}{12}$$

$$I_n = 247 \cdot 10^4 \, \text{mm}^4$$

$$W_n = \frac{247 \cdot 10^4}{60} \cdot 2 = 82{,}3 \cdot 10^3 \, \text{mm}^3$$

Moment infolge ausmittiger Beanspruchung:

$$M \approx 0{,}5 \cdot \frac{S_d}{4} \cdot \frac{h - t_d}{2}$$

$$M = 0{,}5 \cdot \frac{179 \cdot 10^3}{4} \cdot \frac{60-15}{2} = 503 \cdot 10^3 \, \text{Nmm} = 0{,}503 \, \text{kNm}$$

$$\sigma_{t,0,d} = \frac{179 \cdot 10^3}{2 \cdot 96{,}2 \cdot 10^2} = 9{,}30 \, \text{N/mm}^2$$

$$\sigma_{m,d} = \frac{503}{82{,}3} = 6{,}11 \, \text{N/mm}^2$$

$$\text{S10/MS10:} \quad \frac{9{,}30}{9{,}7} + \frac{6{,}11}{16{,}6} = 0{,}96 + 0{,}37 = 1{,}3 > 1!$$

$$\text{S13:} \quad \frac{9{,}30}{12{,}5} + \frac{6{,}11}{20{,}8} = 0{,}74 + 0{,}29 = 1{,}03 \approx 1 \quad \text{s.Gl. (2.5)}$$

Empfehlung zum Erfassen der ausmittigen Beanspruchung:

$$\sigma_{t,0,d} = 1{,}4 \cdot \frac{S_d}{2 \cdot A_n} = 1{,}4 \, \frac{179 \cdot 10^3}{2 \cdot 96{,}2 \cdot 10^2} = 13{,}0 \, \text{N/mm}^2$$

$$\text{S10/MS10:} \quad 13{,}0/9{,}7 = 1{,}3 > 1!$$

$$\text{S13:} \quad 13{,}0/12{,}5 = 1{,}04 \approx 1 \quad \text{s. Gl. (2.5)}$$

Der Faktor 1,5 (DIN 1052 T1) führt nach EC 5 mit den jetzigen charakteristischen Zugfestigkeiten zu noch größeren Querschnitten oder höheren Festigkeitsklassen als nach DIN.

6.2.6 Hirnholz-Dübelverbindungen bei BSH

Hirnholz-Dübelverbindungen können als Querkraftanschlüsse von Brettschichtträgern nach Abb. 6.20 wirtschaftlich hergestellt werden. Die Holzüberdeckung der Stahlteile begünstigt die Feuerwiderstandsdauer der Verbindung. Anwendungsbeispiele s. Abb. 6.21 A und Abb. 5.29 (biegesteifer Stoß).

Bemessung nach DIN
Nach Untersuchungen von Möhler/Hemmer [80] können Hirnholz-Dübelverbindungen mit Einlaßdübeln Typ A wie folgt bemessen und ausgeführt werden – *T2, 4.3.2 –*.

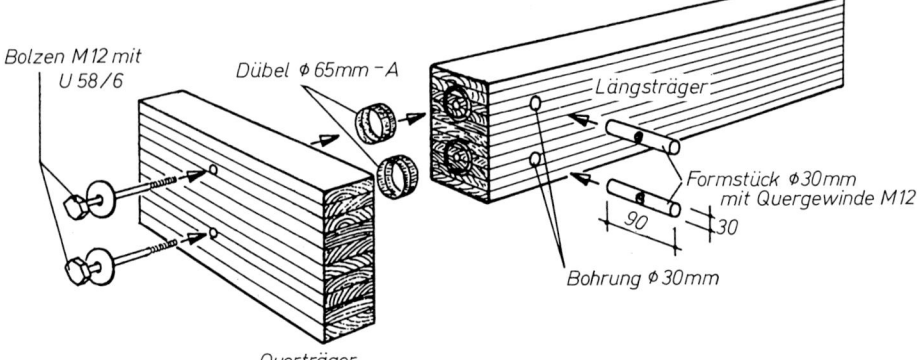

Abb. 6.20. Aufbau und Einzelteile einer Hirnholz-Dübelverbindung [80]

Die zulässige Belastung zul F_0 (in kN) eines Dübels in einer $\perp$ Fa liegenden Hirnholzverbindung ($\varphi = 90°$) mit $n \leqq 2$ Dübeln übereinander kann nach Gl. (6.3a) berechnet werden $-T2$, $Tab. 5-$.

$$\text{zul} F_0 = 3{,}75 \cdot d_d/65 + (0{,}576 \cdot b + 2{,}94 \cdot v_d) \cdot 10^{-2} \qquad (6.3a)$$

Bezeichnungen nach Abb. 6.21:   Gültigkeitsbereich:

d_d = Dübeldurchmesser (in mm)

b = Längsträgerbreite (in mm) $1{,}6 \cdot d_d \leqq b \leqq 4{,}4 \cdot d_d$

v_d = Randabstand (in mm) $0{,}8 \cdot d_d \leqq v_d \leqq 2{,}2 \cdot d_d$

Bei Einhaltung der Mindestmaße für b und v_d liefert Gl. (6.3a) die zulässigen Belastungen gemäß Tafel 6.4A, Zeile 4 $-T2$, $Tab. 5-$.

Die zulässige Belastung im Querträger ist hinsichtlich der Querzugfestigkeit gesondert nachzuweisen nach Abschn. 5.2.

Bei konstruktiven Abweichungen von der Normalform des Anschlusses gemäß Abb. 6.21A können die zul F_0-Werte aus Tafel 6.4A korrigiert werden durch Multiplikation mit dem Korrekturfaktor k nach Gl. (6.4a).

$$\text{zul} F = \text{zul} F_0 \cdot k \qquad (6.4a)$$

mit

$k = 1{,}0 - 0{,}05 (10 - l_f/d_b)$ für $5 \leqq l_f/d_b \leqq 10$ [81]

Tafel 6.4A. zul F_0 (in kN) eines Dübels Typ A in $\perp$ oder schräg ($\varphi \geqq 45°$) Fa liegender Hirnholzfläche bei Einhaltung der Mindestmaße und $l_f = 120\,\text{mm}$, LF H

1	Dübeldurchmesser (Typ A) d_d (in mm)	65	80	95	126
2	Mindestholzbreite b (in mm)	110	130	150	200
3	Mindestrandabstand v_d (in mm)	55	65	75	100
4	zul F_0 (in kN) bei $\leqq 2$ Dübeln übereinander	6,0	7,3	8,5	11,4
5	zul F_0 (in kN) bei 3 bis 5 Dübeln übereinander	7,2	8,7	10,2	13,7

zul F_0-Werte für Typ C und D s. [81]

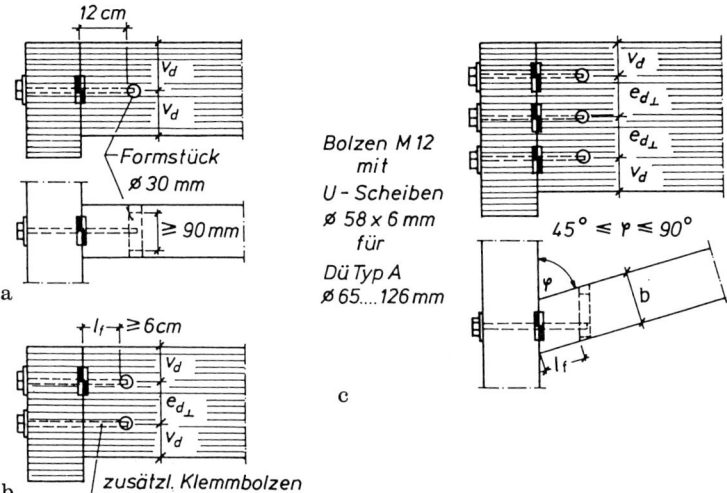

Abb. 6.21. Hirnholz-Dübelverbindungen

In [81] ist ein Vorschlag für die Ausbildung und Berechnung von Hirnholz-dübelverbindungen sowohl mit Einlaßdübeln des Dübeltyps A als auch mit Einpreßdübeln der Dübeltypen C oder D enthalten. Danach können die Verbindungen in Hirnholzflächen von BSH oder in die Hirnholzflächen von NH eingebaut werden. Außerdem konnte festgestellt werden:
– kein deutlich erkennbarer Einfluß des Winkels zwischen Haupt- und Nebenträger auf die Tragfähigkeit der Verbindungen
– keine merkliche Erhöhung der Tragfähigkeit für 3 und 5 hintereinander-liegende Einpreßdübel der Dübeltypen C und D.

Berechnungsbeispiel nach Abb. 6.21 A
Längsträger 16/49
Querträger 20/54
Anschlußwinkel $\varphi = 65°$
Anschlußkraft vorh $F = 35$ kN

Gewählt: 4 Dübel $\varnothing$ 95 mm–A

a) zul $F_\perp$ für 4 Dübel:
nach $-T2$, $Tab. 4$, $Spalte 15-$:

$$\text{zul } F_\perp = 3{,}6 \cdot 12{,}5 = 45 \text{ kN} > 35 \text{ kN}$$

mit

$$\text{ef } n = 2 + \left(1 - \frac{4}{20}\right) \cdot 2 = 3{,}6$$

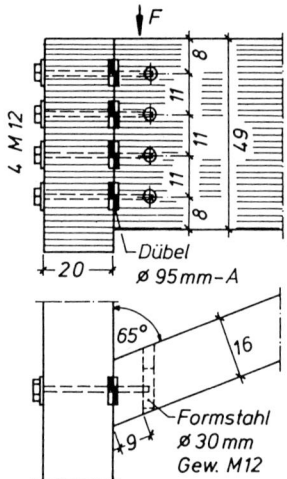

Abb. 6.21 A

b) zul F für Hirnholzdübel:

nach (6.3 a):
$$\text{zul} F_0 = 3,75 \cdot 95/65 + 0,0576 \cdot 16 + 0,294 \cdot 8,0 = 8,75\,\text{kN}$$
$$\approx 8,5 \text{ nach Tafel 6.4 A.}$$

nach (6.4 a):
$$k = 1,0 - 0,05\,(10 - 90/12) = 0,88$$
$$\text{zul} F = 4 \cdot 10,2 \cdot 0,88 = 35,9\,\text{kN} > 35\,\text{kN}$$

c) zul F_Q^R im Querträger nach (5.7)–(5.9):

$$b' = 100/2 = 50\,\text{mm für Dübel einseitig} \qquad\qquad h_1 = 80\,\text{mm}$$
$$W' = 2,15 \cdot 95 = 204\,\text{mm} \qquad\qquad\qquad\qquad\qquad h_2 = 190\,\text{mm}$$
$$a = 540 - 80 = 460\,\text{mm} \qquad\qquad\qquad\qquad\quad h_3 = 300\,\text{mm}$$
$$h_4 = 410\,\text{mm}$$

$$s = \frac{1}{4} \cdot \left[1 + \left(\frac{80}{190}\right)^2 + \left(\frac{80}{300}\right)^2 + \left(\frac{80}{410}\right)^2\right] = 0,322$$

$$f' = 0,68 + \frac{1,37 \cdot 540}{1000} + \frac{0,2 \cdot 460}{540} + \frac{0,4 \cdot 460}{1000} = 1,774$$

$$\text{zul} F_Q^R = \frac{1,774}{75,4} \cdot \frac{50 \cdot 204}{0,322 \cdot (50 \cdot 204 \cdot 80)^{0,2}} = 49,0\,\text{kN} > 35,0\,\text{kN}$$

Ein weiteres Beispiel s. Abb. 5.29 (biegesteifer Stoß)

Bemessung nach EC 5

Die charakteristische Tragfähigkeit R_k (in kN) eines Dübels in einer $\perp$ oder schräg ($\varphi \geqq 45°$) zur Fa liegenden Hirnholzverbindung kann nach (6.3 b) berechnet werden (Vorschlag).

Tafel 6.4 B. R_d eines Dübels Typ A in $\perp$ oder schräg ($\varphi \geqq 45°$) zur Fa liegender Hirnholz-fläche, Mindestmaße und $l_f = 120$ mm (mittlere LED, Nkl 1 oder 2, BS 11 bis BS 18)

1	Dübeldurchmesser (Typ A) d_c (in mm)	65	80	95	126
2	Mindestholzbreite b (in mm)	110	130	150	200
3	Mindestrandabstand v_d (in mm)	55	65	75	100
4	R_d (in kN) bei $\leqq 2$ Dübeln übereinander	8,5	10,4	12,1	16,3
5	R_d (in kN) bei 3 bis 5 Dübeln übereinander	10,2	12,4	14,5	19,5

Dübeltyp A (Abb. 6.21), $n \leqq 2$:

$$R_k = 8{,}72^{\,1} \cdot d_c/65 + 0{,}0134 \cdot b + 0{,}0684 \cdot v_d \qquad (6.3\,b)$$

Tafel 6.4 B enthält Bemessungswerte.

Die Bemessungswerte R_d für $n = 3$ bis 5 wurden mit $R_d\,(n \leqq 2)$ und analog Möhler/Hemmer [80] einem Faktor 1,2 berechnet.

Für $5 \leqq l_f/d_b \leqq 10$ folgt:

$$R_d = k \cdot R_d\,(l_f = 120\,\text{mm}) \qquad (6.4\,b)$$

mit
$$k = 1{,}0 - 0{,}05\,(10 - l_f/d_b)$$

Berechnungsbeispiel nach Abb. 6.21 A
Längsträger 16/49
Querträger 20/54
Anschlußwinkel $\varphi = 65°$
Anschlußkraft   vorh $F = 35$ kN
BS 14, $k_{mod} = 0{,}8$
Bemessungswert vorh $F_d - 1{,}43 \cdot 35 = 50$ kN

Gewählt: 4 Dübel $\varnothing$ 95 mm–A

a) $R_{c,90,d}$ für 4 Dübel
Nach (6.2 a):

$$R_{c,0,k} = 24\,[(95 + 30) \cdot 220 - \pi \cdot 95^2/8]^{0{,}75} = 46214\,\text{N}$$

$$R_{c,0,k} = 46{,}2\,\text{kN}$$

$$R_{c,90,k} = 46{,}2/1{,}36 = 34\,\text{kN} \quad \text{s. Gl. (6.2 e)}$$

$$(k_{90} \approx 17{,}0/12{,}5 = 1{,}36)$$

$$R_{c,90,d} = \frac{0{,}8}{1{,}3} \cdot 34 = 20{,}9\,\text{kN} \quad \text{je Dübel}$$

$$\text{ef}\,n = 2 + \left(1 - \frac{4}{20}\right) \cdot 2 = 3{,}6$$

$$R_{c,90,d} = 3{,}6 \cdot 20{,}9 = 75{,}2\,\text{kN} > 50\,\text{kN}$$

---

[1] $\dfrac{\text{Gl.}\,(6.3\,b) \rightarrow 8{,}72}{\text{Gl.}\,(6.3\,a) \rightarrow 3{,}75} = \dfrac{1{,}3}{0{,}8} \cdot 1{,}43 \quad \text{usw.}$

b) R_d für Hirnholzdübel

Nach Tafel 6.4 B: $R_d = 14,5\,\mathrm{kN}$

nach (6.4 b): $R_d = 4 \cdot 14,5 \cdot 0,88 = 51\,\mathrm{kN} > 50\,\mathrm{kN}$

$$k = 1 - 0,05\,(10 - 90/12) = 0,88$$

c) Bemessungswert V_d im Querträger nach (5.10)

$$b_e = 540 - \left(80 - \frac{95}{2}\right) = 507 > 0,5 \cdot 540 = 270\,\mathrm{mm}$$

$$f_{v,d} = \frac{0,8 \cdot 2,7}{1,3} = 1,66\,\mathrm{N/mm^2}$$

für Dübel einseitig:

$$V_d = 1,66 \cdot 507 \cdot \frac{200}{3} = 56\,108\,\mathrm{N}$$

Nachweis auf Querzug:

$$V_d = 56\,\mathrm{kN} > \text{vorh}\,F_d = 50\,\mathrm{kN}$$

Ein weiteres Beispiel s. Abb. 5.29 (biegesteifer Stoß).

6.2.7 Konstruktionsbeispiele (Abb. 6.22–6.26)

Hier sollen einige Anwendungsmöglichkeiten der Dübelverbindung für Dachbinder, Verbände und eingespannte Stützen gezeigt werden.

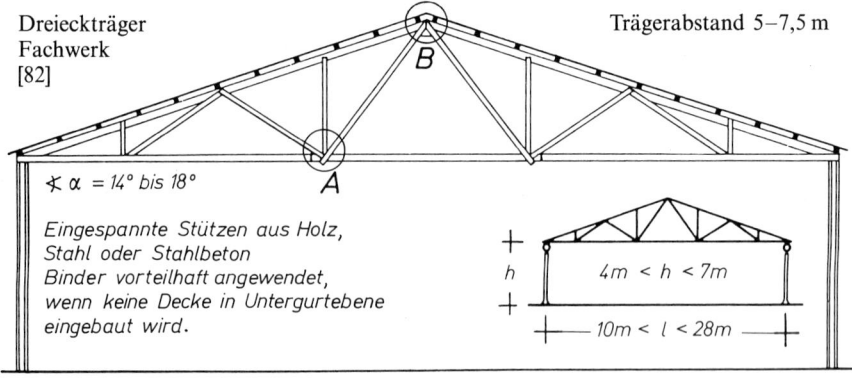

Dreieckträger
Fachwerk
[82]

Trägerabstand 5–7,5 m

∢ α = 14° bis 18°

Eingespannte Stützen aus Holz,
Stahl oder Stahlbeton
Binder vorteilhaft angewendet,
wenn keine Decke in Untergurtebene
eingebaut wird.

$4m < h < 7m$

$10m < l < 28m$

Abb. 6.22

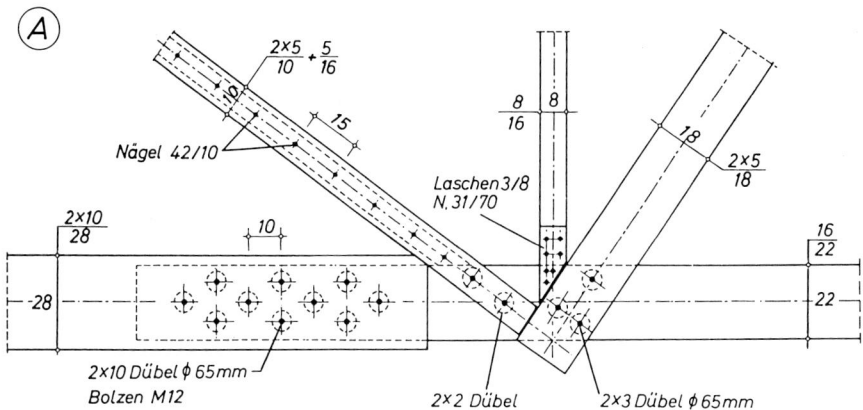

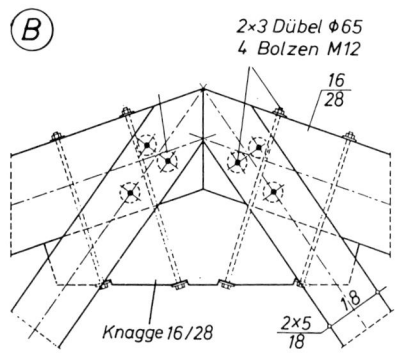

Querschnittsmaße vom Binder
mit 20,00 m Stützweite

Dübeltyp A (Appel)

Abb. 6.22 (Fortsetzung)

Zweigelenkrahmen
Fachwerk
[82]

Kantholzkonstuktion
Binderabstand 5–7,5 m

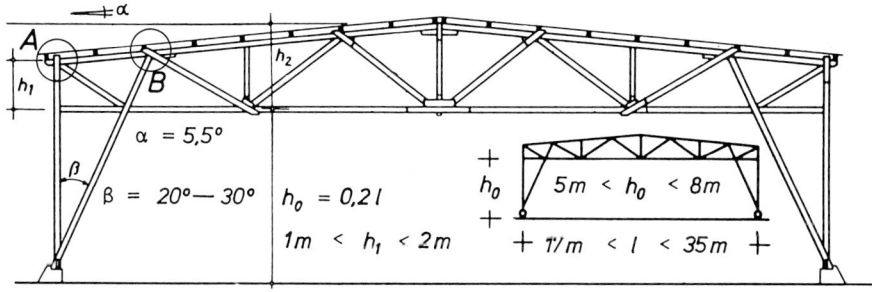

Abb. 6.22 A

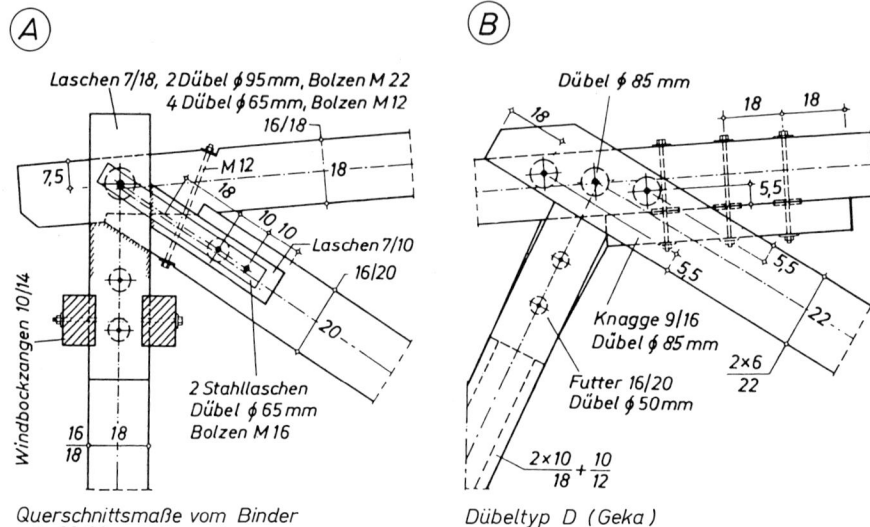

Querschnittsmaße vom Binder
mit 20,00 m Stützweite

Abb. 6.22 A (Fortsetzung)

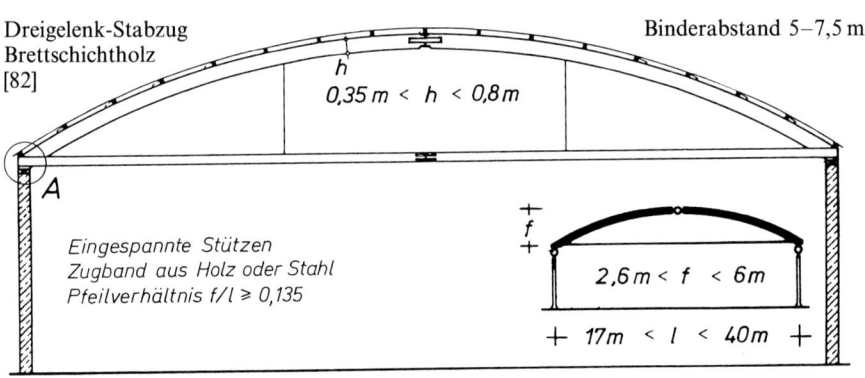

Dreigelenk-Stabzug
Brettschichtholz
[82]

Binderabstand 5–7,5 m

h

$0,35 m < h < 0,8 m$

A

Eingespannte Stützen
Zugband aus Holz oder Stahl
Pfeilverhältnis $f/l \geq 0,135$

f

$2,6 m < f < 6m$

$+\ 17m\ <\ l\ <\ 40m\ +$

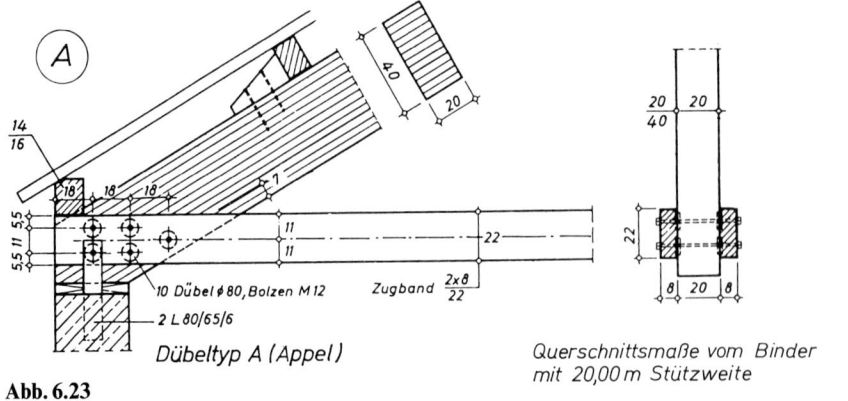

Dübeltyp A (Appel)

Querschnittsmaße vom Binder
mit 20,00 m Stützweite

Abb. 6.23

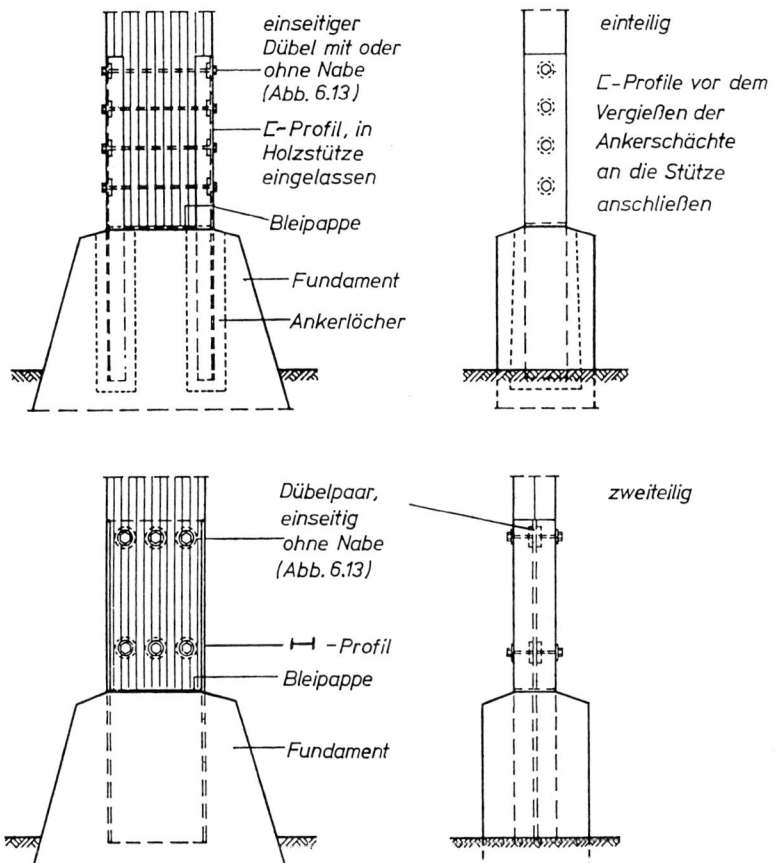

einseitiger
Dübel mit oder
ohne Nabe
(Abb. 6.13)

⌐-Profil, in
Holzstütze
eingelassen

Bleipappe

Fundament

Ankerlöcher

einteilig

⌐-Profile vor dem
Vergießen der
Ankerschächte
an die Stütze
anschließen

Dübelpaar,
einseitig
ohne Nabe
(Abb. 6.13)

⊢⊣ -Profil

Bleipappe

Fundament

zweiteilig

Abb. 6.24. Eingespannte Stütze aus BSH

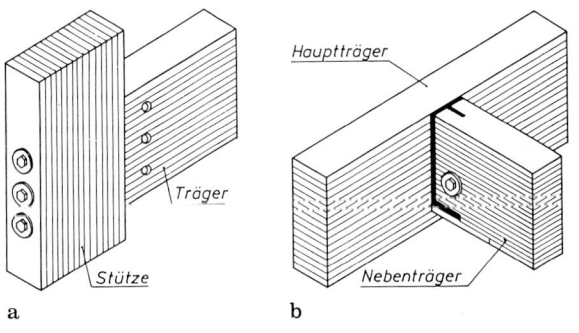

Hauptträger

Träger

Stütze

Nebenträger

a   b

a, c, e Hirnholz-Dübel-
          verbindungen
b, d   Dübelanschluß mit
          geschweißtem Stahl-
          schuh

Abb. 6.25. Querkraftanschlüsse von Brettschichtträgern

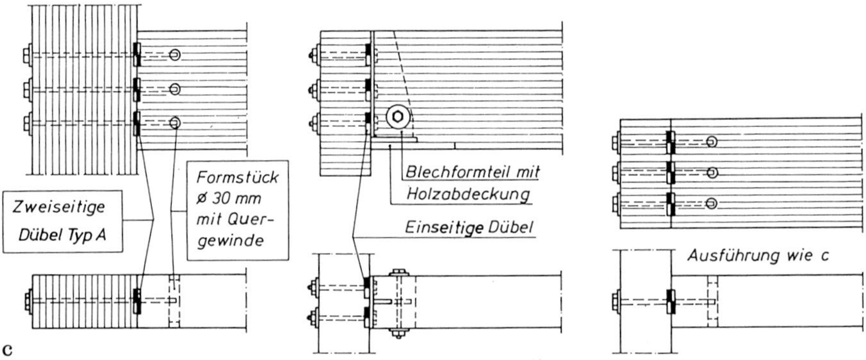

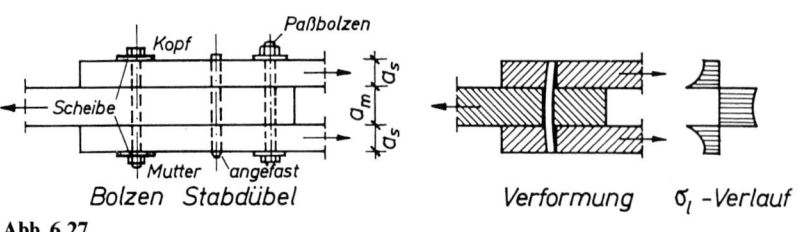

Zweiseitige Dübel Typ A
Formstück Ø 30 mm mit Quergewinde
Blechformteil mit Holzabdeckung
Einseitige Dübel
Ausführung wie c

c

Abb. 6.25 (Fortsetzung)   d   e

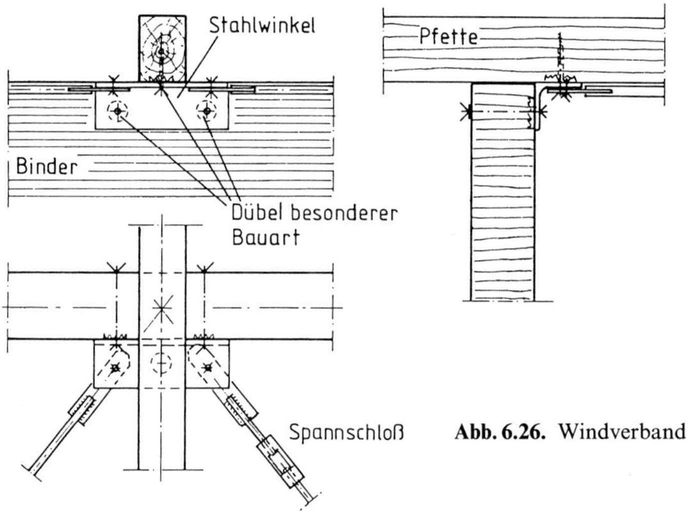

Stahlwinkel
Pfette
Binder
Dübel besonderer Bauart
Spannschloß   **Abb. 6.26.** Windverband [83]

6.3 Bolzen (b) und Stabdübel (st)

6.3.1 Allgemeines

Bolzen und Stabdübel (Abb. 6.27) sind zylindrische Stifte, deren Tragfähigkeit bestimmt wird
a) durch die Lochleibungsfestigkeit des Holzes
b) durch die Biegesteifigkeit des Stahlstiftes.

Paßbolzen
Kopf
Scheibe
Mutter   angefast
Bolzen   Stabdübel
Verformung σ_l -Verlauf

Abb. 6.27

Tafel 6.5. Durchmesser (in mm)

	Schaft-$\emptyset$	Loch-$\emptyset$	
Bolzen	12 bis 30 [1]	$\leq d_b + 1$	Scheibenmaße nach *-T2, Tabelle 3 -*
Stabdübel	8 bis 30 [1]	d_{st}	

[1] Bei $d_{b,st} \geqq 24$ mm nach *-E160-* zulässige Belastungen nicht voll ausnutzen.

Je größer die Biegesteifigkeit des Stiftes, um so gleichmäßiger ist die Verteilung der Lochleibungsspannungen. Die Abweichungen vom rechnerischen Mittelwert sind im Mittelholz geringer als in den Seitenhölzern (Abb. 6.27).

Stabdübel werden nur durch den Paßsitz gehalten (Tafel 6.5). Sie dürfen wegen fehlender Klemmwirkung bei außenliegenden Metallaschen nur mit Kopf und Mutter- oder beidseitig mit Muttern versehen (Paßbolzen) angewendet werden.

6.3.2 Anwendungsbereich

Stabdübel und Paßbolzen sind uneingeschränkt anwendbar.

Bolzenverbindungen sollen wegen ihres Schlupfes auf solche Anwendungsfälle beschränkt werden, bei denen die Nachgiebigkeit der Verbindungen keine schädliche Folgen im Bauwerk verursacht und wenn von Zeit zu Zeit die Muttern nachgezogen werden können, z.B. Gerüste, Schuppen, Fliegende Bauten (DIN 4112).

6.3.3 Tragfähigkeit (DIN)

Die Tragfähigkeit einer Stiftverbindung ist abhängig von der Schlankheit a/d. Sie ist optimal, wenn gemäß Gl. (6.5)

$$B \cdot d^2 = \text{zul}\,\sigma_1 \cdot a \cdot d$$

Man bezeichnet diese Schlankheit a/d als die Grenzschlankheit.

Sie beträgt:

> für Bolzen   Grenz-$a/d \approx 4{,}5$
> für Stabdübel Grenz-$a/d \approx 6$ (festerer Sitz)

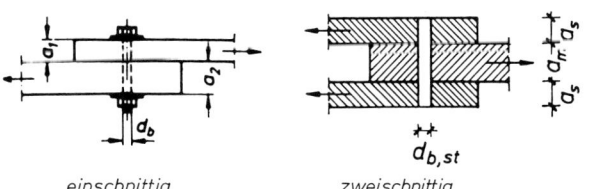

einschnittig   *zweischnittig*   **Abb. 6.28**

Tafel 6.6. Werte zul σ_1 und B

zul σ_1 und B in N/mm^2		Holzart	Bolzen		Stabdübel	
			zul σ_1	B	zul σ_1	B
ein-schnittig	1 Holz	NH u. BSH	4,0	17,0	4,0	23,0
		LH A	5,0	20,0	5,0	27,0
		B	6,1	24,0	6,1	30,0
		C	9,4	30,0	9,4	36,0
zwei-schnittig	Mittelholz	NH u. BSH	8,5	38,0	8,5	51,0
		LH A	10,0	45,0	10,0	60,0
		B	13,0	52,0	13,0	65,0
		C	20,0	65,0	20,0	80,0
	1 Seitenholz	NH u. BSH	5,5	26,0	5,5	33,0
		LH A	6,5	30,0	6,5	39,0
		B	8,4	34,0	8,4	42,0
		C	13,0	42,0	13,0	52,0

Tafel 6.7. Abminderungsfaktor $\eta_{b,st} = 1 - \alpha°/360°$

$\alpha°$	0°	10°	20°	30°	40°	50°	60°	70°	80°	90°
$\eta_{b,st}$	1,0	0,972	0,944	0,917	0,889	0,861	0,833	0,806	0,778	0,75

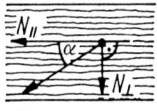

Abb. 6.29

$N ⊀ \alpha$

Zulässige Belastung eines Bolzens (b) oder Stabdübels (st) ∥ Fa im Lastfall H (a, d [in mm])

$$\text{zul } N_{b,st} = \text{zul } \sigma_1 \cdot a \cdot d_{b,st} \leqq B \cdot d_{b,st}^2 \quad \text{(in N)} \quad \text{s. Tafel 6.6} \qquad (6.5)$$

Abminderung der zulässigen Belastung bei geneigter Kraftrichtung (Abb. 6.29):

$$\text{Kraft } ⊀ \text{ Fa: zul } N_{⊀\alpha} = \left(1 - \frac{\alpha°}{360°}\right) \cdot \text{zul } N_{b,st} \quad \text{s. Tafel 6.7} \qquad (6.6\text{a})$$

$$\text{Kraft } \perp \text{Fa: zul } N\perp = 0,75 \cdot \text{zul } N_{b,st} \qquad (6.6\text{b})$$

Für Stabdübel-, Paßbolzen- oder Bolzenverbindungen von VH oder BSH mit Stahlteilen gilt [7]:
- zul $N_{b,st}$ nach (6.5) darf um 25 % erhöht werden – T2, 5.10 –
- zul σ_1 der Stahlteile muß beachtet werden

- zul σ_1 = 210 (240) N/mm^2 H (HZ) für Bolzen der Festigkeitsklasse 4.6 mit St 37 nach DIN 18 800 T1 (3/81) – *E170, Tab. 5/9* –
- Herstellung der Stahl-Holz-SDü-Verbindung nach Versuchen von Kolb/ Radović [84]:
a) Komplettes Stahl/Holz-Bauteil mit SDü-Nenn-$\varnothing$ in einem Arbeitsgang bohren, Stabdübel eintreiben oder
b) Holz mit SDü-Nenn-$\varnothing$ bohren, Stahlblech mit (SDü-Nenn-$\varnothing$ + 1 mm) bohren, Stahlbleche in Schlitze einschieben, Stabdübel eintreiben.

Für SDü, PB- und Bo-Verbindungen von BFU und FP untereinander oder mit NH oder LH gilt [7]:
- zul $N_{b,st}$ nach Gl. (6.5)
  mit zul σ_1 nach – *Tab. 6* –
- für Winkel zwischen Kraft- und Faserrichtung der Deckfurniere zwischen 0° und 90° darf geradlinig interpoliert werden
- BFU-BU nach DIN 68 705 T5 s. a. – *E170* – und [33]:

Zulässige Belastung im Lastfall HZ bzw. bei Feuchtigkeitseinwirkung nach – *T2, 3.1 und 3.2* –.

6.3.4 Anzahl und Anordnung [7] (DIN)

SDü, PB, Bo:
$n \geq 2$ je Verbindung
- bei SDü ≥ 4 Scherflächen
- bei PB, Bo ≥ 2 Scherflächen

PB, Bo:
Wenn $n = 1$ je Verbindung (Gelenk), dann zul N nur zu 50% ausnutzen.

SDü, PB:
n = Anzahl der hintereinanderliegenden VM

$$n \leq 6 \rightarrow \mathrm{ef}\, n = n$$

$$6 < n \leq 12 \rightarrow \mathrm{ef}\, n = 6 + \frac{2}{3}(n - 6) \qquad -T2,\ Gl.\ 2-$$

Mindestabstände bei tragenden Bolzen und Stabdübeln s. Abb. 6.30.

Anordnung symmetrisch zu den Achsen der Anschlußteile, Stabdübel in Faserrichtung versetzt (wegen Spaltgefahr des Holzes). Auf das Versetzen kann bei SDü verzichtet werden, wenn $e \geq 8\, d_{st}$ – *E135* –.

Untersuchungen von Ehlbeck/Werner [85] zeigten bei Belastung in Faserrichtung für die Tragfähigkeit von Stabdübelverbindungen mit nichtversetzter und versetzter Anordnung der Stabdübel keinen signifikanten Unterschied.

Mindestabstände bei Schräganschlüssen s. – *E162* –. Die Bolzenabstände sind nur aus konstruktiven Gründen größer als die der Stabdübel:
a) wegen Platzbedarfs für Unterlegscheiben
b) um Schrauben ungehindert anziehen zu können.

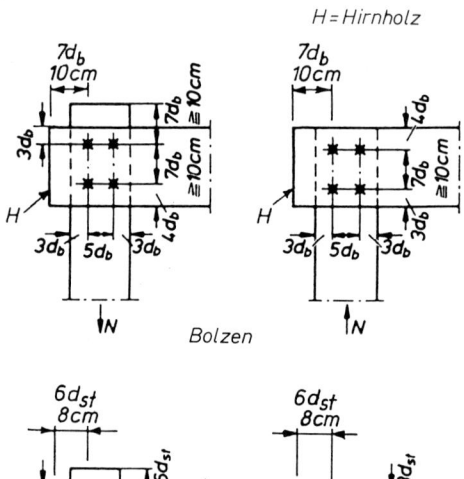

$H = Hirnholz$

Bolzen

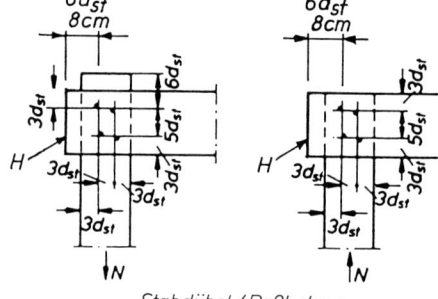

Stabdübel / Paßbolzen

Abb. 6.30. Mindestabstände

6.3.5 Beispiele

1. Beispiel: 6 Varianten eines Zugstoßes

Stabkraft $S = 158\,kN$ Lastfall H

Stabquerschnitt   14/18 NH II

1.1 Konstruktion nach Abb. 6.31

Bolzen M 16: $\varnothing$ begrenzt durch Mindestabstände, 2reihig

Bolzenabstand $\perp$ Fa $\geqq 5 \cdot 16$ $\rightarrow 80\,mm$

Randabstand $\perp$ Fa $\geqq 3 \cdot 16$ $\rightarrow 50\,mm$

Untereinander und Rand $\geqq 7 \cdot 16$ $\Big\}$ $\rightarrow 115\,mm$
$\|$ Kr und $\|$ Fa $\geqq 100\,mm$

Ungünstige Lösung, weil $a/d = 140/16 = 8,75 > 4,5$!

Erforderliche Bolzenanzahl (1 MH, 2 SH)

MH: zul $N_b = 8,5 \cdot 140 \cdot 16 = 19040\,N = 19,0\,kN$

   $< 38 \cdot 16^2 = 9728\,N = 9,73\,kN$ maßgebend

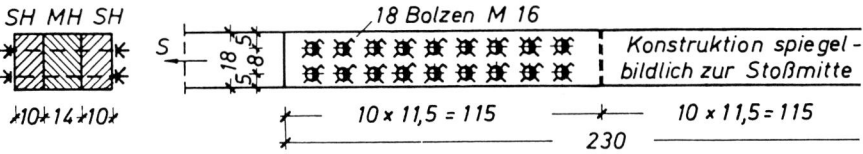

Abb. 6.31

SH: zul $N_b = 2 \cdot 5,5 \cdot 100 \cdot 16 = 17\,600\,\text{N} = 17,6\,\text{kN}$

$< 2 \cdot 26 \cdot 16^2 = 13\,312\,\text{N} = 13,3\,\text{kN}$

$\text{erf}\,n = \dfrac{158}{9,73} = 16,2 \rightarrow 18\ \text{Bolzen M16}$

Spannungsnachweise für die Hölzer

MH: $A_n = 140 \cdot [180 - 2 \cdot (16+1)] = 204,4 \cdot 10^2\,\text{mm}^2$

$\sigma = \dfrac{158 \cdot 10^3}{204,4 \cdot 10^2} = 7,7\,\text{N/mm}^2$

$7,7/8,5 = 0,91 < 1$

SH: $A_n = 100 \cdot [180 - 2 \cdot (16+1)] = 146 \cdot 10^2\,\text{mm}^2$

$\sigma = \dfrac{1,5 \cdot 158 \cdot 10^3}{2 \cdot 146 \cdot 10^2} = 8,1$

$8,1/8,5 = 0,95 < 1$

1.2 Konstruktion nach Abb. 6.32

Stabdübel $\varnothing 20\,\text{mm}$ 2reihig (versetzt anordnen)

Abstände: $\perp$ Fa $\geq 3 \cdot 20 \rightarrow 60\,\text{mm}$

$\parallel$ Fa und $\parallel$ Kr $\geq 5 \cdot 20 \rightarrow 100\,\text{mm}$

Rand $\parallel$ Fa und $\parallel$ Kr $\geq 6 \cdot 20 \rightarrow 120\,\text{mm}$

Bessere Lösung, weil $a/d = 140/20 = 7 \approx 6$

Erforderliche Anzahl Stabdübel (1 MH, 2 SH)

MH: zul $N_{st} = 8,5 \cdot 140 \cdot 20 = 23\,800\,\text{N} = 23,8\,\text{kN}$

$< 51 \cdot 20^2 = 20\,400\,\text{N} = 20,4\,\text{kN}$ maßgebend

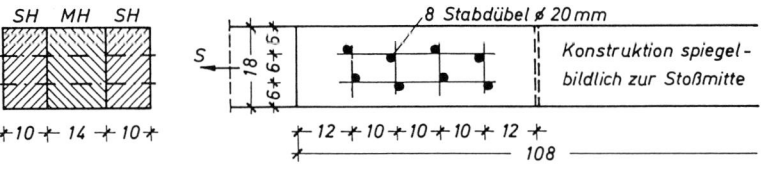

Abb. 6.32

SH: zul $N_{st} = 2 \cdot 5,5 \cdot 100 \cdot 20 = 22\,000\,\text{N} = 22,0\,\text{kN}$

$$< 2 \cdot 33 \cdot 20^2 = 26\,400\,\text{N} = 26,4\,\text{kN}$$

$$\text{erf}\,n = \frac{158}{20,4} = 7,75 \to 8 \text{ Stabdübel } \varnothing\,20$$

Spannungsnachweise für die Hölzer

lichter Abstand $\geqq 4 \cdot d_{st}$

MH: $A_n = 140\,(180 - 2 \cdot 20) = 196 \cdot 10^2\,\text{mm}^2$

$$\sigma = \frac{158 \cdot 10^3}{196 \cdot 10^2} = 8,1\,\text{N/mm}^2$$

$$8,1/8,5 = 0,95 < 1$$

SH: $A_n = 100\,(180 - 2 \cdot 20) = 140 \cdot 10^2\,\text{mm}^2$

$$\sigma = \frac{1,5 \cdot 158 \cdot 10^3}{2 \cdot 140 \cdot 10^2} = 8,5\,\text{N/mm}^2 = \text{zul}\,\sigma_{Z\,\|}$$

1.3 Konstruktion nach Abb. 6.33

Bolzen M 16 2reihig mit 2 äußeren Stahllaschen

Abstände vgl. Abb. 6.31, Stahllasche in St 37-2

Stahllasche: Randabstand $\|$ Kraft $\geqq 2 \cdot 17 \to 40\,\text{mm}$

Weniger Bolzen als Beispiel 1.1 wegen Erhöhung der Tragfähigkeit um 25 % nach *– T2, 5.10 –*

Erforderliche Bolzenanzahl (1 MH, 2 Stahllaschen)

MH: zul $N_b = 1,25 \cdot 8,5 \cdot 140 \cdot 16 = 23\,800\,\text{N} = 23,8\,\text{kN}$

$$< 1,25 \cdot 38 \cdot 16^2 = 12\,160\,\text{N} = 12,16\,\text{kN}\ \text{ maßgebend}$$

$$\text{erf}\,n = \frac{158}{12,16} = 13 \text{ Bolzen M 16}$$

Spannungsnachweis im Holz wie MH im Beispiel 1.1

Spannungsnachweise in den Stahllaschen St 37-2

$$A_n = 2 \cdot 5\,[160 - 2\,(16 + 1)] = 12,6 \cdot 10^2\,\text{mm}^2$$

$$\sigma = \frac{158 \cdot 10^3}{12,6 \cdot 10^2} = 125\,\text{N/mm}^2 < 160\,\text{N/mm}^2$$

$$\sigma_1 = \frac{158 \cdot 10^3}{2 \cdot 13 \cdot 5 \cdot 16} = 76\,\text{N/mm}^2 < 210\,\text{N/mm}^2\ \text{–}E170\text{–}$$

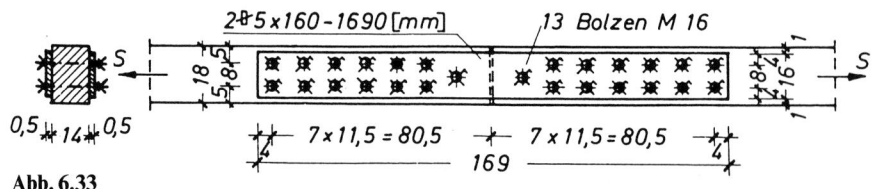

Abb. 6.33

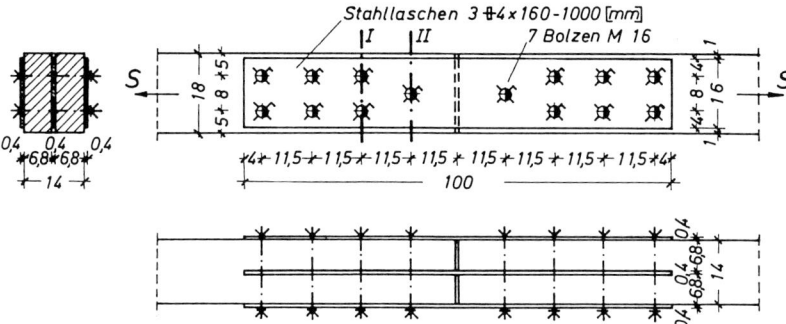

Abb. 6.34

1.4 Konstruktion nach Abb. 6.34

Bolzen M16 2reihig mit 3 Stahllaschen (2 außen, 1 innen)
Holzquerschnitt im Stoß geschlitzt

Statisch günstige Lösung: $a/d = 68/16 = 4,25$

Erforderliche Bolzenanzahl (2 MH, 2 Stahllaschen)

2 MH: zul $N_{b2} = 2 \cdot 1,25 \cdot 8,5 \cdot 68 \cdot 16 = 23\,120\,\text{N} = 23,1\,\text{kN}$ maßgebend

$< 2 \cdot 1,25 \cdot 38 \cdot 16^2 = 24\,320\,\text{N} = 24,3\,\text{kN}$

$$\text{erf}\, n = \frac{158}{23,1} = 6,8 \to 7 \text{ Bolzen M16}$$

Spannungsnachweis im Holz

$$A_n = (140 - 4)\,[180 - 2\,(16 + 1)] = 199 \cdot 10^2\,\text{mm}^2$$

$$\sigma = \frac{158 \cdot 10^3}{199 \cdot 10^2} = 7,9\,\text{N/mm}^2$$

$$7,9/8,5 = 0,93 < 1$$

Spannungsnachweise in den Stahllaschen St 37-2

Inneres Blech $t = 4\,\text{mm}$: anteilige Kraft $F_i = S/2$

1 äußeres Blech $t = 4\,\text{mm}$: anteilige Kraft $F_a = S/4$

Nachweise nur für das innere Blech

$$F_i = \frac{158}{2} = 79\,\text{kN}$$

Schnitt I: $F_1 = \dfrac{6}{7} \cdot 79 = 67,7\,\text{kN}$

$$A_{nI} = 4\,[160 - 2\,(16 + 1)] = 5,04 \cdot 10^2\,\text{mm}^2$$

$$\sigma_I = \frac{67,7 \cdot 10^3}{5,04 \cdot 10^2} = 134\,\text{N/mm}^2 < 160\,\text{N/mm}^2 \quad \text{St 37-2}$$

Schnitt II: $F_{\text{II}} = 79\,\text{kN}$

$$A_{n\,\text{II}} = 4\,[160 - (16+1)] = 5{,}72 \cdot 10^2\,\text{mm}^2$$

$$\sigma_{\text{II}} = \frac{79 \cdot 10^3}{5{,}72 \cdot 10^2} = 138\,\text{N/mm}^2 < 160\,\text{N/mm}^2 \quad \text{St 37-2}$$

Lochleibung: $\sigma_1 = \dfrac{79 \cdot 10^3}{7 \cdot 4 \cdot 16} = 176\,\text{N/mm}^2 < 210\,\text{N/mm}^2 \quad -E170-$

Korrosionsschutz nach DIN 55928 $-5.3.4-$

1.5 Konstruktion nach Abb. 6.35
Stabdübel $\varnothing$ 12 dreireihig (versetzt anordnen)
mit einer inneren Stahllasche (Holz geschlitzt)

Abstände: $\perp$ Fa $\geqq 3 \cdot 12 \rightarrow 45\,\text{mm}$

$\parallel$ Fa und $\parallel$ Kr $\geqq 5 \cdot 12 \rightarrow 60\,\text{mm}$

Holz-Rand $\parallel$ Fa und $\parallel$ Kr $\geqq 6 \cdot 12 \rightarrow 80\,\text{mm}$

Stahl-Rand $\parallel$ Kr $\geqq 2 \cdot 12 \rightarrow 30\,\text{mm}$

Erforderliche Anzahl (2 SH, 1 Stahllasche)
Erhöhung der Tragfähigkeit um 25 % (Stahllasche) $-T2, 5.10-$

2 SH: zul $N_{\text{st}} = 2 \cdot 1{,}25 \cdot 5{,}5 \cdot 66 \cdot 12 = 10\,890\,\text{N} = 10{,}9\,\text{kN}$ maßgebend

$< 2 \cdot 1{,}25 \cdot 33 \cdot 12^2 = 11\,880\,\text{N} = 11{,}9\,\text{kN}$

$$\text{erf}\,n = \frac{158}{10{,}9} = 14{,}5 \rightarrow 15 \text{ Stabdübel } \varnothing\,12$$

Spannungsnachweis im Holz (3 Bohrungen abziehen, vgl. Abb. 7.2)

$$A_n = (140 - 8)(180 - 3 \cdot 12) = 190 \cdot 10^2\,\text{mm}^2$$

$$\sigma = \frac{158 \cdot 10^3}{190 \cdot 10^2} = 8{,}3\,\text{N/mm}^2$$

$$8{,}3/8{,}5 = 0{,}98 < 1$$

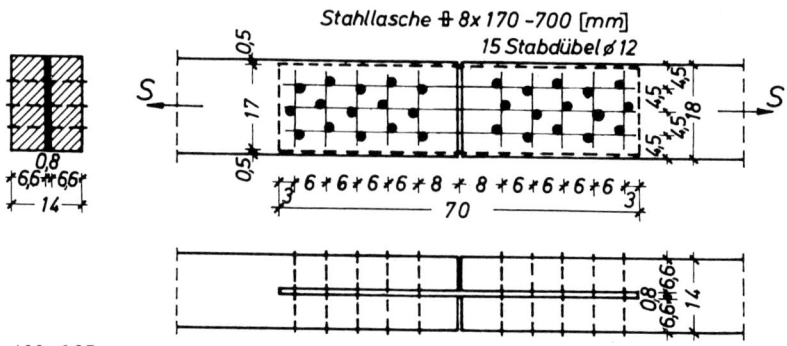

Abb. 6.35

Spannungsnachweise in der Stahllasche (St 37-2)

$$A_n = 8\,(170 - 3 \cdot 13) = 10,5 \cdot 10^2 \text{ mm}^2$$

$$\sigma = \frac{158 \cdot 10^3}{10,5 \cdot 10^2} = 150 \text{ N/mm}^2 < 160 \text{ N/mm}^2$$

$$\sigma_1 = \frac{158 \cdot 10^3}{15 \cdot 8 \cdot 12} = 110 \text{ N/mm}^2 < 210 \text{ N/mm}^2$$

1.6 Konstruktion nach Abb. 6.36
Stabdübel $\varnothing$ 12 dreireihig versetzt
mit 2 inneren Stahllaschen (Holz geschlitzt)
Mindestabstände vgl. 1.5

Erforderliche Anzahl (1 MH + 2 SH, 2 Stahllaschen)
Erhöhung der Tragfähigkeit um 25 % (Stahllasche) $-T2, 5.10-$.
zul N_{st} kann beeinflußt werden durch die Wahl der Holzdicken für MH und
SH.

$$
\begin{array}{llll}
1\,\text{MH: zul } N_{st} = & 1,25 \cdot 8,5 \cdot 52 \cdot 12 & = & 6630\,\text{N} = & 6,63\,\text{kN} \\
+2\,\text{SH:} & +2 \cdot 1,25 \cdot 5,5 \cdot 40 \cdot 12 & = & +6600\,\text{N} = & +6,60\,\text{kN} \\
\end{array}
$$

13,23 kN maß-
gebend

$$
\begin{array}{llll}
< & 1,25 \cdot 51 \cdot 12^2 & = & 9180\,\text{N} = & 9,18\,\text{kN} \\
+ & 2 \cdot 1,25 \cdot 33 \cdot 12^2 & = & 11880\,\text{N} - & 11,88\,\text{kN} \\
\end{array}
$$

21,06 kN

$$\text{erf } n = \frac{158}{13,23} = 11,9 \qquad \rightarrow 12 \text{ Stabdübel } \varnothing\,12$$

Spannungsnachweise in Holz und Stahllaschen vgl. 1.5

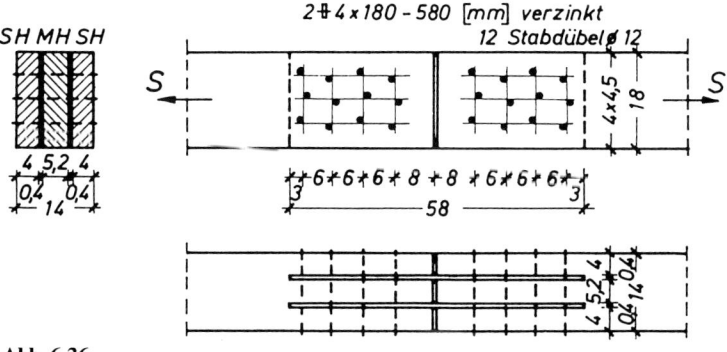

Abb. 6.36

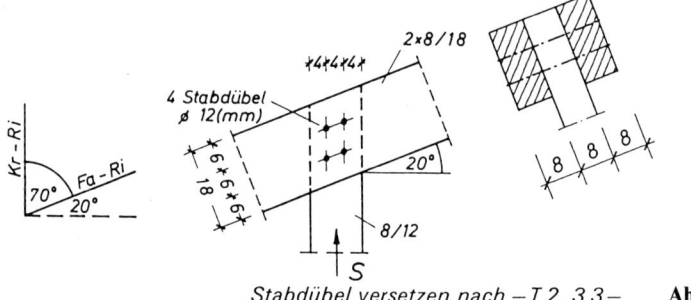

Stabdübel versetzen nach – T 2, 3.3 –   **Abb. 6.37**

2. Beispiel: Anschluß eines Druckstabes mit Stabdübeln $\varnothing 12$ (Abb. 6.37)

       Stabkraft $S = 20\,\text{kN}$ Lastfall H

       Stabquerschnitt   ▨ 8/12 NH II

       ∢ zwischen Kr und Fa 70° im SH

Erforderliche Anzahl (1 MH, 2 SH für $\alpha = 70°$)

MH: zul $N_{st} = 8{,}5 \cdot 80 \cdot 12 = 8160\,\text{N} = 8{,}16\,\text{kN}$

           $< 51 \cdot 12^2 = 7344\,\text{N} = 7{,}34\,\text{kN}$ maßgebend

2 SH: für $\alpha = 70° \rightarrow 1 - \dfrac{\alpha°}{360°} = 0{,}806$ s. Tafel 6.7

    zul $N_{st\,*\,70°} = 0{,}806 \cdot 2 \cdot 5{,}5 \cdot 80 \cdot 12 = 8511\,\text{N} = 8{,}51\,\text{kN}$

           $< 0{,}806 \cdot 2 \cdot 33 \cdot 12^2 = 7660\,\text{N} = 7{,}66\,\text{kN}$

      erf $n = \dfrac{20}{7{,}34} = 2{,}72 \rightarrow 4$ Stabdübel $\varnothing 12$

                             wegen Symmetrie

Mindestabstände: alle Ränder $\geqq 3 \cdot 12 = 36\,\text{mm}$

                $\parallel$ Kr und Fa $\geqq 5 \cdot 12 = 60\,\text{mm}$

Spannungsnachweis im Holz $\rightarrow$ Knicknachweis maßgebend.

3. Beispiel: Konstruktionsbeispiele für Dachbinder und -verbände

Parallelträger [82]   Binderabstand 5,0–7,5 m
Fachwerk

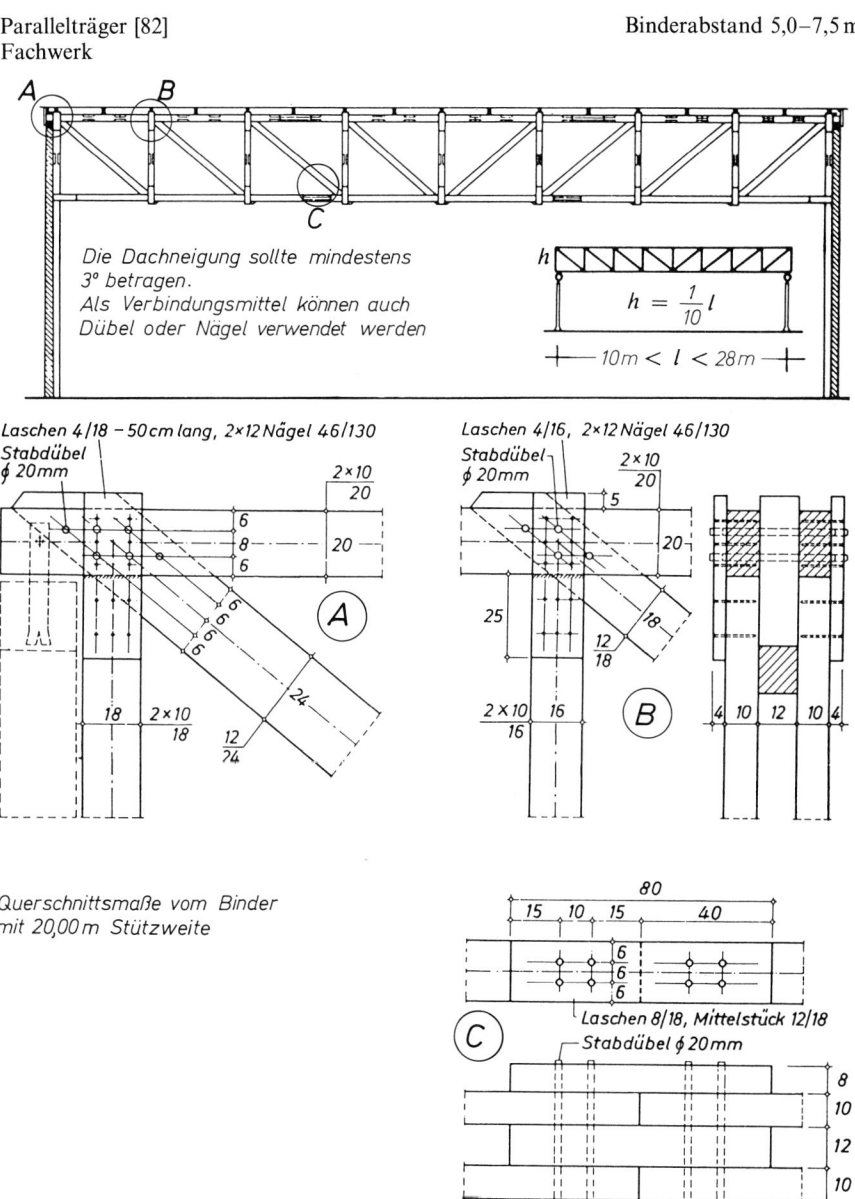

Abb. 6.38   Draufsicht

Dreigelenk-Stabzug [82]   Binderabstand 5,0–7,5 m
Brettschichtholz

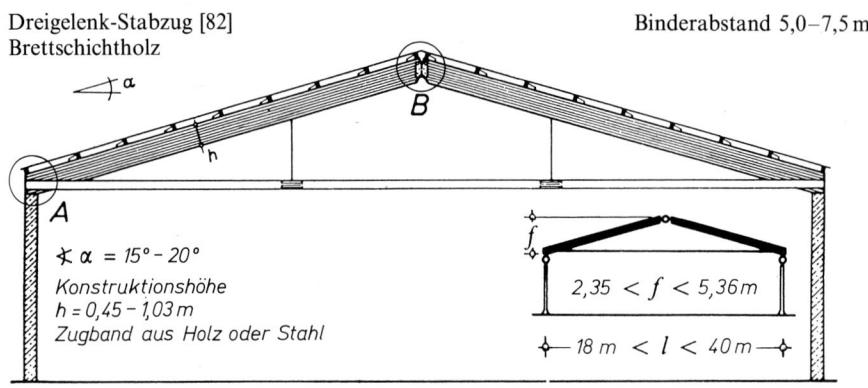

$\measuredangle \alpha = 15° - 20°$

Konstruktionshöhe
$h = 0,45 - 1,03\,m$
Zugband aus Holz oder Stahl

$2,35 < f < 5,36\,m$

$18\,m < l < 40\,m$

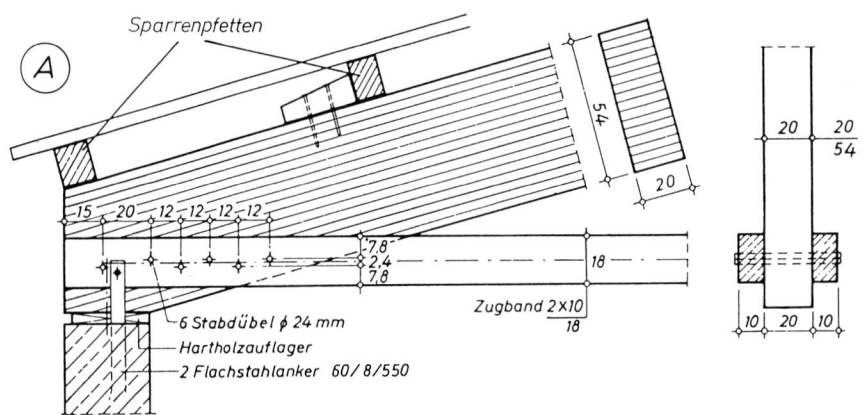

Sparrenpfetten

54

20

$\frac{7,8}{2,4}$
$\frac{}{7,8}$

18

Zugband 2×10
$\overline{18}$

6 Stabdübel ϕ 24 mm
Hartholzauflager
2 Flachstahlanker 60/8/550

15 20 12 12 12 12

20   20
$\overline{54}$

10 20 10

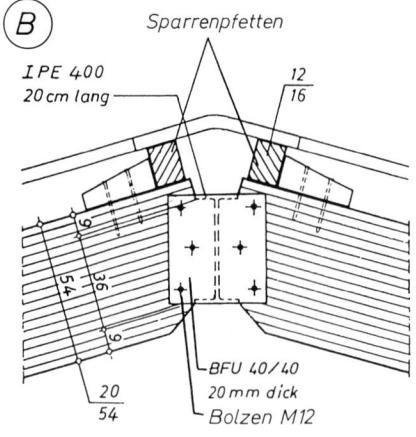

Sparrenpfetten

IPE 400
20 cm lang

$\frac{12}{16}$

9

54

36

9

$\frac{20}{54}$

BFU 40/40
20 mm dick
Bolzen M12

Querschnittsmaße vom Binder
mit 20,00 m Stützweite

Die Verankerung der Sparrenpfetten
erfolgt mit Sparrennägeln oder
Sparrenpfettenankern (vgl. Abb. 6.64)

Abb. 6.39

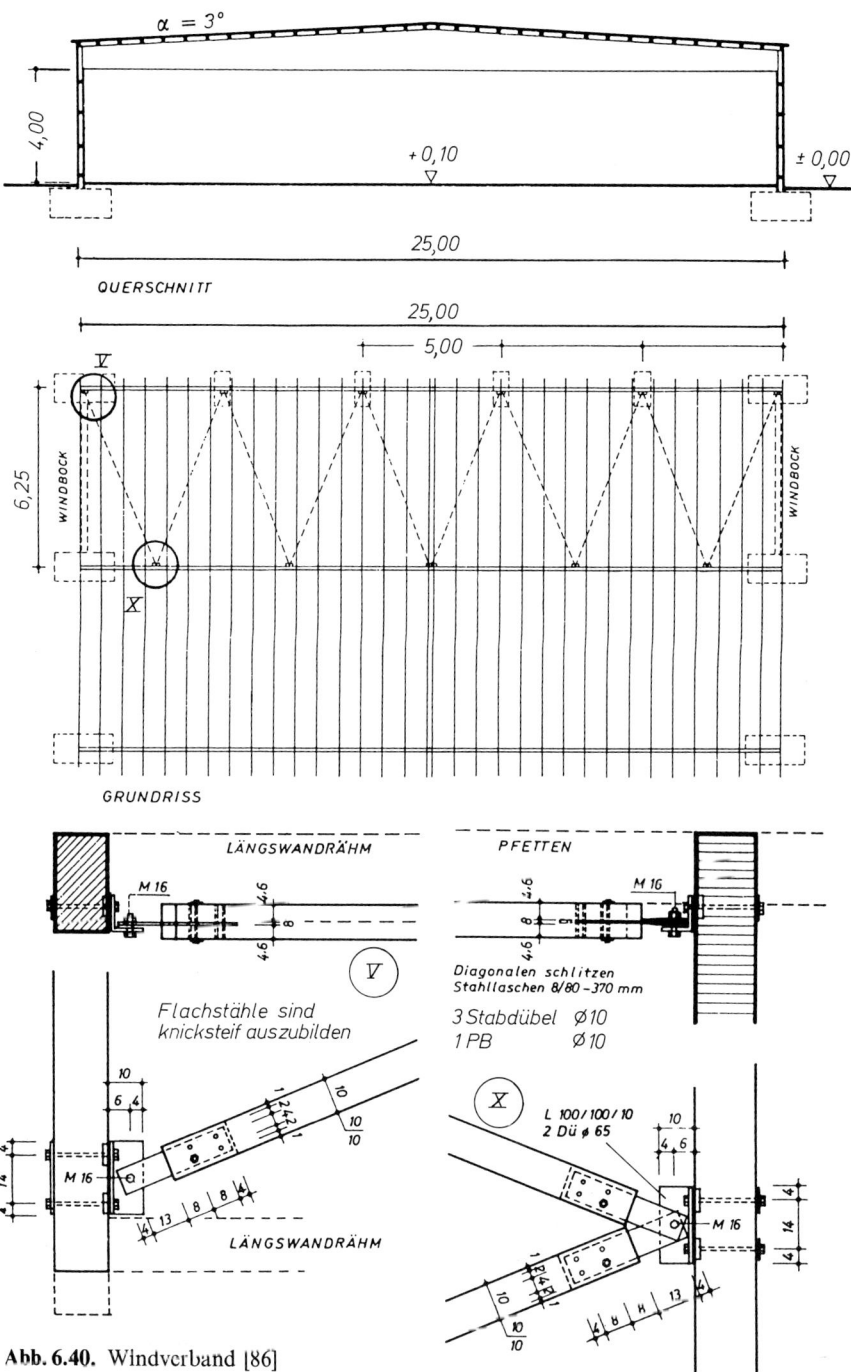

Abb. 6.40. Windverband [86]

6.3.6 Tragfähigkeit (EC 5)

Grundlage für die Berechnung der Tragfähigkeit – Beanspruchung rechtwinklig zur Stiftachse – bei Verbindungen mit stiftförmigen Verbindungsmitteln (d. h. Nägeln, Bolzen, Stabdübeln, Schrauben) nach den Regeln des EC 5 ist die plastische Theorie [37, 87].

Verbindungen Holz/Holz sowie Holz/Holzwerkstoffe

Die Bemessungswerte der Tragfähigkeiten der Verbindungsmittel können mit den folgenden Beziehungen ermittelt werden [37]:

Einschnittige Verbindungsmittel:

$$R_d = \min \begin{cases} f_{h,1,d} \cdot t_1 \cdot d \\ f_{h,1,d} \cdot t_2 \cdot d \cdot \beta \\ \dfrac{f_{h,1,d} \cdot t_1 \cdot d}{1 + \beta} \cdot \left[\sqrt{\beta + 2 \cdot \beta^2 \left[1 + \dfrac{t_2}{t_1} + \left(\dfrac{t_2}{t_1} \right)^2 \right] + \beta^3 \cdot \left(\dfrac{t_2}{t_1} \right)^2} \right. \\ \qquad\qquad \left. - \beta \cdot \left(1 + \dfrac{t_2}{t_1} \right) \right] \\ 1{,}1 \cdot \dfrac{f_{h,1,d} \cdot t_1 \cdot d}{2 + \beta} \cdot \left[\sqrt{2 \cdot \beta (1 + \beta) + \dfrac{4 \cdot \beta \cdot (2 + \beta) \cdot M_{y,d}}{f_{h,1,d} \cdot d \cdot t_1^2}} - \beta \right] \\ 1{,}1 \cdot \dfrac{f_{h,1,d} \cdot t_2 \cdot d}{1 + 2 \cdot \beta} \cdot \left[\sqrt{2 \cdot \beta^2 (1 + \beta) + \dfrac{4 \cdot \beta (1 + 2 \cdot \beta) \cdot M_{y,d}}{f_{h,1,d} \cdot d \cdot t_2^2}} - \beta \right] \\ 1{,}1 \cdot \sqrt{\dfrac{2 \cdot \beta}{1 + \beta}} \cdot \sqrt{2 \cdot M_{y,d} \cdot f_{h,1,d} \cdot d} \end{cases}$$

$$(6.7\,\text{a–f})$$

Zweischnittige Verbindungsmittel:

$$R_d = \min \begin{cases} f_{h,1,d} \cdot t_1 \cdot d \\ 0{,}5 \cdot f_{h,1,d} \cdot t_2 \cdot d \cdot \beta \\ 1{,}1 \cdot \dfrac{f_{h,1,d} \cdot t_1 \cdot d}{2 + \beta} \cdot \left[\sqrt{2 \cdot \beta \cdot (1 + \beta) + \dfrac{4 \cdot \beta \cdot (2 + \beta) \cdot M_{y,d}}{f_{h,1,d} \cdot d \cdot t_1^2}} - \beta \right] \\ 1{,}1 \cdot \sqrt{\dfrac{2 \cdot \beta}{1 + \beta}} \cdot \sqrt{2 \cdot M_{y,d} \cdot f_{h,1,d} \cdot d} \end{cases}$$

$$(6.7\,\text{g–j})$$

Es bedeuten:

R	Tragfähigkeit je Schnitt, in N
t_1, t_2	Dicken der zu verbindenden Holzteile (auch Holzwerkstoffteile), in mm
$f_{h,1}, f_{h,2}$	Lochleibungsfestigkeiten, in N/mm²
β	Verhältnis $f_{h,2}/f_{h,1}$
d	Durchmesser des Verbindungsmittels, in mm
M_y	Fließmoment des Verbindungsmittels, in Nmm

Stahlblech/Holz-Verbindungen

Es gelten für die Bemessungswerte der Tragfähigkeiten [37]:

Einschnittige Verbindungsmittel:

$t \leq 0{,}5 \cdot d$:

$$R_d = \min \begin{cases} 0{,}414 \cdot f_{h,1,d} \cdot t_1 \cdot d \\ 1{,}1 \cdot \sqrt{2 \cdot M_{y,d} \cdot f_{h,1,d} \cdot d} \end{cases} \qquad (6.7\,k,l)$$

$t \geq d$ (dicke Bleche):

$$R_d = \min \begin{cases} f_{h,1,d} \cdot t_1 \cdot d \\ 1{,}1 \cdot f_{h,1,d} \cdot t_1 \cdot d \cdot \left[\sqrt{2 + \dfrac{4 \cdot M_{y,d}}{f_{h,1,d} \cdot d \cdot t_1^2}} - 1 \right] \\ 1{,}5 \cdot \sqrt{2 \cdot M_{y,d} \cdot f_{h,1,d} \cdot d} \end{cases} \qquad (6.7\,m\text{--}o)$$

Bei Blechdicken zwischen $0{,}5 \cdot d$ und d ist zwischen den nach (6.7 k, l) und (6.7 m–o) berechneten Werten linear zu interpolieren.

Zweischnittige Verbindungsmittel bei einem Mittelteil aus Stahlblech:

Es gelten für einen Schnitt oder pro Scherfuge die Gln. (6.7 m–o).

Zweischnittige Verbindungsmittel mit beiden Außenteilen aus Stahlblech:

$t \leq 0{,}5 \cdot d$:

$$R_d = \min \begin{cases} 0{,}5 \cdot f_{h,2,d} \cdot t_2 \cdot d \\ 1{,}1 \cdot \sqrt{2 \cdot M_{y,d} \cdot f_{h,2,d} \cdot d} \end{cases} \text{pro Scherfuge} \qquad (6.7\,p,q)$$

$t \geq d$:

$$R_d = \min \begin{cases} 0{,}5 \cdot f_{h,2,d} \cdot t_2 \cdot d \\ 1{,}5 \cdot \sqrt{2 \cdot M_{y,d} \cdot f_{h,2,d} \cdot d} \end{cases} \text{pro Scherfuge} \qquad (6.7\,r,s)$$

t Stahlblechdicke

Bei Blechdicken zwischen $0{,}5 \cdot d$ und d ist wieder zu interpolieren.

Fließmoment für Bolzen und Stabdübel [37]

$$M_{y,k} = 0{,}8 \cdot f_{u,k} \cdot d^3 / 6 \qquad (6.7\,t)$$

$f_{u,k}$ charakteristische Zugfestigkeit des Stiftmaterials

Bemessungswert:

$$M_{y,d} = \frac{M_{y,k}}{\gamma_{M,Stahl}}$$

Für Stahldübel und Bolzen gilt nach [124]:

	SDü	Bo	
		3.6	4.8
$f_{u,k}$ (N/mm²)	340[a]	300	400

[a] größere Werte s. NAD [126]

Lochleibungsfestigkeiten für Bolzen und Stabdübel

$$f_{h,1,d} = \frac{k_{mod,1}}{\gamma_M} \cdot f_{h,1,k}$$

$$f_{h,2,d} = \frac{k_{mod,2}}{\gamma_M} \cdot f_{h,2,k}$$

Bauholz, BSH:

$$f_{h,0,k} = 0{,}082\,(1 - 0{,}01 \cdot d)\,\varrho_k \quad N/mm^2 \tag{6.7u}$$

Bausperrholz:

$$f_{h,k} = 0{,}11\,(1 - 0{,}01 \cdot d)\,\varrho_k \quad N/mm^2 \text{ (für alle } \alpha) \tag{6.7v}$$

mit ϱ_k in kg/m^3 und d in mm.

Abminderung der charakteristischen Lochleibungsfestigkeit bei geneigter Kraftrichtung (Abb. 6.29):

$$f_{h,\alpha,k} = \frac{f_{h,0,k}}{k_{90} \cdot \sin^2\alpha + \cos^2\alpha} \tag{6.7w}$$

$k_{90} = 1{,}35 + 0{,}015\,d$ für Nadelhölzer

$k_{90} = 0{,}90 + 0{,}015\,d$ für Laubhölzer

In Schaftrichtung beanspruchte Bolzen
Abmessungen der Unterlegscheiben und/oder die Zugfestigkeit des Bolzenwerkstoffes können maßgebend werden.

Tafel 6.7A. Mindestabstände

		Bolzen	Stabdübel
a_1	$\parallel$ Fa	$(4 + 3 \cdot \lvert\cos\alpha\rvert) \cdot d^{\,a}$	$(3 + 4 \cdot \lvert\cos\alpha\rvert) \cdot d^{\,a}$
a_2	$\perp$ Fa	$4 \cdot d$	$3 \cdot d$
$a_{3,t}$	$-90° \leqq \alpha \leqq 90°$	$7 \cdot d$ jedoch mind. 80 mm	$7 \cdot d$ jedoch mind. 80 mm
$a_{3,c}$	$90° < \alpha < 150°$ $210° < \alpha < 270°$	$(1 + 6 \cdot \lvert\sin\alpha\rvert) \cdot d$ jedoch mind. $4 \cdot d$	$a_{3,t} \cdot \lvert\sin\alpha\rvert$ jedoch mind. $3 \cdot d$
	$150° \leqq \alpha \leqq 210$	$4 \cdot d$	$3 \cdot d$
$a_{4,t}$	$0° \leqq \alpha \leqq 180°$	$(2 + 2 \cdot \sin\alpha) \cdot d$ jedoch mind. $3 \cdot d$	$(2 + 2 \cdot \sin\alpha) \cdot d$ jedoch mind. $3 \cdot d$
$a_{4,c}$	alle anderen Winkel α	$3 \cdot d$	$3 \cdot d$

[a] Der Mindestwert für a_1 darf bis auf $(4 + \lvert\cos\alpha\rvert) \cdot d$ bei Bolzen und auf $(3 + 2 \cdot \lvert\cos\alpha\rvert) \cdot d$ bei Stabdübeln reduziert werden, wenn die Lochleibungsfestigkeit $f_{h,0,k}$ beim Bolzen mit dem Faktor $\sqrt{a_1/(4 + 3 \cdot \lvert\cos\alpha\rvert) \cdot d}$ und beim Stabdübel mit $\sqrt{a_1/(3 + 4 \cdot \lvert\cos\alpha\rvert) \cdot d}$ reduziert wird [126].

Abstände untereinander [37]
in Faserrichtung (a₁) und rechtwinklig zur Faserrichtung (a₂)

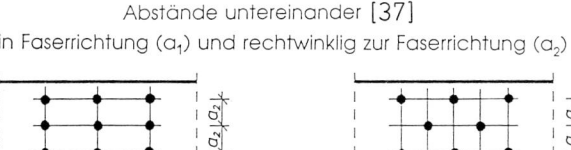

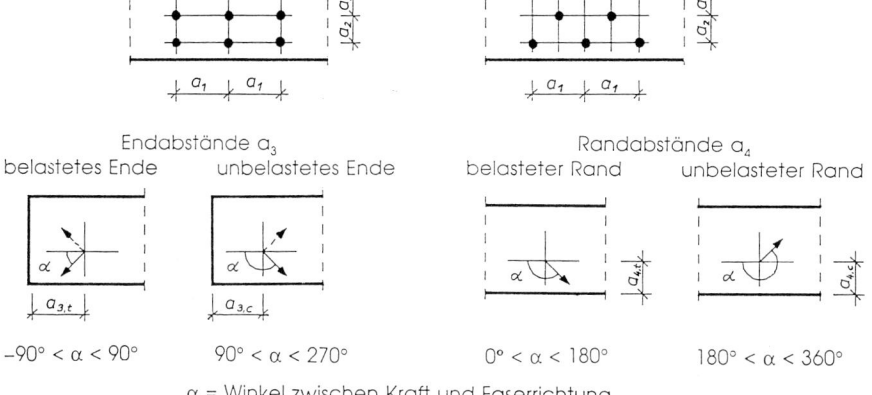

α = Winkel zwischen Kraft und Faserrichtung

Abb. 6.40 A. Abstände von Verbindungsmitteln untereinander und von den Rändern; Definitionen

Für Unterlegscheiben der Bolzen gilt:

$$\sigma_{c,90,d} \leqq 1{,}8 \cdot f_{c,90,d}$$

6.3.7 Anzahl und Anordnung (EC 5)

Anzahl der hintereinanderliegenden VM:

$n \leqq 6$:   ohne Abminderung
$n > 6$:   ef $n = 6 + 2\,(n - 6)/3$

Mindestabstände bei tragenden Bolzen und Stabdübeln s. Tafel 6.7 A und Abb. 6.40 A.

6.3.8 Beispiel (EC 5)

Zugstoß (Abb. 6.32)
Stabkraft $S = 158\,\mathrm{kN}$, kurze LED, Nkl 1 oder 2
Bemessungswert $S_d = 1{,}43 \cdot 158 = 226\,\mathrm{kN}$
Stabquerschnitt 14/18, S 10/MS 10; S 13
Stabdübel ⌀ 20 mm 2reihig

Abstände: ‖ Fa und ‖ Kr $a_1 = 5 \cdot d = 5 \cdot 20 \rightarrow 100\,\mathrm{mm}$ (DIN)

⊥ Fa $a_2 \geqq 3 \cdot d = 3 \cdot 20 \rightarrow\ 60\,\mathrm{mm}$

belastetes Ende $a_{3,t} \geqq 7 \cdot d = 7 \cdot 20 \rightarrow 140\,\mathrm{mm}$

unbelasteter Rand $a_{4,c} \geqq 3 \cdot d = 3 \cdot 20 \rightarrow\ 60\,\mathrm{mm}$

Erforderliche Anzahl Stabdübel (zweischnittig):

Gl. (6.7 u): $f_{h,1,k} = 0,082\,(1 - 0,01 \cdot 20) \cdot 380 = 24,9\,\text{N/mm}^2$

Tafel 6.7 A: $\sqrt{100/(7 \cdot 20)} = 0,845$

reduziert: $f_{h,1,k} = 0,845 \cdot 24,9 = 21,0\,\text{N/mm}^2$

$$f_{h,1,d} = \frac{0,9}{1,3} \cdot 21,0 = 14,5\,\text{N/mm}^2 \quad \text{s. Gl. (2.5)}$$

Gl. (6.7 t): $M_{y,k} = 0,8 \cdot 340 \cdot 20^3/6 = 362\,667\,\text{Nmm} = 0,363\,\text{kNm}$

$$M_{y,d} = \frac{363 \cdot 10^3}{1,1} = 330 \cdot 10^3\,\text{Nmm}$$

Gln. (6.7 g–j) mit $\beta = f_{h,2}/f_{h,1} = 1$ (Kr ∥ Fa):

$$R_d = \min \begin{cases} 14,5 \cdot 100 \cdot 20 & = 29\,000\,\text{N} \\[4pt] 0,5 \cdot 14,5 \cdot 140 \cdot 20 \cdot 1 & = 20\,300\,\text{N} \\[4pt] 1,1 \cdot \dfrac{14,5 \cdot 100 \cdot 20}{3}\left[\sqrt{4 + \dfrac{12 \cdot 330 \cdot 10^3}{14,5 \cdot 20 \cdot 10^4}} - 1\right] = 13\,997\,\text{N} \\ \hspace{9cm} \approx 14,0\,\text{kN} \\[4pt] 1,1 \cdot \sqrt{2 \cdot 330 \cdot 10^3 \cdot 14,5 \cdot 20} & = 15\,218\,\text{N} \end{cases}$$

$$\text{erf}\,n = \frac{226}{2 \cdot 14,0} = 8,07 \rightarrow 9\,\text{Stabdübel (DIN: 8 SDü)}$$

Laschenlänge $l = 2\,(4 \cdot 100 + 2 \cdot 140) = 1360\,\text{mm}$

$a_1 = 7 \cdot d = 140\,\text{mm}$, nicht reduziert:

$$f_{h,1,d} = \frac{0,9}{1,3} \cdot 24,9 = 17,2\,\text{N/mm}^2 \quad \text{s. Gl. (2.5)}$$

$$R_d = 16,0\,\text{kN} \quad \text{nach Gl. (6.7 i)}$$

$$\text{erf}\,n = \frac{226}{2 \cdot 16,0} = 7,06 \rightarrow 8\,\text{Stabdübel}\;\varnothing\,20 \quad \text{(DIN: 7,75)}$$

Laschenlänge $l = 2 \cdot 5 \cdot 140 = 1400\,\text{mm}$ (EC 5)

$$l = 2\,(3 \cdot 100 + 2 \cdot 120) = 1080\,\text{mm} \quad \text{(DIN)}$$

Zunahme der Laschenlänge nach EC 5: annähernd 30 %; Reduzierung von a_1 bringt nicht viel, Tragfähigkeit ist entsprechend zu reduzieren, Anzahl der Verbindungsmittel steigt.

Spannungsnachweise für die Hölzer

MH: $A_n = 140\,(180 - 2 \cdot 20) = 196 \cdot 10^2\,\text{mm}^2$

$$\sigma_{t,0,d} = \frac{226 \cdot 10^3}{196 \cdot 10^2} = 11,5\,\text{N/mm}^2 > 9,69\,\text{N/mm}^2 !$$

S13: $11,5/12,5 = 0,92 < 1$

SH: $A_n = 100\,(180 - 2 \cdot 20) = 140 \cdot 10^2\,\text{mm}^2$

$$\sigma_{t,0,d} = 1,5 \cdot \frac{226 \cdot 10^3}{2 \cdot 140 \cdot 10^2} = 12,1\,\text{N/mm}^2 > 9,69\,\text{N/mm}^2!$$

S13: $12,1/12,5 = 0,97 < 1$

6.4 Glattschaftige Nägel

6.4.1 Allgemeines

Die Bestimmungen $-T2, 6-$ gelten für runde Drahtnägel mit Senkkopf nach DIN 1151 – Stift-$\varnothing\,1,8\,\text{mm}$ bis $8,8\,\text{mm}$ – und runde Maschinenstifte nach DIN 1143 T1 – Stift-$\varnothing\,1,8\,\text{mm}$ bis $3,4\,\text{mm}$ –, vgl. Abb. 1.9. Nach EC 5 können auch Nägel mit quadratischem Querschnitt, wie sie in Skandinavien viel zum Einsatz kommen, angewendet werden.

In Hirnholz eingeschlagene Nägel dürfen nicht als tragend in Rechnung gestellt werden $-T2, 3.4-$. Nach EC 5 können Nägel in Hirnholz für untergeordnete Bauteile verwendet werden, z. B. zur Befestigung von Gesimsbrettern an Sparren. Der Bemessungswert der Tragfähigkeit ist dann auf 1/3 abzumindern.

Nägel werden meist flächenhaft angeordnet. Die Nachgiebigkeit der Nagelverbindung läßt ihre Verwendung für „gelenkige" Fachwerkknoten zu.

6.4.2 Beanspruchung rechtwinklig zur Nagelachse (DIN)

Zulässige Belastung [23]

Die zulässige Belastung eines Nagels $\perp$ Schaftrichtung ist unabhängig vom $\measuredangle$ zwischen Kr und Fa.

Sie beträgt für NH im Lastfall H je Scherfläche für nicht vorgebohrte Nägel (d_n [mm])

$$\text{zul}\,N_1 = \frac{500 \cdot d_n^2}{10 + d_n}\,\text{[N]} \tag{6.8}$$

Siehe auch Tabellen in [2, 36].

Der Faktor $\dfrac{500}{10 + d_n}$ und die Anzahl der Nägel/cm² Anschlußfläche fallen mit steigendem d_n

$$d_n = 2,2\,\text{mm} \rightarrow \text{zul}\,N_1 = 41 \cdot d_n^2\,\text{[N]}$$

$$d_n = 8,8\,\text{mm} \rightarrow \text{zul}\,N_1 = 26,6 \cdot d_n^2\,\text{[N]}$$

Daraus folgt:

Je cm² Anschlußfläche tragen viele dünne Nägel mehr als wenige dicke Nägel.

Erhöhung von zul N_1

um 25%	bei vorgebohrten Nägeln ($d_L \sim 0{,}9\,d_n$)
um 25%	bei Stahlblech-Holz-Nagelverbindungen, auch bei nicht vorgebohrten einschnittigen Verbindungen mit außenliegenden Blechen (Abb. 6.47a)
um 25%	im Lastfall HZ und für Transport- und Montagezustände
um 100%	bei waagerechten Stoßlasten und Erdbebenlasten

Abminderung von zul N_1

auf 2/3	bei Anschluß von Bohlen oder Brettern an Rundholz. Tragende Nagelverbindung Rundholz–Rundholz s. Abb. 6.43
auf 5/6	oder 2/3 bei Feuchtigkeitseinwirkung

Sind in Stößen und Anschlüssen mehr als 10 Nägel hintereinander angeordnet, dann ist

$$\mathrm{ef}\,n = 10 + \frac{2}{3}\,(n-10) \quad n > 10 \qquad -T2,\ 6.2.9-$$

Einfluß der Einschlagtiefe s oder a_s

Die Tragfähigkeit eines Nagels ist u. a abhängig von der Einschlagtiefe s oder der Holzdicke a_s am Nagelende (Abb. 6.41).

Die zulässige Belastung eines Nagels in Abhängigkeit von der Einschlagtiefe s oder a_s bei ein- und mehrschnittiger Nagelung zeigt Tafel 6.8.

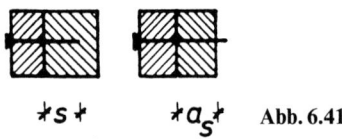

$\!*s\!*$ $*a_{s}\!*$ **Abb. 6.41**

Tafel 6.8

	Einschlagtiefe s (a_s)	zulässige Belastung eines Nagels	
einschnittig	$s \geqq 12\,d_n$	N_1	
	$12\,d_n > s \geqq 6\,d_n$	$\dfrac{s}{12\,d_n} \cdot N_1$	
	$s < 6\,d_n$	0	
m-schnittig, beidseitig genagelt	$s \geqq 8\,d_n$	$m \cdot N_1$	
	$8\,d_n > s \geqq 4\,d_n$	$\left(m - 1 + \dfrac{s}{8\,d_n}\right) \cdot N_1$	
	$s < 4\,d_n$	$(m-1) \cdot N_1$	

Tafel 6.9. zul N_1 für einschnittige Verbindungen

$s \geqq 12d_n$	$12d_n > s \geqq 6d_n$	$s < 6d_n$	$a_s \geqq 12d_n$	$12d_n > a_s \geqq 6d_n$	$a_s < 6d_n$
N_1	$\dfrac{s}{12d_n} \cdot N_1$	0	N_1	$\dfrac{a_s}{12d_n} \cdot N_1$	nicht möglich nach (6.9)

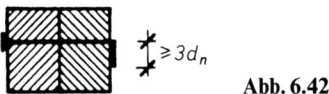

$\geqq 3d_n$

Abb. 6.42

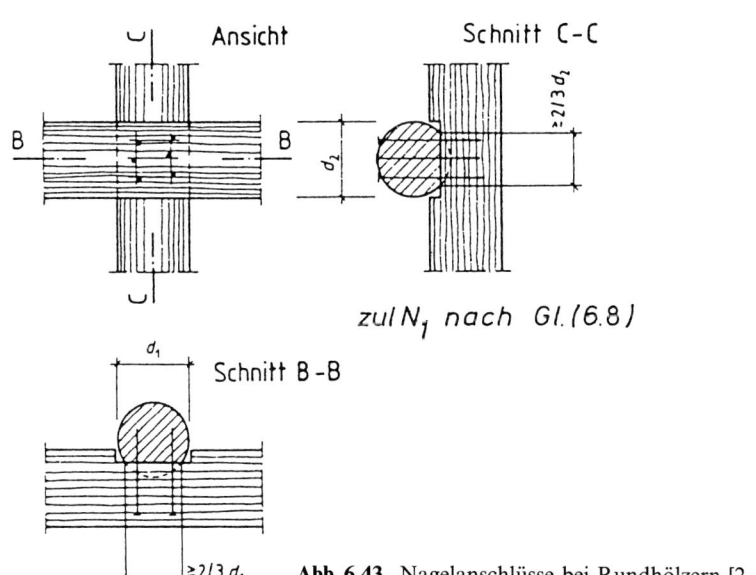

Ansicht   Schnitt C-C

$zul\,N_1$ nach Gl.(6.8)

Schnitt B-B

Abb. 6.43. Nagelanschlüsse bei Rundhölzern [2, 7]

Bei mehrschnittiger Nagelung muß von beiden Seiten genagelt werden. Erläuterungen dazu für einschnittige Nagelung siehe Tafel 6.9.

Falls $a_s < 12d_n$ bei einschnittiger Verbindung oder

$\qquad a_s < 8d_n$ bei m-schnittiger Verbindung

– hier am Nagelende –, dann darf die volle zulässige Belastung in Rechnung gestellt werden, wenn der Nagel $\perp$ Fa mit $\geqq 3d_n$ umgeschlagen wird (s. Abb. 6.42).

6.4.3 Beanspruchung auf Herausziehen (DIN)

Bei *glattschaftigen* Nägeln sinkt der Ausziehwiderstand mit zunehmendem Austrocknen des Holzes. Bei Langzeitbelastung ist ein Abfall der Haftkraft zu erwarten.

Die Beanspruchung dieser Nägel auf Herausziehen ist deshalb nur zur Sicherung von Bauteilen wie Schalungen, Pfetten, Sparren gegen *Windsogkräfte* erlaubt – *T2, 6.3.1* –. Hinsichtlich Koppelpfettenstöße s. Abb. 6.45.

Für Beanspruchung auf Herausziehen durch *Hauptlasten* werden *Sondernägel* empfohlen.

Die zulässige Belastung auf Herausziehen beträgt:

$$\text{zul } N_Z = 1{,}3 \cdot d_n \cdot s_w \text{ [N]} \quad d_n, s_w \text{ [mm]} \quad -T2, 6.3.2- \tag{6.8a}$$

a) Schalungsnägel, vgl. Tafel 6.10

$$n \geq 2 \text{ Nägel je Brett und Anschluß}$$

b) Sparren- und Pfettennägel, vgl. Tafel 6.11

Haftlänge einschließlich Nagelspitze nach Abb. 6.44,
Einschlagtiefe (Haftlänge) s_w muß mindestens $12\,d_n$ betragen.

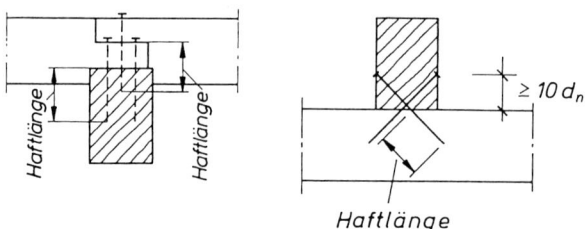

Abb. 6.44. Haftlängen der Nägel [7]

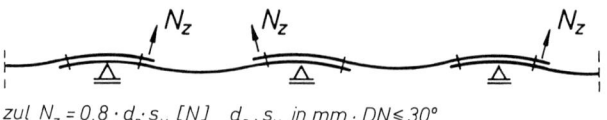

Abb. 6.45. Koppelpfetten in Draufsicht auf das Dach $-T2, 6.3.2-$
a) Biegelinie infolge Dachschub
b) Stoßausbildung
Ausführliche Beschreibung s. Teil 2

Tafel 6.10

Schalungsnägel	$d_n \times l_n$	Brettdicke [mm]	zul N_z [N] je Nagel
	31×70	20, 22	190
	34×90	22, 24	290

Tafel 6.11

glattschaftige Sparren- und Pfettennägel	d_n [1/10 mm]	46	55	60	70	76	88
	zul N_z [N/cm] je cm Haftlänge	60	70	80	90	100	110

Verringerung von zul N_Z
auf 2/3, wenn in halbtrockenes oder frisches Holz eingeschlagen wird, gilt nicht
für LH, Gruppe C – *T2, 6.3.3* –.

6.4.4 Kombinierte Beanspruchung (DIN)

Sind Nägel gleichzeitig auf Abscheren und Herausziehen beansprucht, ist
nachzuweisen:

$$\left(\frac{N_1}{\text{zul } N_1}\right)^m + \left(\frac{N_z}{\text{zul } N_Z}\right)^m \leqq 1 \quad -T2, Gl.\,(10) - \qquad (6.8\,\text{b})$$

mit $m = 1$ für glattschaftige Nägel
$m = 1{,}5$ für glattschaftige Nägel bei Koppelpfettenanschlüssen

6.4.5 Mindestdicken (DIN)

Mindestholzdicke
Das Holz muß wegen Spaltgefahr eine Mindestdicke min a aufweisen. Berechnung nach (6.9) und (6.10), vgl. [2, 36].

nicht vorgebohrt bzw. $d_n < 4{,}2$ mm, vorgebohrt:

$$a \geqq d_n \cdot (3 + 0{,}8\,d_n) \geqq 24\,\text{mm} \qquad (6.9)$$

vorgebohrt, $d_n \geqq 4{,}2$ mm: $a \geqq 6 \cdot d_n$ $\geqq 24\,\text{mm}$ $\qquad (6.10)$

Bei geringeren Holzdicken gilt:

$$[a/(6\,d_n)] \cdot \text{zul } N_1 \quad -T2, 6.2.3 -$$

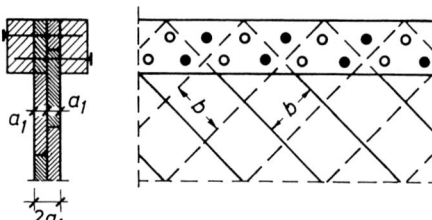

Abb. 6.46

Tafel 6.12. Mindestdicke von BFU nach (6.11)

Nagel: d_n [mm]	$\leq 3,4$	3,8	4,2	4,6	5,5	6,0	7,0	7,6	8,8
BFU: a [mm] $\geq$	10	12	14	18	22	24	28	30	36

BFU nach DIN 68 705 T 3:

$$a \geq 3 \cdot d_n \text{ (für } d_n \leq 4,2 \text{ mm)} \quad -T2, 6.2.7-$$

$$a \geq 4 \cdot d_n \text{ (für } d_n > 4,2 \text{ mm)} \tag{6.11}$$

FP nach DIN 68 763: $a \geq 4,5 \cdot d_n$ (6.11 a)

Die Stegdicke a_1 darf bei zwei gekreuzten Brettlagen mit zweischnittiger Gurt-
nagelung nach Abb. 6.46 reduziert werden auf

$$a_1 = 2/3\,a$$

mit a nach (6.9) und

$$b \leq 140\,\text{mm}$$

Mindestblechdicke
Die Blechdicke t muß bei *Stahlblech-Holz-Nagelung* (Abb. 6.47) nach
$-T2, 7.2.1-$ betragen

$$t \geq 2\,\text{mm}$$

Loch-$\varnothing$ = Nagel-$\varnothing$, da gleichzeitig gebohrt.
Ausnahmen: Sonderbauarten mit bauaufsichtlicher Zulassung,
z.B. Greimbau [15], s. Abb. 1.3.
Neue Zulassung für Stahlblech-Holz-Nagelverbindung mit Stahlblechdicken von 2,0 mm bis 3,0 mm **ohne Vorbohren, Spezialnägel**
[88].

Zu beachten:
a) Beulsicherheit prüfen bei Druckbeanspruchung des Blechs
b) Korrosionsschutz nach $-T2$, *Tabelle 1-*, wenn $t < 5$ mm

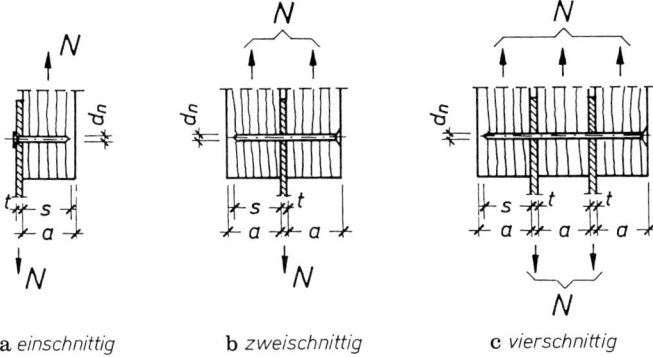

a *einschnittig*   b *zweischnittig*   c *vierschnittig*

Abb. 6.47. Stahlblech-Holz-Nagelung

6.4.6 Nagelanzahl und -anordnung (DIN)

Mindestanzahl je Anschlußfuge nach $-T2, 6.2.1-$

$n \geqq 4$

Bei Brett-Rundholz-Nagelung
$\leqq 2$ Nagelreihen $\parallel$ Rundholzachse
nach Abb. 6.48 $(-E181-)$

Versetzte Nagelanordnung nach Abb. 6.49
Nicht vorgebohrte Nagellöcher sollen bei Anwendung der Mindestabstände wegen *Spaltgefahr* des Holzes um $1/2 \cdot d_\mathrm{n}$ gegenüber den Rißlinien versetzt werden.

Versetzen vorgebohrter Nagellöcher ist für $e \geqq 1,5 \cdot \min e$ $-E135-$ nicht erforderlich.

Rasterverschiebung „e" bei sich übergreifenden Nägeln
Die Rißlinien der von zwei Seiten eingeschlagenen Nägel dürfen wegen erhöhter *Spaltgefahr* des Mittelholzes nur dann deckungsgleich angeordnet werden

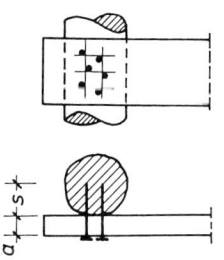

Abb. 6.49. Versetzte Nagelanordnung

Abb. 6.48. Brett-Rundholz-Nagelung

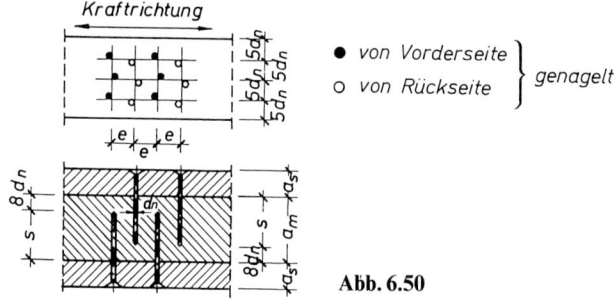

Abb. 6.50

Tafel 6.13. Rasterverschiebung „e"

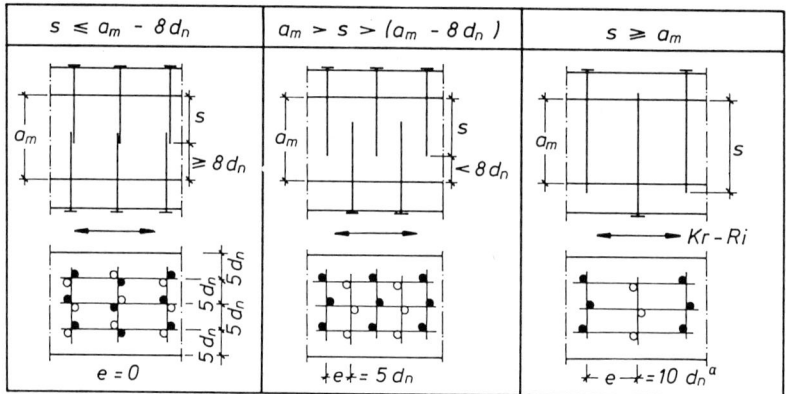

^{a} $e = 12\,d_\mathrm{n}$ bei $d_\mathrm{n} > 4,2$ mm.

Tafel 6.14. Mindestnagelabstände vgl. Abb. 6.52

		nicht vorgebohrt ^{b}	vorgebohrt
untereinander $\parallel$ Kr	$\parallel$ Fa	$10\,d_\mathrm{n}$ $12\,d_\mathrm{n}$ ^{a}	$5\,d_\mathrm{n}$
	$\perp$ Fa	$5\,d_\mathrm{n}$	$5\,d_\mathrm{n}$
vom beanspruchten Rand $\parallel$ Kr	$\parallel$ Fa	$15\,d_\mathrm{n}$	$10\,d_\mathrm{n}$
	$\perp$ Fa	$7\,d_\mathrm{n}$ $10\,d_\mathrm{n}$ ^{a}	$5\,d_\mathrm{n}$
vom unbeanspruchten Rand $\parallel$ Kr	$\parallel$ Fa	$7\,d_\mathrm{n}$ $10\,d_\mathrm{n}$ ^{a}	$5\,d_\mathrm{n}$
	$\perp$ Fa	$5\,d_\mathrm{n}$	$3\,d_\mathrm{n}$
untereinander und vom Rand	$\perp$ Kr	$5\,d_\mathrm{n}$	$3\,d_\mathrm{n}$

^{a} Bei $d_\mathrm{n} > 4,2$ mm.
^{b} Bei Douglasie ist bei $d_\mathrm{n} \geqq 3,1$ mm stets Vorbohrung erforderlich.

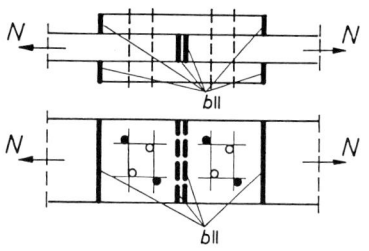

$b_{\parallel} \hat{=} \parallel Fa$ beansprucht
$b_{\perp} \hat{=} \perp Fa$ beansprucht

Alle nicht bezeichneten
Ränder sind unbeansprucht.

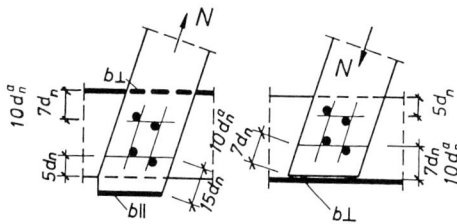

Abb. 6.51. Beispiele für beanspruchte Ränder ($b_{\parallel}$, $b_{\perp}$)

($e = 0$), wenn die Einschlagtiefe

$$s \leqq a_m - 8 \cdot d_n$$

Bei größerer Einschlagtiefe müssen die Rißlinien beider Seiten $\parallel$ Kr um das Maß „e" nach Abb. 6.50 und Tafel 6.13 verschoben werden.

Mindestnagelabstände im Holz nach Tafel 6.14 und Abb. 6.52
Die *Spaltgefahr* des Holzes erfordert bestimmte Mindestabstände der Nägel. Bei Nägeln ohne Vorbohrung ist sie erheblich größer als bei vorgebohrten, insbesondere an $\parallel$ Fa beanspruchten Holzrändern $b_{\parallel}$ (Abb. 6.51) und bei $\parallel$ Fa hintereinanderliegenden Nägeln.

Die Spaltgefahr wächst auch mit der Größe des Nageldurchmessers, vgl. Fußnote [a] – Tafel 6.13 und 6.14.

Bei biegesteifen Stößen gelten alle Ränder als beansprucht, vgl. $-E184-$ und Abb. 6.53.

Mindestabstände bei Stahlblechen, BFU, FP, HFM und HFH
Soweit für das Holz nicht größere Nagelabstände erforderlich sind, gelten die Mindestabstände nach Tafel 6.14A.

Größte Nagelabstände Holz-Holz $-T2, 6.2.13-$
Für tragende Nägel und Heftnägel mit vorgebohrten und nicht vorgebohrten Löchern gelten die Größtabstände:

$\parallel$ Fa	$40\,d_n$
$\perp$ Fa	$20\,d_n$

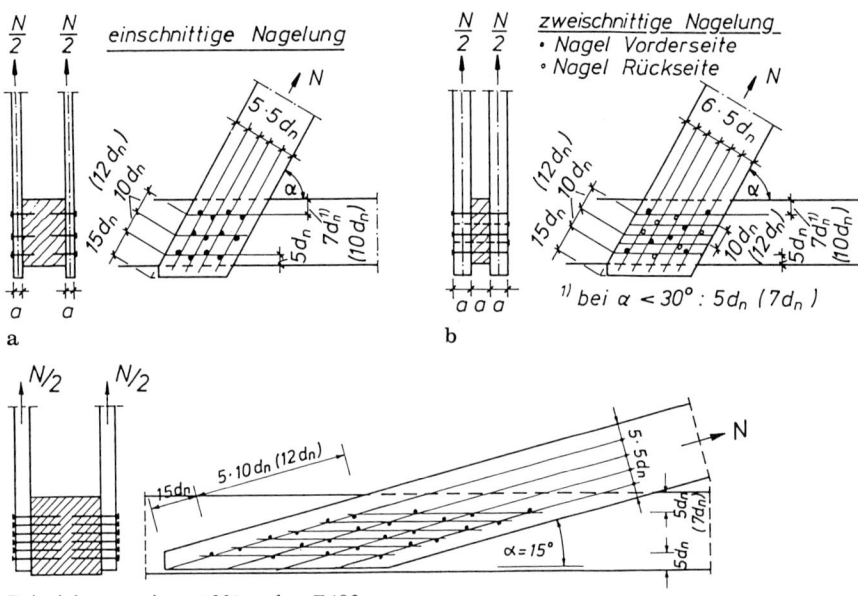

Beispiel zu a mit $\alpha < 30°$, vgl. $-E183-$

Abb. 6.52. Mindestabstände nicht vorgebohrter Nagelungen

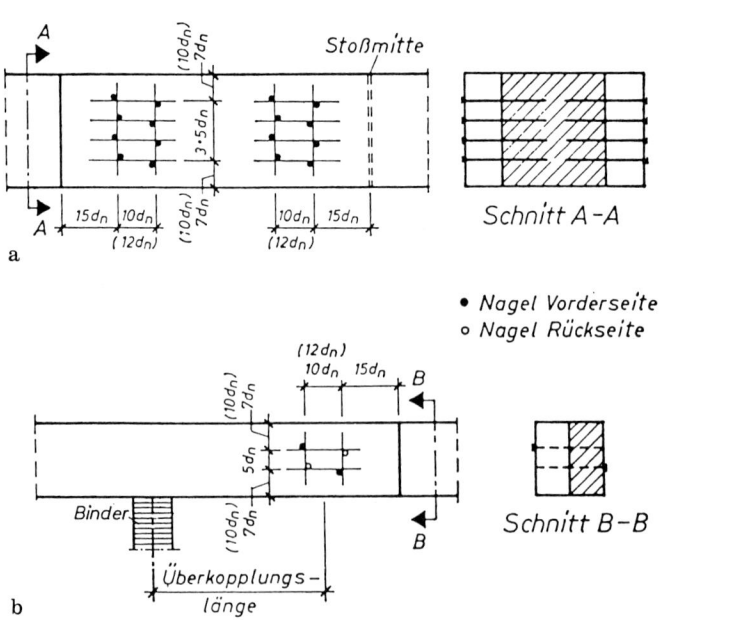

Abb. 6.53. Mindestabstände nicht vorgebohrter Nagelungen $-E184-$
a) beim biegesteifen Stoß
b) beim Koppelpfettenstoß

Tafel 6.14A. Mindestnagelabstände $-T2, 7.2.4-$ und $-T2, 6.2.14-$ [7]

	Stahlblech	BFU BFU-BU	FP	HFM HFH
untereinander	$3\,d_n$	$5\,d_n$	$5\,d_n$	$5\,d_n$
vom bean- spruchten	$2,5\,d_n$ $2\,d_n^{\,a}$	$4\,d_n$	$7\,d_n$	$7\,d_n$ $7,5\,d_n$ bei HFH
vom unbean- spruchten Rand	$2,5\,d_n$ $1,5\,d_n^{\,a}$	$2,5\,d_n$	$2,5\,d_n$	$3\,d_n$

^{a} Bei nicht versetzter Anordnung $-E188-$.

Nagelabstände bei Nagelpreßleimung vgl. $-12.5-$

6.4.7 Beispiele

1. Beispiel: Genagelter Stoß eines einteiligen Zugstabes nach Abb. 6.54

Stabkraft $S = 19\,kN$ Lastfall H
Stabquerschnitt   3/10 NH II

Beidseitige Nagelung, zweischnittig
Mindesteinschlagtiefe $8 \cdot 3,4 = 27,2\,mm$

Vorhandene Einschlagtiefe $s = 30\,mm > 27,2\,mm$

Beide Scherflächen dürfen voll in Rechnung gestellt werden.

Zulässige Belastung eines Nagels zul $N_1 = 2 \cdot 430 = 860\,N = 0,86\,kN$

Nagelanzahl   erf $n = \dfrac{19}{0,86} = 22$ Nägel 34/90

Nagelabstände: $\perp$ Fa $5 \cdot 3,4 = 17\,mm \rightarrow 20\,mm$
              $\parallel$ Kr und $\parallel$ Fa $10 \cdot 3,4 = 34\,mm \rightarrow 35\,mm$
   belasteter Rand $\parallel$ Fa $15 \cdot 3,4 = 51\,mm \rightarrow 55\,mm$

Erforderlich: 4 Reihen mit $r = \dfrac{22}{4} = 5,5$ Nägeln

Gewählt: 2 äußere Reihen je 6 Nägel
           2 innere Reihen je 5 Nägel

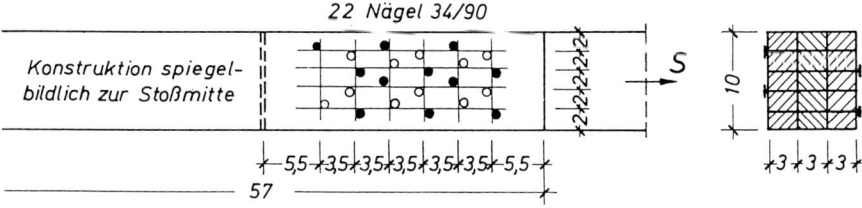

Abb. 6.54

Spannungsnachweise für die Hölzer

Kein Lochabzug, da $d_n < 4{,}2\,\text{mm}$

MH: $\sigma = \dfrac{19 \cdot 10^3}{30 \cdot 100} = 6{,}3\,\text{N/mm}^2$ siehe (5.1)

$\dfrac{6{,}3}{0{,}8 \cdot 8{,}5} = 0{,}93 < 1$

SH: $\sigma = \dfrac{1{,}5 \cdot 19 \cdot 10^3}{2 \cdot 30 \cdot 100} = 4{,}8\,\text{N/mm}^2$ siehe (5.2)

$\dfrac{4{,}8}{8{,}5} = 0{,}56 < 1$

2. Beispiel: Genagelter Stoß eines einteiligen Zugstabes nach Abb. 6.55

Stabkraft $S = 31{,}5\,\text{kN}$ Lastfall H

Stabquerschnitt 5/12   NH II

Beidseitige Nagelung, zweischnittig

Mindesteinschlagtiefe $8 \cdot 4{,}2 = 33{,}6\,\text{mm}$

vorhandene Einschlagtiefe $s = 30\,\text{mm} < 33{,}6\,\text{mm}$

$> 4 \cdot 4{,}2\,\text{mm}$

Die zulässige Belastung der zweiten Scherfläche wird abgemindert, s. Tafel 6.8.

Zulässige Belastung eines Nagels $\text{zul}\,N = \left(1 + \dfrac{30}{33{,}6}\right) \cdot 621 = 1175\,\text{N}$

$= 1{,}175\,\text{kN}$

Nagelanzahl $\text{erf}\,n = \dfrac{31{,}5}{1{,}175} = 26{,}8$ Nägel $\to 28$ Nägel 42/110

Nagelabstände $\perp \text{Fa}$ $5 \cdot 4{,}2 = 21\,\text{mm} \to 24\,\text{mm}$

$\parallel \text{Kr und} \parallel \text{Fa}$ $10 \cdot 4{,}2 = 42\,\text{mm} \to 45\,\text{mm}$

belasteter Rand $\parallel \text{Fa}$ $15 \cdot 4{,}2 = 63\,\text{mm} \to 65\,\text{mm}$

Erforderlich 4 Reihen mit $r = \dfrac{28}{4} = 7$ Nägeln

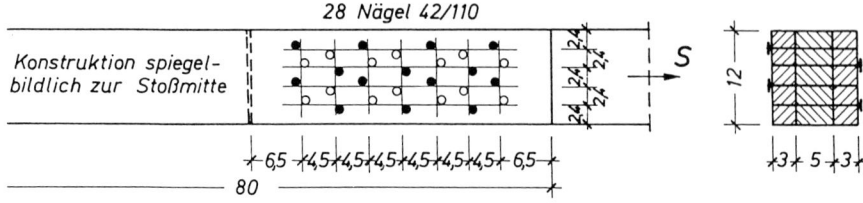

Abb. 6.55

Spannungsnachweise für die Hölzer

Kein Lochabzug, da $d_n = 4,2$ mm

MH: $\qquad \sigma = \dfrac{31,5 \cdot 10^3}{50 \cdot 120} = 5,3 \,\text{N/mm}^2 \qquad\qquad$ siehe (5.1)

$$\frac{5,3}{0,8 \cdot 8,5} = 0,78 < 1$$

SH: $\qquad \sigma = \dfrac{1,5 \cdot 31,5 \cdot 10^3}{2 \cdot 30 \cdot 120} = 6,6 \,\text{N/mm}^2 \qquad\qquad$ siehe (5.2)

$$\frac{6,6}{8,5} = 0,78 < 1$$

3. Beispiel: Genagelter Stoß eines zweiteiligen Zugstabes nach Abb. 6.56

$\qquad$ Stabkraft $\quad S = 26$ kN $\quad$ Lastfall H

$\qquad$ Stabquerschnitt $2 \times 3/10 \quad$ NH II

Beidseitige Nagelung, vierschnittig (aber nur drei anrechenbare Scherflächen je Nagel).

$\qquad$ Mindesteinschlagtiefe in das letzte Brett: $\;8 \cdot 4,6 = 36,8$ mm

vorhandene Einschlagtiefe $\quad s = 130 - 120 = 10$ mm $< 36,8$ mm

$\qquad\qquad\qquad\qquad\qquad\qquad\qquad\qquad\qquad < 4 \cdot 4,6$ mm!

Die letzte Scherfläche darf nicht in Rechnung gestellt werden. Anrechenbar bleiben also für jeden Nagel drei Scherflächen.

$\qquad$ Zulässige Belastung eines Nagels zul $N = 3 \cdot 725 = 2175$ N $\quad$ (Tafel 6.8)

$\qquad\qquad\qquad\qquad\qquad\qquad\qquad\qquad\quad = 2,175$ kN

Nagelanzahl $\quad$ erf $n = \dfrac{26}{2,175} = 11,95 \rightarrow 12$ Nägel 46/130

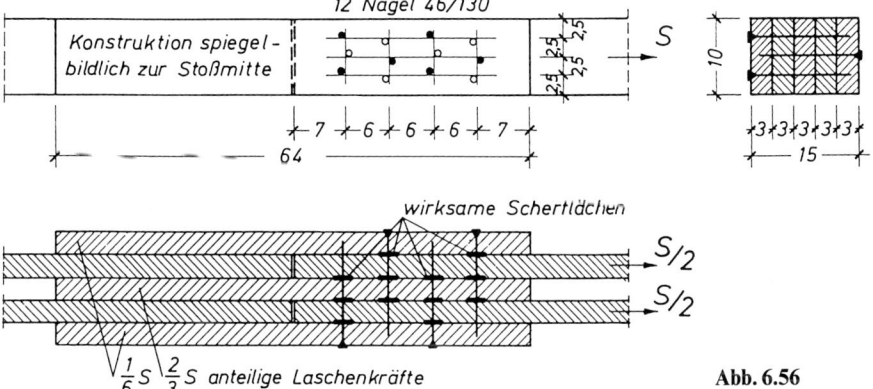

Abb. 6.56

Nagelabstände $\perp$ Fa $5 \cdot 4{,}6 = 23\,\text{mm}$ $\rightarrow 25\,\text{mm}$

$\phantom{\text{Nagelabstände}}$ || Kr und || Fa $12 \cdot 4{,}6 = 55{,}2\,\text{mm} \rightarrow 60\,\text{mm}$ $(d_\text{n} > 4{,}2\,\text{mm})$

belasteter Rand || Fa $15 \cdot 4{,}6 = 69\,\text{mm}$ $\rightarrow 70\,\text{mm}$

Erforderlich 3 Reihen mit $r = \dfrac{12}{3} = 4$ Nägeln

Spannungsnachweise für die Hölzer

Die Lastverteilung auf die drei Laschen darf in diesem Falle nicht nach Abb. 5.2b vorgenommen werden, da die wirksamen Nagelscherflächen eine symmetrische Kraftverteilung aus den Stabteilen nicht ermöglichen. Vielmehr müssen die Laschenkräfte nach den anteiligen Nagelscherflächen gemäß Abb. 6.56 berechnet werden.

Anteilige Kräfte:

Stabteile $\qquad$ je $\dfrac{S}{2} = \dfrac{1}{2} \cdot 26 = 13{,}0\,\text{kN}$

Innenlasche $\quad 2 \cdot \dfrac{4}{6} \cdot \dfrac{S}{2} = \dfrac{2}{3} \cdot 26 = 17{,}33\,\text{kN}$

Außenlasche $\quad$ je $\dfrac{2}{6} \cdot \dfrac{S}{2} = \dfrac{1}{6} \cdot 26 = 4{,}33\,\text{kN}$

Stab: $\qquad \sigma = \dfrac{13{,}0 \cdot 10^3}{30\,(100 - 3 \cdot 4{,}6)} = 5{,}0\,\text{N/mm}^2$

$\qquad\qquad\qquad\qquad\qquad\quad 5{,}0/0{,}8 \cdot 8{,}5 = 0{,}74 < 1$

Innenlasche: $\quad \sigma = \dfrac{17{,}33 \cdot 10^3}{30\,(100 - 3 \cdot 4{,}6)} = 6{,}7\,\text{N/mm}^2$

$\qquad\qquad\qquad\qquad\qquad\quad 6{,}7/0{,}8 \cdot 8{,}5 = 0{,}99 < 1$

Außenlasche: $\quad \sigma = \dfrac{1{,}5 \cdot 4{,}33 \cdot 10^3}{30\,(100 - 3 \cdot 4{,}6)} = 2{,}5\,\text{N/mm}^2$

$\qquad\qquad\qquad\qquad\qquad\quad 2{,}5/8{,}5 = 0{,}29 < 1$

Die Spannung in der Außenlasche ist nicht ausgenutzt. Die Brettdicke ist jedoch nach (6.9) wegen $d_\text{n} = 4{,}6\,\text{mm}$ erforderlich.

4. Beispiel: Genagelter Stoß eines einteiligen Zugstabes nach Abb. 6.57

$\qquad$ Stabkraft $\;S = 18\,\text{kN}\quad$ Lastfall HZ

$\qquad$ Stabquerschnitt 8/12 $\;$ NH II

$\qquad$ Stoß mit BFU $\;a = 20\,\text{mm}$

Zweischnittige Nagelung

Mindesteinschlagtiefe $\;\;8 \cdot 3{,}1 = 25\,\text{mm}$

Vorhandene Einschlagtiefe $\;\;s = 30\,\text{mm} > 25\,\text{mm}$

BFU-Deckfurniere Fa || Kr $\;a = 20\,\text{mm} > 10\,\text{mm}\quad$ (Tafel 6.12)

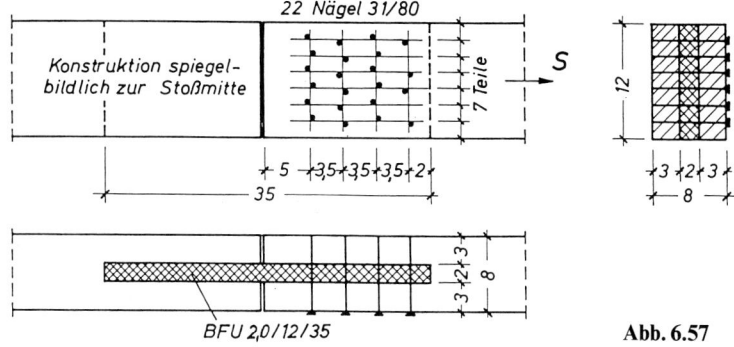

Abb. 6.57

Zulässige
Nagelbelastung $\text{zul } N_z = 1{,}25 \cdot 2 \cdot 367 = 917\,\text{N} = 0{,}917\,\text{kN}$

Nagelanzahl $\text{erf } n = \dfrac{18}{0{,}917} = 19{,}6 \to 22\ \text{Nä } 31/80$

Nagelabstände $\perp \text{Fa}\quad 5 \cdot 3{,}1 = 16\,\text{mm} \to 6\ \text{Nagelreihen}$

$\parallel \text{Kr und} \parallel \text{Fa}\quad 10 \cdot 3{,}1 = 31\,\text{mm} \to 35\,\text{mm}$

belasteter Rand $\parallel \text{Fa NH}\quad 15 \cdot 3{,}1 = 47\,\text{mm} \to 50\,\text{mm}$

Rand BFU $4 \cdot 3{,}1 = 12\,\text{mm} \to 20\,\text{mm}$

Spannungsnachweise für die Hölzer

Kein Lochabzug, da $d_n = 3{,}1\,\text{mm} < 4{,}2\,\text{mm}$

Vollholz $\sigma = \dfrac{18 \cdot 10^3}{120\,(80-20)} = 2{,}5\,\text{N/mm}^2$

$\dfrac{2{,}5}{1{,}25 \cdot 0{,}8 \cdot 8{,}5} = 0{,}29 < 1\ (\text{HZ})$

BFU $\sigma = \dfrac{18 \cdot 10^3}{120 \cdot 20} = 7{,}5\,\text{N/mm}^2$

$\dfrac{7{,}5}{1{,}25 \cdot 8{,}0} = 0{,}75 < 1\ (\text{HZ}) \quad -Tab.\,6-$

Konstruktionsbeispiele für Dachbinder und Verbände

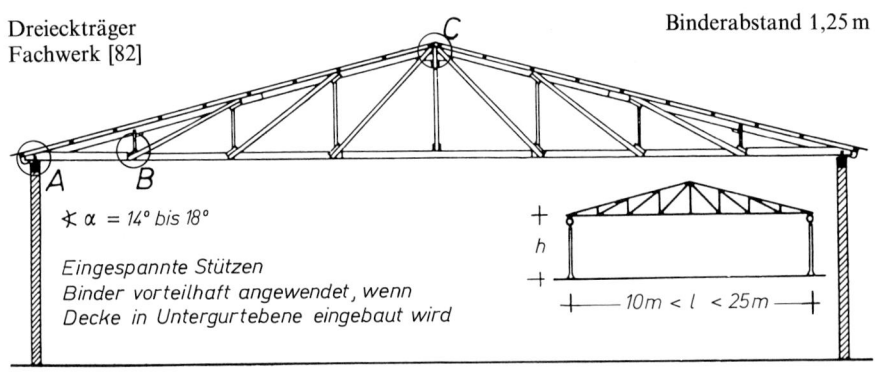

Dreieckträger
Fachwerk [82]

Binderabstand 1,25 m

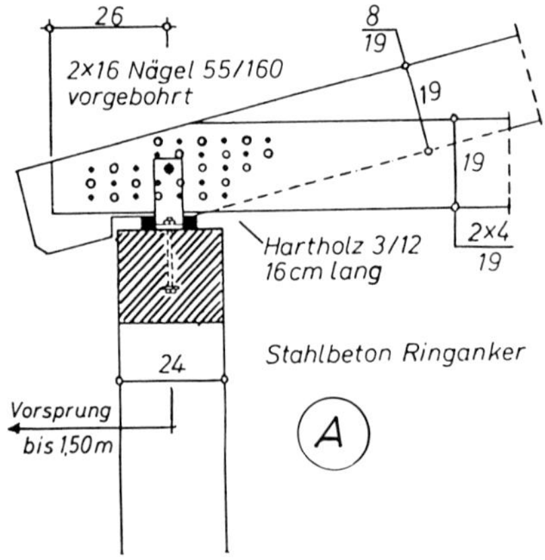

$\sphericalangle\ \alpha = 14°\ bis\ 18°$

Eingespannte Stützen
Binder vorteilhaft angewendet, wenn
Decke in Untergurtebene eingebaut wird

$10m < l < 25m$

26

$\frac{8}{19}$

2×16 Nägel 55/160
vorgebohrt

19

19

19

Hartholz 3/12
16 cm lang

$\frac{2×4}{19}$

24

Stahlbeton Ringanker

Vorsprung
bis 1,50 m

(A)

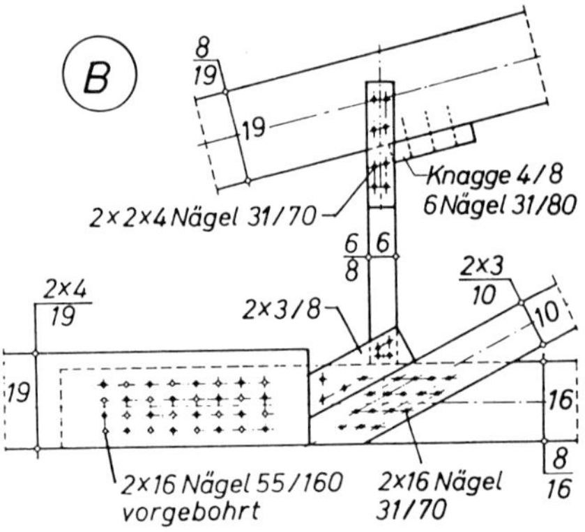

Querschnittsmaße vom Binder
mit 20,00 m Stützweite

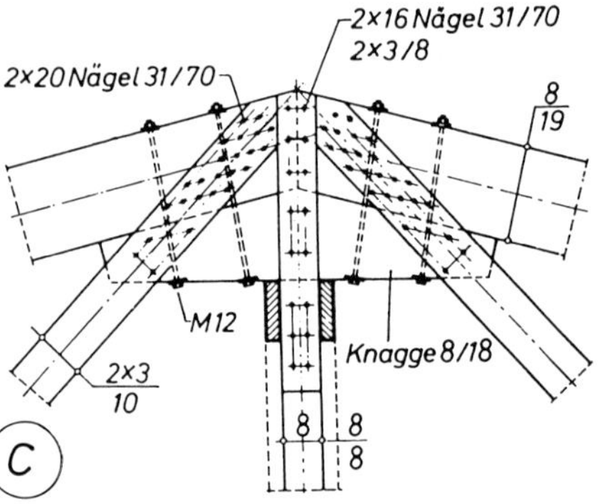

(B)

$\frac{8}{19}$

19

Knagge 4/8
6 Nägel 31/80

2×2×4 Nägel 31/70

$\frac{6}{8}$ $\frac{6}{8}$

$\frac{2×4}{19}$

2×3/8

$\frac{2×3}{10}$

10

19

16

$\frac{8}{16}$

2×16 Nägel 55/160
vorgebohrt

2×16 Nägel
31/70

2×16 Nägel 31/70
2×3/8

2×20 Nägel 31/70

$\frac{8}{19}$

M12

$\frac{2×3}{10}$

Knagge 8/18

$\frac{8}{8}$

(C)

Abb. 6.58

Parallelträger
Vollwand
Brettstege gekreuzt [82]   Binderabstand 5,0 m

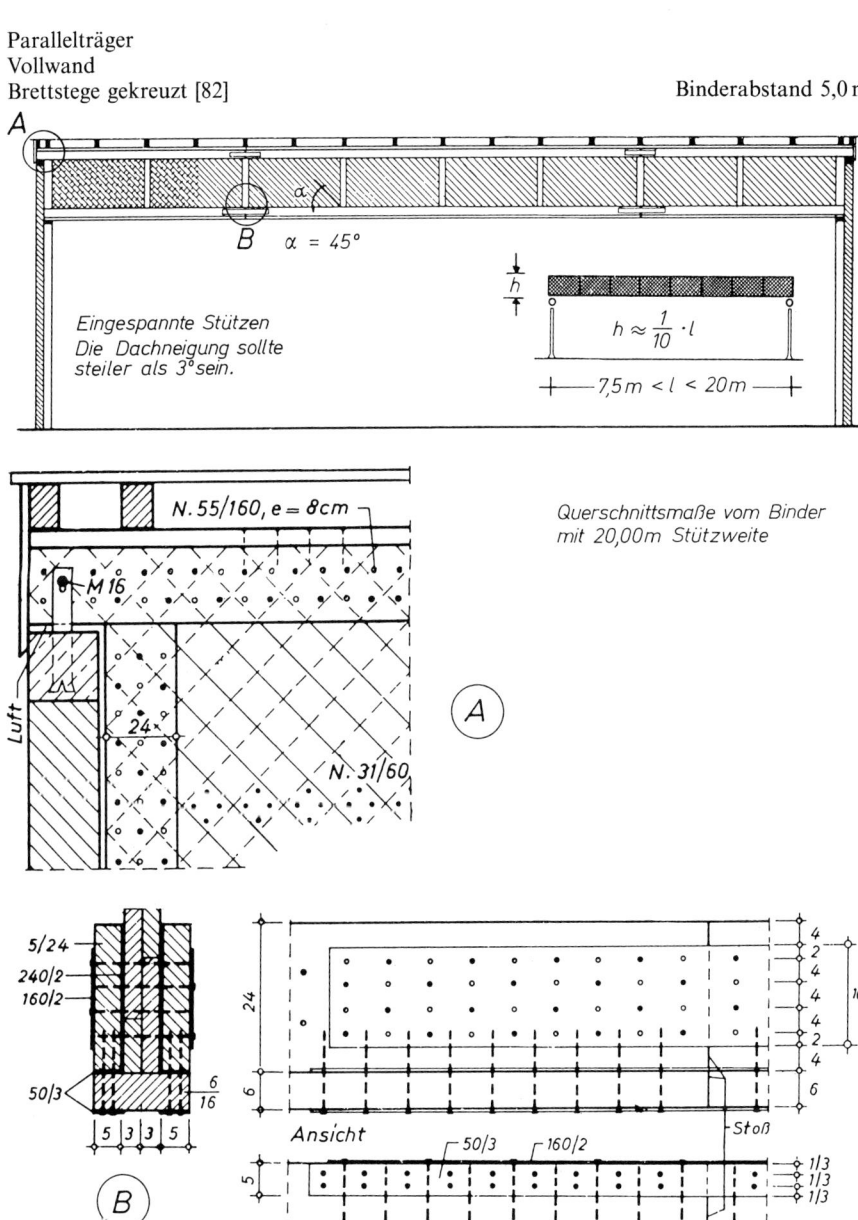

$\alpha = 45°$

Eingespannte Stützen
Die Dachneigung sollte
steiler als 3° sein.

$h \approx \frac{1}{10} \cdot l$

$7,5 m < l < 20m$

N. 55/160, e = 8cm

Querschnittsmaße vom Binder
mit 20,00m Stützweite

M 16

Luft

24

N. 31/60

A

5/24
240/2
160/2

24

50/3

6
16

5 | 3 | 3 | 5

B

4
2
4

4
4
2
4

6

16

Ansicht   50/3   160/2   Stoß

1/3
1/3
1/3

Untersicht   N. 55/160, e = 7cm   N. 46/130, e = 7cm

Abb. 6.59   2 Bleche 160/2-1260mm   2Bleche 240/2-1260   4 Bleche 50/3-1320mm

Varianten zur Konstruktion von Verbandsknotenpunkten [89]

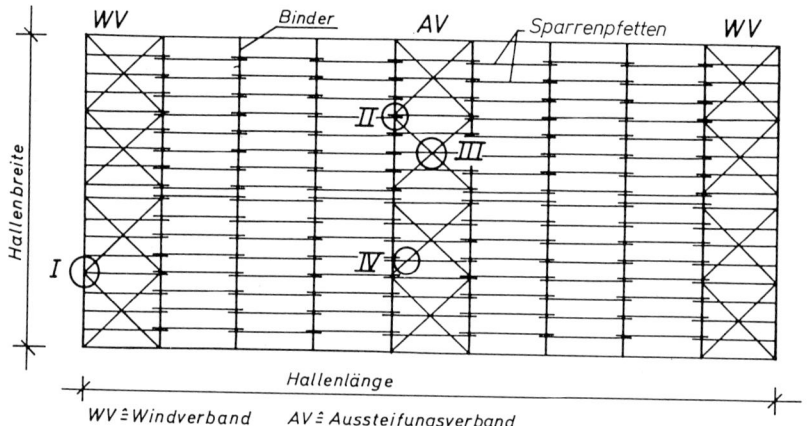

WV ≙ Windverband   AV ≙ Aussteifungsverband

a Dachgrundriß

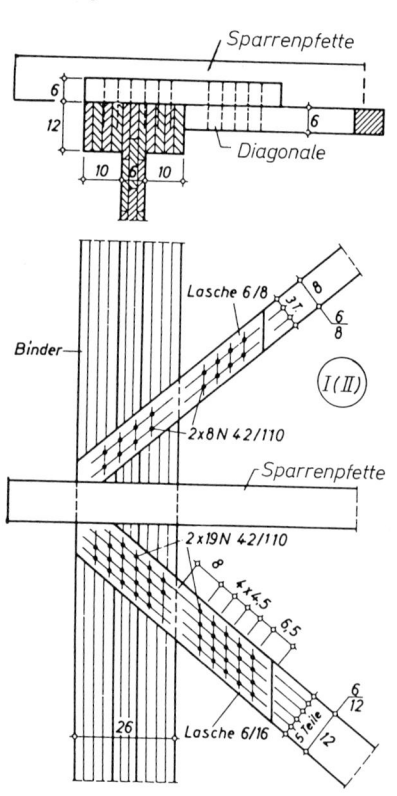

b Holzlaschen

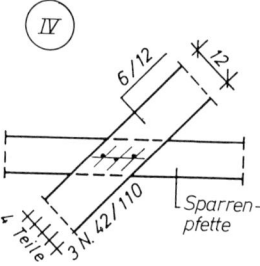

c Untersicht

Befestigung der Sparren-
pfetten mit Sparrennägeln
und/oder Blechformteilen
nach Abb. 1.10

Abb. 6.60

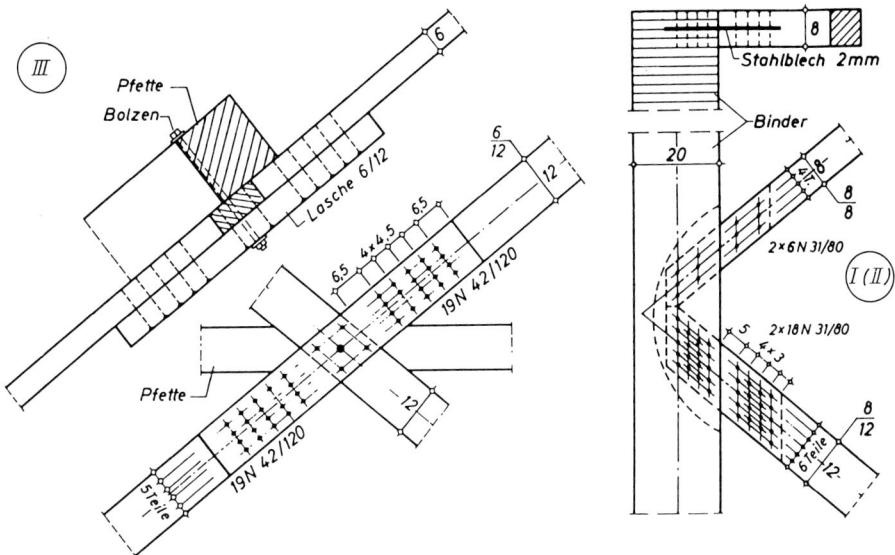

d Untersicht Holzlaschen

e Verzinkte Stahlbleche
Pfette nicht dargestellt

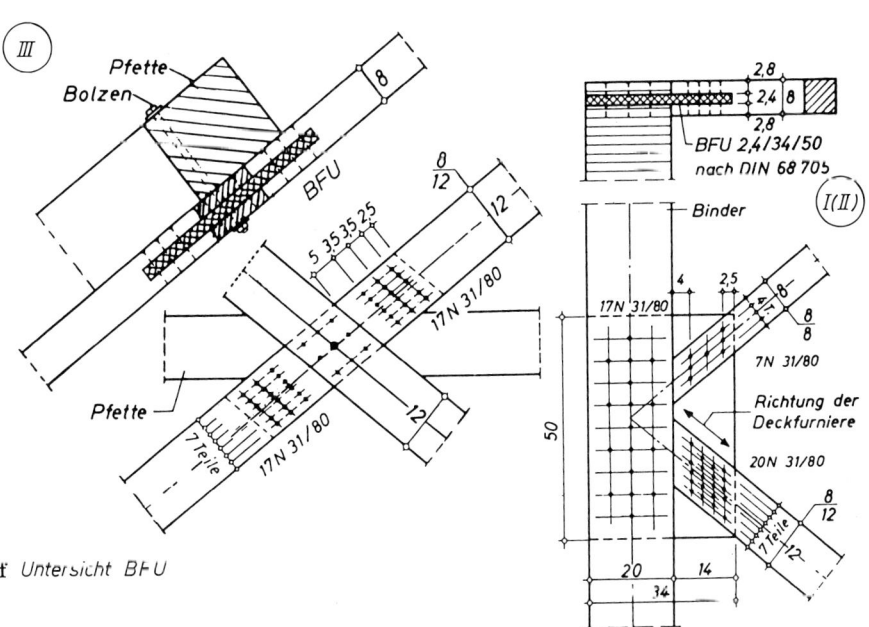

f Untersicht BFU

Abb. 6.60 (Fortsetzung)

g BFU Pfette nicht dargestellt

6.4.8 Beanspruchung rechtwinklig zur Nagelachse (EC 5)

Tragfähigkeit
Die Bemessungswerte der Tragfähigkeiten können berechnet werden für
- Verbindungen Holz/Holz sowie Holz/Holzwerkstoffe
  mit Gln. (6.7a–f) für einschnittige VM
  Gln. (6.7g–j) für zweischnittige VM

- Stahlblech/Holz-Verbindungen
  Einschnittige VM:
  mit Gln. (6.7k, l) $(t \leq 0,5\,d)$
  Gln. (6.7m–o) $(t \geq d)$

Zweischnittige VM:
Mittelteil aus Stahlblech:
mit den Gln. (6.7m–o) je Schnitt oder pro Scherfuge
Außenteile aus Stahlblech:
mit Gln. (6.7p, q) $(t \leq 0,5\,d)$
Gln. (6.7r, s) $(t \geq d)$

Bei Blechdicken zwischen $0,5 \cdot d$ und d ist linear zu interpolieren.

Für Nagelverbindungen sind in (6.7a–s) zu beachten:
d für quadratische Nägel die Seitenabmessung in mm
t_1, t_2 s. Abb. 6.61

Mehrschnittige Verbindungen:
Der Bemessungswert der Tragfähigkeit mehrschnittiger VM folgt aus der Summe der Tragfähigkeit je Schnitt, die mit den Bemessungsformeln für zweischnittige Verbindungen ermittelt werden können.
Fließmoment:

$$- \quad M_{y,k} = 180 \cdot d^{2,6}\,\text{Nmm} \quad \text{für gewöhnliche runde Nägel} \qquad (6.12a)$$

$$- \quad M_{y,k} = 270 \cdot d^{2,6}\,\text{Nmm} \quad \text{für quadratische Nägel} \qquad (6.12b)$$
(Zugfestigkeit des Drahtes $\geq 600\,\text{N/mm}^2$)

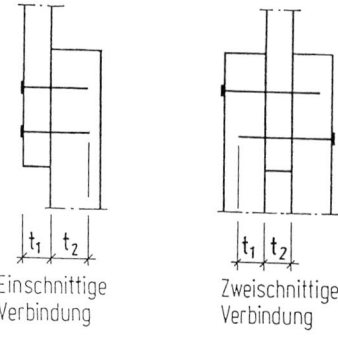

Einschnittige
Verbindung

Zweischnittige
Verbindung

Abb. 6.61. Definition von t_1 und t_2

Holz/Holz-Nagelverbindungen NAD [124] *–6.1–*
Lochleibungsfestigkeiten:

$$d \leq 8\,\text{mm, unabhängig von } \angle \text{ zwischen Kr und Fa}$$

$$- \quad f_{h,k} = 0,082\,\varrho_k \cdot d^{-0,3}\ \text{N/mm}^2 \text{ (nicht vorgebohrt)} \tag{6.12c}$$

$$- \quad f_{h,k} = 0,082\,(1 - 0,01\,d)\,\varrho_k\ \text{N/mm}^2 \text{ (vorgebohrt)} \tag{6.12d}$$

mit ϱ in kg/m^3 und d in mm
Vorbohren: $\varrho_k \geq 500\,\text{kg/m}^3$, bei Douglasie stets

Einschlagtiefe:

$$t \geq 8\,d \quad \text{für glattschaftige Nägel}$$

$$t \geq 6\,d \quad \text{für Rillen- und Schraubnägel}$$

Nagelanzahl:

$$n \geq 2 \quad \text{je Verbindung}$$

Mindestabstände:

In Sonderfällen können die Abstände^c (s. Tafel 6.14 B) reduziert werden (Lochleibungsfestigkeit ist entsprechend zu verkleinern) [1]. Gemäß NAD [124] sind für BSH die Nagelabstände mit $\varrho_k = 420\,\text{kg/m}^3$ zu berechnen.

Übergreifende Nägel ohne Vorbohrungen:

Mindestanforderung (Abb. 6.61 A):

$$(t_2 - l) \geqq 4\,d \tag{6.12e}$$

Nagelung von beiden Seiten mit Überlappung in der Mittelfläche ist möglich.

Tafel 6.14 B. Mindestnagelabstände [37] vgl. Abb. 6.40 A

$t \triangleq$ belast. Rand^b $c \triangleq$ unbel. Rand			nicht vorgebohrt		vorgebohrt
			$\varrho_k \leq 420\,\text{kg/m}^3$	$420 < \varrho_k < 500\,\text{kg/m}^3$	
a_1	∥ Fa	$< 5^a$	$(5+5 \cdot \lvert\cos\alpha\rvert)d$	$(7+8 \cdot \lvert\cos\alpha\rvert)d$	$(4+3 \cdot \lvert\cos\alpha\rvert)d^c$
		$\geqq 5$	$(5+7 \cdot \lvert\cos\alpha\rvert)d$		
a_2	⊥ Fa		$5\,d$	$7\,d$	$(3+\lvert\sin\alpha\rvert)d$
$a_{3,t}$	∥ Fa		$(10+5\cos\alpha)d$	$(15+5\cos\alpha)d$	$(7+5\cos\alpha)d$
$a_{3,c}$			$10\,d$	$15\,d$	$7\,d$
$a_{4,t}$	⊥ Fa		$(5+5\sin\alpha)d$	$(7+5\sin\alpha)d$	$(3+4\sin\alpha)d$
$a_{4,c}$			$5\,d$	$7\,d$	$3\,d$

^{a} $\triangleq d$ (in mm)
^{b} oder belast. Ende

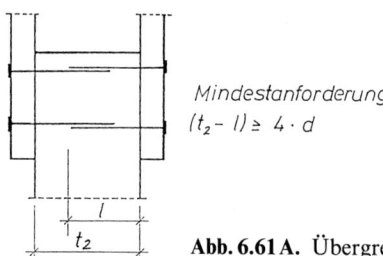

Mindestanforderung
$(t_2 - l) \geq 4 \cdot d$

Abb. 6.61 A. Übergreifende Nägel ohne Vorbohrungen

Mindestholzdicke (ohne Vorbohrung):

$$t = \max \begin{cases} 7\,d \\ (13\,d - 30)\,\varrho_k/400 \end{cases} \quad \text{in mm} \tag{6.12f}$$

d in mm, ϱ_k in kg/m³

Holz/Holzwerkstoff-Nagelverbindungen
Lochleibungsfestigkeiten:
Bausperrholz (BFU, BFU-BU):

$$f_{h,k} = 0{,}11\,\varrho_k\,d^{-0,3}\,\text{N/mm}^2 \tag{6.12g}$$

mit ϱ_k in kg/m³ und d in mm

Harte Holzfaserplatten (HFH) der Dicke t:

$$f_{h,k} = 30\,d^{-0,3} \cdot t^{-0,6}\,\text{N/mm}^2 \tag{6.12h}$$

d, t in mm

Die Nagelköpfe der gewöhnlichen Nägel sollen einen Durchmesser von mindestens $2d$ besitzen. Nach NAD [124] ist als Mindestkopfdurchmesser auch $1{,}8\,d$ zulässig.
Mindestabstände für Bausperrholz:
Die Werte nach Tafel 6.14 B dürfen auf das 0,85fache reduziert werden.
  Folgende Werte dürfen dabei nicht unterschritten werden:

$$a_{4,t} = (3 + 4\sin\alpha) \cdot d$$
$$a_{4,c} = 3\,d$$

Stahlblech/Holz-Nagelverbindungen
Mindestabstände:
Die Werte nach Tafel 6.14 B dürfen auf das 0,7fache vermindert werden.

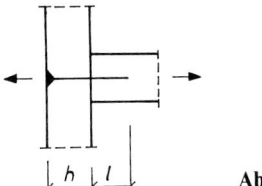

Abb. 6.61 B

6.4.9 Beanspruchung auf Herausziehen (EC 5)

Bemessungswerte der Tragfähigkeiten auf Herausziehen (Abb. 6.61 B):

$$R_d = \min \begin{cases} f_{1,d} \cdot d \cdot l & \text{für alle Nägel} & (6.12\,i) \\ f_{1,d} \cdot d \cdot h + f_{2,d} \cdot d^2 & \text{für glattschaftige Nägel} & (6.12\,j) \\ f_{2,d} \cdot d^2 & \text{für Rillen- und Schraubnägel} & (6.12\,k) \end{cases}$$

Haftlänge $l = s_w$ (s. a. Abb. 6.44):

$$\min l = 12\,d \quad \text{für glattschaftige Nägel}$$

$$\min l = 8\,d \quad \text{für Rillen- und Schraubnägel}$$

Für glattschaftige Nägel mit einem Kopfdurchmesser von $\geq 2\,d$ ist der Nachweis nach (6.12 j) erfüllt und kann entfallen. Nach NAD [124] ist dieser Nachweis auch für $1,8\,d$ erfüllt.

Die Bemessung glattschaftiger Nägel kann mit den charakteristischen Ausziehparametern erfolgen:

$$f_{1,k} = 18 \cdot 10^{-6} \cdot \varrho_k^2 \quad \text{in N/mm}^2 \qquad (6.12\,l)$$

$$f_{2,k} = 300 \cdot 10^{-6} \cdot \varrho_k^2 \quad \text{in N/mm}^2 \text{ (Kopfdurchziehen)} \qquad (6.12\,m)$$

ϱ_k in kg/m^3, SoNä s. Tafel 6.14C.

Verringerung von $f_{1,k}$ und $f_{2,k}$ für glattschaftige Nägel auf 2/3 bei Einschlagen in VH, das eine Holzfeuchte nahe dem Fasersättigungsbereich besitzt und im eingebauten Zustand austrocknen kann.

Für k_{mod} ist bei runden, glattschaftigen Nägeln der Wert der jeweiligen Nutzungsklasse bei der Herstellung der Verbindung zu verwenden, auch wenn ein späteres Austrocknen des Holzes möglich ist.

Mindestabstände:
Die Abstände nach Tafel 6.14 B sind auch für in Schaftrichtung beanspruchte Nägel einzuhalten.

Tafel 6.14 C. $f_{1,k}$ und $f_{2,k}$ in N/mm^2 für Sondernägel [124]

Tragfähig-keitsklasse	$f_{1,k}$	$f_{2,k}$
I	$28 \cdot 10^{-6} \cdot \varrho_k^2$	$600 \cdot 10^{-6} \cdot \varrho_k^2$
II	$40 \cdot 10^{-6} \cdot \varrho_k^2$	
III	$50 \cdot 10^{-6} \cdot \varrho_k^2$	
ϱ_k in kg/m^3		

Bei Schrägnagelung beträgt der Abstand zum beanspruchten Rand mindestens $10\,d$ (s. Abb. 6.44).

6.4.10 Kombinierte Beanspruchung (EC 5)

Für glattschaftige Nägel ist nachzuweisen:

$$\frac{F_{ax,d}}{R_{ax,d}} + \frac{F_{la,d}}{R_{la,d}} \leq 1 \tag{6.12n}$$

Für Rillen- und Schraubnägel:

$$\left(\frac{F_{ax,d}}{R_{ax,d}}\right)^2 + \left(\frac{F_{la,d}}{R_{la,d}}\right)^2 \leq 1 \tag{6.12o}$$

F_{ax}, R_{ax} Kräfte und Widerstände in Schaftrichtung
F_{la}, R_{la} Kräfte und Widerstände rechtwinklig zur Schaftrichtung

6.4.11 Beispiel: Genagelter Stoß eines einteiligen Zugstabes (s. Abb. 6.54)

Stabkraft $S = 19\,\text{kN}$, kurze LED, Nkl 1 oder 2
Stabquerschnitt 3/10 S 10/MS 10

Bemessungswert der Stabkraft:

$$S_d = 1,43 \cdot 19 = 27\,\text{kN}$$

Beidseitige Nagelung, zweischnittig, nicht vorgebohrt
Einschlagtiefe $t \geq 8 \cdot 3,4 = 27,2\,\text{mm}$

$$\text{vorh } t = 30\,\text{mm} > 27,2\,\text{mm}$$

Beide Scherflächen dürfen voll in Rechnung gestellt werden.
Mindestholzdicke:

$$t = \max \begin{cases} 7 \cdot 3,4 & = 23,8\,\text{mm} \\ (13 \cdot 3,4 - 30)\,380/400 & = 13,5\,\text{mm} \end{cases}$$

$$\text{vorh } t = 30\,\text{mm} > 24\,\text{mm}$$

Bemessungswert der Tragfähigkeit eines Nagels:
Lochleibungsfestigkeiten:

$$f_{h,k} = 0,082 \cdot 380 \cdot 3,4^{-0,3} = 21,6\,\text{N/mm}^2$$

$$f_{h,d} = \frac{0,9 \cdot 21,6}{1,3} = 14,9\,\text{N/mm}^2; \quad \beta = f_{h,2}/f_{h,1} = 1$$

Fließmoment:

$$M_{y,k} = 180 \cdot 3,4^{2,6} = 4336\,\text{Nmm}$$

$$M_{y,d} = \frac{4336}{1,1} = 3942\,\text{Nmm}$$

$$R_\mathrm{d} = \min \begin{cases} 14{,}9 \cdot 30 \cdot 3{,}4 & = 1520\,\mathrm{N} \\[4pt] 0{,}5 \cdot 14{,}9 \cdot 30 \cdot 3{,}4 \cdot 1 & = 760\,\mathrm{N} \\[4pt] 1{,}1\,\dfrac{14{,}9 \cdot 30 \cdot 3{,}4}{3}\left[\sqrt{4 + \dfrac{12 \cdot 3942}{14{,}9 \cdot 3{,}4 \cdot 30^2}} - 1\right] & = \underline{\underline{693\,\mathrm{N}}} \\[10pt] 1{,}1 \cdot \sqrt{2 \cdot 3942 \cdot 14{,}9 \cdot 3{,}4} & = 695\,\mathrm{N} \end{cases}$$

Nagelanzahl $\quad$ erf $n = \dfrac{27}{2 \cdot 0{,}693} = 19{,}5 \to 22$ Nägel 34/90 (DIN)

Nagelabstände $\quad \perp$ Fa $\quad a_2 \ = \ 5 \cdot 3{,}4 = 17\,\mathrm{mm} \to 20\,\mathrm{mm}$

$\qquad\qquad\quad\ \parallel$ Kr und $\parallel$ Fa $\quad a_1 \ = 10 \cdot 3{,}4 = 34\,\mathrm{mm} \to 35\,\mathrm{mm}$

belasteter Rand $\parallel$ Fa $\quad a_{3,\mathrm{t}} = 15 \cdot 3{,}4 = 51\,\mathrm{mm} \to 55\,\mathrm{mm}$

Erforderlich: 4 Reihen mit $r = \dfrac{22}{4} = 5{,}5$ Nägeln

Gewählt: $\quad$ 2 äußere Reihen je 6 Nägel (s. Abb. 6.54)
$\qquad\qquad$ 2 innere Reihen je 5 Nägel

Spannungsnachweise für die Hölzer:

Kein Lochabzug, da $d \leqq 6\,\mathrm{mm}$ und nicht vorgebohrt

MH: $\quad \sigma_{\mathrm{t},0,\mathrm{d}} = \dfrac{27 \cdot 10^3}{30 \cdot 100} = 9{,}0\,\mathrm{N/mm^2}$

$\qquad f_{\mathrm{t},0,\mathrm{k}} \ = 14\,\mathrm{N/mm^2} \quad$ s. Tafel 2.10

$\qquad f_{\mathrm{t},0,\mathrm{d}} = \dfrac{0{,}9 \cdot 14}{1{,}3} = 9{,}69\,\mathrm{N/mm^2} \approx 9{,}7\,\mathrm{N/mm^2}$ $\hfill$ s. (2.5)

$\qquad\qquad\qquad\qquad 9{,}0/9{,}7 = 0{,}93 < 1$

SH: $\quad \sigma_{\mathrm{t},0,\mathrm{d}} = \dfrac{1{,}5 \cdot 27 \cdot 10^3}{2 \cdot 30 \cdot 100} = 6{,}75\,\mathrm{N/mm^2}$

$\qquad\qquad\qquad\qquad 6{,}75/9{,}69 = 0{,}70 < 1$

6.5 Sondernägel[1] und Blechformteile (DIN)

6.5.1 Allgemeines

Der schraubenförmige oder gerillte Schaft erhöht die Tragfähigkeit des Sondernagels (SoNa) auf Herausziehen, verglichen mit der des glattschaftigen Nagels [90]. Für die normengemäßen Sondernägel ist keine allgemeine BAZ erforderlich. Es ist aber die Eignung von SoNä durch einen sog. Einstufungsschein nachzuweisen – *T2, 6.1 und Anhang –*.

---

[1] Sondernägel nach EC 5 s. Abschn. 6.4.9.

Tafel 6.15. Rechenwert B_z in MN/m^2

Tragfähigkeitsklasse	B_z
I	1,8
II	2,5
III	3,2

Im Einstufungsschein ist u. a. festgelegt [7]:
- Einstufung des SoNa in eine der drei Tragfähigkeitsklassen $-T2$, *Tabelle 12* – aufgrund der Prüfergebnisse der Eignungsprüfungen.
- SoNa für Nagelverbindungen mit Holz und HW (meist Schraubnägel) oder für Nagelverbindungen mit Stahlblechen und Stahlteilen (Rillennägel)
- Angaben zu Material und Abmessungen des SoNa
- Loch-$\varnothing$ im Stahlblech und Stahlteil

Zulässige Belastung auf „Abscheren" im Lastfall H bei NH wie bei glattschaftigen Nägeln

$$\text{zul } N_1 = \frac{500 \cdot d_n^2}{10 + d_n} \text{ [N]} \qquad\qquad \text{s. (6.8)}$$

Zulässige Belastung auf Herausziehen im Lastfall H bei NH und LH

$$\text{zul } N_z = B_z \cdot d_n \cdot s_w \text{ [N]} \qquad\qquad \text{s. (6.8a)}$$

mit B_z nach Tafel 6.15.

Einschlagtiefen:

„Abscheren"
SoNä II/III in einschnittigen Nagelverbindungen $s \geq 8\,d_n$; dabei darf nur der profilierte Schaftteil l_g (s. Abb. 6.62 und 6.63) in Rechnung gestellt werden $-T2, 6.3.1-$.

Herausziehen $-T2, 6.3.1-$ [23]
SoNä I $12\,d_n \leq s_w \leq 20\,d_n$ bzw. l_g
SoNä II/III $8\,d_n \leq s_w \leq 20\,d_n$ bzw. l_g

SoNä II/III dürfen durch ständige Lasten auf Herausziehen beansprucht werden. Nachweis von SoNä unter **kombinierter Beanspruchung** wird nach Gl. (6.8b) mit dem Exponenten $m = 2$ geführt.

Festlegungen hinsichtlich Mindestdicken, Mindestanzahl, Mindest- und Größtabstände für glattschaftige Nägel gelten auch für SoNä.

6.5.2 Schraubnägel (SNä)

Nägel mit schraubenförmigem Schaft werden vorwiegend für Nagelverbindungen mit Holz und HW (s. Abb. 6.62) verwendet.

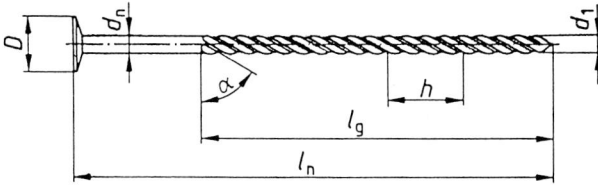

Abb. 6.62. Schraubnagel [7], – *T 2, Bild 13* –

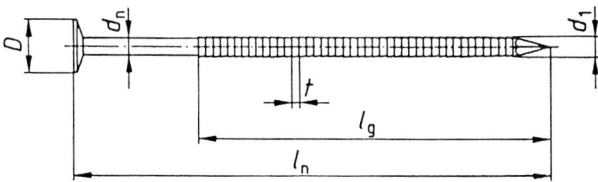

Abb. 6.63. Rillennagel [7], – *T 2, Bild 13* –

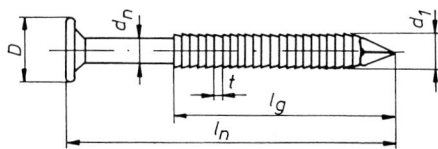

Abb. 6.63 A. Rillennagel für Stahlblech-Holz-Nagelverbindung (Ankernagel) [7]

6.5.3 Rillennägel (RNä)

Nägel mit gerilltem Schaft werden für Stahlblech-Holz-Nagelverbindungen
– häufig als Ankernägel (Abb. 6.63 A) bezeichnet – und für Holz-Holz-
Nagelverbindungen verwendet (Abb. 6.63).

Ankernägel gewährleisten durch den konischen Übergang zum Nagelkopf
(Abb. 6.63 A) einen Paßsitz in den Löchern außenliegender Bleche oder Blechformteile (Abb. 6.64, 6.64 A, B).

6.5.4 Blechformteile

Der Kraftfluß in abgekanteten Blechformteilen nach Abb. 1.10 ist durch Ausmittigkeiten und Umlenkungen gekennzeichnet. Ihre Tragfähigkeit kann geringer sein als die Summe der zulässigen Nagelbelastungen eines Anschlusses.
Tabellen für zulässige Belastungen bzw. Berechnungsmodelle s. [15, 16, 23,
91, 92].

Für SoNä und Blechformteile liegen bisher keine auf der Grundlage nach
EC 5 erstellten Einstufungsscheine oder BAZ vor.

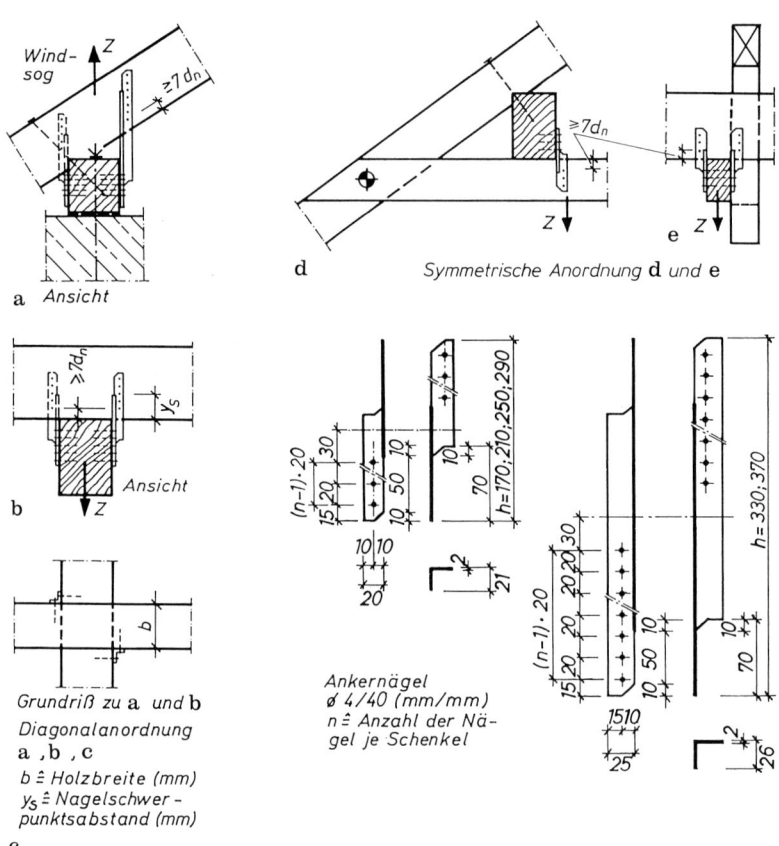

Abb. 6.64. Sparrenpfettenanker, Abmessungen und Anordnung [36, 92, 7]

Tafel 6.16. Zulässige Zugkraft [kN] für ein Paar Bilo-Sparrenpfettenanker[a] mit RNä 4×40 im Lastfall H [36]

h [mm]		170	210	250	290	330	370	410
t [mm]		2						
erf n je Schenkel		3	4	5	6	7	8	9
zulässige Zugkraft Z [kN]	60 mm	3,6	4,5	–	–	–	–	–
für 1 Ankerpaar für die	70 mm	3,6	5,1	6,1	7,1	8,0	8,9	9,8
kleinere Holzdicke b	80 mm	3,6	5,1	6,7	8,1	9,1	10,2	11,2
	90 mm	3,6	5,1	6,7	8,2	9,8	11,2	12,6
	100 mm	3,6	5,1	6,7	8,2	9,8	11,2	13,0

[a] – einreihige Nagelung bei Bilo-Sparrenpfettenanker
   – symmetrische Anordnung, möglichst über Eck (Abb. 6.64c)
   – Ausführung [16]

6.5.4.1 Sparrenpfettenanker

Sie werden eingesetzt zur zugfesten Verbindung sich rechtwinklig kreuzender Kanthölzer, vorzugsweise zur Sicherung von Sparren gegen Windsogkräfte oder zur Aufhängung von Deckenbalken.

Der Bilo-Sparrenpfettenanker [36] ist in statischer Hinsicht typengeprüft für paarweise Anordnung gemäß Abb. 6.64 mit planmäßiger Beanspruchung auf Zug. Die zulässige Zugkraft kann Tafel 6.16 entnommen werden.

Für GH Sparrenpfettenanker sind zulässige Belastungen in [16] enthalten.

Durch den Ankeranschluß wird das Holz auf Querzug beansprucht [64]. Nach Gränzer/Ruhm [92] sollen folgende Bedingungen beachtet werden, um Queraufreißen des Holzes zu vermeiden:

$$b \leqq y_s \rightarrow \text{zul}\, Z = 0{,}13 \cdot 10^{-2} \cdot b \cdot y_s \qquad (6.13\,\text{a})$$

$$b > y_s \rightarrow \text{zul}\, Z = 0{,}13 \cdot 10^{-2} \cdot b \cdot y_s \cdot (1{,}13 - 0{,}13\, b/y_s) \qquad (6.13\,\text{b})$$

$y_s \triangleq$ Abstand [mm] des Nagelschwerpunktes vom belasteten Trägerrand (Unterkante) nach Abb. 6.64b

$b \triangleq$ Breite [mm] des belasteten Trägers nach Abb. 6.64c

zul $Z \triangleq$ zulässige Querzuglast [kN] des Trägers im Kreuzungspunkt

6.5.4.2 Balkenschuhe

Balkenschuhe (z.B. der Typen GH 04, Bilo und BMF) werden verwendet zum Anschluß von Nebenträgern (NT), die rechtwinklig vor Hauptträger (HT) stoßen, z.B. Sparrenpfetten an Dachbindern oder Längs- an Querträger, siehe Abb. 6.64A. Ihre Tragfähigkeit für vorwiegend ruhende Belastung ist für die verschiedenen Fabrikate nach [15] durch bauaufsichtliche Zulassungen geregelt, desgleichen Anwendungsbereich, Werkstoff- und Korrosionsschutzanforderungen.

Folgende Grundsätze sind zu beachten:

- Der Nebenträger muß vollflächig im Balkenschuh aufliegen.
- Alle vorhandenen Nagellöcher sind mit den zugehörigen Sondernägeln auszunageln.
- Bei einseitigem Anschluß ($B_H \geqq B_N$) muß die Torsionsbeanspruchung des Hauptträgers durch das Versatzmoment $M_v = F_1 \cdot B_H/2$ berücksichtigt werden, vgl. [93] und Abschn. 10.2.3.2.
  Falls das Verdrehen durch konstruktive Maßnahmen verhindert wird, ist der Kraftfluß weiter zu verfolgen.
- Bei beidseitigem Anschluß ist der entsprechende Torsionsnachweis nur dann zu erbringen, wenn ΔF_1 der einander gegenüberliegenden Nebenträger $> 20\%$ ist.
- Die Kippsicherheit des NT ist nachzuweisen, wenn $H_N > 1.5 \cdot H$.
- Der Mindestachsabstand der Balkenschuhe muß betragen:
  $A + 100\,\text{mm}$, wenn zul F_1 nach (6.14a) maßgebend ist
  $A + 200\,\text{mm}$, wenn zul $F_{Z\perp}$ nach (6.14c) maßgebend ist
  $(A + 300)/2$ vom Trägerende, wenn zul $F_{Z\perp}$ maßgebend ist
  $A =$ Balkenschuhbreite nach Abb. 6.64A.

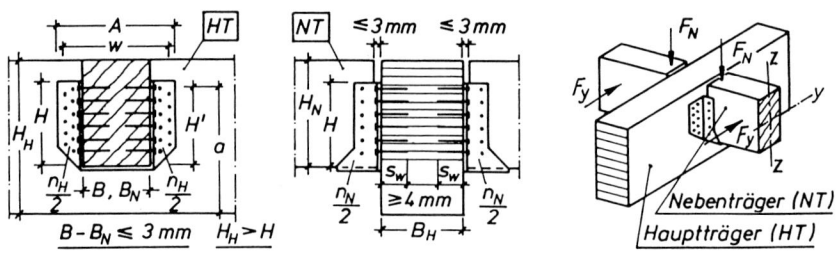

Abb. 6.64 A. Anordnung und Abmessungen des GH-Balkenschuhes [15, 23, 36]

Zulässige Belastung des Balkenschuhes

Maßgebend für die zulässige Belastung ist je nach Höhenlage des Nebenträgers a/H_H gemäß Abb. 6.64 A entweder die Nagelbelastbarkeit (zul F_1) oder die Querzugtragfähigkeit des Hauptträgers (zul $F_{Z\perp}$). Außerdem ist die kombinierte Beanspruchung bei gleichzeitiger Belastung des Balkenschuhes in Richtung seiner Symmetrieachse und rechtwinklig dazu nachzuweisen. Es gilt [23]:

Einachsige Beanspruchung (in z-Richtung):
für $a/H_H \geqq 0{,}7$

$$\text{zul}\, F_1 = n_N \cdot \text{zul}\, N_1 \tag{6.14a}$$

für $a/H_H < 0{,}7$

$$\min F\,[\text{kN}], \text{ maßgebend aus} \begin{cases} \text{zul}\, F_1 = n_N \cdot \text{zul}\, N_1 \\ \text{zul}\, F_{Z\perp} = 0{,}04 \cdot A_w \cdot f \end{cases} \tag{6.14b}$$

Zweiachsige Beanspruchung (in z- und y-Richtung):

$$\left(\frac{F_1}{\text{zul}\, F_1}\right)^2 + \left(\frac{F_2}{\text{zul}\, F_2}\right)^2 \leqq 1 \tag{6.14c}$$

Darin ist

$$\text{zul}\, F_2 = c \cdot \text{zul}\, F_1 \cdot H/H_N \tag{6.14d}$$

Die Rechenwerte c (allg. $=0{,}4$) und zul F_1 sind der gültigen BAZ zu entnehmen, vgl. Tafel 6.16 A und 6.16 B.
Es bedeuten:
$F_1 = F_N \cdot \cos\alpha$
$F_2 = F_N \cdot \sin\alpha$
α = Winkel zwischen F_N und der Symmetrieachse des Balkenschuhes
c = Formfaktor aus BAZ auf der Grundlage der Untersuchung [94]
$A_w = w \cdot s_w$, anrechenbar: $s_w \leqq 12\, d_n$
f = $1/(1 - 0{,}93 \cdot a/H_H)$ Näherung für Geometriefaktor nach BAZ für Balkenschuhe

Alle Bezeichnungen können Abb. 6.64 A entnommen werden. Ein Querzugnachweis nach [64] ist ebenfalls möglich. Exemplarisch werden Abmessungen und zulässige Belastungen für GH- und BMF-Balkenschuhe in den Tafeln 6.16 A und B gezeigt. Neben den GH- und BMF-Balkenschuhen gibt es

Tafel 6.16A. Maße und zul F_1 [kN] für GH-Balkenschuhe [15]

Abmessungen			SoNä	Nagelanzahl			zul F_1 [kN]	
$B \times H$ [mm × mm]	A [mm]	c^b [–]	$d_n \times l_n$ [mm × mm]	n_H	n_N	A_w [cm²]	bei a/H_H	
GH-Typ GH 04							$\geq 0{,}7$	$< 0{,}6^a$
80×100	158	0,4	4,0 × 50	14	8	68,2	5,7	2,73 · f
80×140		0,4		22	12		8,6	
100×120	184	0,4	4,0 × 50	18	10	80,6	7,2	3,22 · f
100×160		0,4		26	14		10,0	
120×140	204	0,4	4,0 × 60	22	12	90,2	8,6	3,61 · f
120×180		0,4		30	16		11,4	
140×160	224	0,4	4,0 × 60	26	14	99,8	10,0	3,99 · f
GH-Typ GH 05							$\geq 0{,}7$	$< 0{,}7$
100×240	182	–	4,0 × 50	46	22	81,6	15,7	3,26 · f
100×280		–		54	24		17,2	
100×300		–		58	26		18,6	
100×320		–		62	28		20,0	
120×240	202	–	4,0 × 60	46	26	91.2	18,6	3,65 · f
120×280		–		54	30		21,5	
120×300		–		58	32		22,9	
120×320		–		62	34		24,3	
140×240	222	–	4,0 × 60	46	26	100,8	18,6	4,03 · f
140×280		–		54	30		21,5	
140×300		–		58	32		22,9	
140×320		–		62	34		24,3	
160×200	242	0,4	4,0 × 60	38	20	110,4	14,3	4,42 · f
160×240		0,4		46	26		18,6	
160×280		–		54	30		21,5	
160×320		–		62	34		24,3	
180×200	262	0,4	4,0 × 70	38	22	120,0	15,7	4,80 · f
180×220		0,4		42	24		17,2	
180×240		0,4		46	26		18,6	
180×280		0,4		54	30		21,5	

[a] Im Bereich $0{,}6 < a/H_H < 0{,}7$ kann der Wert für $a/H_H \geq 0{,}7$ maßgebend werden.
[b] Wenn kein c-Wert angegeben, ist zul $F_2 = 0$.

(Stand 1. 10. 1993) noch SM-, Bilo-, AV-, EuP-, Loewen-Balkenschuhe und die demselben Anschlußzweck wie die Balkenschuhe dienenden GH-Integralverbinder mit BAZ [15]. In [36] sind erweiterte Tafeln enthalten.

Beispiel (Abb. 6.64 B):
Hauptträger   12/38 BSH II
Nebenträger   14/24 NH II (beidseitig)
Auflagerkraft $F_1 = 7{,}5$ kN

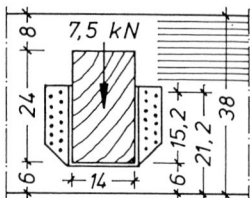

Abb. 6.64 B

Tafel 6.16B. Maße und zul F_1 [kN] für BMF-Balkenschuhe [15]

Abmessungen			SoNä	Nagelanzahl			zul F_1 [kN]	
$B \times H$ [mm × mm]	A [mm]	c^b [–]	$d_n \times l_n$ [mm × mm]	n_H	n_N	A_w [cm²]	bei a/H_H $\geqq 0,7$	$< 0,7$
60×100	133	0,4	$4,0 \times 40$	16	8	44,8	5,7	$1,79 \cdot f$
60×130	139	–	$4,0 \times 40$	20	10	46,7	7,15	$1,87 \cdot f$
70×125	149	0,4	$4,0 \times 40$	20	10	50,5	7,15	$2,02 \cdot f$
76×122	155	0,4	$4,0 \times 40$	20	10	52,8	7,15	$2,11 \cdot f$
80×120	159	0,4	$4,0 \times 40$	20	10	54,3	7,15	$2,17 \cdot f$
60×160	140	–	$4,0 \times 40$	24	12	47,5	8,6	$1,90 \cdot f$
76×152	156	–	$4,0 \times 40$	24	12	53,6	8,6	$2,14 \cdot f$
80×150	160	–	$4,0 \times 50$	24	12	69,6	8,6	$2,78 \cdot f$
100×140	180	0,4	$4,0 \times 50$	24	12	79,2	8,6	$3,17 \cdot f$
60×190	144	–	$4,0 \times 40$	24	14	49,0	10,0	$1,96 \cdot f$
80×180	164	–	$4,0 \times 40$	24	14	56,6	10,0	$2,26 \cdot f$
100×170	184	0,4	$4,0 \times 50$	24	14	81,1	10,0	$3,24 \cdot f$
120×160	204	0,4	$4,0 \times 50$	24	14	90,7	10,0	$3,63 \cdot f$
80×210	164	–	$4,0 \times 40$	30	16	56,2	11,4	$2,25 \cdot f$
100×200	184	–	$4,0 \times 50$	30	16	80,6	11,4	$3,22 \cdot f$
120×190	204	0,4	$4,0 \times 50$	30	16	90,2	11,4	$3,61 \cdot f$
140×180	224	0,4	$4,0 \times 50$	30	16	99,8	11,4	$3,99 \cdot f$

^{b} wie Tafel 6.16A.

Gewählt: GH-Balkenschuh 140/160

$n_N = 14$ H-Rillennägel 4×60
zul $N_1 = 714$ N

$n_H = 26$

Tafel 6.16A: $a/H_H = 21,2/38 = 0,558 < 0,60$
$A_w = 99,8 \, \text{cm}^2$
$f \approx 1/(1 - 0,93 \cdot 0,558) = 2,08$
zul $F_{Z\perp} = 0,04 \cdot 99,8 \cdot 2,08 \quad = 8,30 \, \text{kN}$ maßgebend
zul $F_1 = 14 \cdot 0,714 = 10,0 \, \text{kN} > 8,30 \, \text{kN}$
vorh $F_1 = 7,5 \, \text{kN} \qquad\qquad < 8,30 \, \text{kN}$

6.6 Nagelplatten

6.6.1 Allgemeines

Nagelplatten bestehen aus 1–2 mm dickem feuerverzinktem Stahlblech mit einseitigen nagel- oder krallenförmigen Ausstanzungen nach Abb. 1.3 (System Gang-Nail exemplarisch dargestellt). Sie verbinden als Knotenbleche oder Stoßlaschen zwei oder mehr einteilige Vollhölzer gleicher Dicke. Ihre bevorzugte Verwendung ist die Serienfertigung von Fachwerkbindern. In einem Arbeitsgang werden die Nagelplatten paarweise von beiden Seiten hydraulisch in die trockenen Holzteile – Feuchtegehalt $\leq 20\%$ (25%) – eingepreßt – *T2, 10.4* –.

Wichtigste Anwendungsgrundsätze sind:
- Holztragwerke mit vorwiegend ruhender Belastung
- Korrosionsschutz nach – *T2, Tab. 1* –
- Binderspannweiten durch bauaufsichtliche Zulassungen begrenzt (z.B. Gang-Nail GN 200: $L \leq 30$ m).

Die für tragende Bauteile aus NH II bauaufsichtlich zugelassenen Fabrikate sind [15] zu entnehmen. Alle geltenden Regelungen sind in – *T2, 10* – zusammengefaßt. In den BAZ sind u.a. Anforderungen an die Nagelplatten und die zulässigen Werte für die Nagelplattenbeanspruchung enthalten.

Die allgemeinen Bemessungsgrundsätze sind in Stichworten:
- Fachwerkstäbe sind i.d.R. mittig anzuschließen. Zulässig sind Ausmittigkeiten der Füllstäbe eines Knotens, deren Schwerlinien sich noch innerhalb der Ansichtsfläche des Gurtes schneiden, vgl. –*6.6*–.
- An jedem Knoten oder Stoß beidseitig je eine gleich große Nagelplatte anordnen; Ausnahme: wenn Knotenpunkt = Gurtstoß (z.B. Firstknoten), dann sind zwei Plattenpaare zulässig.
- Jeder Anschluß oder Stoß (auch von Nullstäben) muß für eine Mindestzugkraft bemessen werden (für Transport und Montagelastfälle gemäß Zulassung): $Z = 1,75$ kN für $l \leq 12$ m; $Z = 2,5$ kN für $l > 12$ m [15].
- Gurtstöße im Bereich des Momentennullpunktes anordnen; Druckstöße außerdem gegen seitliches Ausweichen sichern.
- Mindestanschlußtiefe der Nagelplatten in die Gurte $d_E \geq 50$ mm, siehe Abb. 6.65 C.
- Mindestholzdicke $b \geq 35$ mm; bei Spannweiten > 12 m muß $b \geq 50$ (45) mm bei ungehobeltem (gehobeltem) Holz sein [15].
- Spannungsnachweis des Holzes stets mit Bruttoquerschnitt.
- Zulässige Nagelbelastungen gelten für Lastfall H –*E198*– und zulässige Plattenbelastungen für Lastfall H und HZ –*E200*– [7].

BAZ auf der Grundlage des EC 5 liegen für Nagelplatten z.Z. noch nicht vor. Im Anhang D 6 des EC 5 sind Hinweise zur Bemessung und Konstruktion von Knoten und Stößen mit Nagelplatten enthalten.

Abb. 6.65 A. Dachbinder mit Gang-Nail-Nagelplatten [95]

6.6.2 Tragverhalten von Nagelplatten

Bei vielen Nagelplattenfabrikaten sind Schlitze in einer Richtung – „Längsrichtung" – orientiert, s. Abb. 1.3 und 6.65A. Das Tragverhalten der Platten ist durch systematische Belastungsversuche für Zug, Druck und Scheren bei verschiedenen Winkeln zwischen Kraft- und Plattenlängsrichtung untersucht worden, siehe Tafel 6.17A. Versagensarten und praktische Bemessungsregeln beschreiben Gränzer/Riemann [96]. Es gilt folgender Grundsatz:

> Zug- und Scherkräfte werden von den Nagelplatten,
> Druckkräfte durch Kontakt der Hölzer übertragen.

Druckstöße und -anschlüsse
Druckstöße und -anschlüsse setzen stets passende Holzfugen für die Kraftübertragung voraus, da die dünnen geschlitzten Bleche bei Druck ausbeulen. Rechnerisch können Druckkräfte vereinfacht nach folgenden Regeln angeschlossen werden, s. Abb. 6.65B (Reibungskräfte nicht in Rechnung gestellt):
1. Druckstoß $\|$ Fa und Druckanschluß $\perp$ Fa (a, b):
   volle Druckkraft (O_2, V_1)   durch Holz (Kontakt), und

   halbe Druckkraft $\left(\dfrac{O_2}{2}, \dfrac{V_1}{2}\right)$ durch Na-Pl (Lagesicherung)

2. Druckanschluß $\not\perp$ Fa (2-Stab-Knoten nach c, d):
   volle $\perp$-Komponente ($O_{1\perp}$, $D_{1\perp}$)   durch Holz (Kontakt), und

   halbe $\perp$-Komponente $\left(\dfrac{O_{1\perp}}{2}, \dfrac{D_{1\perp}}{2}\right)$ durch Na-Pl (Lagesicherung) und

   volle $\|$-Komponente ($O_{1\|}$, $D_{1\|}$)   durch Na-Pl (Scheren)

3. Druckanschluß $\not\perp$ Fa ($\geqq$ 3-Stab-Knoten nach e):
3.1 volle Druckkraft (D_1) formal durch Na-Pl-Anschluß von D_1 und volle Scherkraft ($U_1 - U_2$) durch Na-Pl-Anschluß an den Untergurt.
3.2 alternativer Nachweis:
    sinngemäß nach 1 und 2 verfahren mit Nachweis des genaueren geschlossenen Kraftflusses im Knoten.

Zugstöße und -anschlüsse
Zugkräfte werden direkt durch die Nagelplatten übertragen.

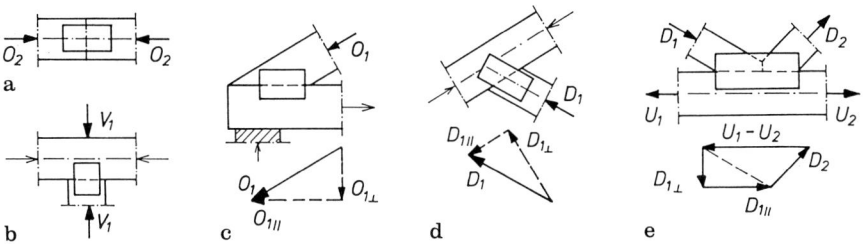

Abb. 6.65 B. Druckstöße und -anschlüsse mit Na-Pl

Tafel 6.17A. Winkel α zwischen Plattenlängs- und Kraftrichtung [7]

Beanspr.-Art	$\alpha = 0°$	$\alpha = 90°$	$\alpha < 90°$	$90° < \alpha < 180°$
Zug, Druck	$F_{Z,D}$	$F_{Z,D}$	$F_{Z,D}$ α zul $F(180°-\alpha)$ = zul $F(\alpha)$	$F_{Z,D}$ α
Scheren	F_S	F_S	Zugscheren	Druckscheren

Scher- und Zug-(Druck-)Festigkeit der Nagelplatten

Scher- und Zug-(Druck-)Festigkeit der Nagelplatten werden maßgeblich bestimmt durch den Winkel α gemäß Tafel 6.17A.

$\alpha \triangleq$ Winkel zwischen Pl-Längsrichtung und Kraftrichtung $-T2, 10.2-$.

Die zul F_S-Werte nach Tafel 6.17D lassen deutlich erkennen, daß die Scherfestigkeit auch wesentlich davon abhängt, ob die Plattenstege gedehnt oder gestaucht werden (Zug- oder Druckscheren).

Wegen des Stegbeulens bei Druck gilt gemäß Tafel 6.17A:

$$\text{zul } F_{SD} \text{ (Druckscheren)} < \text{zul } F_{SZ} \text{ (Zugscheren)}$$

Zur Bemessung der Nagelplatten sind grundsätzlich zwei Nachweise zu führen:

a) Beanspruchung der Nägel (abgekantete spitze Blechteile)
b) Beanspruchung der Platten (geschlitztes Blech).

6.6.3 Nachweis der Nagelbelastung F_n [N/mm²] (DIN)

Die Nagelbelastung F_n [N/mm²] ergibt sich als Quotient aus den nach Abschn. 6.6.2 anzuschließenden Kräften bzw. Komponenten und den wirksamen Na-Pl-Flächen eines Plattenpaares $2 \cdot A_1$ bzw. $2 \cdot A_s$ nach Abb. 6.65C, s. Beispiele 6.6.8.

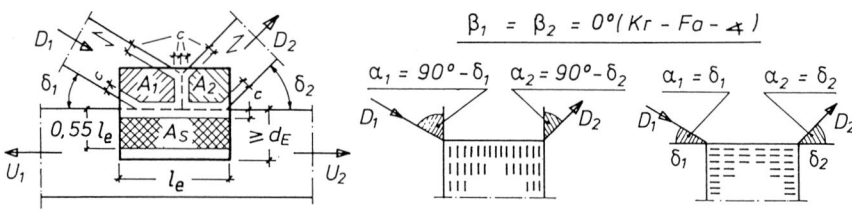

Abb. 6.65C. Bezeichnungen bei Nagelplattenverbindungen

Tafel 6.17 B. zul F_n [N/cm^2] für Gang-Nail-Nagelplatte GN 200 [15]

β \\ α	zul $F_n^{\,a,\,b}$ in N/cm^2						
	0°	15°	30°	45°	60°	75°	90°
0°	120	112	104	96	88	80	72
15°	104	99	93	87	81	75	69
30°	90	86	82	78	74	70	66
45°	78	75	73	71	68	66	64
60°	68	67	66	65	64	63	62
75°	62	62	62	61	61	61	60
90°	60	60	60	60	60	60	60

[a] Zwischenwerte dürfen linear interpoliert werden.
[b] Bei Spannweiten über 20,0 m Reduktion um 10%.

Tafel 6.17 C. Plattengrößen für GN 200 [97]

Plattenquerrichtung

l \\ b mm	38	66	76	114	133	152	190	228
100								
133								
166								
200								
233								
266								
333								
400								
467								
533								
633								
700								
766								
793								

(Plattenlängsrichtung)

Bei Komponenten aus $F_{nZ,D}$ (Zug oder Druck) und F_{nS} (Scheren) wird die resultierende Nagelbelastung F_n berechnet:

$$F_n = \sqrt{F_{nZ,D}^2 + F_{nS}^2} \leqq \text{zul } F_n \quad \text{nach Tafel 6.17 B}$$

Zul F_n kann den Zulassungsbescheiden – in Tafel 6.17 B exemplarisch für Gang-Nail GN 200 [97] – in Abhängigkeit von $\measuredangle \alpha$ und $\measuredangle \beta$ entnommen werden.

Es bedeuten:

α $\;\hat{=}\;$ $\sphericalangle$ zwischen (resultierender) Kraft- und Pl-Längsrichtung

β $\;\hat{=}\;$ $\sphericalangle$ zwischen (resultierender) Kraft- und Faserrichtung

c $\;\hat{=}\;$ Mindestabstand der als tragend ansetzbaren Nägel von den freien Holz- kanten (Randstreifen)

A_i $\;\hat{=}\;$ wirksame Anschlußfläche *einer* Na-Pl für Zug (Druck) abzüglich Rand- streifen c

A_s $\;\hat{=}\;$ wirksame Anschlußfläche *einer* Na-Pl für Scheren. Wirksam sind nur die Nägel im Abstand $\leq 0{,}55\,l_e$ von der Scherfuge $-T2,\ 10.6-$ $A_s \leq l_e \cdot (0{,}55 \cdot l_e - c)$ nach Abb. 6.65C und 6.65D.

Na-Pl-Regelgrößen können den Zulassungen entnommen werden, in Tafel 6.17C exemplarisch für GN 200.

6.6.4 Nachweis der Na-Pl-Belastung $F_{Z,D}$ bzw. F_S [N/mm] (DIN)

Maßgebend für die Na-Pl-Belastung $F_{Z,D}$ bzw. F_S [N/mm] sind Richtung und wirksame Länge (s) des gefährdeten Schnittes. Dieser liegt i.d.R. in der Holz- fuge.

Die Komponenten $\perp$ und $\parallel$ zum gefährdeten Na-Pl-Schnitt können nach Abschn. 6.6.2, $\sphericalangle\alpha$ nach Tafel 6.17A ermittelt werden. Für die Na-Pl nach Abb. 6.65D ist $\alpha = 180° - \delta_3$.

Es bedeuten:

s $\;\hat{=}\;$ wirksame Na-Pl-Länge im ungünstigsten Schnitt (Holzfuge) ohne Ab- zug der Schlitze

$s = l_e$ in Abb. 6.65D

$F_{Z,D}$ $\;\hat{=}\;$ Na-Pl-Belastung [N/mm] aus Zug oder Druck

F_S $\;\hat{=}\;$ Na-Pl-Belastung [N/mm] aus Scheren

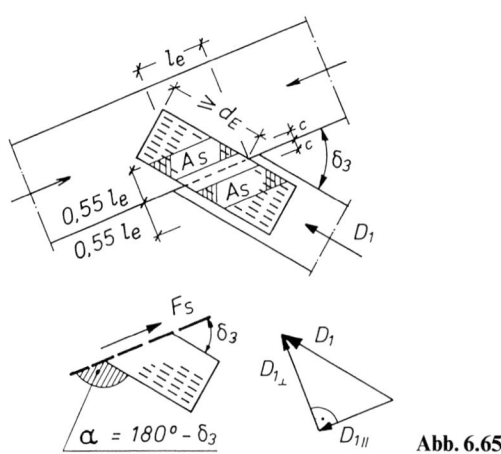

Abb. 6.65 D

Tafel 6.17 D. zul $F_{Z,D}$ und zul F_S [N/cm] für GN 200 [97]

∢ α	0° = 180°	15°	30°	45°	60°	75°	90°	105°	120°	135°	150°	165°
zul $F_{Z,D}$	1580	1230	880				530				880	1230
zul F_S	460	490	530	635	740	660	580	510		440		450
– Tafelwerte aus BAZ, gültig bis 3/1995												
– Bei Spannweiten > 20 m Reduktion um 10 %												
– Zwischenwerte dürfen linear interpoliert werden												

Für den Anschluß der Druckkraft D_1 nach Abb. 6.65 D sind:

$$F_D = \frac{1}{2} \cdot \frac{D_{1\perp}}{2 \cdot s} \quad \text{und} \quad F_S = \frac{D_{1\parallel}}{2 \cdot s}$$

Vgl. Abschn. 6.6.2 Pkt. 2 mit Abb. 6.65 Bd
zul $F_{Z,D}$ und zul F_S sind den Zulassungen zu entnehmen, z. B. Tafel 6.17 D für GN 200 [97].

Bei gleichzeitiger Zug-(Druck-) und Scherbeanspruchung der Na-Pl ist gemäß –$T2$, 10.7– die Bedingungsgleichung (6.15) zu erfüllen:

$$\left(\frac{F_{Z,D}}{\text{zul } F_{Z,D}}\right)^2 + \left(\frac{F_S}{\text{zul } F_S}\right)^2 \leqq 1 \qquad (6.15)$$

F_Z und F_S wirken gleichzeitig im Beispiel „Knoten 4" (F_Z aus g_u).

F_D und F_S wirken gleichzeitig im Beispiel „Knoten 1" (F_D aus $\frac{1}{2} O_{1\perp}$).

6.6.5 Traufpunkte von Dreiecksbindern –$T2$, 10.8–

Wegen zusätzlicher Zwängungsschnittgrößen und Ausmitten der Anschlüsse ist bei Traufpunkten von Dreieckbindern zul F_n in Abhängigkeit vom Dachneigungswinkel γ mit dem Faktor η abzumindern –$E201$–.

Die Nagelplatten sind stets symmetrisch zur Holzfuge an die Gurte anzuschließen, vgl. Abb. 6.65 G zu „Knoten 1". Bei Anschlußausmittigkeiten ist –6.6– zu beachten.

Tafel 6.17 E. Abmind.-Faktor η für zul F_n an Traufpunkten von Dreieckbindern

γ	$\leqq 15°$	> 15° < 25°	$\geqq 25°$
η	0,85	$1,15 - 0,02 \cdot \gamma$	0,65

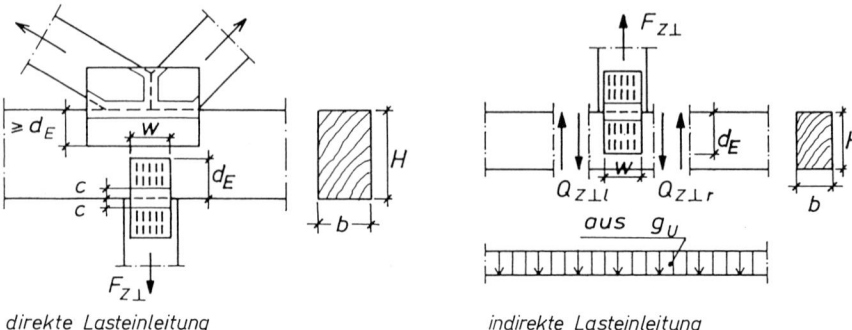

direkte Lasteinleitung   indirekte Lasteinleitung

Abb. 6.65 E. Querzugbeanspruchung des Holzes

Tafel 6.17F. zul $F_{Z\perp}$ bzw. zul $Q_{Z\perp}$ in N nach [7, 98]

direkte Lasteinleitung (Abb. 6.65 E)	indirekte Lasteinleitung
$$\text{zul } F_{Z\perp} = \frac{1}{3\left(1 - \dfrac{d_E}{H}\right)} \cdot W \cdot b$$	$$\text{zul } Q_{Z\perp} = \frac{1}{3\left(1 - \dfrac{d_E}{H}\right)^2} \cdot W \cdot b$$

d_E = Einbindetiefe der Nagelplatte
H = Trägerhöhe
W = Nagelplattenbreite in mm
b = Holzdicke $\leqq 2 \cdot$ Nagellänge $+ 20$ mm (in mm)

6.6.6 Querzugbeanspruchung des Holzes (DIN)

Die $\perp$ Fa wirkende Zugkraftkomponente darf die Werte nach Tafel 6.17 F nicht überschreiten, um Queraufreißen des Holzes zu vermeiden.

6.6.7 Durchbiegungsnachweis (DIN)

Der Durchbiegungsnachweis darf nach $-8.5-$, vgl. Tafel 10.2, Zeile 2 oder 3, durchgeführt werden. Bei genauerer Berechnung darf als Verschiebungsmodul angenommen werden [16]:

$$C = 300\,\text{N/mm je } 10^2\,\text{mm}^2 \text{ wirksamer Anschlußfläche}$$

6.6.8 Beispiel nach [99]

Fachwerkbinder nach Abb. 6.65 F mit unmittelbarer Belastung der Ober- und Untergurte durch Gleichlasten g_O und g_U.

Binderabstand a = 1,25 m; NH II; Lastfall H

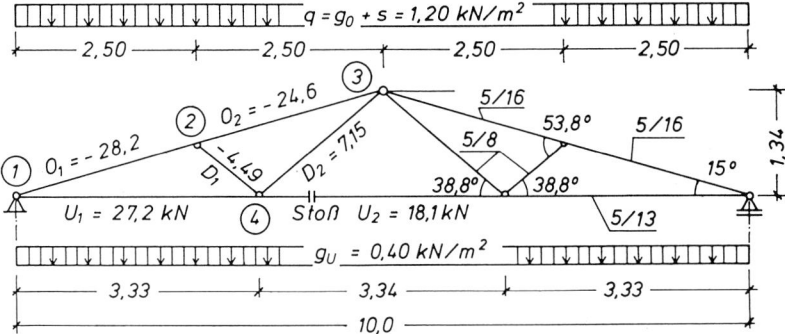

Abb. 6.65F. Fachwerkbinder: Maße, Lasten, Stabkräfte, Querschnitte

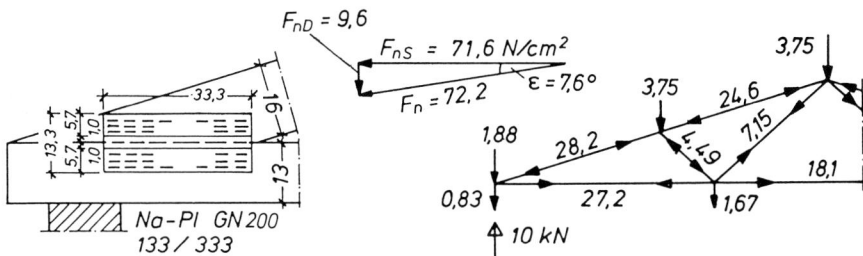

Abb. 6.65G. Kräfteplan, Konstruktion und Nagelbelastung im Knoten 1

Knoten 1 − Traufpunkt (2-Stab-Knoten)

Gewählt nach Tafel 6.17 C: 1 Paar Na-Pl GN 200 133/333
symmetrisch zur Holzfuge nach Abschn. 6.6.5

Anzuschließende Kräfte nach Abschn. 6.6.2 Pkt. 2

Druck (Lagesicherung): $\frac{1}{2} \cdot O_{1\perp} = \frac{1}{2} \cdot 28{,}2 \cdot \sin 15° = 3{,}65 \,\text{kN}$

$$O_{1\parallel} = 28{,}2 \cdot \cos 15° = 27{,}2 \,\text{kN} = U_1.$$

Die Auflagerkraft $F = 1{,}88\,\text{kN}$ von O_1 wird rechnerisch durch Kontakt übertragen. Die anteilige Nagelbelastung ist vernachlässigbar klein, s. [96].

Nagelbelastung nach Abschn. 6.6.3
Einbindetiefe: vorh $d_E = 67\,\text{mm} > 50\,\text{mm}$ nach 6.6.1
$$0{,}55 \cdot l_e = 0{,}55 \cdot 333 = 183\,\text{mm} > 67\,\text{mm}$$

Randstreifen: $c = 10\,\text{mm}$

Wirksame Scherfläche: $A_{O1} = A_{U1} = 333 \cdot (67 - 10) = 190 \cdot 10^2\,\text{mm}^2$

(Abb. 6.65G) $A_S = A_{U1} = 190 \cdot 10^2\,\text{mm}^2$

Nagelbelastung: $F_{nD} = 3650/(2 \cdot 190 \cdot 10^2) = 9{,}6 \cdot 10^{-2}\,\text{N/mm}^2$

$$F_{nS} = 27\,200/(2 \cdot 190 \cdot 10^2)$$
$$= 71{,}6 \cdot 10^{-2}\,\text{N/mm}^2$$

$$\text{vorh } F_n = \sqrt{9{,}6^2 + 71{,}6^2} \cdot 10^{-2}$$
$$= 72{,}2 \cdot 10^{-2}\,\text{N/mm}^2$$

$$\varepsilon = \arctan 9{,}6/71{,}6 = 7{,}6°$$

$\angle$ Kr/Pl: $\alpha = \varepsilon = 7{,}6°$

$\angle$ Kr/Fa: $\beta_{U1} = 7{,}6°$ **maßgebend**

$$\beta_{O1} = 15° - 7{,}6° = 7{,}4° < 7{,}6°$$

Tafel 6.17 B: Interpolation $\rightarrow$ zul $F_n = 109 \cdot 10^{-2}\,\text{N/mm}^2$

Nach Abschn. 6.6.5:

Abminderung für $\gamma = 15° \rightarrow \eta = 0{,}85$

$$\text{zul } F_n = 0{,}85 \cdot 109 \cdot 10^{-2} = 92{,}6 \cdot 10^{-2}\,\text{N/mm}^2$$
$$72{,}2/92{,}6 = 0{,}78 < 1$$

Na-Pl-Beanspruchung nach Abschn. 6.6.4

Wirksame Na-Pl-Länge: $s = 333\,\text{mm}$

$$F_D = 3650/(2 \cdot 333) = 5{,}48\,\text{N/mm}$$
$$F_S = 27\,200/(2 \cdot 333) = 40{,}8\,\text{N/mm}$$

Tafel 6.17 A: $\alpha_D = 90°; \ \alpha_S = 0°$

Tafel 6.17 D: zul $F_D = 53{,}0\,\text{N/mm}$

zul $F_S = 46{,}0\,\text{N/mm}$

Gl. (6.15): $(5{,}48/53{,}0)^2 + (40{,}8/46{,}0)^2 = 0{,}8 < 1{,}0$

Knoten 2 = Obergurtknotenpunkt (2-Stab-Knoten)

Gewählt nach Tafel 6.17C: 1 Paar Na-Pl GN 200 66/166
                            Konstruktion nach Abb. 6.65H

Anzuschließende Kräfte nach Abschn. 6.6.2 Pkt. 2

Abb. 6.65H: $D_{1\parallel} = 4{,}49 \cdot \cos 53{,}8° = 2{,}65\,\text{kN}$

$$D_{1\perp} = 4{,}49 \cdot \sin 53{,}8° = 3{,}62\,\text{kN}$$

$$\frac{1}{2} \cdot D_{1\perp} = 3{,}62/2 = 1{,}81\,\text{kN}$$

Holz-Fugenlänge: $l_H = 80/\sin 53{,}8° = 99{,}1\,\text{mm}$

Pl-Schnittlänge: $s = l_e = 66/\sin 53{,}8° = 81{,}8\,\text{mm}$

Wirksame Pl-Tiefe: $0{,}55 \cdot l_e = 0{,}55 \cdot 81{,}8 = 45\,\text{mm}$

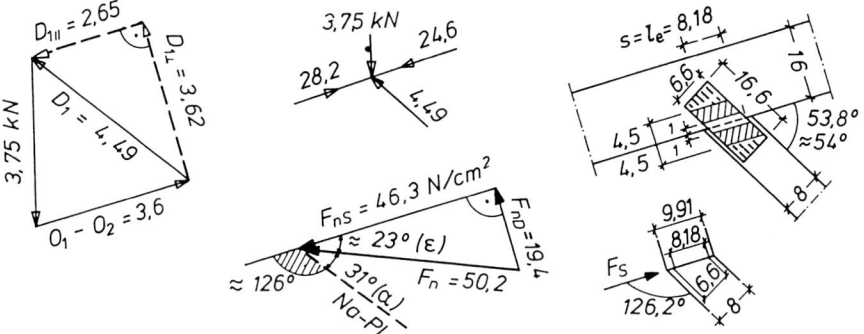

Abb. 6.65 H. Kräfte, Konstruktion und Nagelbelastung im Knoten 2

Querpressung des Obergurtes in der Fuge:

Abb. 6.65 H: $\sigma_{D\perp} = \dfrac{3{,}62 \cdot 10^3}{50 \cdot 99{,}1} = 0{,}73\,\text{N/mm}^2;\ 0{,}73/2{,}0 = 0{,}37 < 1$

Nagelbelastung nach Abschn. 6.6.3

Abb. 6.65 H:
$$A_D = 66 \cdot 166/2 - 10 \cdot 81{,}8 = 46{,}6 \cdot 10^2\,\text{mm}^2$$
$$A_S = 81{,}8 \cdot (0{,}55 \cdot 81{,}8 - 10) = 28{,}6 \cdot 10^2\,\text{mm}^2$$
$$F_{nD} = 1810/(2 \cdot 46{,}6 \cdot 10^2) = 0{,}194\,\text{N/mm}^2$$
$$F_{nS} = 2650/(2 \cdot 28{,}6 \cdot 10^2) = 0{,}463\,\text{N/mm}^2$$
$$\text{vorh } F_n = \sqrt{0{,}194^2 + 0{,}463^2} = 0{,}502\,\text{N/mm}^2$$
$$\varepsilon = \arctan 19{,}4/46{,}3 = 22{,}7^\circ \approx 23^\circ$$

a) zul F_n für Gurtanschluß:

   ∢ Kr/Pl: $\alpha = 54^\circ - 23^\circ = 31^\circ$

   ∢ Kr/Fa: $\beta = \varepsilon = 23^\circ$

   Tafel 6.17 B: zul $F_n = 0{,}868\,\text{N/mm}^2 > 0{,}502$ s. oben

b) zul F_n für Strebenanschluß:

   ∢ Kr/Pl: $\alpha = 54^\circ - 23^\circ = 31^\circ$

   ∢ Kr/Fa: $\beta = \alpha = 31^\circ$

   Tafel 6.17 B: zul $F_n = 0{,}811\,\text{N/mm}^2 > 0{,}502$ s. oben

Na-Pl-Beanspruchung nach Abschn. 6.6.4

Schnittlänge: $s = l_e = 81{,}8\,\text{mm}$

(Abb. 6.65 H) $F_D = 1810/(2 \cdot 81{,}8) = 11{,}1\,\text{N/mm}$

                   $F_S = 2650/(2 \cdot 81{,}8) = 16{,}2\,\text{N/mm}$

Druckscheren: $\alpha_D = 36^\circ;\ \alpha_S = 126^\circ$

Tafel 6.17 D: zul $F_D = 88{,}0 - 35{,}0 \cdot 6/15 = 74{,}0\,\text{N/mm}$

                  zul $F_S - 44{,}0\,\text{N/mm}$

Gl. (6.15): $(11{,}1/74{,}0)^2 + (16{,}2/44{,}0)^2 = 0{,}16 < 1{,}0$

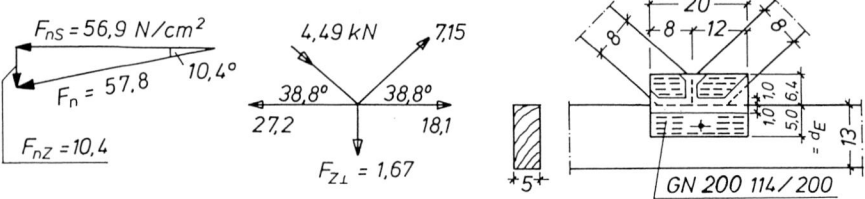

Abb. 6.65 I. Kräfte, Konstruktion und Nagelbelastung im Knoten 4

Knoten 4 = Untergurtknotenpunkt (3-Stab-Knoten)

Gewählt nach Tafel 6.17 C: 1 Paar Na-Pl GN 200 114/200
$$\min d_E = 50 \text{ mm nach Abb. } 6.65\,\text{I}$$

Anzuschließende Kräfte nach Abschn. 6.6.2 Pkt. 3.1

Abb. 6.65 I: $D_1 = -4,49 \text{ kN}$
                    $D_2 = 7,15 \text{ kN}$

Scheren $(U_1 - U_2)$: $S = 27,2 - 18,1 = 9,10 \text{ kN}$

Querzug: $F_{Z\perp} = 0,4 \cdot 1,25 \cdot 3,33 = 1,67 \text{ kN}$

Wirksame Anschlußflächen nach Abschn. 6.6.3 und Abb. 6.65 K:
$$A_{D1} = 70 \cdot 54 - 18 \cdot 16/2 - 22 \cdot 18/2 = 34,4 \cdot 10^2 \text{ mm}^2$$
$$A_{D2} = 110 \cdot 54 - 60 \cdot 49/2 - 22 \cdot 18/2 = 42,7 \cdot 10^2 \text{ mm}^2$$
$$A_U = 40 \cdot 200 = 80,0 \cdot 10^2 \text{ mm}^2$$

Nagelbelastung nach Abschn. 6.6.3

Druckstab D_1: $F_{nD} = 4490/(2 \cdot 34,4 \cdot 10^2) = 0,653 \text{ N/mm}^2$

Abb. 6.65 I und 6.65 C: $\alpha = 38,8°$ $\beta = 0°$

Tafel 6.17 B: $\text{zul } F_n = (104 - 8 \cdot 8,8/15) \cdot 10^{-2} = 0,993 \text{ N/mm}^2$
$$> 0,653 \quad \text{s. oben}$$

Zugstab D_2: $F_{nZ} = 7150/(2 \cdot 42,7 \cdot 10^2) = 0,837 \text{ N/mm}^2$

Tafel 6.17 B: $\text{zul } F_n = 0,993 \text{ N/mm}^2 > 0,837 \quad \text{s. oben}$

Untergurt U: $F_{nS} = 9100/(2 \cdot 80 \cdot 10^2) = 0,569 \text{ N/mm}^2$
                    $F_{nZ} = 1670/(2 \cdot 80 \cdot 10^2) = 0,104 \text{ N/mm}^2$

        $\text{vorh } F_n = \sqrt{0,569^2 + 0,104^2} = 0,578 \text{ N/mm}^2$

        $\varepsilon = \arctan 0,104/0,569 = 10,4°$

$\not\!\prec \text{Kr/Pl} = \not\!\prec \text{Kr/Fa:}$ $\alpha = \beta = \varepsilon = 10,4°$

Tafel 6.17 B: Interpolation $\rightarrow \text{zul } F_n = 1,05 \text{ N/mm}^2$
$$> 0,578 \quad \text{s. oben}$$

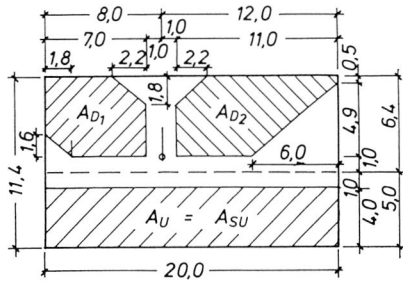

Abb. 6.65 K. Knotenpunkt 4

Na-Pl-Beanspruchung nach Abschn. 6.6.4

Schnittlänge: $s = 200\,\text{mm}$

Abb. 6.65 I: $F_Z = 1670/(2 \cdot 200) = 4,18\,\text{N/mm}$

                        $F_S = 9100/(2 \cdot 200) = 22,8\,\text{N/mm}$

Tafel 6.17 A: $\alpha_Z = 90°; \qquad \alpha_S = 0°$

Tafel 6.17 D: $\text{zul}\,F_Z = 53,0\,\text{N/mm}$

                        $\text{zul}\,F_S = 46,0\,\text{N/mm}$

Gl. (6.15): $(4,18/53,0)^2 + (22,8/46,0)^2 = 0,25 < 1,0$

Querzugbeanspruchung des Untergurtes [7]

Nach Abb. 6.65 E und 6.65 F:

Indirekte Last: $Q_{Z\perp} = 0,4 \cdot 1,25 \cdot 3,33 = 1,67\,\text{kN}$

$d_E = \quad 50\,\text{mm}$ $\qquad \dfrac{d_E}{H} = \dfrac{50}{130} = 0,385$

$H = 130\,\text{mm}$

$W = 200\,\text{mm}$

$b = \quad 50\,\text{mm} < 2 \cdot 20,2 + 20 = 60,4\,\text{mm}$

l_n s. [16]

$\text{zul}\,Q_{Z\perp}$ nach Tafel 6.17 F:

$$\text{zul}\,Q_{Z\perp} = \frac{1}{3\,(1 - 0,385)^2} \cdot 200 \cdot 50 = 8800\,\text{N} = 8,8\,\text{kN}$$
$$1,67/8,8 = 0,19 < 1$$

6.7 Holzschrauben

6.7.1 Allgemeines (DIN)

Festlegungen in $-T2, 9-$ gelten für Holzschrauben nach DIN 96, 97, 571, nach $-E194-$ auch DIN 7996 bzw. DIN 7997 (Kreuzschlitzschrauben)

Schaftdurchmesser: $d_s \geqq 4\,\text{mm}$

Nennlängen z. B. in $-E193-$ und [23].

Holzschrauben meist einschnittig verwendet. In *Hirnholz* dürfen sie nicht als tragend in Rechnung gestellt werden.

Das Holz ist vorzubohren

auf d_s im Bereich des glatten Schaftes

auf $0,7 \cdot d_s$ im Bereich des Gewindes

Mindestschraubenanzahl je kraftübertragenden Anschluß $-T2, 9.1-$

$d_s < 10\,\text{mm} \rightarrow n \geqq 4$ (wie Nägel)

$d_s \geqq 10\,\text{mm} \rightarrow n \geqq 2$ (wie Bolzen)

6.7.2 Zulässige Belastung auf „Abscheren" im Lastfall H (DIN)

Einschraubtiefe $s \geqq 8 \cdot d_s$ a_1, d_s (in mm)

$$\text{zul}\,N = 4,0 \cdot a_1 \cdot d_s \tag{6.16}$$
$$\leqq 17,0 \cdot d_s^2 \; [\text{N}]$$

für VH, BSH, BFU sowie FP ($\geqq 6\,\text{mm}$), HFM ($\geqq 6\,\text{mm}$), HFH ($\geqq 4\,\text{mm}$), auf Holz aufgeschraubt $-T2, 9.2-$ [7]

$$\text{zul}\,N = 1,25 \cdot 17,0 \cdot d_s^2 \; [\text{N}] \text{ für Metall auf Holz} \tag{6.17}$$

Kraftangriff rechtwinklig oder schräg zur Fa:

$d_s < 10\,\text{mm} \rightarrow \text{zul}\,N_* = \text{zul}\,N$ wie bei Nägeln

$d_s \geqq 10\,\text{mm} \rightarrow \text{zul}\,N_* = \left(1 - \dfrac{\alpha^\circ}{360^\circ}\right) \cdot \text{zul}\,N$ wie (6.6) bei Bolzen

Abminderung der zulässigen Belastung
a) Empfehlung $-E195-$:

$$\text{ef}\,n = 10 + \frac{2}{3}(n-10) \text{ für } d_s < 10\,\text{mm}$$

$$\text{ef}\,n = 6 + \frac{2}{3}(n-6) \text{ für } d_s \geqq 10\,\text{mm}$$

b) bei Feuchtigkeitseinwirkung nach $-T2, 3.1-$

c) bei verminderter Einschraubtiefe
   $s < 8 \cdot d_s$ nach Tafel 6.18 (s nach Abb. 6.66)

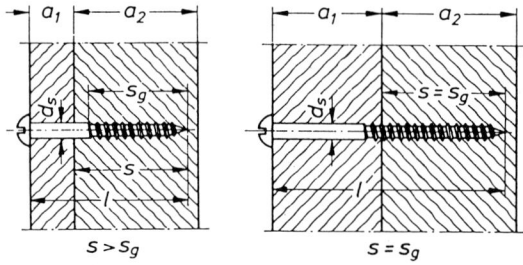

$s > s_g$ $s = s_g$ **Abb. 6.66**

Tafel 6.18. Einfluß der Einschraubtiefe

Einschraubtiefe	zulässige Belastung
$s \geqq 8 \cdot d_s$	zul N
$8 \cdot d_s > s \geqq 4 \cdot d_s$	zul $N \cdot s/(8 \cdot d_s)$
$s < 4 \cdot d_s$	0

6.7.3 Zulässige Belastung auf Herausziehen im Lastfall H für trockenes Holz (DIN)

$$\text{zul } N_Z = 3.0 \cdot s_g \cdot d_s \, [\text{N}] \quad s_g, d_s \text{ (in mm)} \tag{6.18}$$

Einschraubtiefen $s_g \genfrac{}{}{0pt}{}{< 4 \cdot d_s}{> 7 \cdot d_s}$ dürfen nicht in Rechnung gestellt werden.

$$-E195-(12\,d_s-T2, 9.4-)$$

6.7.4 Kombinierte Beanspruchung $-T2, 9.5-$

$$\left(\frac{N}{\text{zul } N}\right)^2 + \left(\frac{N_Z}{\text{zul } N_Z}\right)^2 \leqq 1$$

6.7.5 Bemessung nach EC 5

Beanspruchung rechtwinklig zur Schraubenachse
Bemessungswert der Tragfähigkeit:
$d < 8\,\text{mm} \rightarrow R_d$ nach den Regeln der Nagelverbindungen
                  (s. Abschnitt 6.4.8)
$d \geqq 8\,\text{mm} \rightarrow R_d$ nach den Regeln der Bolzenverbindungen
                  (s. Abschnitt 6.3.6)

d Schraubendurchmesser in mm gemessen am glatten Schaftteil. Bei der Berechnung von $M_{y,k}$ ist $d_{ef} = 0.9 \cdot d$ einzusetzen (Voraussetzung: $d_k \geqq 0.7\,d$)

$$M_{y,k} = 0.8 \cdot f_{u,k} \cdot d^3/6$$

$$f_{u,k} = 300\,\text{N/mm}^2 \, [124]$$

Voraussetzungen:
– vorgebohrte Löcher analog DIN
– Länge des glattschaftigen Teiles soll mindestens der Dicke des Holzes unter dem Schraubenkopf entsprechen (Abb. 6.66)

Einschraubtiefe:

$$t = s \geqq 4 \cdot d$$

$$\text{vorh } t \geqq 4 \cdot d + l \rightarrow d \text{ für die Berechnung von } M_{y,k}$$

l Gewindelänge

Mindestabstand:

$d < 8\,\text{mm} \rightarrow$ Abstände wie bei Nägeln

$d \geqq 8\,\text{mm} \rightarrow$ Abstände wie bei Bolzen

Beanspruchung auf Herausziehen
Der Bemessungswert des Ausziehwiderstandes von Holzschrauben, die $\perp$ zur Fa in das Holz eingeschraubt sind, ist:

$$R_\text{d} = f_{3,\text{d}}(l_\text{ef} - d) \quad \text{in N} \tag{6.19}$$

mit

$$f_{3,\text{k}} = (1{,}5 + 0{,}6 \cdot d)\sqrt{\varrho_\text{k}} \quad \text{in N/mm}$$

l_ef Gewindelänge in mm im Holzteil mit der Schraubenspitze
ϱ_k in kg/m³

Mindestabstände und Einschraubtiefen wie bei $\perp$ zu ihrer Achse beanspruchten Holzschrauben.

Kombinierte Beanspruchung
Nachweis der Tragfähigkeit erfolgt mit Gl. (6.12), Abschn. 6.4.10.

6.8 Klammern [7]

6.8.1 Allgemeines (DIN)

Anwendung von Klammern $-T2, 8-$:
– bei Holzbauteilen aus NH $-Tab.\,1$
– bei Platten aus Holzwerkstoffen mit NH

Klammern mit Prüfbescheinigung – aber ohne BAZ – dürfen auf „Abscheren" und kurzfristig auf Herausziehen beansprucht werden.

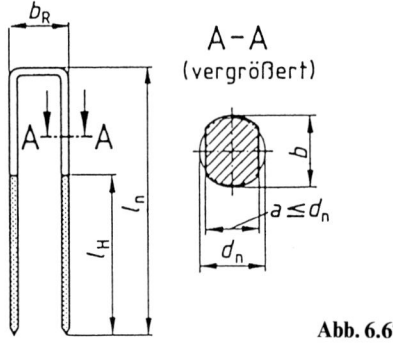

Abb. 6.67

Klammerschaft $\hat{=}$ Nagel

Bestimmungen für Nägel gelten deshalb sinngemäß für Klammern.

Anwendungsbeispiele [23]:
a) Befestigung von Dach- und Betonschalungen
b) Anschluß von Beplankungen aus HW an NH bei Wand-, Decken- und Dachtafeln
c) Verbindung tragender Holzbauteile

6.8.2 Klammerabmessungen (DIN)

Tafel 6.19. Klammerabmessungen $-T2, 8.1-$

Draht-$\varnothing$ d_n (Abb. 6.67)	1,5 bis 2,0 mm
Schaftlänge l_n	$\leq 50\,d_n$
beharzte Länge l_H	$\geq 0,5\,l_n$
Rückenbreite b_R	$\geq 6\,d_n$ $\leq 15\,mm$

6.8.3 Beanspruchung auf „Abscheren" (DIN)

Zulässige Belastung $\perp$ Schaftrichtung

Die zulässige Belastung $\perp$ Schaftrichtung für eine einschnittige Klammer kann für VH/VH und VH/HW mit der Gl. (6.20) berechnet werden $-T2, 8.4-$.

$$\alpha \geq 30°: \quad \text{zul}\,N_1 = \frac{1000 \cdot d_n^2}{10 + d_n}, \quad d_n \text{ in mm} \tag{6.20}$$

$$\alpha < 30°: \quad (2/3) \cdot \text{zul}\,N_1$$

Einschlagtiefe $s \geq 12\,d_n$

α Winkel zwischen Klammerrücken und Holzfaserrichtung

Tafel 6.20. zul N_1 in N je Klammer im Lastfall H nach Gl. (6.20), [23]

Klammerdraht-durchmesser	Einschnittige Verbindung		
	erforderliche Einschlagtiefe	zul N_1	
d_n	s	$\alpha \geq 30°$	$\alpha < 30°$
mm	mm	N	N
1,53	19	203	135
1,8	22	274	183
1,83	22	283	188
2,0	24	333	222

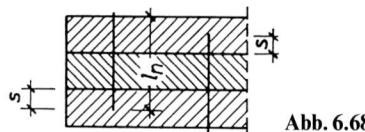

Abb. 6.68

Zweischnittige Klammerverbindung:
Klammern wechselseitig von beiden Seiten eintreiben.
  Zulässige Belastung:
$\alpha \geqq 30°$ (in allen Hölzern):   zul $N_2 = 2 \cdot$ zul N_1 (6.21)
s. Abb. 6.69

$\alpha < 30°$: $(4/3) \cdot$ zul N_1

Einschlagtiefe $s \geqq 8\,d_n$ s. Abb. 6.68

Ermäßigung bzw. Erhöhung der zulässigen Belastung $-T2, 8.1-$
Wie bei Nagelverbindungen von Holz und HW, vgl. Abschn. 6.4.2.

Anzahl der Klammern
Wie bei Nagelverbindungen von Holz und HW, vgl. Abschn. 6.4.6.

6.8.4 Beanspruchung auf Herausziehen (DIN)

Hierbei ist zwischen ständig (z.B. durch untergehängte Decken) und kurzfristig (z.B. durch Windsog) wirkender Beanspruchung zu unterscheiden.

Ständig wirkende Beanspruchung
Klammern bedürfen einer BAZ.
  Beim Einschlagen der Klammern muß $\omega \leq 20\%$ und der Winkel zwischen Klammerrücken und Fa-Ri $\alpha \geqq 30°$ sein. Die zulässige Belastung beträgt dann i.d.R.:

$$\text{zul } N_Z \leq 50\,\text{N je Klammer}$$

Für Duo-Fast-, Paslode-, Senco- und Haubold-Kihlberg-Klammern liegen z.Z. (Stand Okt. 93) solche BAZ vor.

Kurzfristig wirkende Beanspruchung
Zulässige Belastung im Lastfall H und HZ bei $\alpha \geqq 30°$:

$$\text{zul } N_Z = B_Z \cdot d_n \cdot s_w \quad [\text{N}] \;\; -T2, 6.3.2-$$

B_Z nach Tafel 6.21
d_n in mm

Für s_w (in mm) gilt:

$$20\,\text{mm} \leqq s_w \geqq 12\,d_n$$

$$l_H \geqq s_w \leqq 20\,d_n$$

Tafel 6.21. B_Z in MN/m^2 $-T2$, $8.5-$

	$\omega_G \leqq 20\%$
$\omega_E \leqq 20\%$	5,0
$20\% < \omega_E \leqq 30\%$	1,75
$\omega_E > 30\%$	0

ω_E Holzfeuchte beim Einschlagen der Klammern
ω_G Holzfeuchte im Gebrauchszustand

Für $\alpha < 30° \rightarrow (2/3) \cdot B_Z$
    $\omega_G > 20\% \rightarrow B_Z = 0$

Die zulässigen Belastungen dürfen beim Anschluß von HW an NH wegen der Rückendurchziehgefahr nur angewendet werden bei Mindestplattendicken $t \geqq 12$ mm.

Für $t < 12$ mm und min t nach Abschn. 6.8.6 darf zul N_Z unabhängig vom Klammertyp höchstens mit 150 N in Rechnung gestellt werden $-T2$, $6.3.5-$.

6.8.5 Kombinierte Beanspruchung $-T2$, $8.6-$

$$\frac{N_1}{\text{zul } N_1} + \frac{N_Z}{\text{zul } N_Z} \leqq 1$$

6.8.6 Konstruktion und Herstellung der Verbindungen (DIN)

Mindestabstände: Abb. 6.69

Größtabstände: | HW, NH ∥ Fa: $80\,d_n$ | NH ⊥ Fa: $40\,d_n$ | $-T2$, $8.4-$

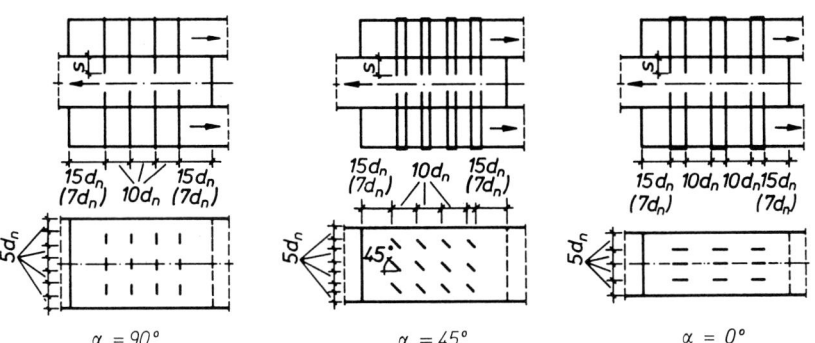

$s \triangleq Einschlagtiefe; \ d_n \triangleq Draht-\emptyset; \ \alpha \triangleq \not< zwischen \ Klammerrücken \ und \ Fa-Ri$

Abb. 6.69. Mindestabstände bei Klammerverbindungen $(7\,d_n)$ gilt für unbeanspruchte Ränder bei Druckkraft

Platten aus HW müssen bei bündigem Abschluß der Klammerrücken mit der Plattenoberfläche mindestens folgende Dicken aufweisen – *T2, 8.3* –:

Flachpreßplatten $t \geqq 8\,\text{mm}$

Bau-Furniersperrholz $t \geqq 6\,\text{mm}$

harte und mittelharte Holzfaserplatten $t \geqq 6\,\text{mm}$

Bei versenkter Anordnung sind diese Dicken um je 2 mm zu erhöhen.

Zum Einschlagen der Klammern liefern die Hersteller für die einzelnen Klammertypen geeignete Eintreibgeräte.

Die Klammerrücken sollen mindestens bündig mit der Holz- oder Plattenoberfläche abschließen. Sie dürfen $\leqq 2\,\text{mm}$ versenkt werden.

6.8.7 Bemessung nach EC 5

Bei der Bemessung und Ausführung von Klammerverbindungen sind zu beachten:
– Die allgemeinen Regeln für Nagelverbindungen gelten sinngemäß
– Der Bemessungswert der Tragfähigkeit R_d bei Beanspruchung $\perp$ Schaftrichtung ist äquivalent dem zweier Nägel mit Drahtdurchmesser der Klammern

   Voraussetzung: $\alpha > 30°$

   α Winkel zwischen Klammerrücken und Holzfaserrichtung
– $\alpha \leqq 30°$: $0,7 \cdot R_\text{d}$
– Klammern sollten nur für Konstruktionen der Nutzungsklassen 1 oder 2 verwendet werden.

Die sinngemäße Anwendung der Regeln für Nagelverbindungen bezieht sich u. a. auf [38]:
– Bemessungswerte der Tragfähigkeit $\perp$ zur Schaftrichtung und Herausziehen (1 Klammerschaft $\cong$ 1 Nagel)
– Mindestabstände der Klammern
– Mindesteinschlagtiefen
– Abstände bei Überlappung der Klammerschäfte
– Verschiebungsmodul

Die Mindestdicken für Platten aus HW nach – *T2, 8.3* – sollten nicht unterschritten werden.

Eine Abminderung des Bemessungswertes R_d bei Beanspruchung auf Herausziehen für $\alpha \leqq 30°$ sollte mit dem Faktor 0,7 vorgenommen werden.

Die Eignung für ständige Beanspruchung auf Herausziehen ist durch eine BAZ nachzuweisen.

Tafel 6.22. Zulässige Belastung ∥ Klammerrücken aus Zugversuchen mit verklammerten Stößen ($v = 2{,}75$ gegen Bruch)

	Bauklammer ⊏ 5/25 $l = 250$ bis $300\,$mm	Gerüstklammer ⌀16 $l = 300\,$mm
zul N_z [kN]		
voll eingeschlagen	2,0	4,5
halb eingeschlagen	–	2,0

Tafel 6.23. Zulässige Belastung nach Abb. 6.70 für eine Gerüstklammer ⌀16, $l = 300\,$mm

Einschlagtiefe s [mm]	33	45	55
zul N [kN]	3,0	5,0	7,5

6.9 Bauklammern *– T2, 11 –*

Bauklammerverbindungen (siehe DIN 7961) dürfen bei Dauerbauten nur für *untergeordnete* Zwecke verwendet werden, z. B. für zusätzliche Sicherung von Sparren und Pfetten gegen Abheben. Ihre Tragfähigkeit wird beeinträchtigt durch die Verformung der Klammer und die Spaltwirkung der Klammerspitzen. Ihre Anwendung erstreckt sich vorwiegend auf den Gerüstbau.

Die Tragfähigkeit einiger Klammertypen (Tafel 6.22) kann nach Versuchen von Fonrobert [100] angegeben werden, vgl. *– E 202 –* und [90].

Nicht voll eingeschlagene Klammern, die auf Zug ∥ Rücken beansprucht werden, verformen sich stark. Die Krümmung des Klammerrückens kann man dadurch verhindern, daß der Luftspalt zwischen Klammerrücken und Holz ausgefuttert wird.

Die Verformung der Klammer ist bei dieser Belastung nach Abb. 6.70 relativ gering. Damit läßt sich die höhere Tragfähigkeit begründen.

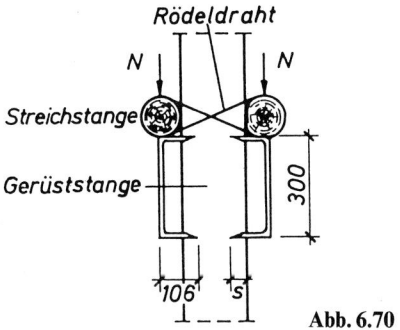

Abb. 6.70

6.10 Zusammenwirken verschiedener Verbindungsmittel

Mechanische Verbindungsmittel erzeugen infolge äußerer Kräfte in den Leibungsflächen des Holzes je nach der Tiefenwirkung verschieden große elastische und plastische Verformungen, die man als Nachgiebigkeit bezeichnet.

Ein Zusammenwirken verschiedenartiger Verbindungsmittel – hierzu zählt auch der Versatz – in einem Stoß oder Anschluß kann nach – *T2, 14* – nur erwartet werden, wenn ihre Nachgiebigkeit etwa gleich groß ist.

Bei Leim- und Bolzenverbindungen darf, da diese Verbindungen extrem starr bzw. extrem nachgiebig sind, ein Zusammenwirken untereinander bzw. mit Nägeln, Dübeln, Stabdübeln, Holzschrauben, Klammern oder Versätzen nicht in Rechnung gestellt werden, vgl. Abb. 6.71.

Nach EC 5 dürfen nur Leime und mechanische Verbindungsmittel nicht als gleichzeitig wirkend angenommen werden.

Das Zusammenwirken von Bolzenverbindungen mit anderen mechanischen Verbindungsmitteln ist nach EC 5 erlaubt, falls die Unterschiede in der Nachgiebigkeit berücksichtigt werden.

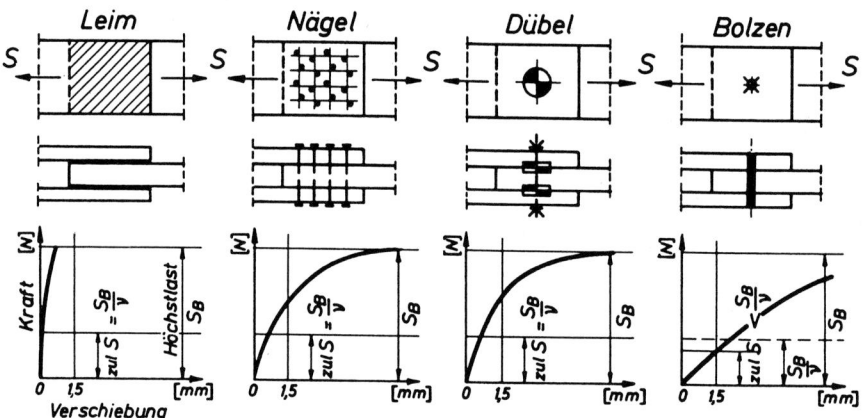

Abb. 6.71. Kraft-Verschiebungslinien von Holzverbindungen

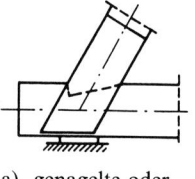

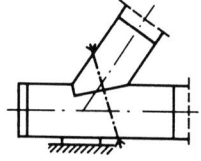

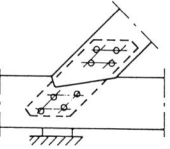

a) genagelte oder gedübelte Laschen zur Stoßdeckung

b) genagelte, gedübelte oder geleimte Laschen als Stabverbreiterung

c) innenliegendes Stahlblech und SDü [7, 23]

Abb. 6.72

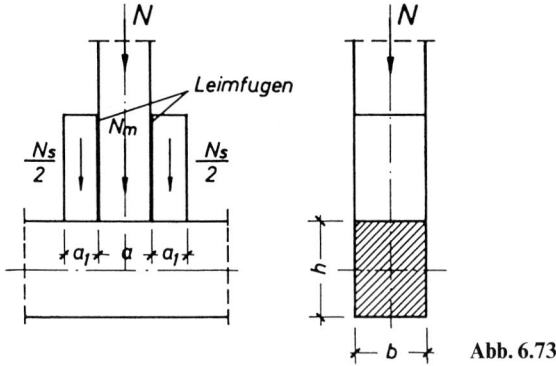

Abb. 6.73

Anwendungsbeispiele für die Kombination verschiedener Verbindungsmittel zeigt Abb. 6.72. Die Grundverbindung ist in den drei Fällen der einfache Versatz.

Für die Berechnung gilt nach – *T2, 14* –:

> Das Verbindungsmittel, auf das rechnerisch die kleinere anteilige Kraft entfällt, ist für die 1,5fache anteilige Kraft zu bemessen.
> Stabverbreiterungen durch aufgeleimte Beihölzer bei Versätzen (vgl. Abb. 6.72b) oder Kontaktdruckanschlüssen (vgl. Abb. 6.73) dürfen für die einfache anteilige Kraft bemessen werden.

Mit Rücksicht auf das Arbeiten des Holzes und die daraus entstehende Gefahr des Aufreißens der Leimfuge sollte die Dicke der Hölzer aus VH begrenzt werden auf (Abb. 6.73)

$$a_1 \leqq 40\,\text{mm}$$

$$a \;\leqq 60\,\text{mm}$$

vgl. – *E 206* – und Abb. 5.11 e

1. Beispiel: Stirnversatz und genagelte Laschen nach Abb. 6.72 a und 6.74 (DIN)

Strebenkraft $S = 66,5\,\text{kN}$ Lastfall H

Querschnitte 16/16, 16/18 NH II

Versatztiefe: $\text{zul}\, t_v = \dfrac{180}{4} = 45\,\text{mm}$

Versatzkraft: $\text{zul}\, S = b \cdot t_v \dfrac{\text{zul}\, \sigma_{D\,*\,\alpha/2}}{\cos^2(\alpha/2)}$

$$\text{zul}\, S = 160 \cdot 45 \cdot \dfrac{6,01}{0,853} = 50\,729\,\text{N} = 50,7\,\text{kN}$$

Restkraft für
2 Laschen: $2\Delta S = 66,5 - 50,7 = 15,8\,\text{kN}$

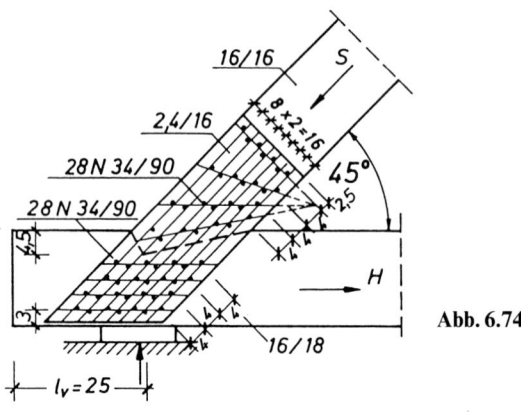

Abb. 6.74

Laschendicke: $\quad \text{erf}\, a_1 = \dfrac{15,8 \cdot 10^3}{2 \cdot 160 \cdot 8,5} = 5,8\,\text{mm}$

Gewählt: $\quad\quad \min a_1 = 24\,\text{mm}$

Nagelanzahl für 1,5fache Restkraft:

je Lasche: $\quad\quad \text{erf}\, n = \dfrac{1,5 \cdot 15,8}{2 \cdot 0,431} = 27,5 \rightarrow 28\,\text{Nä}\, 34 \times 90$

Vorholzlänge für $\quad H = 50,7 \cdot \cos 45° = 35,9\,\text{kN}$

$$\text{erf}\, l_v = \frac{35,9 \cdot 10^3}{160 \cdot 0,9} = 249 \rightarrow 250\,\text{mm}$$

Nagelabstände s. Abb. 6.74

Versatzverstärkungen durch Laschen oder Beihölzer kommen bei Versätzen zur Anwendung, um den Anschluß größerer Strebenkräfte zu ermöglichen oder um das Vorholz kurz zu halten.

Weitere Ausführungsbeispiele s. [22, 65, 66, 89].

2. Beispiel: Stirnversatz und genagelte Laschen nach Abb. 6.74 (EC 5)

Strebenkraft $S = 66,5\,\text{kN}$, mittlere LED, Nkl 1 oder 2

Querschnitte 16/16, 16/18 S 10/MS 10

Bemessungswert der Strebenkraft:

$$S_d = 1,43 \cdot 66,5 = 95,1\,\text{kN}$$

Versatztiefe: $\quad \text{zul}\, t_v = \dfrac{180}{4} = 45\,\text{mm}$

Versatzkraft: $\quad S_d = 160 \cdot 45 \cdot 11,6 \cdot \dfrac{0,8}{0,9} = 74\,240\,\text{N} = 74,2\,\text{kN}$
(Tafel 5.7) $\quad\quad\quad\quad\quad\quad\quad\quad\quad\quad\quad\quad$ s. Tafel 2.9

Restkraft für
2 Laschen: $\qquad 2\Delta S = 95{,}1 - 74{,}2 = 20{,}9\,\text{kN}$

Laschendicke: $\qquad \text{erf}\, t_1 = \dfrac{20{,}9 \cdot 10^3}{2 \cdot 160 \cdot 12{,}9} = 5{,}1\,\text{mm}$

$$f_{\text{c,0,d}} = \frac{0{,}8}{1{,}3} \cdot 21 = 12{,}9\,\text{N/mm}^2 \quad \text{s. Gl.} (2.5)$$

Nagelverbindung ohne Vorbohrung
Mindestholzdicke:

$$t_1 = \max \begin{cases} 7 \cdot 3{,}4 & = 23{,}8\,\text{mm} \\ (13 \cdot 3{,}4 - 30)\,380/400 & = 13{,}5\,\text{mm} \end{cases}$$

Gewählt: $\quad t_1 = 24\,\text{mm}$

$$\text{vorh}\, t_2 = 90 - 24 = 66\,\text{mm} > 8 \cdot d = 8 \cdot 3{,}4 = 27{,}2\,\text{mm}$$

Einschnittige Nagelverbindung:

$$f_{\text{h,1,d}} = \frac{0{,}8}{1{,}3}\,(0{,}082 \cdot 380 \cdot 3{,}4^{-0{,}3}) = 13{,}3\,\text{N/mm}^2$$

$$M_{\text{y,d}} = \frac{180 \cdot 3{,}4^{2{,}6}}{1{,}1} = 3942\,\text{Nmm}$$

$$\min R_{\text{d}} = 1{,}1\,\frac{13{,}3 \cdot 24 \cdot 3{,}4}{3}\left[\sqrt{4 + \frac{12 \cdot 3942}{13{,}3 \cdot 3{,}4 \cdot 24^2}} - 1\right] = 562\,\text{N}$$

Nagelanzahl für 1,5fache Restkraft:

je Lasche: $\qquad \text{erf}\, n = \dfrac{1{,}5 \cdot 20{,}9 \cdot 10^3}{2 \cdot 562} = 27{,}9 \to 28\,\text{Nä}\,34 \times 90\,\text{(DIN)}$

Vorholzlänge: $\qquad \text{erf}\, l_{\text{v}} = \dfrac{74{,}2 \cdot 10^3 \cdot 0{,}707}{160 \cdot 1{,}54} = 213\,\text{mm} \to 250\,\text{mm}\,\text{(DIN)}$

$$f_{\text{v,d}} = \frac{0{,}8}{1{,}3} \cdot 2{,}5 = 1{,}54\,\text{N/mm}^2$$

Nagelabstände s. Abb. 6.74

7 Zugstäbe

7.1 Allgemeines

Dieser Abschnitt behandelt nur *mittigen Kraftangriff*. Ausmittige Beanspruchung s. Abschn. 11.

Zugstöße und -anschlüsse werden nach Abschn. 5.1 berechnet. Für Zugstäbe ist möglichst *astfreies* Holz zu verwenden.

Querschnittsschwächungen sind abzuziehen.

7.2 Bemessung nach DIN

$$\mathrm{erf}\, A_n = \frac{S}{\mathrm{zul}\, \sigma_{Z\parallel}} \tag{7.1}$$

$$\mathrm{erf}\, A = \mathrm{erf}\, A_n + \Delta A \tag{7.2}$$

Für Entwurfsberechnungen dürfen die durch die Verbindungsmittel entstehenden Fehlflächen ΔA näherungsweise nach $-E\,33-$ angenommen werden.

Art der Verbindungsmittel	ΔA
Nägel ($d_n > 4{,}2$ mm oder vorgebohrt)	$\approx 0{,}1 \cdot A$
Bolzen oder Stabdübel	$\approx 0{,}15 \cdot A$
Dübel besonderer Bauart	$\approx 0{,}25 \cdot A$
Einseitiger Versatz	$\approx 0{,}25 \cdot A$

7.3 Spannungsnachweis $-7.1-$

$$\sigma_{Z\parallel} = \frac{S}{A_n}; \qquad \frac{\sigma_{Z\parallel}}{\mathrm{zul}\, \sigma_{Z\parallel}} \leqq 1 \tag{7.3}$$

Darin bedeutet S die mittige Zugkraft. Der Nettoquerschnitt A_n wird nach $-6.4.2-$ berechnet, vgl. Tafel 7.1. Ergänzend zu Tafel 7.1 gilt:

Bei *Baumkanten*, die nicht größer sind als in DIN 4074 festgelegt, darf der *scharfkantige* Querschnitt in Rechnung gestellt werden. Wegen der Inhomogenität des Holzes (Äste u. a. m.) kann ein unregelmäßiger faseriger Bruch entstehen (Abb. 7.1).

Tafel 7.1. Abzuziehende Fehlflächen bei Zug- und Biegezugbeanspruchung, a, d_{st}, d_b, d_n (in mm)

	Art der Verbindungsmittel		Bemerkungen	Fehlfläche [mm^2]	$a \triangleq$ Holzdicke
1	Stabdübel	d_{st}	alle Durchmessergrößen	$a \cdot d_{st}$	
2	Vorgebohrte Nägel	d_n		$a \cdot d_n$	
3	Nicht vorgebohrte Nägel	d_n	$d_n > 4{,}2$ mm	$a \cdot d_n$	
4	Bolzen	d_b	alle $\varnothing$-Größen	$a \cdot (d_b + 1)$	
5	Dübel besonderer Bauart gemäß DIN 1052 Teil 2		alle Dübelgrößen; ΔA nach DIN 1052 T2, Tab. 4, 6,7 mit zugehörigen Bolzen	Seitenholz $\Delta A + a \cdot (d_b + 1)$ Mittelholz $2 \cdot \Delta A + a \cdot (d_b + 1)$	
6	Keilzinken nach DIN 68 140		alle Keilzinken der Beanspruchungsgruppe I	$v \cdot A = \dfrac{b}{t} \cdot A$	

Deshalb gilt für die Berechnung der Querschnittsschwächungen im Holzbau folgende *Sonderregelung*:

Versetzt zur Faserrichtung liegende Schwächungen sind in einem Querschnitt abzuziehen, wenn ihr Lichtabstand $\parallel$ Fa ≤ 150 mm bzw. bei stabförmigen Verbindungsmitteln $\leq 4\,d$ beträgt (Abb. 7.1).

In Faserrichtung hintereinanderliegende Schwächungen sind nur einmal abzuziehen. Dabei sind versetzt zur Rißlinie angeordnete Nägel und Stabdübel wie hintereinanderliegende zu behandeln (Abb. 7.2).

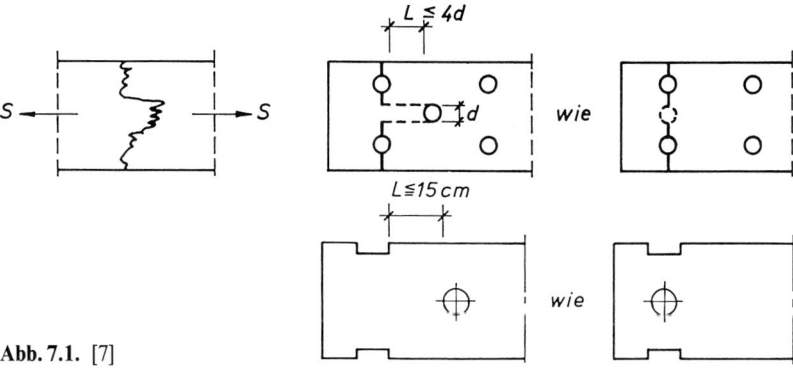

Abb. 7.1. [7]

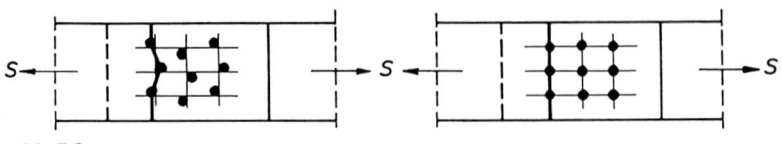

Abb. 7.2

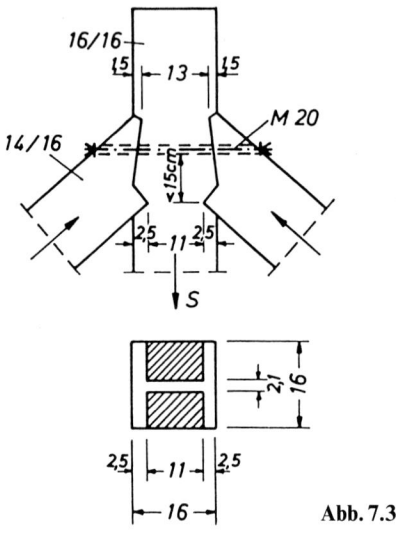

Abb. 7.3

Beispiel: Zugstab mit beidseitigem doppeltem Versatz (Abb. 7.3)

Stabkraft $S = 52\,\text{kN}$ Lastfall H

Stabquerschnitt   16/16 NH II

Versatztiefen: $t_{v2} = 25\,\text{mm} < \dfrac{160}{6} = 27\,\text{mm}$

$t_{v1} = 25 - 10 = 15\,\text{mm}$

Nettoquerschnitt:

$A_n = 160 \cdot 160 \qquad\quad = \quad 256 \cdot 10^2\,\text{mm}^2$ (Vollholz)

$-2 \cdot 25 \cdot 160 \quad\; = -80 \cdot 10^2\,\text{mm}^2$ (Versätze)

$-(20+1) \cdot 110 = -23 \cdot 10^2\,\text{mm}^2$ (Bolzen)

$$A_n = \quad 153 \cdot 10^2\,\text{mm}^2$$

$$\sigma_{z\|} = \frac{52 \cdot 10^3}{153 \cdot 10^2} = 3{,}4\,\text{N/mm}^2$$

$$3{,}4/8{,}5 = 0{,}4 < 1$$

Weitere Beispiele s. Abschn. 5 und 6.

7.4 Bemessung nach EC 5

$$\sigma_{t,0,d} = \frac{N_d}{A_n} \qquad \sigma_{t,0,d}/f_{t,0,d} \leqq 1 \tag{7.4}$$

Querschnittsschwächungen:
Querschnittsschwächungen können nach Tafel 7.1 berücksichtigt werden.
  Ausnahme:
  Schwächungen infolge nicht vorgebohrter Nägel sind erst ab $d_n > 6$ mm zu berücksichtigen.

Für versetzt zur Faserrichtung liegende Schwächungen können für die den Gkl entsprechenden Fkl die Festlegungen der DIN 1052 verwendet werden.

Beispiel: Zugstab mit beidseitigem doppeltem Versatz (Abb. 7.3)

  Stabkraft $N = 52$ kN $k_{mod} = 0{,}8$
  Stabquerschnitt   16/16
             S 10/MS 10

Bemessungswert der Stabkraft:

$$N_d = 1{,}43^{\,1} \cdot 52 = 74{,}4 \text{ kN}$$

Versatztiefen: $t_{v2} = 25$ mm $<$ zul $t_v = \dfrac{160}{6} = 27$ mm

$$t_{v1} = 25 - 10 = 15 \text{ mm}$$

Nettoquerschnitt: $A_n = 153 \cdot 10^2$ mm^2 (s. Beispiel DIN)

$$\sigma_{t,0,d} = \frac{74{,}4 \cdot 10^3}{153 \cdot 10^2} = 4{,}9 \text{ N/mm}^2$$

$$f_{t,0,d} = \frac{0{,}8}{1{,}3} \cdot 14 - 8{,}6 \text{ N/mm}^2$$

$$4{,}9/8{,}6 = 0{,}6 < 1$$

---

[1] Summarischer Sicherheitsbeiwert für die Einwirkungen.

8 Einteilige Druckstäbe

8.1 Allgemeines

Dieser Abschnitt behandelt nur *mittigen Kraftangriff*, schließt jedoch Druck-stäbe mit ungewollter Ausmittigkeit (Größenordnung nach DIN: $e \leq l/200$) ein. Planmäßig ausmittige Beanspruchung siehe Abschnitt 11.

Druckstöße und -anschlüsse werden nach Abschn. 5.3–5.6 berechnet. Bei Druck und Biegedruck sind Querschnittsschwächungen nur abzuziehen, wenn

a) die geschwächte Stelle nicht satt ausgefüllt ist
b) der E-Modul des ausfüllenden Materials
   $< E_\parallel$ des Holzes ist (Abb. 8.1) (DIN),
   $\leq E_\parallel$ (EC 5)

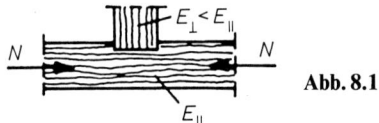

Abb. 8.1

Druckstäbe sind auf Knicken zu untersuchen. Der Knicknachweis wird mit dem ω-Verfahren geführt. Anstelle des auf einer vereinfachten Lösung der Elastizitätstheorie II. Ordnung beruhenden Stabilitätsnachweises nach dem ω-Verfahren für Stabwerke – auch Ersatzstabverfahren genannt – kann nach –9.6– auch ein Tragsicherheitsnachweis nach der Spannungstheorie II. Ordnung vorgenommen werden $-E89-$. Dieser Tragsicherheitsnachweis wird im Holzbau nach Heimeshoff [101] auf seltene Ausnahmefälle beschränkt bleiben.

8.2 Bemessung von Druckstäben (DIN)

Für die Bemessung einteiliger Knickstäbe stehen Tafeln zur Verfügung [36].

Für Quadrat- und Rundholz liefern folgende Faustformeln gute Näherungswerte:

für Quadratholz $\text{erf } A \approx (1{,}4 \cdot S + 9 \cdot s_k^2) \cdot 10^2$ (8.1)

für Rundholz $\text{erf } A \approx (1{,}2 \cdot S + 7 \cdot s_k^2) \cdot 10^2$ (8.2)

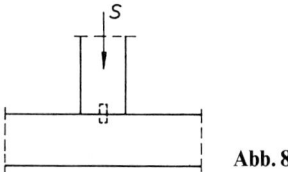

Abb. 8.2

Darin bedeuten S Stabkraft [kN]

                           s_k Knicklänge [m]

                           A Querschnittsfläche [mm^2]

Bei Druckstabanschlüssen $\perp$ Fa kann zul $\sigma_{D\perp}$ maßgebend für die Bemessung werden, vgl. Abschn. 5.4 (Abb. 8.2).

$$\text{erf } A_n \geqq \frac{S}{\text{zul } \sigma_{D\perp}} \qquad (8.3)$$

8.3 Knicknachweis ($A \cong$ ungeschwächter Querschnitt) (DIN)

Bei einteiligen Stäben darf die Druckspannung $\sigma_{D\|} = S/A$ nicht größer werden als die zulässige Knickspannung zul σ_k.

$$\frac{S/A}{\text{zul } \sigma_k} \leqq 1 \quad \text{mit zul } \sigma_k = \frac{\text{zul } \sigma_{D\|}}{\omega} \qquad (8.4)$$

Alle Anschlüsse von Druckstäben werden nur für die tatsächlich wirksame Stabkraft S bemessen, vgl. Abschn. 5.3.

    Die Knickzahlen ω sind in Abhängigkeit vom Schlankheitsgrad λ der Tabelle 10, DIN 1052 zu entnehmen [2, 36], vgl. Anhang.

Die Knickzahlen ω, die von Möhler/Scheer/Muszala [102] für Vollholz, BSH, HW berechnet worden sind, können nach $-E78-$ durch quadratische Parabeln beschrieben werden.

Berechnungsgang für den einteiligen Knickstab

Trägheitsradius i

für Rundholz $i_y = \sqrt{\dfrac{I_y}{A}} = \dfrac{d}{4}$ $\qquad (8.5)$

für Kantholz

$$i_y = \sqrt{\frac{I_y}{A}} = 0{,}289 \cdot h$$

$$\qquad (8.6)$$

$$i_z = \sqrt{\frac{I_z}{A}} = 0{,}289 \cdot b$$

Knicklänge s_k nach Abschn. 8.5

Schlankheitsgrad λ

$$\lambda_y = \frac{s_{ky}}{i_y} \leq \text{zul}\,\lambda_y; \quad \lambda_z = \frac{s_{kz}}{i_z} \leq \text{zul}\,\lambda_z \tag{8.7}$$

Der größere der beiden Schlankheitsgrade liefert die Knickzahl ω nach DIN 1052, Tabelle 10, s. Anhang.

8.4 Zulässiger Schlankheitsgrad (DIN)

Der zulässige Schlankheitsgrad ist für ein- und mehrteilige Stäbe in $-9.2-$ festgelegt.

$\lambda \leq 150$ a) für einteilige Stäbe

b) für die „Starrachse" mehrteiliger Stäbe

ef $\lambda \leq 175$ für die „nachgiebige Achse"

a) nicht gespreizter Stäbe (genagelt oder gedübelt)

b) gespreizter Stäbe (genagelt, gedübelt oder geleimt)

$\lambda \leq 200$ a) für Zugstäbe mit geringen Druckkräften aus Zusatzlasten

b) für Stäbe von Wind- und Aussteifungsverbänden

c) für Fliegende Bauten (DIN 4112) bei stoßfreier Belastung

$\lambda \leq 250$ bei Fliegenden Bauten für Zeltstangen zur Minderung des Durchhangs der Zeltplane

8.5 Knicklänge s_k

Die Knicklänge s_k kann für die im Holzbau üblichen Stab- und Tragwerksformen nach -9.1 und $E73-E76-$ bestimmt werden [7].

Die Knicklänge s_k eines Stabes der Netzlänge s kann qualitativ aus der Knickfigur des Systems abgelesen werden.

$$s_k = \beta \cdot s \tag{8.8}$$

Der Faktor β gibt das Verhältnis der Halbwelle des Eulerfalles 2 zur Netzlänge s des Stabes an.

Jeder Stab, der nicht kontinuierlich gegen seitliches Ausweichen gehalten ist, muß auf Knicken um beide Hauptachsen untersucht werden. Dabei können die Knicklängen s_{ky} und s_{kz} verschieden groß sein.

8.5.1 Knicklänge von Stützen (Abb. 8.3)

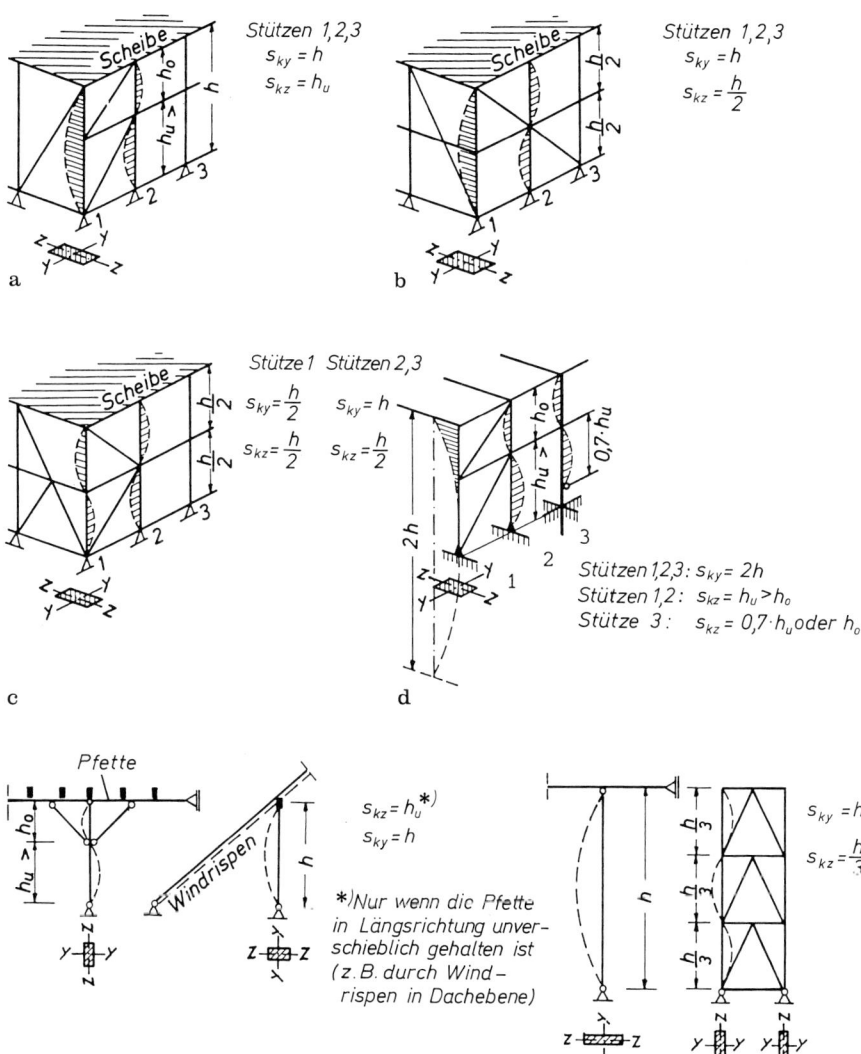

Abb. 8.3

8.5.2 Knicklänge von Fachwerkstäben ($s \triangleq$ Netzlänge)

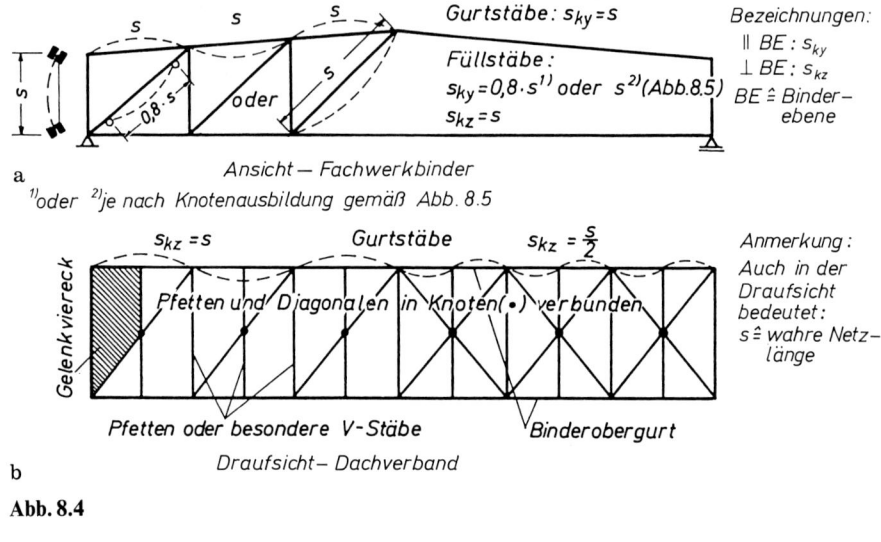

a   Ansicht – Fachwerkbinder
[1]oder [2]je nach Knotenausbildung gemäß Abb. 8.5

b
Draufsicht – Dachverband

Abb. 8.4

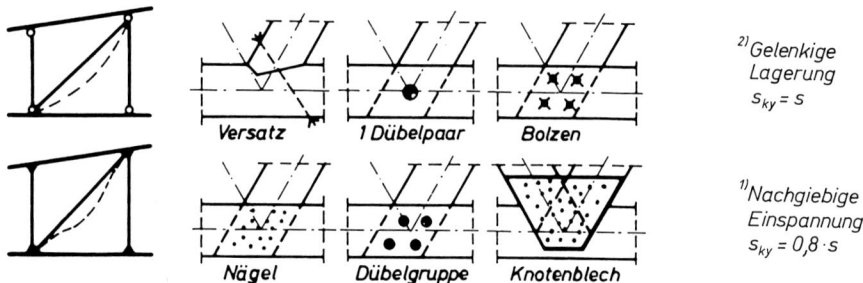

Abb. 8.5. s_{ky} für Füllstäbe in Abhängigkeit von der Knotenkonstruktion

Die Knicklänge der Füllstäbe s_{ky} in Binderebene nach Abb. 8.4a ist abhängig von der Steifigkeit der Anschlußkonstruktion gemäß Abb. 8.5, Anmerkungen [1] und [2].

8.5.3 Knicklänge des verschieblichen Kehlbalkendaches (Abb. 8.6) –9.1.3–

‖ Binderebene:

$$s_u \begin{cases} > 0,3 \cdot s \\ < 0,7 \cdot s \to s_{ky} = 0,8 \cdot s \end{cases}$$

$$s_u \geqq 0,7 \cdot s \to s_{ky} = s$$

⊥ Binderebene:

s_{kz} ohne Bedeutung, wenn seitliches Ausweichen durch Latten oder Schalung und Windrispen verhindert wird; Möhler in [103], Heimeshoff [104].

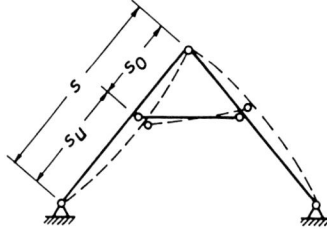

Abb. 8.6

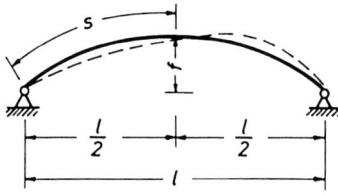

Abb. 8.7

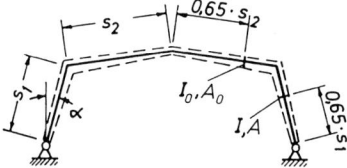

Abb. 8.8

8.5.4 s_{ky} ∥ Bogenebene für Zwei- und Dreigelenkbogen (Abb. 8.7)

$$s_{ky} = 1,25 \cdot s \tag{8.9}$$

wenn $\quad 0,15 \leqq \dfrac{f}{l} \leqq 0,50$ und Querschnitt

$$A \approx \text{const}$$

Für den Knicknachweis ist die Längskraft im Viertelspunkt anzunehmen.

8.5.5 s_{ky} ∥ Rahmenebene für Zwei- und Dreigelenkrahmen (Abb. 8.8)

Nach – *9.1.6 und E74* – gelten unter der Annahme einer antimetrischen Knickfigur die Gln. (8.10) und (8.13).

$\alpha \leqq 15°$ nach Abb. 8.8

$$\begin{aligned} s_{ky} &= s_1 \cdot \sqrt{4 + 1,6 \cdot c} \\ &= 2 \cdot s_1 \cdot \sqrt{1 + 0,4 \cdot c} \end{aligned} \tag{8.10}$$

$$c = \frac{I \cdot 2 \cdot s_2}{I_0 \cdot s_1} \tag{8.11}$$

$$i_y = \sqrt{\frac{I}{A}} \quad \text{bzw.} \quad \sqrt{\frac{I_0}{A_0}} \tag{8.12}$$

$\alpha > 15°$ nach Abb. 8.8
In Anlehnung an Gl. (8.9)

$$s_{ky} = 1{,}25 \cdot (s_1 + s_2) \tag{8.13}$$

Für $\alpha > 15°$ ist der größere der Werte nach Gln. (8.10) und (8.13) zu nehmen.

Nach [101] ist genauere Berechnung der Knicklängen s_{ky} für Stützen und Riegel von Dreigelenkrahmen und Stabilitätsuntersuchung für symmetrische Knickfigur (Durchschlagproblem) möglich.

Beim Knicknachweis nach (11.5) sind jeweils max N und max M des betrachteten Rahmenteils einzusetzen, vgl. −9.1.6−.

Zwei- und Dreigelenkrahmen nach Abb. 8.9

Stütze: $s_{ky} = h$ (meist Zugstab)

Strebe: $s_{ky} = s_1$ (8.14)

Riegel: $s_{ky} = 1{,}25\,(s_1 + s_2)$ vgl. Bogen Gl. (8.9)

Rahmenstützen nach Abb. 8.10

$$s_{ky} = 2 \cdot h_u + 0{,}7 \cdot h_o \tag{8.15}$$

Der Knicknachweis ist zu führen mit der größeren der beiden Stabkräfte N_o oder N_u für die ganze Stützenlänge.

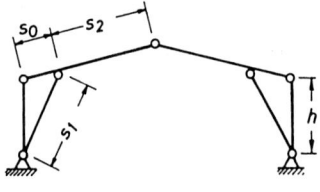

Abb. 8.9

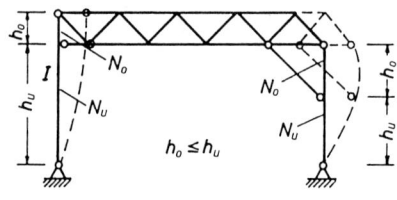

Abb. 8.10

8.5.6 $s_{ky} \parallel$ Rahmenebene für Rahmen mit Pendelstützen

Im Hallenbau werden auch Stützen- bzw. Rahmensysteme nach Abb. 8.11/ 8.13 verwendet.

Die Knicklängen der Pendelstützen sind in allen Fällen (vgl. Abb. 8.3)

$$s_{ky} = h$$

Die Knicklängen s_{ky} der eingespannten bzw. der Rahmenstützen dürfen mit Näherungsformeln nach DIN 4114, Ri 14.14 berechnet werden. Diese Formeln sind jedoch nur gültig, solange das Verhältnis der Kräftesumme der Pendelstützen zu der Kraft einer Rahmenstütze

$$n = \frac{\Sigma F_2}{F} \leq 2 \qquad (8.16)$$

Die belasteten Pendelstützen bewirken eine Vergrößerung der Knicklänge nach (8.10), da sie am verformten System nach Theorie II. Ordnung eine zusätzliche Horizontalverschiebung infolge der H-Komponente erzeugen (vgl. Knickfiguren).

Eingespannte Stützen nach Abb. 8.11

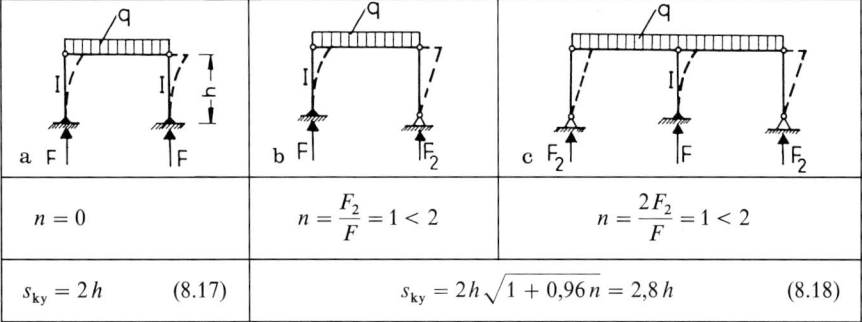

$n = 0$	$n = \dfrac{F_2}{F} = 1 < 2$	$n = \dfrac{2F_2}{F} = 1 < 2$
$s_{ky} = 2h \qquad (8.17)$	$s_{ky} = 2h\sqrt{1 + 0{,}96\,n} = 2{,}8\,h \qquad (8.18)$	

Abb. 8.11

Genauere Berechnung der Knicklänge s_{ky} bei nachgiebiger Einspannung s. Heimeshoff [101, 105] und Möhler/Freiseis [106].

Zwei- oder Dreigelenkrahmen mit innerer Pendelstütze nach Abb. 8.12

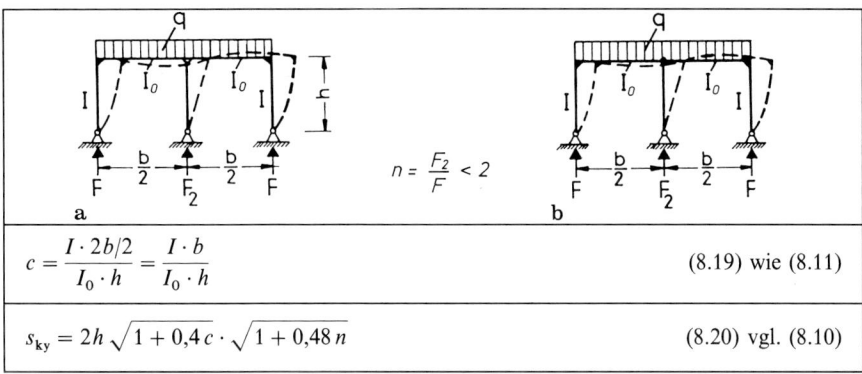

$c = \dfrac{I \cdot 2b/2}{I_0 \cdot h} = \dfrac{I \cdot b}{I_0 \cdot h}$	(8.19) wie (8.11)
$s_{ky} = 2h \sqrt{1 + 0{,}4\,c} \cdot \sqrt{1 + 0{,}48\,n}$	(8.20) vgl. (8.10)

Abb. 8.12

Ein- und zweihüftiger Rahmen mit äußeren Pendelstützen nach Abb. 8.13

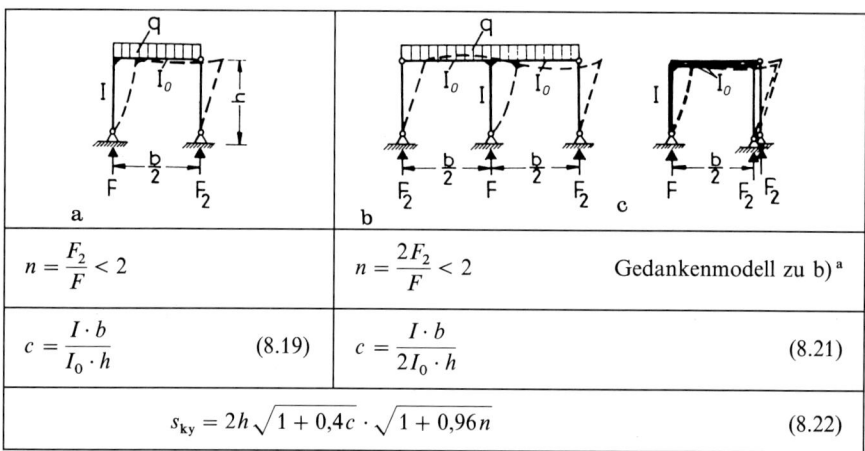

a	b	c
$n = \dfrac{F_2}{F} < 2$	$n = \dfrac{2F_2}{F} < 2$	Gedankenmodell zu b)[a]
$c = \dfrac{I \cdot b}{I_0 \cdot h}$ \hfill (8.19)	$c = \dfrac{I \cdot b}{2I_0 \cdot h}$ \hfill (8.21)	

$$s_{ky} = 2h\sqrt{1 + 0{,}4c} \cdot \sqrt{1 + 0{,}96n} \qquad (8.22)$$

Abb. 8.13   [a] Linkes Feld um 180° auf rechtes geklappt.

Der Knicknachweis für die Rahmenstützen nach Abb. 8.11/13 wird geführt mit der Längskraft F.

8.5.7 $s_{kz} \perp$ Rahmenebene für Vollwand- und Fachwerkrahmen

Die Stütze A–B nach Abb. 8.14 sei $\perp$ Rahmenebene in A an das Fundament und in B an einen Verbandsknoten angeschlossen. Für die Bestimmung von s_{kz} sind zwei Fälle zu unterscheiden, vgl. $-E76-$:

Punkt C ist seitlich gehalten, z. B. durch Kopfbänder (Schnitt F–F)

$$s_{kz} = a \quad \text{bzw.} \quad s_{kz} = b \qquad (8.23)$$

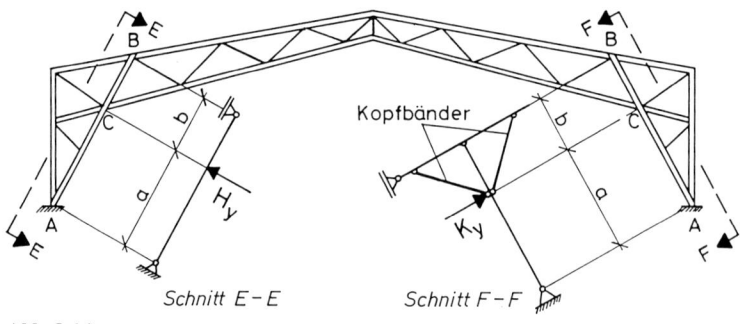

Schnitt E–E   Schnitt F–F

Abb. 8.14

Die Stützkonstruktion in C ist nach –*10.5*– zu bemessen für eine Horizontalkraft

$$K_y = \frac{\max N}{50} \tag{8.24}$$

$\max N \cong$ größte Druckkraft in *C*

Punkt C ist seitlich nicht gehalten (Schnitt E–E)

$$s_{kz} = a + b \tag{8.25}$$

Der Stab A–B muß für Längskraft und Biegung bemessen werden, wobei das Biegemoment M_z hervorgerufen wird durch eine in *C* angreifende Horizontalkraft

$$H_y = \frac{\max N}{100} \tag{8.26}$$

$$\rightarrow M_z = H_y \frac{a \cdot b}{a + b} \tag{8.27}$$

8.6 Beispiele

1. Beispiel: Druckstab nach Abb. 8.15

$$F = 218\,\text{kN}\ \text{Lastfall H}$$

Bemessung nach Gl. (8.1)

$$s_{ky} = s_{kz} = 3{,}20\,\text{m}$$

$$\text{erf}\,A \approx (1{,}4 \cdot 218 + 9 \cdot 3{,}2^2) \cdot 10^2 = 397 \cdot 10^2\,\text{mm}^2$$

Gewählt: 20/20 NH II, $A = 400 \cdot 10^2\,\text{mm}^2$

Knicknachweis

$$i_y = i_z - 0{,}289 \cdot 200 = 57{,}8\,\text{mm}$$

$$\lambda_y = \lambda_z = \frac{3200}{57{,}8} = 55{,}4 \rightarrow \omega = 1{,}53$$

$$\rightarrow \text{zul}\,\sigma_k = 8{,}5/1{,}53 = 5{,}6\,\text{N/mm}^2$$

$$\frac{218 \cdot 10^3 / (400 \cdot 10^2)}{5{,}6} = 0{,}97 < 1$$

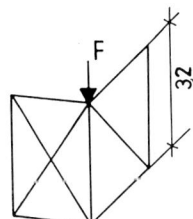

Abb. 8.15

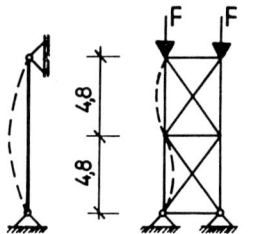

Abb. 8.16

2. Beispiel: Druckstab nach Abb. 8.16

$F = 74\,\mathrm{kN}$ Lastfall H

Knicklängen: $s_{ky} = 9,6\,\mathrm{m}$ $s_{kz} = 4,8\,\mathrm{m}$

Querschnittswahl zweckmäßig

$$\frac{b}{h} = \frac{s_{kz}}{s_{ky}} = \frac{1}{2}$$

Bemessung nach (8.1) als grobe Näherung mit $s_{kz} = 4,8\,\mathrm{m}$

$$\mathrm{erf}\,A \approx (1,4 \cdot 74 + 9 \cdot 4,8^2) \cdot 10^2 = 311 \cdot 10^2\,\mathrm{mm}^2$$

Gewählt: 14/28 BSH II, $A = 392 \cdot 10^2\,\mathrm{mm}^2$

Knicknachweis

$$\lambda_y = \lambda_z = \frac{4800}{0,289 \cdot 140} = 119 \rightarrow \omega = 3,89$$

$$\rightarrow \mathrm{zul}\,\sigma_k = 8,5/3,89 = 2,19\,\mathrm{N/mm}^2$$

$$\frac{74 \cdot 10^3/(392 \cdot 10^2)}{2,19} = 0,86 < 1$$

Knicknachweis für Rahmen s. „Holzbau, Teil 2".
Knicknachweis für das Kehlbalkendach s. „Holzbau, Teil 2".

8.7 Bemessung von Druckstäben (EC 5)

Allgemeines
Der Knickbeiwert k_c wurde auf der Grundlage der Plastizitätstheorie II. Ordnung hergeleitet.

Die Gleichung für k_c wurde dabei an den von der Schlankheit abhängigen Verlauf eines unteren Grenzwertes der Tragfähigkeit (5%-Fraktile) angepaßt [38].

Bemessungsgleichungen
Für $\lambda_{rel} > 0,5$ gilt:

$$\frac{\sigma_{c,0,d}}{k_c \cdot f_{c,0,d}} \leqq 1 \qquad (8.28)$$

mit

$$\lambda_{rel} = \frac{\lambda}{\pi} \sqrt{\frac{f_{c,0,k}}{E_{0,05}}} \qquad (8.29)$$

$$k_c = \frac{1}{k + \sqrt{k^2 - \lambda_{rel}^2}} \qquad (8.30)$$

$$k = 0,5[1 + \beta_c(\lambda_{rel} - 0,5) + \lambda_{rel}^2] \qquad (8.31)$$

$$\beta_c = 0,2 \quad \text{für Vollholz}$$

$$\beta_c = 0,1 \quad \text{für BSH}$$

Beispiel
Druckstab nach Abb. 8.15

$$F = 218\,\text{kN}, \quad k_{mod} = 0,8$$

Gewählt: 20/20

S10/MS10, $A = 400 \cdot 10^2\,\text{mm}^2$

Bemessungswert $F_d = 1,43 \cdot 218 = 312\,\text{kN}$

Knicknachweis

$$i_y = i_z = 0,289 \cdot 200 = 57,8\,\text{mm}$$

$$\lambda_y = \lambda_z = \frac{3200}{57,8} = 55,4$$

$$\lambda_{rel} = \frac{55,4}{\pi} \sqrt{\frac{21}{7400}} = 0,939 > 0,5$$

$$k = 0,5[1 + 0,2(0,939 - 0,5) + 0,939^2] = 0,985$$

$$k_c = \frac{1}{0,985 + \sqrt{0,985^2 - 0,939^2}} = 0,780$$

$$f_{c,0,d} = \frac{0,8}{1,3} \cdot 21 = 12,9\,\text{N/mm}^2 \quad \text{s. Gl. (2.5)}$$

$$\frac{312 \cdot 10^3/(400 \cdot 10^2)}{0,780 \cdot 12,9} = 0,78 < 1$$

Der Ausnutzungsgrad beträgt nach DIN 0,97.

9 Mehrteilige Druckstäbe

9.1 Allgemeines (DIN)

Für mehrteilige Druckstäbe gelten die Abschnitte 8.1 und 8.4 sinngemäß. Man unterscheidet je nach Anordnung der Einzelstäbe (Abb. 9.1)

nicht gespreizte Stäbe,
z.B. Abb. 9.1a, b, c, d
vgl. Tafel 9.1

gespreizte Stäbe,
z.B. Abb. 9.1e, f
vgl. Abb. 9.9

St.A. ≙ „starre" Achse
N.A. ≙ „nachgiebige" Achse

Die einzelnen Stabteile dürfen miteinander verbunden werden durch Leim, Dübel, Nägel, Schrauben, Stabdübel, Klammern (in Ausnahmefällen auch Bolzen) s. –9.3.3.3–.

Die Berechnung und Bemessung mehrteiliger Druckstäbe erfolgt zweckmäßig mit Bemessungstabellen, z.B. von Scheer u. a. in [108] zusammengestellt für die Querschnitte

sowie die Querschnitte in Abb. 9.9.

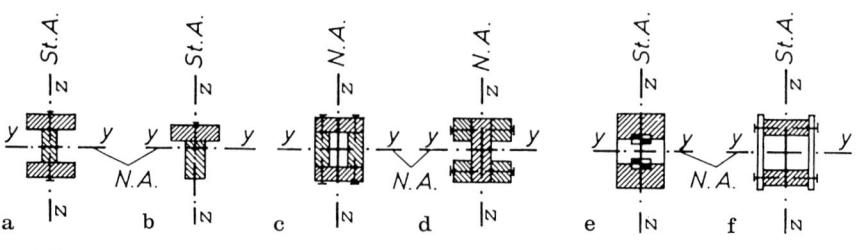

Abb. 9.1

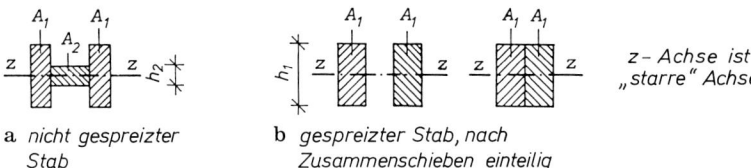

a nicht gespreizter   b gespreizter Stab, nach
  Stab   Zusammenschieben einteilig

Abb. 9.2

9.2 Knickung um die „starre" Achse (DIN)

Bei Knickung um die „starre" Achse verhält sich der mehrteilige Druckstab unabhängig von der Art der Verbindungsmittel wie der durch starre Verbindung der Einzelstäbe gebildete einteilige Druckstab nach Abb. 9.2. Das gilt für den gespreizten Stab ebenso wie für den nicht gespreizten.

Demnach dürfen die mehrteiligen Druckstäbe nach Abb. 9.1 bzw. 9.2 für Knickung um die „starre" Achse wie einteilige berechnet werden, deren Flächenmoment 2. Grades I_z nach (9.1) zu berechnen ist.

$$A = \sum_{i=1}^{n} A_i$$

$$I_z = \sum_{i=1}^{n} I_{iz} = \sum_{i=1}^{n} \left(A_i \cdot \frac{h_i^2}{12} \right) \qquad (9.1)$$

$$i_z = \sqrt{\frac{I_z}{A}} \rightarrow \lambda_z = \frac{s_{kz}}{i_z} \leq 150 = \text{zul } \lambda$$

Nicht gespreizte Stäbe nach Abb. 9.1 c, d besitzen keine „starre" Achse. Sie müssen für die y- und z-Achse nach Abschn. 9.3.1 berechnet werden.

9.3 Knickung um die „nachgiebige" Achse (DIN)

9.3.1 Nicht gespreizte Druckstäbe

Abbildung 9.3 zeigt einen zweiteiligen Druckstab (a) mit den Knickfiguren für eine Leimverbindung (b) und für eine Nagel- oder Dübelverbindung (c) sowie den Querkraftverlauf (d) und (e) am verformten System für Knickung um die „nachgiebige" Achse $y-y$.

Die gegenseitigen Verschiebungen der benachbarten Einzelstabränder in der Berührungsfuge sind bei geleimter Verbindung über die ganze Stablänge Null, bei nachgiebigen Verbindungsmitteln dagegen in Stablängsrichtung veränderlich von Null in Stabmitte bis zum Größtwert an den Stabenden.

9.3.1.1 Leimverbindung in der Berührungsfuge

Die „nachgiebige" Achse $y-y$ verhält sich nach Abb. 9.3 b wie eine „starre" Achse.

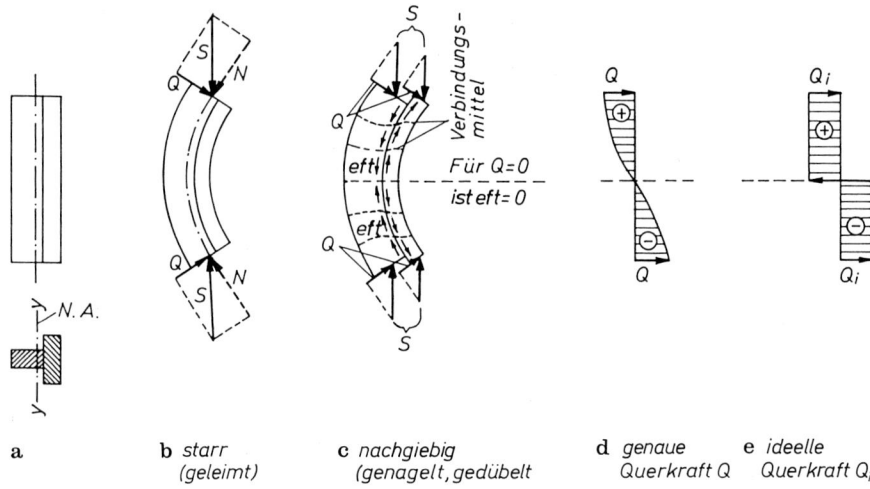

a

b *starr*
(*geleimt*)

c *nachgiebig*
(*genagelt, gedübelt*

d *genaue*
Querkraft Q

e *ideelle*
Querkraft Q_i

Abb. 9.3

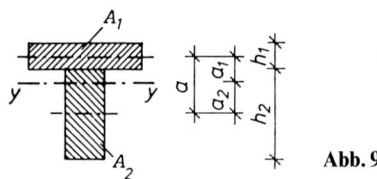

Abb. 9.4

Das wirksame Flächenmoment 2. Grades ef I, bezogen auf die y-Achse, entspricht dem des starr verbundenen Gesamtquerschnitts, z. B. nach Abb. 9.4.

$$\text{ef } I = I_{\text{starr}} = \sum_{i=1}^{n} I_{iy} + \sum_{i=1}^{n} (A_i \cdot a_i^2) \tag{9.2}$$

Für den Querschnitt nach Abb. 9.4 ist

$$\left. \begin{aligned} \text{ef } I &= I_{1y} + I_{2y} + A_1 \cdot a_1^2 + A_2 \cdot a_2^2 \\ &= A_1 \cdot \frac{h_1^2}{12} + A_2 \cdot \frac{h_2^2}{12} + \frac{A_1 \cdot A_2}{A_1 + A_2} \cdot a^2 \end{aligned} \right\} \tag{9.3}$$

$$\text{ef } i = \sqrt{\frac{\text{ef } I}{A_1 + A_2}} \rightarrow \text{ef } \lambda = \frac{s_{ky}}{\text{ef } i} \leqq 150$$

(wegen starrer Leimverbindung)

9.3.1.2 Nachgiebige Verbindung in der Berührungsfuge

Das wirksame Flächenmoment 2. Grades ef I muß gegenüber (9.2) abgemindert werden. Ursache der Nachgiebigkeit ist der Schlupf in den Verbindungsfugen. Deshalb betrifft die Abminderung nur die Steinerschen Anteile.

Nach –8.3.1– darf ef I immer für den ungeschwächten Querschnitt berechnet werden

$$\text{ef}\,I = \sum_{i=1}^{n} I_i + \sum_{i=1}^{n} (\gamma_i \cdot A_i \cdot a_i^2) \tag{9.4}$$

Für den Querschnittstyp 4 – vgl. Abb. 9.4 und Gl. (9.4) – ist z. B.

$$\text{ef}\,I = A_1 \cdot \frac{h_1^2}{12} + A_2 \cdot \frac{h_2^2}{12} + \gamma_1 \cdot A_1 \cdot a_1^2 + \gamma_2 \cdot A_2 \cdot a_2^2 \tag{9.5}$$

mit

$$a_1 = \frac{h_1 + h_2}{2} \cdot \frac{A_2}{\gamma_1 \cdot A_1 + A_2}$$

$$a_2 = \frac{h_1 + h_2}{2} \cdot \frac{\gamma_1 \cdot A_1}{\gamma_1 \cdot A_1 + A_2}$$

oder

$$\text{ef}\,I = A_1 \frac{h_1^2}{12} + A_2 \frac{h_2^2}{12} + \frac{\gamma_1 \cdot A_1 \cdot A_2}{\gamma_1 \cdot A_1 + A_2} \cdot a^2 \tag{9.5a}$$

Abminderungswert γ_i s. (9.6) und (9.7).

$$\text{ef}\,i = \sqrt{\frac{\text{ef}\,I}{A}} \rightarrow \text{ef}\,\lambda = \frac{s_{ky}}{\text{ef}\,i} \leq 175 \quad \text{(wegen nachgiebiger Verbindung)}$$

ef $\lambda \rightarrow$ ef ω nach –Tabelle 10–

Abminderungswert $\quad \gamma_{1,3} = \dfrac{1}{1 + k_{1,3}}, \quad -8.3.1- \tag{9.6}$

$$\gamma_2 = 1 \tag{9.7}$$

mit $\quad k_{1,3} = \dfrac{\pi^2 \cdot E_{1,3} \cdot A_{1,3} \cdot e'_{1,3}}{l^2 \cdot C_{1,3}} \tag{9.8}$

Die Abstände a_2 sind nach –8.3.1–:

$$a_2 = \frac{1}{2} \cdot \frac{\gamma_1 \cdot n_1 \cdot A_1 (h_1 + h_2)}{\gamma_1 \cdot n_1 \cdot A_1 + n_2 \cdot A_2} \tag{9.8a}$$

$$a_2 = \frac{1}{2} \cdot \frac{\gamma_1 \cdot n_1 \cdot A_1 (h_1 + h_2) - \gamma_3 \cdot n_3 \cdot A_3 (h_2 + h_3)}{\sum\limits_{i=1}^{3} \gamma_i \cdot n_i \cdot A_i} \tag{9.8b}$$

In (9.8)–(9.8b) bedeuten

l maßgebende Knicklänge s_k für die „nachgiebige" Achse nach Abschnitt 8.5

a_i Abstände der Schwerachsen der ungeschwächten Querschnittsflächen von der maßgebenden Spannungsnullebene $y-y$ (Abb. 9.4, 9.5)

A_i Querschnittsfläche

E_i Rechenwert für E-Modul (MN/m$^2 \cong$ N/mm^2)

a $a_2 = 0$ b a_2 nach Gl. (9.8a) c a_2 nach Gl. (9.8b)

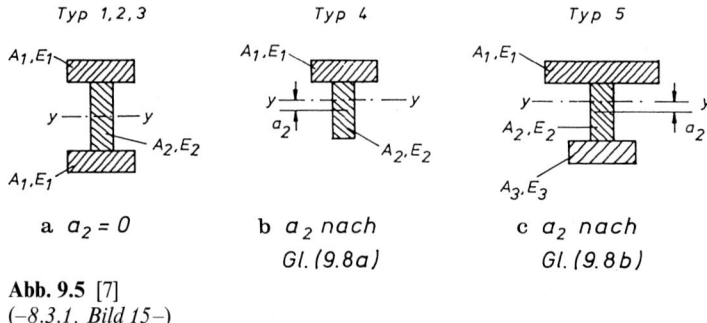

Abb. 9.5 [7]
(–8.3.1, Bild 15–)

Tafel 9.1. Querschnittstypen und Rechenwerte für Verschiebungsmoduln C (in N/mm)

Für Biegung bzw. Knickung maßgebende Schwerachse	Verbindungsmittel		Typ 1	Typ 2	Typ 3	Typ 4	Typ 5
y–y	Nägel durch	1 Fuge	600	600	900	600	600
		2 Fugen	700	–	900 je Fuge	–	700
z–z		1 Fuge	–	900	600	–	–
		2 Fugen	–	900 je Fuge	700 je Fuge	–	–
y–y und z–z	Dübel nach DIN 1052 T2		15 000	für zulässige Belastung[a] bis 16 kN			
			22 500	für zulässige Belastung[a] über 16 bis 30 kN			
			30 000	für zulässige Belastung[a] über 30 kN			
	SDü PB		0,7 · zul N je Fuge mit zul N = zulässige Belastung in N je Anschlußfuge[b]				

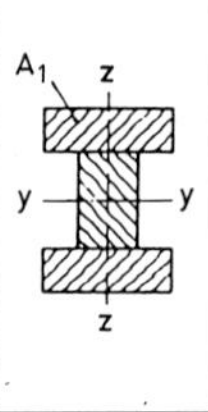

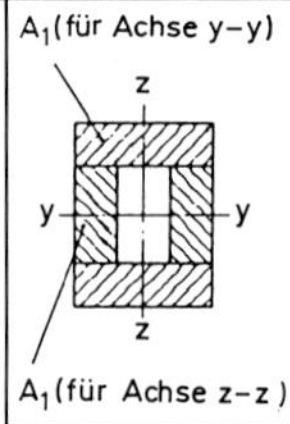

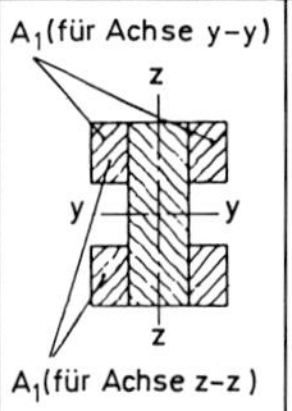

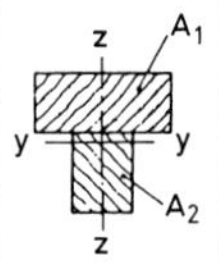

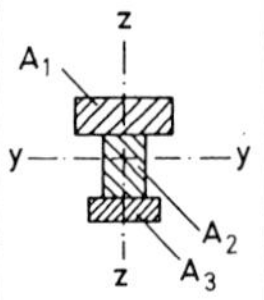

[a] Als zulässige Belastung sind die Werte je Dübel für den Lastfall H maßgebend, s. *–Teil 2, Tab. 4.6.7, Spalte 13–*

[b] Für LH, Gruppe C: 1,0 · zul N.

$C_{1,3}$ Rechenwert für Verschiebungsmodul (in N/mm) nach Tafel 9.1. Keine Abminderung bei C und E infolge Feuchte- oder Kriecheinfluß für die Bestimmung der k-Werte erforderlich *–E 52–*

E_v beliebiger Vergleichs-E-Modul

$n_i = E_i/E_v$

$e'^* = \dfrac{e}{m}$ mittlerer Abstand (in mm) der in eine Reihe geschoben gedachten Verbindungsmittel nach Abb. 9.6

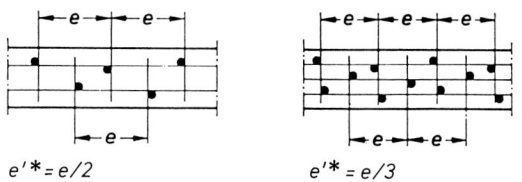 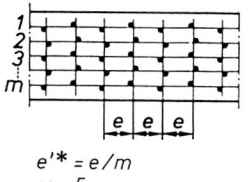

$e'* = e/2$
$m = 2$

$e'* = e/3$
$m = 3$

$e'* = e/m$
$m = 5$

* $e' = e/m$ gilt für $e = const$
  $e' = \bar{e} = (0{,}75 \min e + 0{,}25 \max e)/m$
      gilt für veränderlichen Abstand e $-8.3.3-$
      s. Ausführungen Abschnitt 10.4.2

Abb. 9.6

Beispiel: $l = 4200\,\text{mm}$ Querschnitt aus NH II

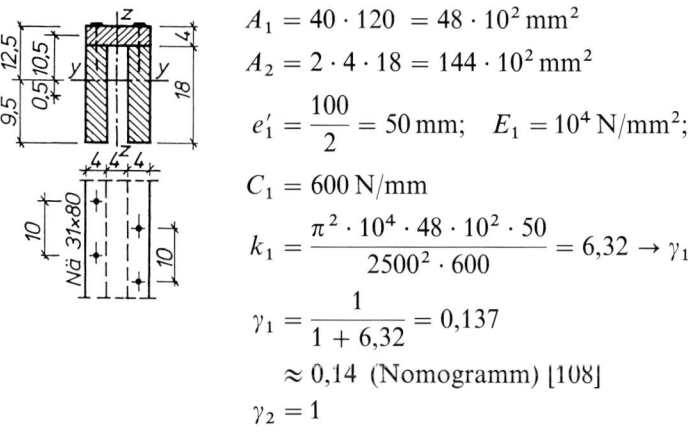

$E_1 = E_2 = 10^4\,\text{N/mm}^2;\ C_1 = 600\,\text{N/mm};$

$A_1 = 50 \cdot 200 = 100 \cdot 10^2\,\text{mm}^2$

$$k_1 = k_3 = k = \frac{\pi^2 \cdot 10^4 \cdot 10^4 \cdot 55}{4200^2 \cdot 600} =$$

$$= 5{,}13 \rightarrow \gamma_1 = \gamma_3 = \gamma = \frac{1}{1 + 5{,}13}$$

$$= 0{,}163 \approx 0{,}16\ (\text{Nomogramm})\ [108]$$

$$\text{ef}\,I_y = 96 \cdot 10^2\,\frac{160^2}{12} + 200 \cdot 10^2\,\frac{50^2}{12}$$

$$+ 0{,}163 \cdot 200 \cdot 10^2 \cdot 105^2$$

$$= 6059 \cdot 10^4\,\text{mm}^4$$

Beispiel: $l = 2500\,\text{mm}$ Querschnitt aus NH II

$A_1 = 40 \cdot 120 = 48 \cdot 10^2\,\text{mm}^2$

$A_2 = 2 \cdot 4 \cdot 18 = 144 \cdot 10^2\,\text{mm}^2$

$e'_1 = \dfrac{100}{2} = 50\,\text{mm};\quad E_1 = 10^4\,\text{N/mm}^2;$

$C_1 = 600\,\text{N/mm}$

$$k_1 = \frac{\pi^2 \cdot 10^4 \cdot 48 \cdot 10^2 \cdot 50}{2500^2 \cdot 600} = 6{,}32 \rightarrow \gamma_1$$

$$\gamma_1 = \frac{1}{1 + 6{,}32} = 0{,}137$$

$$\approx 0{,}14\ (\text{Nomogramm})\ [108]$$

$$\gamma_2 = 1$$

$$a_2 = \frac{1}{2} \cdot \frac{0{,}137 \cdot 48 \cdot 10^2 \cdot (40 + 180)}{0{,}137 \cdot 48 \cdot 10^2 + 144 \cdot 10^2} = 4{,}8 \, \text{mm}$$

$$\approx 5 \, \text{mm}$$

$$a_1 = 110 - 4{,}8 \approx 105 \, \text{mm}$$

$$\text{ef} \, I_y = 48 \cdot 10^2 \cdot \frac{40^2}{12} + 144 \cdot 10^2 \cdot \frac{180^2}{12} + 0{,}137 \cdot 48 \cdot 10^2 \cdot 105^2 + 144 \cdot 10^2 \cdot 5^2$$

$$= 4713 \cdot 10^4 \, \text{mm}^4 \quad \text{(s.\,a. Gl.\,(9.5a))}$$

Berechnung der Verbindungsmittel

Die Verbindungsmittel sind in der Regel für die ideelle Querkraft Q_i nach Abb. 9.3e zu bemessen –9.3.3.2–

$$Q_i = \frac{\text{ef}\,\omega \cdot \text{vorh}\,S}{60} \tag{9.9}$$

Sie darf für $\text{ef}\,\lambda < 60$ reduziert werden auf

$$\text{red}\,Q_i = \frac{\text{ef}\,\lambda}{60} \cdot Q_i \tag{9.9a}$$

$\text{red}\,Q_i$ mindestens aber $\geqq 0{,}5 \cdot Q_i$

Der Schubfluß in der Fuge wird konstant angenommen, vgl. Abb. 9.3c und e.

$$\text{ef}\,t_{1,3} = \frac{Q_i \cdot \gamma_{1,3} \cdot S_{1,3}}{\text{ef}\,I} \quad \text{(in N/mm)} \tag{9.10}$$

Bei vorausgesetztem konstantem Schubfluß können konstante Abstände für die Verbindungsmittel in Stablängsrichtung gewählt werden –8.3.3–.

$$\text{erf}\,e_{1,3} = \frac{m_{1,3} \cdot \text{zul}\,N_{1,3}}{\text{ef}\,t_{1,3}} \tag{9.11}$$

In (9.9)–(9.11) bedeuten

Q_i ideelle Querkraft (in N)

$\text{ef}\,\omega$ Knickzahl für $\text{ef}\,\lambda$ nach –*Tabelle 10*–

$\text{vorh}\,S$ vorhandene Druckkraft des Stabes (in N)

$\text{zul}\,N_{1,3}$ zulässige Belastung eines Verbindungsmittels (in N)

$m_{1,3}$ Anzahl der Reihen nach Abb. 9.6

$S_{1,3}$ Flächenmoment 1. Grades (in mm³) des in einer Fuge anzuschließenden Einzelteiles, bezogen auf die „nachgiebige" Schwerachse des Gesamtquerschnitts

       Für den Querschnitt nach Abb. 9.4 ist z.B.

$$S_1 = A_1 \cdot a_1 = A_2 \cdot a_2$$

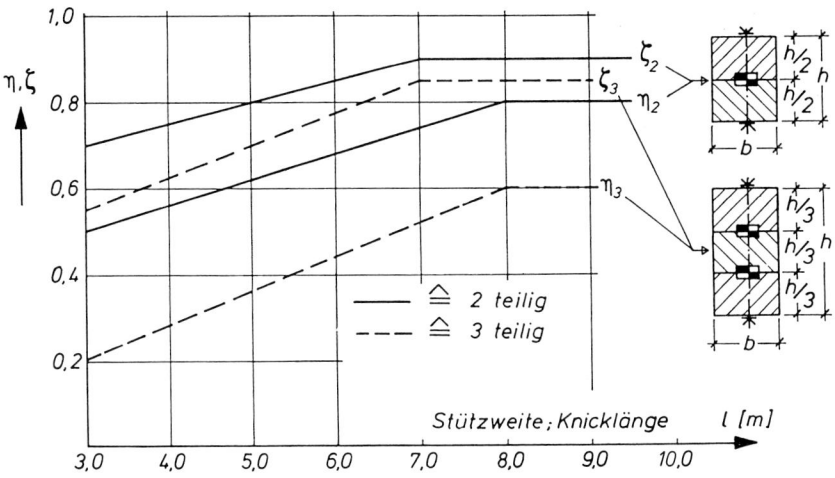

Abb. 9.7. Abminderungswerte η und ζ für ef I und ef W

Träger und Stützen aus 2 oder 3 gleichen Einzelquerschnitten
Bei nachgiebig verbundenen Trägern und Stützen aus zwei oder drei gleichen
Einzelquerschnitten – übliche Längen $< 7\text{–}8$ m – können nach [78], $-E\,53/54-$
die wirksamen Flächenmomente 2. Grades und Widerstandsmomente näherungsweise mit Hilfe der Abminderungswerte η und ζ nach Abb. 9.7 nach
(9.12a) und (9.12b) berechnet werden, wenn folgende Bedingungen erfüllt
sind:

$$A_1 \cdot e'/C \leqq 800$$

A_1 (in mm^2); e' (in mm); C (in N/mm)

$$e' \leqq 3 \cdot e_{\mathrm{d}\,\|} \quad \text{VM: Dübel oder SDü}$$

$$\mathrm{ef}\,I = \eta \cdot b \cdot h^3/12 \tag{9.12a}$$

$$\mathrm{cf}\,W = \zeta \cdot b \cdot h^2/6 \tag{9.12b}$$

Die Verbindungsmittel können näherungsweise für starren Verbund berechnet
und bei Biegeträgern entsprechend dem Q-Verlauf angeordnet oder bei Druckstäben für Q_i nach (9.9) gleichmäßig über die Stützenlänge verteilt werden.

9.3.1.3 Beispiele

1. Beispiel: Dreiteiliger nicht gespreizter Druckstab (Abb. 9.8)

$$S = 93\,\mathrm{kN} \text{ Lastfall H NH II}$$

$$s_{\mathrm{ky}} = s_{\mathrm{kz}} = 4{,}20\,\mathrm{m}$$

1.1 „Starre" Achse $z\text{–}z$

$$
\begin{aligned}
A = \quad & 60 \cdot 160 = 96 \cdot 10^2\,\mathrm{mm}^2 \\
+\ & 2 \cdot 50 \cdot 200 = \underline{200 \cdot 10^2\,\mathrm{mm}^2} \\
& 296 \cdot 10^2\,\mathrm{mm}^2
\end{aligned}
$$

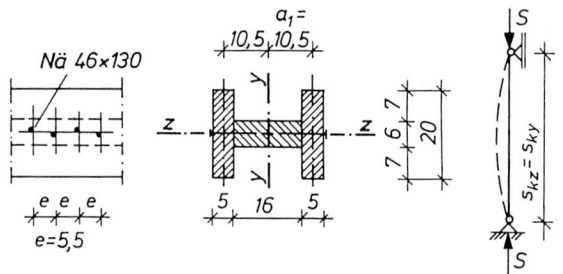

Abb. 9.8

Mit $\dfrac{bh^3}{12} = A \cdot \dfrac{h^2}{12}$ wird

$$I_z = I_{starr} = 96 \cdot 10^2 \cdot \frac{60^2}{12} = \ 288 \cdot 10^4 \, \text{mm}^4$$

$$200 \cdot 10^2 \cdot \frac{200^2}{12} = \underline{6667 \cdot 10^4 \, \text{mm}^4}$$

$$6955 \cdot 10^4 \, \text{mm}^4$$

$$i_z = \sqrt{\frac{6955 \cdot 10^4}{296 \cdot 10^2}} = 48,5 \, \text{mm}$$

$$\lambda_z = \frac{4200}{48,5} = 86,6 < 150$$

1.2 „Nachgiebige" Achse $y-y$

Geschätzter Nagelabstand $e_1 = 55 \, \text{mm}$ einreihig,

also $e'_1 = 55 \, \text{mm}$

$$E_1 = 10^4 \, \text{N/mm}^2; \ A_1 = 50 \cdot 200 = 100 \cdot 10^2 \, \text{mm}^2; \ C_1 = 600 \, \text{N/mm}$$

$$k_1 = \frac{\pi^2 \cdot E_1 \cdot A_1 \cdot e'_1}{s_{ky}^2 \cdot C_1} = \frac{\pi^2 \cdot 10^4 \cdot 10^4 \cdot 55}{4200^2 \cdot 600} = 5,13$$

$$\gamma_1 = \frac{1}{1 + k_1} = \frac{1}{1 + 5,13} = 0,163$$

$$\text{ef} \, I_y = \Sigma I_{iy} + \Sigma(\gamma_i \cdot A_i \cdot a_i^2)$$

$$= \left(96 \cdot \frac{160^2}{12} + 200 \cdot \frac{50^2}{12}\right) 10^2 = 2465 \cdot 10^4 \, \text{mm}^4$$

$$+ (0,163 \cdot 200 \cdot 105^2) \, 10^2 = \underline{3594 \cdot 10^4 \, \text{mm}^4}$$

$$6059 \cdot 10^4 \, \text{mm}^4$$

$$\text{ef} \, i_y = \sqrt{\frac{\text{ef} \, I_y}{A}} = \sqrt{\frac{6059 \cdot 10^4}{296 \cdot 10^2}} = 45,2 \, \text{mm}$$

$$\mathrm{ef}\,\lambda_y = \frac{s_{ky}}{\mathrm{ef}\,i_y} = \frac{4200}{45,2} = 93 > 86,6 = \lambda_z$$

$$< 175 = \mathrm{zul}\,\lambda$$

$$\mathrm{ef}\,\omega = 2,71 \rightarrow \mathrm{zul}\,\sigma_k = 8,5/2,71 = 3,14\,\mathrm{N/mm^2}$$

$$\frac{93\cdot10^3/(296\cdot10^2)}{3,14} = 1,0$$

Berechnung der Verbindungsmittel

Nä 46×130 zul $N_1 = 725\,\mathrm{N}$

$$Q_i = \frac{\mathrm{ef}\,\omega \cdot \mathrm{vorh}\,S}{60} = \frac{2,71\cdot93}{60} = 4,2\,\mathrm{kN}$$

$$\mathrm{ef}\,t_1 = \frac{Q_i\cdot\gamma_1\cdot S_1}{\mathrm{ef}\,I_y} = \frac{4,2\cdot10^3\cdot0,163\cdot100\cdot10^2\cdot105}{6059\cdot10^4} = 11,9\,\mathrm{N/mm}$$

$$\mathrm{erf}\,e_1 = \frac{m\cdot\mathrm{zul}\,N_1}{\mathrm{ef}\,t_1} = \frac{1\cdot725}{11,9} = 61\,\mathrm{mm} > 55\,\mathrm{mm} = \mathrm{vorh}\,e$$

2. Beispiel: Druckstab gemäß Abb. 9.8, geleimt

Belastung und Abmessungen wie 1. Beispiel

2.1 „Starre" Achse $z{-}z$

$$I_z = I_{\mathrm{starr}} = 6955\cdot10^4\,\mathrm{mm^4} \quad \text{wie 1. Beispiel}$$

$$i_z = 48,5\,\mathrm{mm} \qquad\qquad \text{wie 1. Beispiel}$$

2.2 „Nachgiebige" Achse $y{-}y$

$\mathrm{ef}\,I_y = I_{\mathrm{starr}}$ wegen geleimter Fugen

$\mathrm{ef}\,I_y = \Sigma I_{iy} + \Sigma(A_i\cdot a_i^2)$

$\qquad = 2465\cdot10^4 + 200\cdot10^2\cdot105^2 = 24\,515\cdot10^4\,\mathrm{mm^4}$ vgl. 1. Beispiel

$$\mathrm{ef}\,i_y = \sqrt{\frac{\mathrm{ef}\,I_y}{A}} = \sqrt{\frac{24\,515\cdot10^4}{296\cdot10^2}} = 91\,\mathrm{mm} > 48,5\,\mathrm{mm} = i_z$$

Knicken um Achse $z{-}z$ maßgebend

$$\lambda_z = \frac{4200}{48,5} = 86,6 \rightarrow \omega_z = 2,45$$

$$\rightarrow \mathrm{zul}\,\sigma_k = 8,5/2,45 = 3,5\,\mathrm{N/mm^2}$$

$$\frac{93\cdot10^3/(296\cdot10^2)}{3,5} = 0,90 < 1$$

Weitere Beispiele s. [2, 108].

9.3.2 Gespreizte Druckstäbe

9.3.2.1 Allgemeines

Gespreizte Druckstäbe werden nach Abb. 9.9 als Rahmen- oder Gitterstäbe ausgeführt.

Rahmenstäbe werden mit Zwischen- oder Bindehölzern verbunden, Gitterstäbe mit Streben und Pfosten.

Die Wahl der Verbindungsart ist nach –9.3.3.4 und E83– abhängig von der Größe der Spreizung nach Tafel 9.2. Ein genauerer Nachweis kann nach Möhler [109] bei Überschreitung der Spreizungen nach Tafel 9.2 geführt werden.

Tafel 9.2. Übliche Spreizungen $\alpha = a/h_1$

Bauart nach Abb. 9.9	Bild a	c und e	b und d	f und g
Übliche Spreizung a/h_1	≤ 2	≤ 3	3 bis 6	≤ 10

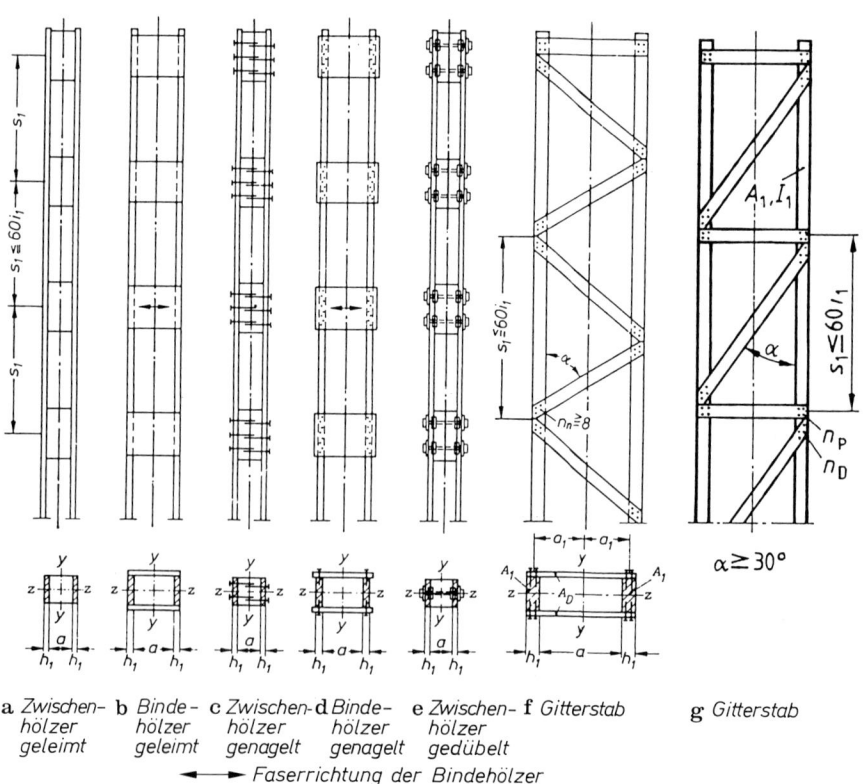

a *Zwischen-* b *Binde-* c *Zwischen-* d *Binde-* e *Zwischen-* f *Gitterstab*   g *Gitterstab*
hölzer   *hölzer*   *hölzer*   *hölzer*   *hölzer*
geleimt   *geleimt*   *genagelt*   *genagelt*   *gedübelt*

⟶ *Faserrichtung der Bindehölzer*

Abb. 9.9. Gespreizte Rahmen- und Gitterstäbe (hier zweiteilig) [7]

Tafel 9.3. Faktor c für Rahmenstäbe $-9.3.3.3-$

Art der Querverbindung	Zwischenhölzer			Bindehölzer	
Verbindungsmittel	Leim	Dübel	Nägel, Holzschrauben, Klammern, Stabdübel	Leim	Nägel, Klammern, Holzschrauben
Faktor c in Gl. (9.13)	1,0	2,5	3,0	3,0	4,5

9.3.2.2 Rahmenstäbe

Für die „nachgiebige" Achse $y-y$ der Rahmenstäbe nach Abb. 9.9a–9.9e ist der wirksame Schlankheitsgrad

$$\text{ef } \lambda = \sqrt{\lambda_y^2 + c \cdot \frac{m}{2} \cdot \lambda_1^2} \leqq 175 \tag{9.13}$$

$\lambda_y = \dfrac{s_{ky}}{i_y}$ Schlankheitsgrad des Gesamtquerschnitts unter der Annahme einer „starren" Achse $y-y$

$\lambda_1 = \dfrac{s_1}{i_1} \leqq 60$ Schlankheitsgrad des Einzelstabes für die zur y-Achse parallele Einzelstabachse 1–1. Wenn $s_1/i_1 < 30$, dann $\lambda_1 = 30$ in (9.13) einsetzen.

$s_1 \leqq \dfrac{s_{ky}}{3}$ Felderzahl der Rahmenstäbe muß $\geqq 3$ sein

m Anzahl der Einzelstäbe

c Faktor je nach Art der Querverbindung nach Tafel 9.3

Bei Anschluß von Zwischenhölzern mit Bolzen darf ausschließlich für Fliegende Bauten und Gerüste mit $c = 3$ gerechnet werden, vgl. $-9.3.3.3-$. Der wirksame Schlankheitsgrad ef λ für zweiteilige Rahmenstäbe kann für Überschlagsrechnungen mit den k_1-Werten der Tafel 9.4 berechnet werden nach (9.14) [110], $-E83-$.

$$\text{ef } \lambda \approx \frac{s_{ky}}{\text{ef } i_y} = \frac{s_{ky}}{k_1 \cdot h_1} \tag{9.14}$$

Tafel 9.4. k_1-Werte für Rahmenstäbe nach $-E83-$

Querverbindungsart	Zwischenhölzer $1 \leqq a/h_1 \leqq 3$			Bindehölzer $3 \leqq a/h_1 \leqq 6$	
Verbindungsmittel	Leim	Dübel	Nägel	Leim	Nägel
k_1-Werte für 3 Felder	0,67	0,49	0,45	0,48	0,40
4 Felder	0,77	0,60	0,56	0,63	0,53
5 Felder	0,85	0,69	0,65	0,77	0,65

Ausführung und Berechnung der Querverbindungen
Die Mindestanzahl der Verbindungsmittel je Anschlußfuge gemäß $-9.3.3.4-$ ist der Tafel 9.5 zu entnehmen.

Tafel 9.5. Mindestanzahl der Verbindungsmittel

Verbindungsmittel je Fuge	Nägel $n \geqq 4$	Dübel $n \geqq 2$	Leim $e/a \geqq 2$
Ausführung			

Querverbindungen an den Stabenden sind notwendig, wenn diese nicht durch

$\geqq 2$ hintereinanderliegende Dübel oder

$\geqq 4$ in 1 Reihe hintereinanderliegende Nägel angeschlossen sind.

Der Berechnung der Querverbindungen wird die ideelle Querkraft Q_i nach Gl. (9.9) zugrunde gelegt.

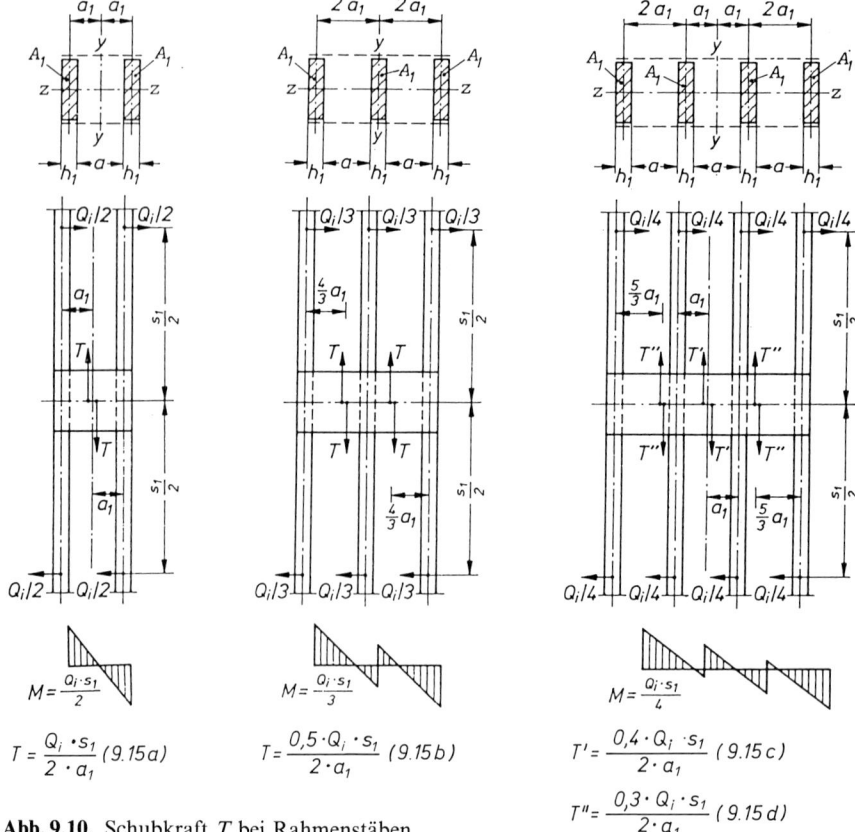

$$T = \frac{Q_i \cdot s_1}{2 \cdot a_1} \quad (9.15a)$$

$$T = \frac{0,5 \cdot Q_i \cdot s_1}{2 \cdot a_1} \quad (9.15b)$$

$$T' = \frac{0,4 \cdot Q_i \cdot s_1}{2 \cdot a_1} \quad (9.15c)$$

$$T'' = \frac{0,3 \cdot Q_i \cdot s_1}{2 \cdot a_1} \quad (9.15d)$$

Abb. 9.10. Schubkraft T bei Rahmenstäben

Bei den üblichen Spreizungen nach Tafel 9.2 entfällt auf eine Querverbindung (bzw. ein Paar Querverbindungen) eine Schubkraft T, die nach Abb. 9.10 und nach (9.15a–9.15d) angenommen werden darf.

Ausgehend von [110], darf nach $-E83-$ diese Schubkraft für zweiteilige Rahmenstäbe abgemindert werden auf die wirksame Schubkraft

$$\text{ef } T = \frac{Q_i \cdot s_1}{2 \cdot a_1} \cdot \psi \qquad (9.16)$$

mit $\psi = \dfrac{12 \cdot k_1^2 - 1}{12\, k_1^2}$ und $k_1 = \dfrac{s_{ky}}{\text{ef } \lambda_y \cdot h_1}$.

Die Aufnahme des Biegemomentes infolge Schubkraft T bzw. ef T braucht bei Zwischenhölzern nach $-9.3.3.4-$ nicht nachgewiesen zu werden, wenn $\dfrac{a}{h_1} \leq 2$ ist.

Nachweise für Zwischenhölzer und Anschlüsse siehe $-E84-$.

1. Beispiel: Zweiteiliger gespreizter Druckstab mit verdübelten Zwischenhölzern (Abb. 9.11/12)

$S = 130\,\text{kN}$ Lastfall H, NH II

Spreizung $\dfrac{a}{h_1} = \dfrac{120}{80} = 1{,}5$

$s_{ky} = s_{kz} = 4{,}20\,\text{m}$

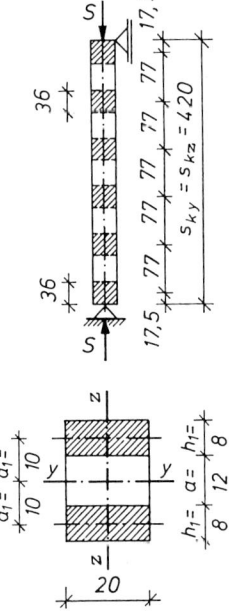

Abb. 9.11

1.1 „Starre" Achse $z-z$

$$A = 2 \cdot 80 \cdot 200 = 320 \cdot 10^2 \, \text{mm}^2$$

$$i_z = 0{,}289 \cdot 200 = 57{,}8 \, \text{mm}$$

$$\lambda_z = \frac{4200}{57{,}8} = 72{,}7 < 150$$

1.2 „Nachgiebige" Achse $y-y$

$\min n \geq 3$ Felder

Gewählt $n = 5$ Felder

$$s_1 \approx \frac{4200 - 350}{5} = 770 \, \text{mm}$$

$$\lambda_1 = \frac{s_1}{i_1} = \frac{770}{0{,}289 \cdot 80} = 33{,}3 \begin{array}{l} < 60 \\ > 30 \end{array}$$

$$I_{y\,\text{starr}} = 320 \cdot 10^2 \cdot \frac{80^2}{12} = 1\,707 \cdot 10^4 \, \text{mm}^4$$

$$+ \, 320 \cdot 10^6 = \underline{32\,000 \cdot 10^4 \, \text{mm}^4}$$

$$33\,707 \cdot 10^4 \, \text{mm}^4$$

$$i_{y\,\text{starr}} = \sqrt{33\,707 \cdot 10^4 / (320 \cdot 10^2)} = 103 \, \text{mm}$$

$$\lambda_y = 4200/103 = 40{,}8$$

$$\text{ef}\,\lambda_y = \sqrt{\lambda_y^2 + c \cdot \frac{m}{2} \cdot \lambda_1^2}$$

$$= \sqrt{40{,}8^2 + 2{,}5 \cdot \frac{2}{2} \cdot 33{,}3^2} = 66{,}6 < 72{,}7 = \lambda_z$$

$$< 175 \; = \text{zul}\,\lambda \text{ nach } 8.4$$

$m = 2$ Einzelstäbe

$c = 2{,}5$ nach Tafel 9.3 für Zwischenholz und Dübel

$\text{ef}\,\omega_y = 1{,}79$ für Berechnung der Querverbindungen

$\omega_z = 1{,}97$ für Knicknachweis $\rightarrow$ zul $\sigma_k = 8{,}5/1{,}97 = 4{,}3 \, \text{N/mm}^2$

$$\frac{130 \cdot 10^3 / (320 \cdot 10^2)}{4{,}3} = 0{,}95 < 1$$

Berechnung der Verbindungsmittel

$$Q_i = \frac{\text{ef}\,\omega_y \cdot S}{60} = \frac{1{,}79 \cdot 130}{60} = 3{,}9 \, \text{kN}$$

$$T = \frac{Q_i \cdot s_1}{2 \cdot a_1} = \frac{3{,}9 \cdot 770}{2 \cdot 100} = 15{,}0 \, \text{kN}$$

T darf nach (9.16) abgemindert werden.

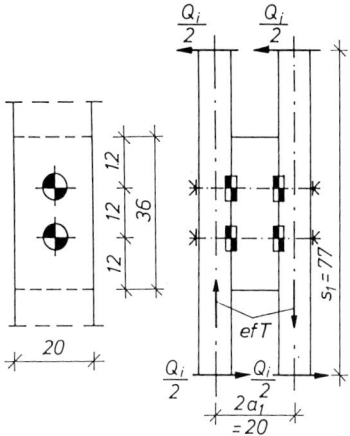

Abb. 9.12

$$k_1 = \frac{4200}{66,6 \cdot 80} = 0,788$$

$$\psi = \frac{12 \cdot 0,788^2 - 1}{12 \cdot 0,78^2} = 0,866$$

$$\text{ef } T = 0,866 \cdot 15,0 = 13,0 \text{ kN}$$

Zur Aufnahme der Schubkraft ef T werden gewählt:

2 Dü $\varnothing$ 50-D   zul $N = 8,0$ kN

zul $T = 2 \cdot 8,0 = 16$ kN $> 13,0$ kN

Scherspannung im Zwischenholz (Abb. 9.12):

$$\tau_{\parallel} \approx 1,5 \cdot \frac{13 \cdot 10^3}{200 \cdot 360} = 0,3 \text{ N/mm}^2$$

$$0,3/0,9 = 0,33 < 1$$

Da $\dfrac{a}{h_1} = \dfrac{120}{80} = 1,5 < 2,0$, kann der Nachweis des Biegemomentes entfallen.

2. Beispiel: Zweiteiliger gespreizter Druckstab mit genagelten Bindeplatten
   (Abb. 9.13/14)

$S = 130$ kN Lastfall H, NH II und BFU

Spreizung $\dfrac{a}{h_1} = \dfrac{240}{80} = 3,0$

$s_{ky} = s_{kz} = 4,20$ m

Systemmaße wie 1. Beispiel

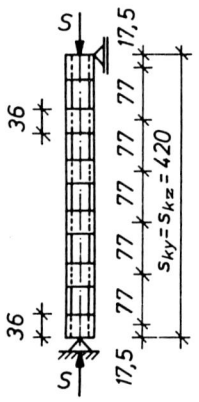

Abb. 9.13

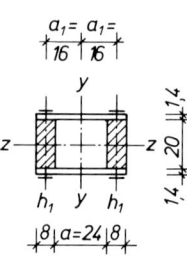

Abb. 9.14

2.1 „Starre" Achse $z-z$

wie 1. Beispiel

$$A = 320 \cdot 10^2 \,\text{mm}^2$$
$$\lambda_z = 72,7 < 150$$

2.2 „Nachgiebige" Achse $y-y$

$$s_1 = 770 \,\text{mm}; \quad \lambda_1 = 33,3 \quad \text{wie 1. Beispiel}$$

$$I_{y\,\text{starr}} = 320 \cdot 10^2 \cdot \frac{80^2}{12} \quad = \quad 1\,707 \cdot 10^4 \,\text{mm}^4$$

$$+ \, 320 \cdot 10^2 \cdot 160^2 = 81\,920 \cdot 10^4 \,\text{mm}^4$$

$$\overline{ \; 83\,627 \cdot 10^4 \,\text{mm}^4}$$

$$i_{y\,\text{starr}} = \sqrt{\frac{83\,627 \cdot 10^4}{320 \cdot 10^2}} = 162 \,\text{mm}$$

$$\lambda_y = \frac{4200}{162} = 25,9$$

$$\text{ef}\,\lambda_y = \sqrt{\lambda_y^2 + c \cdot \frac{m}{2} \cdot \lambda_1^2}$$

$$= \sqrt{25,9^2 + 4,5 \cdot \frac{2}{2} \cdot 33,3^2} = 75,2 > 72,7$$

$$< 175 \text{ nach } 8.4$$

$$m = 2 \text{ Einzelstäbe}$$

$$c = 4,5 \text{ nach Tafel 9.3 für Bindeholz mit Nägeln}$$

$$\text{ef}\,\omega_y = 2,05 \text{ maßgebend für Knicknachweis}$$

$$\rightarrow \text{zul}\,\sigma_k = 8,5/2,05 = 4,1 \,\text{N/mm}^2$$

$$\frac{130 \cdot 10^3/(320 \cdot 10^2)}{4,1} = 1,0 = 1$$

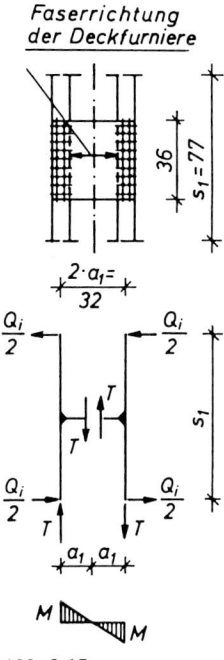

Abb. 9.15

Berechnung der Verbindungsmittel

$$Q_i = \frac{\mathrm{ef}\,\omega_y \cdot S}{60} = \frac{2,05 \cdot 130}{60} = 4,4\,\mathrm{kN}$$

$$T = \frac{Q_i \cdot s_1}{2 \cdot a_1} = \frac{4,4 \cdot 770}{2 \cdot 160} = 10,6\,\mathrm{kN} \quad \text{vgl. Abb. 9.15}$$

T darf nach (9.16) abgemindert werden.

$$k_1 = \frac{4200}{75,2 \cdot 80} = 0,698$$

$$\psi = \frac{12 \cdot 0,698^2 - 1}{12 \cdot 0,698^2} = 0,829$$

$$\mathrm{ef}\,T = 0,829 \cdot 10,6 = 8,79\,\mathrm{kN}$$

$$M = \frac{Q_i \cdot s_1}{2} = \mathrm{ef}\,T \cdot a_1 = 8,79 \cdot 0,160 = 1,41\,\mathrm{kNm}$$

Das Moment $M_s = \dfrac{Q_i \cdot s_1}{4}$, das im Einzelstab auftritt, wird bei der Bemessung der Stäbe vernachlässigt.

Nagelanschluß: 2×18 Nä 42×110 zul $N_1 = 0,621$ kN
Bindeplatte: BFU 14/360 für $d_n = 4,2$ mm (Tafel 6.12)

Spannungsnachweise für BFU (1 Paar)

$$A = 14 \cdot 360 = 50,4 \cdot 10^2 \, \text{mm}^2$$

$$A_n = 14 \cdot (360 - 9 \cdot 4,2) = 45,1 \cdot 10^2 \, \text{mm}^2$$

$$\tau = 1,5 \cdot \frac{8,79 \cdot 10^3}{2 \cdot 45,1 \cdot 10^2} = 1,5 \, \text{N/mm}^2$$
$$1,5/1,8 = 0,83 < 1$$

$$\sigma \approx \frac{M}{0,9 \cdot W} = \frac{1,41 \cdot 10^6 \cdot 6}{0,9 \cdot 2 \cdot 14 \cdot 360^2} = 2,6 \, \text{N/mm}^2$$
$$2,6/9,0 = 0,29 < 1$$

Nagelbelastung (1 Paar Anschlüsse)

$$N_v = \frac{\text{ef } T}{2 \cdot n} = \frac{8,79}{2 \cdot 18} = 0,24 \, \text{kN}$$

$$N_H = \frac{M}{2 \cdot \max h} \cdot f = \frac{1,41 \cdot 0,267}{2 \cdot 0,336} = 0,56 \, \text{kN}$$

mit f nach [111] Abschn. 8.5.

$$N_R = \sqrt{0,24^2 + 0,56^2} = 0,6 \, \text{kN} < 0,621 \, \text{kN}$$

Einschlagtiefe erf $s = 51$ mm $< 110 - 14 = 96$ mm
Nagelabstände (Abb. 9.16)

$$\text{NH} \parallel \text{Fa } 10 \cdot 4,2 = 42 \, \text{mm}$$

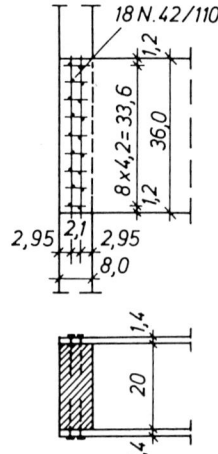

Abb. 9.16

belasteter Rand

$$NH \perp Fa \quad 7 \cdot 4,2 = 29,4 \, mm \rightarrow 29,5 \, mm$$

BFU und NH $\perp$ Fa $\quad 5 \cdot 4,2 = 21,0 \, mm$

$$Rand \; BFU \quad 2,5 \cdot 4,2 = 10,5 \, mm \rightarrow 12 \, mm \; (29,5 \, mm)$$

Weitere Beispiele s. [2, 108, 110].

9.3.2.3 Gitterstäbe [7]

Für die „nachgiebige" Achse der Gitterstäbe mit Streben nach Abb. 9.9 f ist der wirksame Schlankheitsgrad

$$\text{ef} \, \lambda = \sqrt{\lambda_y^2 + \frac{m}{2} \cdot \frac{4 \cdot \pi^2 \cdot E_{\parallel} \cdot A_1}{a_1 \cdot n_D \cdot C_D \cdot \sin 2\alpha}} \leq 175 \quad -9.3.3.3- \tag{9.17}$$

bzw. mit Streben und Pfosten nach Abb. 9.9 g

$$\text{ef} \, \lambda = \sqrt{\lambda_y^2 + \frac{m}{2} \cdot \frac{4 \cdot \pi^2 \cdot E_{\parallel} \cdot A_1}{a_1 \cdot \sin 2\alpha} \left(\frac{1}{n_D \cdot C_D} + \frac{\sin^2 \alpha}{n_P \cdot C_P} \right)} \tag{9.18}$$

Darin bedeuten:

λ_y und m wie Abschn. 9.3.2.2

A_1 Vollquerschnitt des Einzelstabes

C_D, C_P Verschiebungsmodul der für den Anschluß der Streben bzw. Pfosten verwendeten VM nach Tafel 9.1

α Strebenneigungswinkel nach Abb. 9.9

n_D, n_P Gesamtzahl der VM, mit denen die Gesamtstabkraft der Streben bzw. Pfosten angeschlossen ist

Der größte der drei Schlankheitsgrade

$$\lambda_1 = \frac{s_1}{i_1} \leq 60, \quad \lambda_z = \frac{s_{kz}}{i_z} \leq 150, \quad \text{ef} \, \lambda_y \leq 175$$

liefert die für den Knicknachweis maßgebende Knickzahl max ω.

Bei vierteiligen Gitterstäben nach Abb. 9.17 sind die wirksamen Schlankheitsgrade ef λ_y und ef λ_z zu berechnen. Dabei ist in beiden Fällen in (9.17, 9.18) einzusetzen

$$m = 2$$

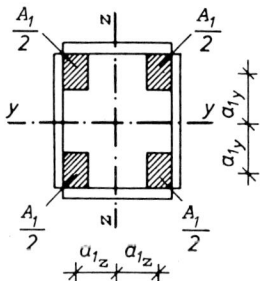

Abb. 9.17

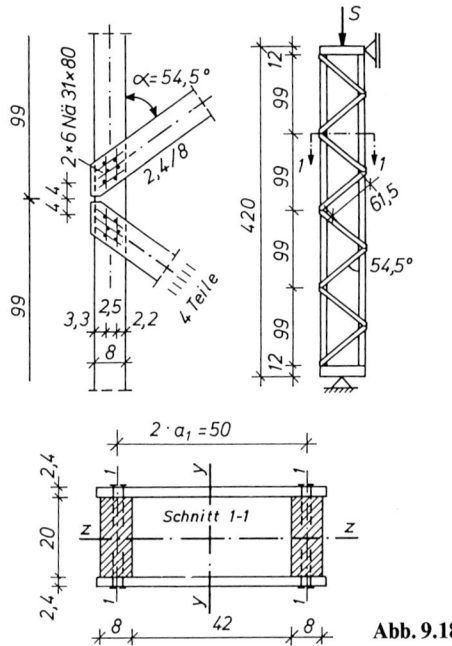

Abb. 9.18

Beispiel: Gitterstab mit genagelten Streben (Abb. 9.18)

$$S = 130\,\text{kN}\ \text{Lastfall H, NH II}$$

$$\text{Spreizung}\ \frac{a}{h_1} = \frac{420}{80} = 5{,}25$$

$$s_{ky} = s_{kz} = 4{,}20\,\text{m}$$

1. „Starre" Achse $z\!-\!z$

wie Rahmenstab 1. Beispiel

$$A = 320 \cdot 10^2\,\text{mm}^2$$

$$\lambda_z = 72{,}7 < 150$$

2. „Nachgiebige" Achse $y\!-\!y$

$$s_1 \approx \frac{4200 - 240}{4} = 990\,\text{mm}$$

$$\lambda_1 = \frac{990}{0{,}289 \cdot 80} = 42{,}8 < 60$$
$$> 30$$

$$I_{\text{y starr}} = 320 \cdot 10^2 \cdot \frac{80^2}{12} = 1\,707 \cdot 10^4 \,\text{mm}^4$$

$$+ 320 \cdot 10^2 \cdot 250^2 = 200\,000 \cdot 10^4 \,\text{mm}^4$$

$$\overline{201\,707 \cdot 10^4 \,\text{mm}^4}$$

$$i_{\text{y starr}} = \sqrt{\frac{201\,707 \cdot 10^4}{320 \cdot 10^2}} = 251 \,\text{mm}$$

$$\lambda_y = \frac{4200}{251} = 16,7$$

$$E_\| = 10^4 \,\text{MN/m}^2$$

$$C = 600 \,\text{N/mm}$$

$$A_1 = 160 \cdot 10^2 \,\text{mm}^2$$

$$a_1 = 250 \,\text{mm}$$

$$n_D = 2 \times 6 = 12 \text{ Nägel (geschätzt)}$$

$$\sin 2\alpha = \sin 109° = 0,946$$

$$\text{ef} \,\lambda_y = \sqrt{\lambda_y^2 + \frac{m}{2} \cdot \frac{4 \cdot \pi^2 \cdot E_\| \cdot A_1}{a_1 \cdot n_D \cdot C_D \cdot \sin 2\alpha}}$$

$$= \sqrt{16,7^2 + \frac{2}{2} \cdot \frac{4 \cdot \pi^2 \cdot 10^4 \cdot 160 \cdot 10^2}{250 \cdot 12 \cdot 600 \cdot 0,946}} = 63,1 < 72,7 = \lambda_z$$
$$< 175 = \text{zul} \,\lambda_y$$

$$\text{ef} \,\omega_y = 1,70$$

Aus λ_z, λ_1 und ef λ_y ist max $\lambda = \lambda_z = 72,7$

Knicknachweis mit max $\omega = 1,97 \rightarrow$ zul $\sigma_k = 8,5/1,97 = 4,3 \,\text{N/mm}^2$

$$\frac{130 \cdot 10^3/(320 \cdot 10^2)}{4,3} = 0,94 < 1$$

Nachweis der Verbindungsmittel

$$Q_i = \frac{\text{ef} \,\omega \cdot S}{60} = \frac{1,70 \cdot 130}{60} = 3,68 \,\text{kN}$$

$$D = \frac{Q_i}{\sin \alpha} = \frac{3,68}{0,814} = 4,5 \,\text{kN}$$

Strebe 2,4/8,0: $s_{kz} = 615 \,\text{mm}$ (Abb. 9.18)

$$\lambda_z = \frac{615}{0,289 \cdot 24} = 88,7 < 200 = \text{zul} \,\lambda \text{ (Aussteifungsverband)}$$

$$\omega_z = 2,53 \rightarrow \text{zul} \,\sigma_k = 8,5/2,53 = 3,4 \,\text{N/mm}^2$$

$$\sigma_{D\|} = \frac{4,5 \cdot 10^3}{2 \cdot 24 \cdot 80} = 1,2 \,\text{N/mm}^2; \quad \frac{1,2}{3,4} = 0,35 < 1$$

Strebenanschluß mit 2×6 Nä 31/80 zul $N_1 = 0,367$ kN

$$\text{erf}\, n = \frac{4,5}{0,367} \approx 2 \times 6 \text{ Nä } 31/80 \text{ für 1 Strebenpaar}$$

9.4 Bemessung mehrteiliger Druckstäbe nach EC 5

9.4.1 Allgemeines

Die in Abschn. 9.1–9.3 enthaltenen Hinweise zur Bemessung und Konstruktion mehrteiliger Druckstäbe können sinngemäß auch für die Bemessung nach EC 5 übernommen werden.

Anhang B und C des Eurocodes 5 enthalten die Bemessungsregeln, die weitgehend mit denen der DIN 1052, Teil 1 Abschn. 8.3 und 9.3.3 übereinstimmen.

9.4.2 Mehrteilige Druckstäbe ohne Spreizung

Der Knicknachweis für zusammengesetzte Druckstäbe erfolgt analog Abschn. 8.7, aber mit ef λ_y für die Knickung um die „nachgiebige" Achse (Abb. 9.3).

Wirksames Flächenmoment 2. Grades (Abb. 9.5)

$$\text{ef}\, I_y = \text{ef}\,(EI_y)/E \qquad (9.19)$$

mit

$$\text{ef}\,(EI_y) = \sum_{i=1}^{3} (E_i I_{iy} + \gamma_i E_i A_i a_i^2) \qquad (9.20)$$

$$\gamma_2 = 1 \qquad (9.21)$$

$$\gamma_i = [1 + \pi^2 E_i A_i s_i / K_i l^2]^{-1} \text{ für } i = 1 \text{ und } 3 \qquad (9.22)$$

$$a_2 = \frac{\gamma_1 E_1 A_1 (h_1 + h_2) - \gamma_3 E_3 A_3 (h_2 + h_3)}{2 \sum\limits_{i=1}^{3} \gamma_i E_i A_i} \qquad (9.23)$$

$$s_{1,3} = e'_{1,3} \text{ (DIN)}$$
$$K_{1,3} \,\hat{=}\, C_{1,3}$$

Schlankheitsgrad ef λ_y

$$\text{ef}\, \lambda_y = l \cdot \sqrt{A_{\text{tot}}/\text{ef}\, I_y} \qquad (9.24)$$

mit

$$l = s_{ky} \text{ (DIN)}$$
$$A_{\text{tot}} = A$$

Tafel 9.6. Rechenwerte für K_{ser} für stiftförmige VM; ϱ_k in kg/m^3, d in mm

Typ des Verbindungsmittels	Verschiebungsmodul[a] K_{ser} N/mm
Stabdübel Holzschrauben Nägel mit Vorbohrung	$\varrho_k^{1,5} \cdot d/20$
Nägel ohne Vorbohrung	$\varrho_k^{1,5} \cdot d^{0,8}/25$
Klammern	$\varrho_k^{1,5} \cdot d^{0,8}/60$

[a] Verbindungen Holz/Holz, Holz/Holzwerkstoffe und Stahl/Holz.

Verschiebungsmodul K_i [124]

$$K_i = K_u \tag{9.25}$$

mit

$$K_u = \frac{2}{3} K_{ser} \tag{9.26}$$

Es bedeuten:

K_{ser} anfänglicher Verschiebungsmodul für den Gebrauchstauglichkeits-nachweis (Tafel 9.6)

K_u anfänglicher Verschiebungsmodul für den Tragfähigkeitsnachweis je Scherfläche

$$\varrho_k = \sqrt{\varrho_{k,1} \cdot \varrho_{k,2}} \tag{9.27}$$

für verbundene Teile mit unterschiedlichen Rohdichten.

Berechnung der Verbindungsmittel

$$F_i - \gamma_i E_i A_i a_i s_i V_d / ef(EI_y) \quad i = 1 \text{ und } 3 \tag{9.28}$$

mit

F_i Belastung je VM

$$V_d = \begin{cases} F_{c,d}/(120\,k_c) & \text{für} \quad ef\,\lambda_y \leqq 30 & (9.29) \\ F_{c,d} \cdot ef\,\lambda_y/(3600\,k_c) & \text{für } 30 < ef\,\lambda_y \leqq 60 & (9.30) \\ F_{c,d}/(60\,k_c) & \text{für } 60 < ef\,\lambda_y & (9.31) \end{cases}$$

Beispiel: Dreiteiliger nicht gespreizter Druckstab (Abb. 9.8)

$S = 93\,kN$, mittlere LED, Nkl 1 oder 2

$s_{ky} = s_{kz} = 4{,}20\,m$, VH S10/MS10

Bemessungswert $S_d = (1{,}35 \cdot 0{,}45 + 1{,}5 \cdot 0{,}55)\,S = 1{,}43 \cdot S$

$\qquad\qquad\qquad S_d = 133\,kN$

1.1 „Starre" Achse z–z

Wie 1. Beispiel Abschn. 9.3.1.2

$$A = 296 \cdot 10^2 \, \text{mm}^2$$

$$I_z = 6955 \cdot 10^4 \, \text{mm}^4$$

$$i_z = 48{,}5 \, \text{mm}$$

$$\lambda_z = 86{,}6$$

1.2 „Nachgiebige" Achse y–y

Geschätzter Nagelabstand $e_1 = 55 \, \text{mm}$ einreihig,

$$e_1' = 55 \, \text{mm}$$

$E_1 = 7400 \, \text{N/mm}^2$; $A_1 = 50 \cdot 200 = 100 \cdot 10^2 \, \text{mm}^2$

Verschiebungsmodul K_1

Tafel 9.6: $K_{\text{ser}} = 380^{1,5} \cdot 4{,}6^{0,8}/25 = 1004 \, \text{N/mm}$ ohne Vorbohrung

Gl. (9.26): $K_1 = \dfrac{2}{3} \cdot 1004 = 669 \, \text{N/mm}$

$$\gamma_1 = [1 + \pi^2 \cdot 7400 \cdot 100 \cdot 10^2 \cdot 55/(669 \cdot 4200^2)]^{-1} = 0{,}227$$

$$\text{ef}\, I_y = 96 \cdot 10^2 \cdot \frac{160^2}{12} + 200 \cdot 10^2 \cdot \frac{50^2}{12} = 2465 \cdot 10^4 \, \text{mm}^4$$

$$+\, 0{,}227 \cdot 200 \cdot 10^2 \cdot 105^2 = \underline{5005 \cdot 10^4 \, \text{mm}^4}$$

$$\underline{7470 \cdot 10^4 \, \text{mm}^4}$$

$$\text{ef}\, \lambda_y = 4200 \cdot \sqrt{296 \cdot 10^2/(7470 \cdot 10^4)} = 83{,}6 < 86{,}6 = \lambda_z$$

Gl. (8.29): $\text{rel}\, \lambda_z = \dfrac{86{,}6}{\pi} \sqrt{\dfrac{21}{7400}} = 1{,}47 > 0{,}5$

Gl. (8.31): $k_z = 0{,}5\,[1 + 0{,}2\,(1{,}47 - 0{,}5) + 1{,}47^2] = 1{,}68$

Gl. (8.30): $k_{c,z} = \dfrac{1}{1{,}68 + \sqrt{1{,}68^2 - 1{,}47^2}} = 0{,}401$

$$f_{c,0,d} = \frac{0{,}8}{1{,}3} \cdot 21 = 12{,}9 \, \text{N/mm}^2 \quad \text{s. Gl. (2.5)}$$

Gl. (8.28): $\dfrac{133 \cdot 10^3/(296 \cdot 10^2)}{0{,}401 \cdot 12{,}9} = 0{,}87 < 1$

Berechnung der Verbindungsmittel

$\text{ef}\, \lambda_y = 83{,}6 > 60$, $\text{rel}\, \lambda_y = 1{,}42$, $k_y = 1{,}60$

Gl. (9.31): $V_d = S_d/(60\, k_{c,y}) = \dfrac{133}{60 \cdot 0{,}428} = 5{,}18 \, \text{kN}$

Gl. (9.28): $F_1 = 0{,}227 \cdot 100 \cdot 10^2 \cdot 105 \cdot 55 \cdot 5{,}18 \cdot 10^3 / (7470 \cdot 10^4)$

$\qquad\qquad F_1 = 909\,\text{N}$

Gl. (6.7f): $\min R_\text{d} = 1{,}1 \cdot \sqrt{2 \cdot 8651 \cdot 12{,}1 \cdot 4{,}6}$ (s. Abschn. 6.4.8)

$\qquad\qquad \min R_\text{d} = 1079\,\text{N} > 909\,\text{N} = F_1$

9.4.3 Mehrteilige Druckstäbe mit Spreizung

9.4.3.1 Rahmenstäbe

Spreizungen für Rahmenstäbe s. Tafel 9.2

Länge der

$\qquad$ Bindehölzer $\qquad \geqq 1{,}5 \cdot a$ (Abb. 9.9)
$\qquad$ Zwischenhölzer $\geqq 2{,}0 \cdot a$

Knickung um die nachgiebige Achse $y-y$
(Abb. 9.9 a–9.9 e)

$$\text{ef}\,\lambda_y = \sqrt{\lambda_y^2 + \eta\,\frac{n}{2}\,\lambda_1^2} \qquad\qquad (9.32)$$

mit

$$\lambda_y = l \cdot \sqrt{A_\text{tot}/I_\text{tot}} \qquad\qquad (9.33)$$

$$\lambda_1 = \sqrt{12} \cdot l_1/h \quad (\geqq 30) \qquad\qquad (9.34)$$

$$I_\text{tot} = I_{y\,\text{starr}} \quad \text{(DIN)}$$

$$l_1 = s_1$$

$$h = h_1$$

$$n = m$$

Mindestanzahl der VM s. Tafel 9.5

Berechnung der VM mit V_d entsprechend (9.29–9.31)

Tafel 9.7. Faktor η für Rahmenstäbe

Art der Querverbindung	Zwischenhölzer			Bindehölzer	
Verbindungsmittel	Leim	Nägel	Dübel	Leim	Nägel
ständige/lang andauernde Belastung	1	4	3,5	3	6
mittellange/kurz andauernde Belastung	1	3	2,5	2	4,5

Beispiel: Zweiteiliger gepreizter Druckstab mit verdübelten Zwischenhölzern
(Abb. 9.11/12)

$S = 130\,\text{kN}$, mittlere LED, Nkl 1 oder 2

Spreizung $\dfrac{a}{h_1} = \dfrac{120}{80} = 1,5$

$s_{ky} = s_{kz} = 4,20\,\text{m}$, VH S 10/MS 10

Bemessungswert $S_d = (1,35 \cdot 0,45 + 1,5 \cdot 0,55) \cdot S = 1,43 \cdot S$

$$S_d = 186\,\text{kN}$$

1. „Starre" Achse $z-z$

$$A = A_{\text{tot}} = 2 \cdot 80 \cdot 200 = 320 \cdot 10^2\,\text{mm}^2$$

$$i_z = 0,289 \cdot 200 = 57,8\,\text{mm}$$

$$\lambda_z = 4200/57,8 = 72,7$$

2. „Nachgiebige" Achse $y-y$

Gewählt 5 Felder > 3

$$s_1 = l_1 \approx \frac{4200 - 350}{5} = 770\,\text{mm}$$

Gl. (9.34): $\lambda_1 = \sqrt{12} \cdot 770/80 = 33,3 < 60$
$$> 30$$

$$I_{y\,\text{starr}} = I_{\text{tot}} = 320 \cdot 10^2 \cdot \frac{80^2}{12} = 1\,707 \cdot 10^4\,\text{mm}^4$$

$$+\; 320 \cdot 10^2 \cdot 100^2 = \underline{32\,000 \cdot 10^4\,\text{mm}^4}$$

$$33\,707 \cdot 10^4\,\text{mm}^4$$

Gl. (9.33): $\lambda_y = 4200\,\sqrt{320 \cdot 10^2/33\,707 \cdot 10^4} = 40,9$

Tafel 9.7: $\eta = 0,45 \cdot 3,5 + 0,55 \cdot 2,5 = 2,95$ Zwischenholz und Dübel

Gl. (9.32): $\text{ef}\,\lambda_y = \sqrt{40,9^2 + 2,95 \cdot \dfrac{2}{2} \cdot 33,3^2} = 70,3 < 72,7 = \lambda_z$

$n = m = 2$ Einzelstäbe

Gl. (8.29): $\text{rel}\,\lambda_z = \dfrac{72,7}{\pi}\,\sqrt{\dfrac{21}{7400}} = 1,23 > 0,5$

Gl. (8.31): $k_z = 0,5[1 + 0,2\,(1,23 - 0,5) + 1,23^2] = 1,33$

Gl. (8.30): $k_{c,z} = \dfrac{1}{1,33 + \sqrt{1,33^2 - 1,23^2}} = 0,545$

$$f_{c,0,d} = \frac{0,8}{1,3} \cdot 21 = 12,9\,\text{N/mm}^2$$

Gl. (8.28): $\dfrac{186 \cdot 10^3/(320 \cdot 10^2)}{0,545 \cdot 12,9} = 0,83 < 1$

Berechnung der Verbindungsmittel

ef $\lambda_y = 70,3 > 60$;   rel $\lambda_y = 1,19$; $k_y = 1,28$

Gl. (9.31): $V_d = S_d/(60\,k_{c,y}) = \dfrac{186}{60 \cdot 0,571} = 5,43\,\text{kN}$

Abb. 9.12: $T_d = \dfrac{V_d \cdot s_1}{2 \cdot a_1} = \dfrac{5,43 \cdot 0,770}{2 \cdot 0,100} = 21,0\,\text{kN}$

Abminderung:

$$\text{ef}\,T_d = \frac{V_d \cdot s_1}{2 \cdot a_1} \cdot \psi \quad \text{siehe Gl. (9.16)}$$

$$k_1 = \frac{4200}{70,3 \cdot 80} = 0,747$$

$$\psi = \frac{12 \cdot 0,747^2 - 1}{12 \cdot 0,747^2} = 0,851$$

$$\text{ef}\,T_d = 17,9\,\text{kN}$$

Zur Aufnahme der Schubkraft ef T_d werden gewählt:

2 Dü $\varnothing$ 50-D (DIN 1052 T2)

Näherung für Einpreßdübel ($d_c \leq 65$ mm):

Gl. (6.2a): $R_{c,0,k} - 24[(50 + 27) \cdot 120 - \pi \cdot 50^2/8]^{0,75}$

$$R_{c,0,k} = 20\,791\,\text{N} = 20,8\,\text{kN}$$

$$R_{c,0,d} = \frac{0,8}{1,3} \cdot 20,8 = 12,8\,\text{kN} \quad \text{s. Tafel 2.9}$$

ef $T_d = 17,9\,\text{N} < 2 \cdot 12,8 = 25,6\,\text{kN}$

Scherspannung im Zwischenholz:

$$\tau_{v,d} \approx 1,5 \cdot \frac{17,9 \cdot 10^3}{200 \cdot 360} = 0,39\,\text{N/mm}^2$$

$$f_{v,d} = \frac{0,8 \cdot 2,5}{1,3} = 1,5\,\text{N/mm}^2 \quad \text{s. Gl. (2.5)}$$

$0,39/1,5 = 0,26 < 1$

Nachweis des Biegemomentes kann entfallen, da $a/h_1 = 1,5 < 2,0$.

9.4.3.2 Gitterstäbe

Anzahl der Nägel in den Pfosten $\geqq n \cdot \sin\theta$

$n \geqq 4$ Anzahl der Nägel je Strebe, unabhängig von den Scherflächen in den Streben

$\theta = \alpha$ (DIN, Abb. 9.9f und g)

Knickung um die nachgiebige Achse $y-y$
(Abb. 9.9f und 9.9g)

$$\text{ef } \lambda_y = \max \begin{cases} \lambda_{\text{tot}} \sqrt{1 + \mu} & (9.35) \\ 1{,}05\,\lambda_{\text{tot}} & (9.36) \end{cases}$$

mit

$$\lambda_{\text{tot}} = \frac{2\,l}{h}$$

$$l = s_{\text{ky}} \quad (\text{DIN})$$
$$h = 2a_1$$
$$A = A$$
$$A_{\text{f}} = A_1$$
$$I_{\text{f}} = I_{1\text{y}}$$

Tafel 9.8. Faktor μ für Gitterstäbe

Art der Querverbindung	Streben		Streben und Pfosten	
Verbindungsmittel	Leim	Nägel	Leim	Nägel
μ	$4\mu_1$	$25\mu_2$	μ_1	$50\mu_2$

$$\mu_1 = \frac{e^2 A_{\text{f}}}{I_{\text{f}}} \left(\frac{h}{l}\right)^2 ; \quad \mu_2 = \frac{h \cdot E \cdot A_{\text{f}}}{l^2 \cdot n \cdot K \cdot \sin 2\theta}$$

e Ausmitte der Verbindung (s. Bild 4.1 [1])

Berechnung der VM mit V_{d} entsprechend (9.31–9.35)

Beispiel: Gitterstab mit genagelten Streben (Abb. 9.18)

$$S = 130\,\text{kN}, \quad \text{kurze LED, Nkl 1 oder 2}$$

$$\text{Spreizung } \frac{a}{h_1} = \frac{420}{80} = 5{,}25$$

$$s_{\text{ky}} = s_{\text{kz}} = 4{,}20\,\text{m}, \quad \text{VH S10/MS10}$$

$$\text{Bemessungswert } S_{\text{d}} = (1{,}35 \cdot 0{,}45 + 1{,}5 \cdot 0{,}55) \cdot S = 1{,}43 \cdot S$$
$$S_{\text{d}} = 186\,\text{kN}$$

1. „Starre" Achse $z-z$
wie Rahmenstab Beispiel

$$A = 320 \cdot 10^2 \, \text{mm}^2$$

$$\lambda_z = 72,7 < 150 \quad (\text{DIN})$$

2. „Nachgiebige" Achse $y-y$

$$s_1 = l_1 \approx \frac{4200 - 240}{4} = 990 \, \text{mm}$$

$$\lambda_1 = \frac{\sqrt{12} \cdot 990}{80} = 42,9 < 60$$
$$> 30 \quad (\text{DIN})$$

$$A_1 = A_\text{f} = 80 \cdot 200 = 160 \cdot 10^2 \, \text{mm}^2$$

$$n_\text{D} = n = 2 \times 6 = 12 \, \text{Nägel (geschätzt)}$$

Tafel 9.8: $\mu = \dfrac{25 \cdot h \cdot E \cdot A_\text{f}}{l^2 \cdot n \cdot K \cdot \sin 2\theta}$

mit $\dfrac{E}{K} = \dfrac{E_{0,05}}{K_\text{u}}$ (Nachweis der Tragfähigkeit)

Tafel 9.6: $K_\text{ser} = 380^{1,5} \cdot 3,1^{0,8}/25 = 733 \, \text{N/mm}$ (ohne Vorbohrung)

$$K_\text{u} = \frac{2}{3} \cdot 733 = 489 \, \text{N/mm}$$

$$\mu = \frac{25 \cdot 500 \cdot 7400 \cdot 160 \cdot 10^2}{4200^2 \cdot 12 \cdot 489 \cdot 0,946} = 15,1 \quad \text{ohne Vorbohrung}$$

$$\lambda_\text{tot} = \frac{2l}{h} = \frac{2 \cdot 4200}{500} = 16,8$$

$$\text{ef}\,\lambda_\text{y} = \max \begin{cases} 16,8 \cdot \sqrt{1 + 15,1} = 67,4 \\ 1,05 \cdot 16,8 \qquad\quad = 17,6 \end{cases}$$

$$\text{ef}\,\lambda_\text{y} = 67,4 < 72,7 = \lambda_\text{z}$$

Knicknachweis

Gl. (8.29): $\text{rel}\,\lambda_\text{z} = \dfrac{72,7}{\pi} \sqrt{\dfrac{21}{7400}} = 1,23 > 0,5$

Gl. (8.31): $k_\text{z} = 0,5[1 + 0,2(1,23 - 0,5) + 1,23^2] = 1,33$

Gl. (8.30): $k_\text{c,z} = \dfrac{1}{1,33 + \sqrt{1,33^2 - 1,23^2}} = 0,545$

$$f_\text{c,0,d} = \frac{0,9 \cdot 21}{1,3} = 14,5 \, \text{N/mm}^2 \quad \text{s. Tafel 2.9}$$

Gl. (8.28): $\dfrac{186 \cdot 10^3/(320 \cdot 10^2)}{0,545 \cdot 14,5} = 0,74 < 1$

Nachweis der Verbindungsmittel

ef $\lambda_y = 67{,}4 > 60$; rel $\lambda_y = 1{,}14$; $k_y = 1{,}21$

Gl. (9.33): $V_d = S_d/(60\,k_{c,y}) = \dfrac{186}{60 \cdot 0{,}619} = 5{,}01\,\text{kN}$

$$D = \frac{V_d}{\sin\theta} = \frac{5{,}01}{0{,}814} = 6{,}15\,\text{kN}$$

Strebe 2,4/8,0: $s_{kz} = 615\,\text{mm}$ (Abb. 9.18)

Gl. (9.34): $\lambda_z = \dfrac{\sqrt{12} \cdot 615}{24} = 88{,}8$

$$\text{rel}\,\lambda_z = \frac{88{,}8}{\pi} \cdot \sqrt{\frac{21}{7400}} = 1{,}51$$

$$k = 0{,}5\,[1 + 0{,}2\,(1{,}51 - 0{,}5) + 1{,}51^2] = 1{,}74$$

$$k_c = \frac{1}{1{,}74 + \sqrt{1{,}74^2 - 1{,}51^2}} = 0{,}384$$

Gl. (8.28): $\dfrac{8{,}24 \cdot 10^3/(2 \cdot 24 \cdot 80)}{0{,}384 \cdot 14{,}5} = 0{,}38 < 1$

Strebenanschluß mit 2×6 Nä 31/80

Gl. (6.7 d):   min $R_d = \dfrac{1{,}1 \cdot 15{,}4 \cdot 24 \cdot 3{,}1}{3} \left[\sqrt{4 + \dfrac{12 \cdot 3101}{15{,}4 \cdot 3{,}1 \cdot 24^2}} - 1 \right] = 552\,\text{N}$

$$\text{erf}\,n = \frac{6{,}15}{0{,}552} = 11{,}1 \approx 2 \times 6 \text{ Nä } 31/80 \text{ für 1 Strebenpaar}$$

10 Gerade Biegeträger

10.1 Allgemeines

Gerade Biegeträger können als ein- oder mehrteilige Querschnitte verwendet werden. Als einteilige Querschnitte sollen hier *rechteckige* Querschnitte aus Vollholz oder BSH verstanden werden. Mehrteilige Querschnitte können zusammengesetzt werden aus Vollholz und BSH sowie für Stege auch aus Bau-Furniersperrholz und Flachpreßplatten.

Die *Stützweite l* wird nach *−8.1.1−* festgelegt. Für Trägerlagerung nach Abb. 10.1a werden die Abstände der Auflagermitten als Stützweite *l* in Rechnung gestellt.

Bei Deckenbalken auf Mauerwerk oder Beton (Sperrschicht gegen aufsteigende Feuchtigkeit) ist die Stützweite

$$l = 1{,}05 \ \cdot w \quad \text{nach b}$$
$$l = 1{,}025 \cdot w \quad \text{nach c}$$

$$(10.1)$$

Belastung $q = g + p$ kann vereinfacht auf die Stützweite *l* bezogen werden. Durchlaufende Bretter und Bohlen nach d sind i. d. R. zu berechnen als Träger auf 2 Stützen für

$$l = w + 10\,\text{cm}, \quad \text{wenn } b \geqq 10\,\text{cm}$$
$$l = w + b, \qquad \text{wenn } b < 10\,\text{cm}$$

$$(10.2)$$

Bei genauer Berechnung, Konstruktion und Verankerung in Verbindung mit kontrollierter Bauausführung dürfen sie auch als Durchlaufträger bemessen werden.

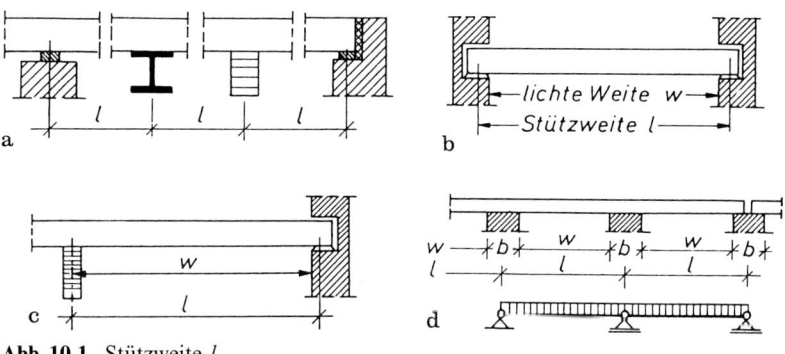

Abb. 10.1. Stützweite *l*

10.2 Einteiliger Rechteckquerschnitt (DIN)

10.2.1 Querschnittsabmessungen

Mit Rücksicht auf wirtschaftliche Ausbeute des Rundholzes sowie auf Schwindrisse wird gemäß [11] empfohlen

Kantholz: $h(b) \leqq 260\,\text{mm}$ s. Abb. 10.2a

Mit Rücksicht auf die Durchgangsöffnungen der gebräuchlichen Hobelmaschinen wird empfohlen

BSH: $h \leqq 2400\,\text{mm}$ s. Abb. 10.2b

 $b \leqq 300\,\text{mm}$

Die größten bisher gebauten BSH-Querschnitte haben nach [112] die Abmessungen

$$\max h \approx 3000\,\text{mm}$$

$$\max b \approx 500\,\text{mm}$$

10.2.2 Biegespannung (einachsig)

$$\sigma_\text{B} = \frac{M}{W_\text{n}}; \qquad \frac{\sigma_\text{B}}{\text{zul}\,\sigma_\text{B}} \leqq 1 \qquad \text{s. Abb. 10.3} \qquad (10.3)$$

zul σ_B nach Tafel 2.4 Zeile 1

Einheiten: $M\,[\text{kNm}]$, $\sigma_\text{B}\,[\text{N/mm}^2]$

 $W_\text{n}\,[\text{mm}^3]$

W_n darf bezogen werden auf die Schwerachse des *ungeschwächten* Querschnitts.

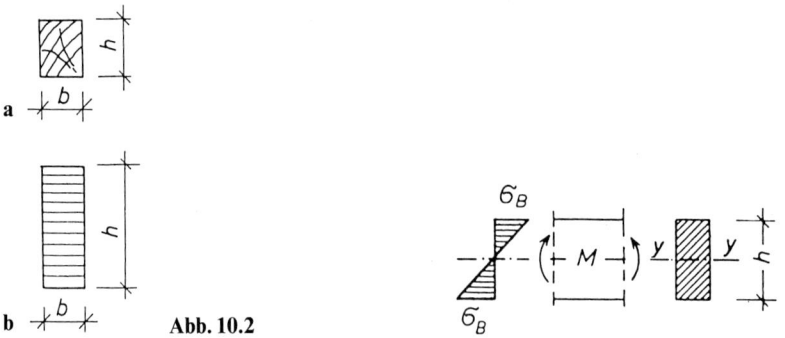

a

b   Abb. 10.2   Abb. 10.3

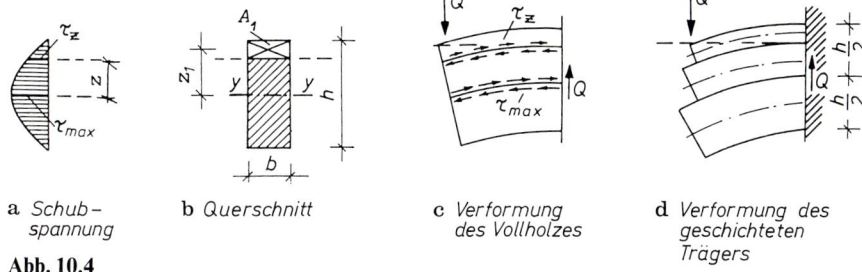

a Schub-   b Querschnitt   c Verformung   d Verformung des
  spannung   des Vollholzes   geschichteten

Abb. 10.4   Trägers

10.2.3 Schubspannung

10.2.3.1 Schubspannung infolge Querkraft

Ein aus mehreren Teilen reibungsfrei geschichteter Träger erleidet infolge Q Verformungen nach Abb. 10.4d. Der einteilige Vollholzbalken nach c läßt gegenseitige Verschiebungen in den den Berührungsfugen nach d zugeordneten Holzfasern nicht zu.

Die Unverschieblichkeit erzwingt Schubspannungen $\tau_{(z)}$ nach a, die man berechnet nach (10.4) mit (10.5).

$$\tau_{(z)} = \frac{Q \cdot S_{(z)}}{I_y \cdot b}; \qquad \frac{\max \tau_{(z)}}{\text{zul } \tau_Q} \leqq 1 \qquad (10.4)$$

zul τ_Q nach Tafel 2.4 Zeile 6

$$S_{(z)} = A_1 \cdot z_1 \qquad \text{(Flächenmoment 1. Grades)} \qquad (10.5)$$

Die größte Schubspannung tritt in der Schwerachse auf und ergibt für Rechteckquerschnitte mit $\max S_{(z)} = b \cdot \dfrac{h}{2} \cdot \dfrac{h}{4}$

$$\max \tau_Q = 1{,}5 \cdot \frac{Q}{b \cdot h} \qquad (10.6)$$

Einheiten: $Q\,[\text{kN}]$, $\tau\,[\text{N/mm}^2]$, $I_y\,[\text{mm}^4]$, $S_{(z)}\,[\text{mm}^3]$, $A_1\,[\text{mm}^2]$, b, h, $z_1\,[\text{mm}]$

Tafel 10.1. Wirksame Querkraft im Auflagerbereich nach $-8.2.1.2-$

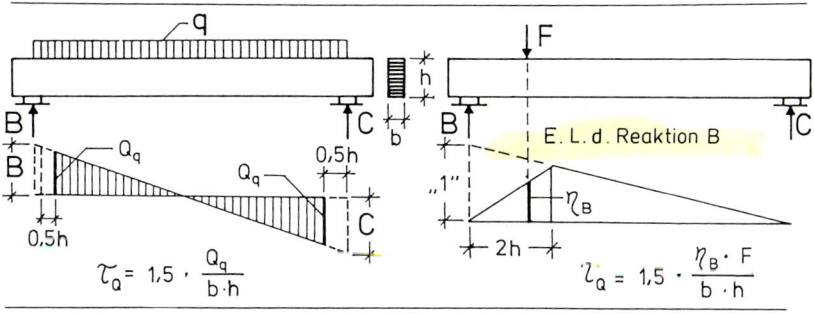

Nach −8.2.1.2− darf für Biegeträger mit Auflagerung am unteren und Lastangriff am oberen Trägerrand in (10.6) im Auflagerbereich die wirksame Querkraft Q_q bzw. $\eta_B \cdot F$ nach Tafel 10.1 eingesetzt werden.

10.2.3.2 Schubspannung infolge Torsion

Nach Versuchen von Möhler/Hemmer [93] können Rechteckquerschnitte aus VH und BSH Gkl I und II näherungsweise wie homogene Bauteile aus isotropem Material berechnet werden. Mit dem Beiwert η in Abhängigkeit vom Seitenverhältnis h/b nach Tafel 10.1 T ergibt sich die größte Torsionsspannung nach (10.7).

$$\max \tau_T = \frac{3 \cdot \max M_T}{h \cdot b^2} \cdot \eta \leq \text{zul}\, \tau_T \quad \text{nach Tafel 2.4 Zeile 7} \qquad (10.7)$$

Tafel 10.1 T. Beiwerte η zur Gl. (10.7) nach [93]

h/b	1	2	3	4	5	6	7	8	9	10	12
η	1,61	1,36	1,25	1,18	1,14	1,12	1,10	1,09	1,08	1,07	1,06

Zwischenwerte können geradlinig eingeschaltet werden.

Bei gleichzeitiger Wirkung einer Schubspannung τ_Q infolge Querkraft ist die Bedingung nach Gl. (10.7 a) einzuhalten.

$$\frac{\tau_T}{\text{zul}\, \tau_T} + \left(\frac{\tau_Q}{\text{zul}\, \tau_Q}\right)^m \leqq 1 \qquad (10.7\,a)$$

$m = 2$ für NH
$m = 1$ für LH −E46−

zul τ_T und zul τ_Q sind Tafel 2.4 Zeile 7 und 6 zu entnehmen.

Biegespannungen dürfen beim Torsionsnachweis unberücksichtigt bleiben. Ein Berechnungsbeispiel kann Milbrandt [23, 58] im Abschnitt „Balkenschuhe" entnommen werden.

Einen Vergleich der Torsionsspannung und Verdrillung zwischen prismatischen Stäben aus isotropem Material und dem anisotropen Baustoff Holz hat Heimeshoff − Beitrag in [113] − durchgeführt.

10.2.4 Ausklinkungen

10.2.4.1 Allgemeines

Bei ausgeklinkten Trägern treten in der einspringenden Ecke Schub- und Querzugspannungen auf, s. Abb. 10.5a und 10.5b [112, 114−116]. Sie können ermäßigt werden durch voutenförmige Abschrägung der Trägerunterkante nach c [112]. Der Bolzen nach f stellt keine befriedigende Lösung dar, weil er

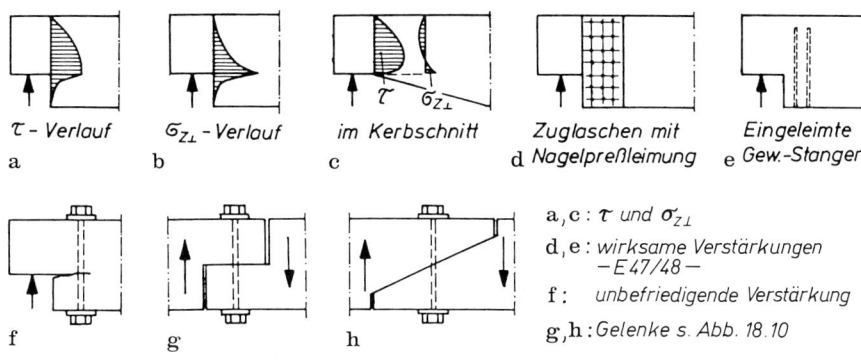

a τ – Verlauf

b $\sigma_{z\perp}$ – Verlauf

c im Kerbschnitt   τ $\sigma_{z\perp}$

d Zuglaschen mit Nagelpreßleimung

e Eingeleimte Gew.-Stangen

f

g

h

Querzugriß! Besser: Einhängen

a,c : τ und $\sigma_{z\perp}$

d,e : wirksame Verstärkungen – E47/48 –

f : unbefriedigende Verstärkung

g,h : Gelenke s. Abb. 18.10

Abb. 10.5. Ausklinkungen

die Rißbildung – insbesondere bei hohen Trägern und möglichen Feuchteschwankungen – nicht verhindern kann. Für Gelenkausbildungen ist deshalb eine Aufhängung nach g und h bzw. Abb. 18.10 zu empfehlen, die an der Kerbstelle Querdruckspannungen erzeugt.

Nach Versuchen von Möhler/Mistler [114] an VH- und BSH-Trägern können Verstärkungen gemäß d und e das Queraufreißen wirksam verhindern. Ergebnisse dieser Untersuchungen sind in – 8.2.2 – enthalten und werden im folgenden Abschnitt dargestellt.

10.2.4.2 Berechnung der zulässigen Querkraft

Anwendungsbereich für die Bemessungsformeln:
– Die Ausklinkung darf der Witterung nicht ausgesetzt sein.
– Das Trägerauflager muß momentenfrei sein (kein Kragarm).
– Im Ausklinkungsbereich sind unten angehängte Lasten unzulässig. Solche Lasten sind in geeigneter Weise in die obere Trägerhälfte einzuleiten.

$$\text{Ausklinkung unten: } \text{zul}\, Q = \frac{2}{3} \cdot b \cdot h_1 \cdot k_A \cdot \text{zul}\,\tau_Q \qquad (10.8)$$

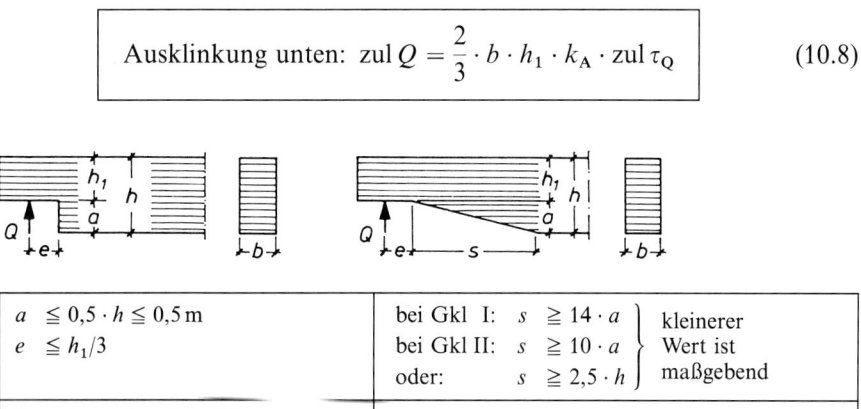

$a \leq 0,5 \cdot h \leq 0,5\,\mathrm{m}$	bei Gkl I: $\quad s \geq 14 \cdot a$	kleinerer
$e \leq h_1/3$	bei Gkl II: $\quad s \geq 10 \cdot a$	Wert ist
	oder: $\quad\quad s \geq 2,5 \cdot h$	maßgebend
$k_A = 1 - 2,8 \cdot a/h \geq 0,3$	$k_A = 1,0$	

$k_A \triangleq$ Abminderungsfaktor für gleichzeitige Wirkung von τ_Q und $\sigma_{Z\perp}$

zul $\tau_Q \triangleq$ zulässige Schubspannung nach Tafel 2.4 Zeile 6

Berechnungsbeispiel siehe Nachweise zu Abb. 10.12 sowie [2, 33, 108]. Am angeschnittenen Rand kann der Nachweis (19.18) maßgebend sein.

$$\text{Ausklinkung oben: zul } Q = \frac{2}{3} \cdot b \cdot \left(h - \frac{a}{h_1} \cdot e \right) \cdot \text{zul } \tau_Q \qquad (10.8\,\text{a})$$

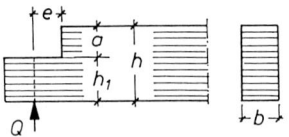 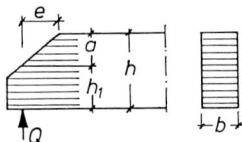

Voraussetzung: $a \leqq 0,5 \cdot h$ und $e \leqq h_1$ für $h > 300\,\text{mm}$

$a \leqq 0,7 \cdot h$ und $e \leqq h_1$ für $h \leqq 300\,\text{mm}$

$$\text{Ausklinkung mit Verstärkung: zul } Q = \frac{2}{3} \cdot b \cdot h_1 \cdot \text{zul } \tau_Q \qquad (10.8\,\text{b})$$

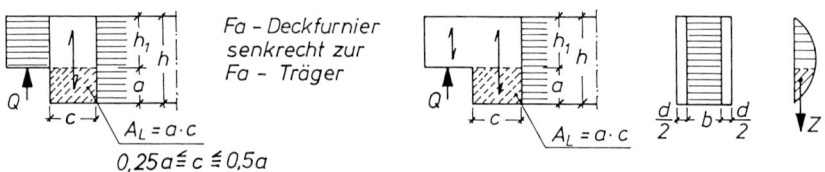

Fa – Deckfurnier senkrecht zur Fa – Träger

Die Anwendung von (10.8 b) bei BSH setzt beidseitig aufgeleimte Streifen oder Winkelstücke aus BFU-BU 100 nach DIN 68 705 T5 voraus. Die Verstärkungen ($A_z = 2 \cdot c \cdot d/2$) sind vereinfacht zu bemessen für:

Zugkraft: $$Z = 1,3 \cdot Q \cdot \left[3 \cdot \left(\frac{a}{h} \right)^2 - 2 \cdot \left(\frac{a}{h} \right)^3 \right] \qquad (10.9)$$

$\sigma_{Z\|}$ in Verstärkungen: $$\sigma_{Z\|} = \frac{Z}{c \cdot d} \leq 4,0\,\text{N/mm}^2 \,* \qquad (10.9\,\text{a})$$

τ_a in Leimfugen A_L: $$\tau_a = \frac{Z}{2 \cdot a \cdot c} \leq 0,25\,\text{N/mm}^2 \,* \qquad (10.9\,\text{b})$$

---

* Die abgeminderten Spannungen sind einzusetzen, weil die Spannungsverteilung über A_z bzw. A_L ungleichmäßig ist.

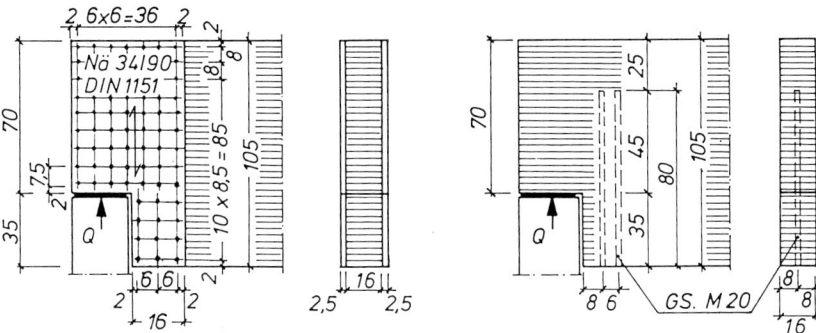

Abb. 10.5 A. Ausgeklinkter Träger [7]

Ausführung

Verleimung mit Resorzinharzleim, Preßdruck etwa $0,6\,\mathrm{N/mm^2}$, erzeugt durch Preßvorrichtung oder Nagelpreßleimung nach *–12.5–* (in BFU vorgebohrt mit $\approx 0,85 \cdot d_n$, wenn Plattendicke >20 mm), Einflußfläche je Nagel $\leqq 65\,\mathrm{cm^2}$; Feuchtegehalt des BFU soll bei der Verleimung der zu erwartenden Ausgleichsfeuchte entsprechen.

Weitere Versuche haben gezeigt, daß die volle Tragfähigkeit des Restquerschnittes $b \cdot h_1$ nach Gl. (10.8 b) auch bei Verstärkung durch eingeleimte Gewindestangen nach Abb. 10.5 e, 10.5 A und 6.1 A b und c erreicht werden kann, vgl. [62].

10.2.4.3 Beispiele

Ausgeklinkter Träger 16/105 aus BSH I, Lastfall H, $Q = 76\,\mathrm{kN}$ nach Abb. 10.5 A mit Verstärkung durch BFU-BU bzw. eingeleimte Gewindestangen.

a) Verstärkung mit Winkelstücken aus BFU-BU

Nagelpreßleimung mit Resorzinharzleim, in Platte vorgebohrt mit $\varnothing 3,0$ mm, Nägel 34/90, Einflußfläche/Na: $60 \cdot 85 = 51 \cdot 10^2\,\mathrm{mm^2} < 65 \cdot 10^2\,\mathrm{mm^2}$

$$a = 350\,\mathrm{mm} < 0,5 \cdot 1050 = 525\,\mathrm{mm}$$
$$< 500\,\mathrm{mm}$$

$$c = 160\,\mathrm{mm} > 0,25 \cdot 350 = 87,5\,\mathrm{mm}$$
$$< 0,5 \cdot 350 = 175\,\mathrm{mm}$$

Gl. (10.8 b): $\mathrm{zul}\, Q = \dfrac{2}{3} \cdot 160 \cdot 700 \cdot 1,2 = 89\,600\,\mathrm{N} = 89,6\,\mathrm{kN} > 76\,\mathrm{kN}$

Gl. (10.9): $Z = 1,3 \cdot 76,0 \cdot \left[3 \cdot \left(\dfrac{35}{105} \right)^2 - 2 \cdot \left(\dfrac{35}{105} \right)^3 \right] = 25,6\,\mathrm{kN}$

Gl. (10.9 a): $\sigma_{Z\parallel} = \dfrac{25,6 \cdot 10^3}{2 \cdot 25 \cdot 160} = 3,2\,\mathrm{N/mm^2} < 4,0\,\mathrm{N/mm^2}$

$$\text{Gl. (10.9 b):} \quad \tau_{\mathrm{a}} = \frac{25{,}6 \cdot 10^3}{2 \cdot 160 \cdot 350} = 0{,}23\,\mathrm{N/mm^2} < 0{,}25\,\mathrm{N/mm^2}$$

Weitere Beispiele siehe [33].

b) Verstärkung mit eingeleimten Gewindestangen
Gewählt: 2 Gewindestangen M 20 aus St 37, da 1 GS zur Aufnahme von
$Z_\perp = 25{,}6\,\mathrm{kN}$ nicht ausreicht

Für 2 GS M 20 mit vorh $l_{\mathrm{E}} = 350\,\mathrm{mm} < 20 \cdot d_{\mathrm{GS}} = 400\,\mathrm{mm}$:

Gl. (6.0e):   zul $Z_\perp = 2 \cdot 0{,}5 \cdot \pi \cdot 20 \cdot 350 \cdot 1{,}2 = 26\,389\,\mathrm{N} = 26{,}4\,\mathrm{kN} > 25{,}6$

Die Mindesteinleimlänge in den oberen Restquerschnitt muß zur Vermeidung
von Querzugrissen nach Abschn. 6.1.5, 2. Fall sein:

$$l_{\mathrm{E}} \geqq 0{,}5 \cdot h_1 = 0{,}5 \cdot 700 = 350\,\mathrm{mm} \rightarrow 450\,\mathrm{mm}$$

Beachte: Nicht mehr als 2 GS hintereinander einbauen!

10.2.5 Auflagerpressung

Die Auflagerkräfte von Durchlaufträgern dürfen nach – *8.1.2* – im allgemeinen
wie für Träger auf 2 Stützen berechnet werden. Ausgenommen davon sind
Durchlaufträger

a) auf 3 Stützen
b) mit Spannweitenverhältnis benachbarter Felder

$$3/2 < l_{\mathrm{i}}/l_{\mathrm{i}+1} < 2/3$$

Nachweis der Auflagerpressung (Abb. 10.6):

$$
\left.
\begin{array}{l}
a < 100\,\mathrm{mm} \\
\text{bei } h > 60\,\mathrm{mm} \\
a < 75\,\mathrm{mm} \\
\text{bei } h \leqq 60\,\mathrm{mm}
\end{array}
\right\}
\rightarrow \sigma_{\mathrm{D}\perp} = \frac{C}{A}; \quad \frac{\sigma_{\mathrm{D}\perp}}{0{,}8 \cdot \mathrm{zul}\,\sigma_{\mathrm{D}\perp}{}^{1}} \leqq 1
\tag{10.10}
$$

$$
\left.
\begin{array}{l}
a \geqq 100\,\mathrm{mm} \\
\text{bei } h > 60\,\mathrm{mm} \\
a \geqq 75\,\mathrm{mm} \\
\text{bei } h \leqq 60\,\mathrm{mm}
\end{array}
\right\}
\rightarrow \sigma_{\mathrm{D}\perp} = \frac{C}{A}; \quad \frac{\sigma_{\mathrm{D}\perp}}{\mathrm{zul}\,\sigma_{\mathrm{D}\perp}{}^{1}} \leqq 1
\tag{10.10a}
$$

Bei Druckflächen mit einer Auflagerlänge $l_{\mathrm{A}} < 150\,\mathrm{mm}$ gilt für zul $\sigma_{\mathrm{D}\perp}$ nach
Tafel 2.4, Zeile 4a:

$$k_{\mathrm{D}\perp} \cdot \mathrm{zul}\,\sigma_{\mathrm{D}\perp} \quad \text{mit} \quad k_{\mathrm{D}\perp} = \sqrt[4]{\frac{150}{l_{\mathrm{A}}}} \leqq 1{,}8 \quad -5.1.11-$$

---

[1] Bei geneigter Trägerachse ist zul $\sigma_{\mathrm{D}\perp}$ durch zul $\sigma_{\mathrm{D}\ast\alpha}$ zu ersetzen.

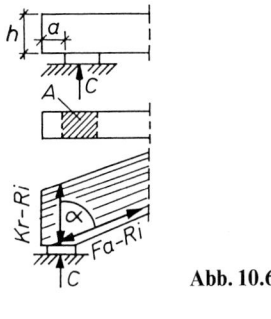

Abb. 10.6

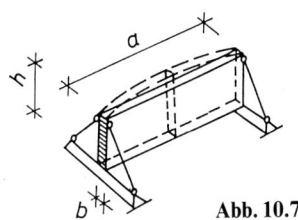

Abb. 10.7

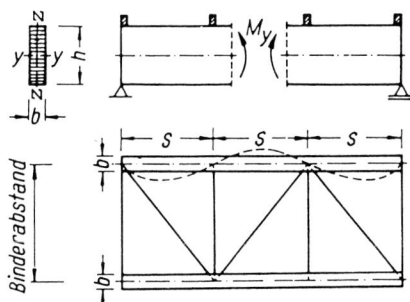

Abb. 10.8

10.2.6 Kippuntersuchung

Kippen ist das seitliche Ausweichen des Druckgurtes vollwandiger Biegeträger bei gleichzeitigem Verdrillen (Abb. 10.7).

Die Kippgefahr wächst mit steigendem Verhältnis h/b.

Konstruktive Maßnahmen gegen das Kippen sind z. B. Aussteifungsverbände (Abb. 10.8).

Für Träger mit Rechteckquerschnitt ist die Kippsicherheit gewährleistet, wenn nach – 8.6.1 – folgender Kippnachweis erfüllt ist:

$$\frac{M_y/W}{k_B \cdot 1,1 \cdot \text{zul}\,\sigma_B} \leqq 1 \tag{10.11}$$

mit

$$k_B = \begin{cases} 1 & \text{für} & \lambda_B \leqq 0,75 \\ 1,56 - 0,75 \cdot \lambda_B & \text{für } 0,75 < \lambda_B \leqq 1,4 \\ 1/\lambda_B^2 & \text{für} & \lambda_B > 1,4 \end{cases}$$

λ_B Kippschlankheitsgrad

$$\lambda_B = \sqrt{\frac{s \cdot h \cdot \gamma_1 \cdot \text{zul}\,\sigma_B}{\pi \cdot b^2 \cdot \sqrt{E_\| \cdot G_T}}}$$

$$= \kappa_B \sqrt{s\,\frac{h}{b^2}} \tag{10.12}$$

Tafel 10.1 K. $\kappa_B \cdot 10^3$ nach $-E66-$ [7]

	VH aus NH			BSH		VH aus LH Gruppe		
	Gkl			Gkl		A	B	C
	III	II	I	II	I	mittlere Güte		
$\kappa_B \cdot 10^3$	49,4	59,1	67,3	54,6	61,6	49,3	60,3	68,7

$\gamma_1 = 2{,}0$ für Lastfall H und HZ

zul σ_B nach Tafel 2.4 Zeile 1

Genauere Nachweise sowie weitere Hinweise zum Kippverhalten von Trägern mit Rechteckquerschnitt s. [44, 83, 117, 120, 121].

10.2.7 Durchbiegung

Wegen des geringen E-Moduls ist im Holzbau vielfach die Durchbiegung maßgebend für die Bemessung. Die zulässigen Durchbiegungen sind in $-8.5-$ festgelegt, vgl. Tafel 10.2.

> p: Verkehrslast (einschließlich Wind- und Schneelast; ohne Schwing- und Stoßbeiwert)
>
> $g + p$: ständige Last + Verkehrslast = Gesamtlast [7]

Für die Durchbiegungsberechnung ist der *ungeschwächte* Querschnitt einzusetzen. Bei zusammengesetzten Querschnitten ist das wirksame Flächenmoment 2. Grades ef I nach (9.4) maßgebend.

Die Durchbiegung kann für beliebige Systeme und Belastungen nach den Gesetzen der Festigkeitslehre berechnet werden, z.B. [118]. Für viele praktische Fälle stehen Formelsammlungen zur Verfügung z.B. [36, 44, 89].

Für zur Biegeachse symmetrische Querschnitte empfiehlt sich der *vereinfachte* Durchbiegungsnachweis für *Kantholz* ($E_\| = 10^4\,\text{N/mm}^2$)

$$f = \frac{100 \cdot \sigma_B \cdot l^2}{c \cdot h} \leqq \text{zul } f \tag{10.13}$$

mit $\sigma_B\,[\text{N/mm}^2]$; $h, f\,[\text{mm}]$; $l\,[\text{m}]$

c für Einfeldträger nach [111] S. 4.39

Durchbiegungsnachweis für Sparrenpfetten s. „Holzbau, Teil 2"

Für den Einfeldträger mit $q = $ const ist z.B.

$$f = \frac{5}{384} \cdot \frac{q \cdot l^4}{E_\| \cdot l} = \frac{5}{48\,E_\|} \cdot \frac{M \cdot l^2}{I} = \frac{5}{48\,E_\|} \cdot \frac{2 \cdot \sigma \cdot l^2}{h}$$

$$= \frac{100 \cdot \sigma_B \cdot l^2}{c \cdot h} \quad \text{s. (10.13)}$$

mit dem Beiwert $c = \dfrac{48}{10} \cdot E_\| \cdot 10^{-4} = 4{,}80$ vgl. [111]

Tafel 10.2. Zulässige Durchbiegungen

Trägerart		mit Überhöhung (Ü.H.)		ohne Ü.H.
		p	$g + p$	$g + p$
1 Vollwandträger		$l/300$	$l/200$ [1]	$l/300$
2	Näherung (Gurtdehnung allein berücksichtigt)	$l/600$	$l/400$	$l/600$
Fachwerk-träger [2]				
3	Genauer (alle Stabdehnungen + Nachgiebigkeit der Verbindungen)	$l/300$	$l/200$ [1]	$l/300$
4 Deckenträger außer Stalldecken; Pfetten, Sparren, Balken im Bereich des oberen Raumabschlusses von Wohn-, Büro- u. ähnl. Räumen		$l/300$		
5 Pfetten, Sparren, Balken in Ställen und Scheunen		$l/200$		
6 Verbände		$l/600$		

[1] Diese Werte gelten im landwirtschaftlichen Bauwesen auch ohne Ü.H.
[2] Einschließlich einsinnig verbretterter Vollwandträger.
Bei Kragträgern darf die rechnerische Durchbiegung der Kragenden die Werte dieser Tafel, bezogen auf die Kraglänge, um 100% überschreiten –8.5.6–.

Die Beiwerte c für die verschiedenen Belastungsarten nach [111] weichen nur geringfügig voneinander ab: $c_i \approx 4,8$, ausgenommen für Einzellast in der Mitte $c_p = 6,0$.

Für *gemischte Belastungen* aus Strecken- und Einzellasten empfiehlt sich, zur Vereinfachung nach (10.13) zu rechnen mit

$$\sigma_B = \frac{\max M}{W} \quad \text{und} \quad c = 4,8$$

Für zur Biegeachse symmetrische *BSH-Querschnitte* ($E_\| = 1,1 \cdot 10^4 \, \text{N/mm}^2$) ist

Biegeverformung $\quad f_\sigma = \dfrac{100 \cdot \sigma_B \cdot l^2}{1,1 \cdot c \cdot h}$ \hfill (10.14)

Schubverformung (wenn $l/h < 10$) $\quad f_\tau = \dfrac{q \cdot l^2}{8 \cdot G \cdot A_{St}} = \dfrac{M}{G \cdot A_{St}}$ \hfill (10.15) [1]

Gesamtverformung $\quad f = f_\sigma + f_\tau \leqq$ zul f \hfill (10.16)

---

[1] (10.15) gilt für gleichmäßig verteilte Belastung. Sie ist anwendbar für beliebige Querschnitte und Holzarten. G ist der Schubmodul nach Tafel 2.3. A_{St} ist der wirksame Stegquerschnitt nach Tafel 10.3, vgl. –E63– und [119].

Tafel 10.3. Wirksamer Stegquerschnitt A_{St}

Einteiliger Rechteckquers.	Zusammengesetzte Querschnitte	
	Vollholzstege	Vollholz -oder Plattenstege
$A_{St} = \dfrac{b \cdot h}{1,2}$ [1]	$A_{St} = b_s \cdot h_s$	$A_{St} = 2 \cdot a_1 \cdot b_s$

[1] 1,2 ist die Schubverteilungszahl für Rechteckquerschnitte

Einheiten: f_σ s. (10.13);

   f_τ [mm]

Die rechnerischen Durchbiegungen erhöhen sich u. a.:

a) Bei Konstruktionen, die der Witterung allseitig ausgesetzt sind oder bei denen mit einer vorübergehenden Durchfeuchtung zu rechnen ist – 4.1.2 –, um 20 %

b) um $(1 + {}^g/_q \varphi)$ infolge Berücksichtigung der Kriechverformungen – 4.3 und E 12 –. Kriechzahl φ s. Abschn. 2.10.

Bei BSH-Trägern, zusammengesetzten Biegebauteilen und bei Fachwerkträgern ist in der Regel das Gesamtsystem parabelförmig zu überhöhen – 8.5.5 –.

Für die Bemessung können entsprechend (10.13) und (10.14) die vereinfachten Gln. (10.17) und (10.18) verwendet werden.

Kantholz $(E_\| = 10^4 \, \text{N/mm}^2)$:

$$\text{erf} \, I = a \cdot \max M \cdot l \cdot 10^4 \tag{10.17}$$

BSH $(E_\| = 1{,}1 \cdot 10^4 \, \text{N/mm}^2)$:

$$\text{erf} \, I = \frac{a}{1{,}1} \cdot \max M \cdot l \cdot 10^4 \tag{10.18}$$

Einheiten: M [kNm], l [m], I [mm⁴]
   a in Abhängigkeit von zul f s. [111, S. 4.39]

10.2.8 Beispiele

1. Beispiel: Deckenbalken NH II Lastfall H

   Lichtweite $w = 4{,}0 \, \text{m}$ (Abb. 10.9)

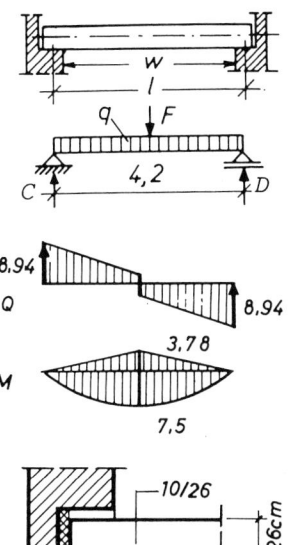

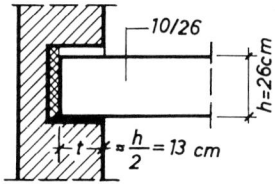

Abb. 10.9

Belastung eines Balkens:

$g = 1,80\,\text{kN/m}$
$p = 1,60\,\text{kN/m}$

$\overline{q = 3,40\,\text{kN/m}}$
$F = 3,6\quad\text{kN}$

Stützweite:

$l = 1,05 \cdot w = 1,05 \cdot 4,0 = 4,2\,\text{m}$

Lagerreaktionen und Schnittgrößen:

$$C = D = 3,4 \cdot \frac{4,2}{2} + \frac{3,6}{2} = 8,94\,\text{kN}$$

$$\max Q \qquad\qquad = 8,94\,\text{kN}$$

könnte nach Tafel 10.1 geringfügig abgemindert werden (nur q-Einfluß)

$$\max M = \quad 3,4 \cdot \frac{4,2^2}{8} = 7,5\,\text{kNm}$$

$$+\,3,6 \cdot \frac{4,2}{4} = \underline{3,78\,\text{kNm}}$$

$$\overline{11,28\,\text{kNm}}$$

Bemessung nach [111]

$$\text{zul } \sigma_B = 10 \text{ N/mm}^2$$

$$\text{erf } W_y = \frac{M}{\text{zul } \sigma_B} = \frac{11\,280 \cdot 10^3}{10} = 1128 \cdot 10^3 \text{ mm}^3$$

$$\text{zul } f = l/300$$

$$\text{erf } I_y = (a_q \cdot M_q \cdot l + a_p \cdot M_p \cdot l) \cdot 10^4$$

$$= \quad 10^4 \cdot 313 \cdot 7,5 \ \cdot 4,2 = \ \ 9\,860 \cdot 10^4 \text{ mm}^4$$

$$+ \, 10^4 \cdot 250 \cdot 3,78 \cdot 4,2 = \ \underline{\ 3\,970 \cdot 10^4 \text{ mm}^4}$$

$$13\,830 \cdot 10^4 \text{ mm}^4$$

Mögliche Querschnitte 10/26 oder 12/24

Gewählt 10/26 $A = 260 \cdot 10^2 \text{ mm}^2$, $W_y = 1127 \cdot 10^3 \text{ mm}^3$

Auflagerfläche

$$A_C = t \cdot b \approx \frac{h}{2} \cdot b = 130 \cdot 100 = 130 \cdot 10^2 \text{ mm}^2$$

Spannungsnachweise

$$\sigma_B = \frac{M}{W} = \frac{11\,280 \cdot 10^3}{1127 \cdot 10^3} = 10 \text{ N/mm}^2 = \text{zul } \sigma_B$$

$$\tau_Q = 1,5 \cdot \frac{Q}{A} = 1,5 \cdot \frac{8,94 \cdot 10^3}{260 \cdot 10^2} = 0,5 \text{ N/mm}^2$$

$$0,5/0,9 = 0,56 < 1$$

$$\sigma_\perp = \frac{C}{A_C} = \frac{8,94 \cdot 10^3}{130 \cdot 10^2} = 0,7 \text{ N/mm}^2$$

$$\text{zul } \sigma_{D\perp} = 0,8 \cdot 2,0 = 1,6 \text{ N/mm}^2 \quad \text{(Gl. (10.10))}$$

$$\rightarrow 0,7/1,6 = 0,44 < 1$$

Mauerwerk

$$\text{zul } \sigma = 0,9 \text{ (Mz 6/II)}$$

$$\rightarrow 0,7/0,9 = 0,78 < 1$$

Kippnachweis entfällt nach Tafel 9.17a in [111], da

$$a_0 = 216 \cdot \frac{100^2}{260} = 8308 \text{ mm} > 4200 \text{ mm}$$

Durchbiegungsnachweis

Die Anteile infolge q und F werden getrennt berechnet nach (10.13)

mit $c_q = 4{,}80$, $c_p = 6{,}0$ nach [111]

$$f = \left(\frac{\sigma_q \cdot l^2}{c_q \cdot h} + \frac{\sigma_p \cdot l^2}{c_p \cdot h}\right) \cdot 100 = \left(\frac{\sigma_q}{c_q} + \frac{\sigma_p}{c_p}\right) \cdot \frac{l^2}{h} \cdot 100$$

$$= \left(\frac{7500}{1127 \cdot 4{,}8} + \frac{3780}{1127 \cdot 6{,}0}\right) \cdot \frac{4{,}2^2}{260} \cdot 100$$

$$= 13{,}2 \text{ mm} < \frac{4200}{300} = 14 \text{ mm}$$

2. Beispiel: Dachbinder aus BSH I (Abb. 10.10)

    Lichtweite 17,3 m

    Binderabstand 6,0 m

    Dachneigung $\alpha = 12°$, $\sin\alpha = 0{,}208$, $\cos\alpha = 0{,}978$

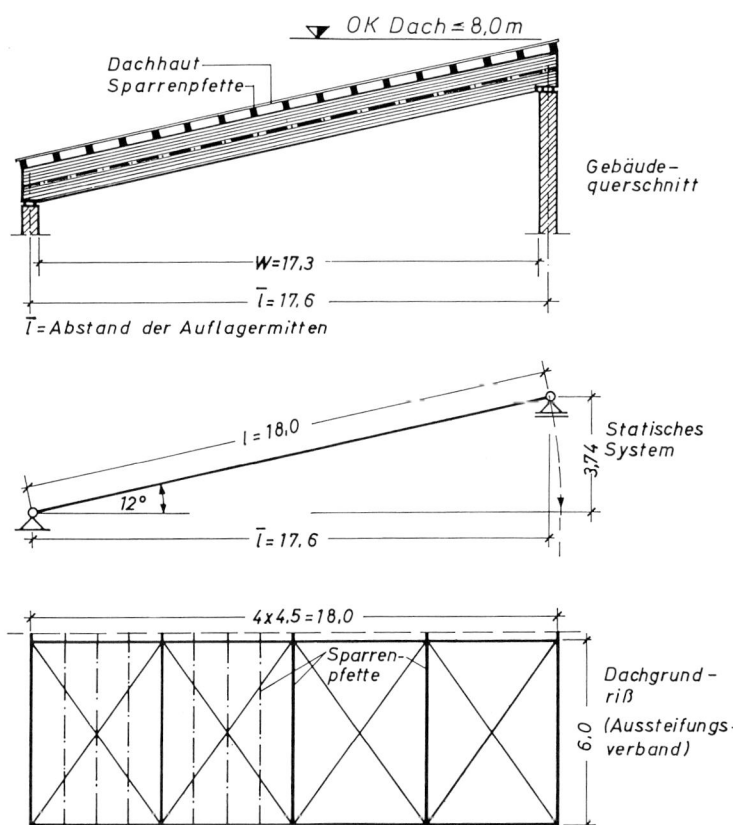

Abb. 10.10

Lastannahmen

Eigenlast	Wellplatten	0,20 kN/m² DFl
	Sparrenpfetten	0,10 kN/m² DFl
	Dachbinder	0,14 kN/m² DFl

$$g = 0,44 \text{ kN/m}^2 \text{ DFl}$$

Auf Grundriß bezogen: $\dfrac{g}{\cos \alpha} = \dfrac{0,44}{0,978} = \bar{g} = 0,45 \text{ kN/m}^2 \text{ GFl}$

Schnee $\qquad\qquad\qquad\qquad\qquad \bar{s} = 0,75 \text{ kN/m}^2 \text{ GFl}$

Σ Hauptlast $\qquad\qquad\qquad\qquad \bar{q} = 1,20 \text{ kN/m}^2 \text{ GFl}$

Wind $\qquad$ Staudruck $\qquad\qquad q = 0,50 \text{ kN/m}^2 \text{ DFl}$

Nach *Teil 2, Abb. 14.25 c und d* wirkt für $\alpha = 12° < 25°$ die Windlast auf der Luv- und Leeseite als Soglast, also entlastend.

$$w_S = -0,6 \cdot 0,5 = -0,30 \text{ kN/m}^2 \text{ DFl}$$

Maßgebend für die Bemessung des Dachbinders ist demnach der Lastfall H.
  Gleichstreckenlast $\bar{q}$ [kN/m]

$$\bar{q} = 6,0 \cdot 1,20 \qquad\qquad = 7,2 \text{ kN/m}$$

$$C = D = 7,2 \cdot \frac{17,6}{2} \qquad = 63,4 \text{ kN}$$

$$-N_C = N_D = 63,4 \cdot 0,208 \qquad = 13,2 \text{ kN}$$

$$Q_C = -Q_D = 63,4 \cdot 0,978 = 62,0 \text{ kN}$$

$$\max M = 7,2 \cdot \frac{17,6^2}{8} \qquad\qquad = 279 \text{ kNm} \qquad \text{vgl. Abb. 10.11}$$

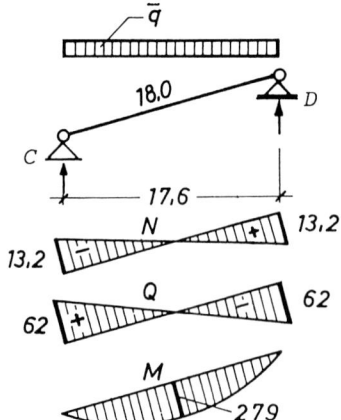

Abb. 10.11

Bemessung

Für die Bemessung wird die Längskraft vernachlässigt, da sie an der Stelle von max M Null ist.

$$\text{zul}\,\sigma_B = 14{,}0\,\text{MN/m}^2; \quad \text{zul}\,f = \frac{l}{200} \ \text{mit Ü.H.}$$

$$\text{erf}\,W_y = \frac{\max M}{\text{zul}\,\sigma_B} = \frac{279 \cdot 10^6}{14} = 19\,930 \cdot 10^3\,\text{mm}^3$$

$$\text{erf}\,I_y = \frac{a}{1{,}1} \cdot \max M \cdot l = \frac{208}{1{,}1} \cdot 279 \cdot 18 \cdot 10^4 = 949\,600 \cdot 10^4\,\text{mm}^4$$

Gewählt nach [36] BSH-Querschnitt 16/91

$$A = 160 \cdot 910 \quad = \quad 1456 \cdot 10^2\,\text{mm}^2$$

$$W_y = \frac{160 \cdot 910^2}{6} = \quad 22\,080 \cdot 10^3\,\text{mm}^3 > 19\,930 \cdot 10^3\,\text{mm}^3$$

$$I_y = \frac{160 \cdot 910^3}{12} = 1\,004\,800 \cdot 10^4\,\text{mm}^4 > 949\,600 \cdot 10^4\,\text{mm}^4$$

Spannungsnachweise

Biegespannung

$$\sigma_B = \frac{M_y}{W_y} = \frac{279 \cdot 10^6}{22\,080 \cdot 10^3} = 12{,}6\,\text{N/mm}^2$$
$$12{,}6/14{,}0 = 0{,}9 < 1$$

Spannung am Auflager aus Längskraft

$$\sigma_N = \pm\frac{N}{A} = \pm\frac{13{,}2 \cdot 10^3}{1456 \cdot 10^2} = 0{,}09\,\text{N/mm}^2 \ \text{gering}$$

Schubspannung:

Maßgebend ist der Querschnitt im ausgeklinkten Bereich am Auflager D. Berechnung nach (10.8) und Abb. 10.5a:

$$a \ = 50\,\text{mm} < 0{,}5 \cdot 910 < 500\,\text{mm}$$

$$k_A = 1 - 2{,}8 \cdot 5{,}0/91 = 0{,}846$$

Aus (10.8) folgt:

$$\tau_Q = \frac{3}{2} \cdot \frac{Q}{b \cdot h_1} \cdot \frac{1}{k_A} = 1{,}5 \cdot \frac{62 \cdot 10^3}{160 \cdot 860} \cdot \frac{1}{0{,}846} = 0{,}8\,\text{N/mm}^2$$
$$0{,}8/1{,}2 = 0{,}67 < 1$$

Auflagerpressung:

$$\sigma_{D*} = \frac{C}{A_C} = \frac{63{,}4 \cdot 10^3}{160 \cdot 200} = 1{,}98\,\text{MN/m}^2$$
$$< 2{,}7\,\text{MN/m}^2 = \text{zul}\,\sigma_{D*78°} \quad -E\,20-$$
$$< 3{,}0\,\text{MN/m}^2 = \text{zul}\,\sigma_{D\perp}\ \text{LHA}$$
$$< \text{zulässige Betonpressung}$$

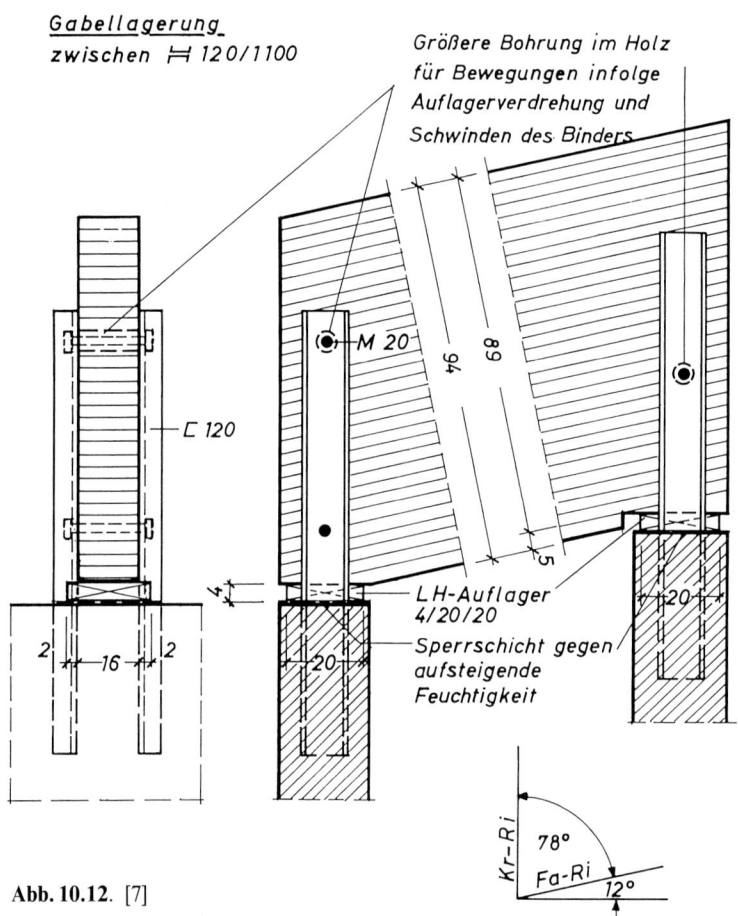

Abb. 10.12. [7]

Kippuntersuchung
Knotenabstand $s = 4,5$ m (Abb. 10.10)
Kippnachweis nach (10.11/10.12)

Die Gln. (10.11/10.12) können auch bei Trägern mit Gabellagerung an den Enden und seitlichen Halterungen am Obergurt (s. Abb. 10.13) angewendet werden $-E66-$.

Tafel 10.1 K: $\varkappa_B = 61,6 \cdot 10^{-3}$

$$\lambda_B = 61,6 \cdot 10^{-3} \sqrt{4,5 \cdot \frac{0,91}{0,16^2}} = 0,78$$

$$k_B = 1,56 - 0,75 \cdot 0,78 = 0,975$$

Für $k_B > \dfrac{1}{1,1} = 0,91$ ist der Biegespannungsnachweis maßgebend.

o *Knotenpunkte*

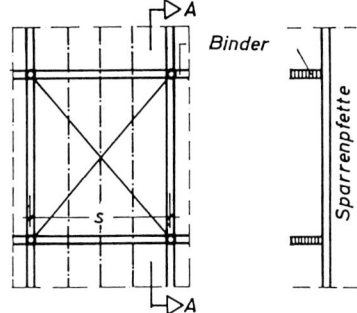

Dachgrundriß   *Schnitt A-A*   **Abb. 10.13**

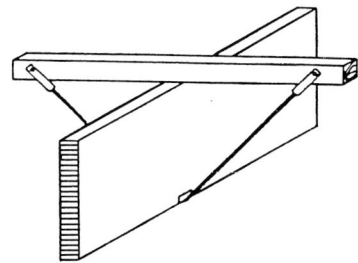

Abb. 10.14

Die Kippsicherheit ist gewährleistet.

Die Torsionssteifigkeit der einzelnen Träger kann durch Kopfbänder (s. Abb. 10.14) erhöht werden [117]. Kopfbänder können Windverbände aber nicht ersetzen.

Durchbiegungsnachweis

Der Schubeinfluß soll, obwohl nach $-8.5.4-$ und $-E62-$ nicht vorgeschrieben, in diesem Beispiel berücksichtigt werden.

Biegeverformung:

$$f_\sigma = \frac{100 \cdot \sigma_B \cdot l^2}{1,1 \cdot c \cdot h} = \frac{10^2 \cdot 12,6 \cdot 18^2}{1,1 \cdot 4,8 \cdot 910} = 85 \, \text{mm}$$

Schubverformung:

$$f_\tau = \frac{1,2 \cdot M}{G \cdot A} = \frac{1,2 \cdot 279 \cdot 10^6}{500 \cdot 1456 \cdot 10^2} = 4,6 \, \text{mm}$$

$$f = 85 + 4,6 = 89,6 \, \text{mm} < \frac{18\,000}{200} = 90 \, \text{mm}$$

Die Überhöhung wird parabelförmig ausgeführt mit max $f = 90\,\text{mm}$.

Durchlaufträger können als *Gelenkträger* (statisch bestimmt) oder als *biegesteife Träger* (statisch unbestimmt) ausgeführt werden. Im Holzbau kommen diese beiden Systeme häufig vor als *Sparrenpfetten* für Hallendächer. Die Berechnung ist relativ einfach, da in der Regel konstante Feldweiten (Binderabstände) vorliegen und gleichmäßig verteilte Verkehrslast (Schnee) in allen Feldern angenommen werden darf.

Konstruktion und Berechnung s. Holzbau, Teil 2.

10.2.9 Doppelbiegung

Bauteile, die auf Doppelbiegung beansprucht werden, sind z.B. Sparrenpfetten geneigter Dächer, Mittelpfetten abgestrebter Pfettendächer, Wandriegel u.a.m.

Die Stützweiten l_y und l_z können für einen bestimmten Trägerabschnitt verschieden groß sein, vgl. Abb. 10.16.

Spannungsnachweis

$$\sigma = \pm \frac{M_y}{W_y} \pm \frac{M_z}{W_z}; \quad \sigma/\text{zul}\,\sigma_B \leqq 1 \tag{10.19}$$

Die Spannungen infolge M_y und M_z wirken in Längsrichtung des Trägers. In zwei Kanten addieren sich die Beträge der Spannungen (s. Abb. 10.15).

Durch Probieren [36] ermittelt man das erforderliche Widerstandsmoment

$$W_y = \frac{M_y + K \cdot M_z}{\text{zul}\,\sigma_B} \tag{10.20}$$

mit einem Schätzwert $K = \dfrac{h}{b}$ für $\approx 1 < K < 2$

Durchbiegungsnachweis

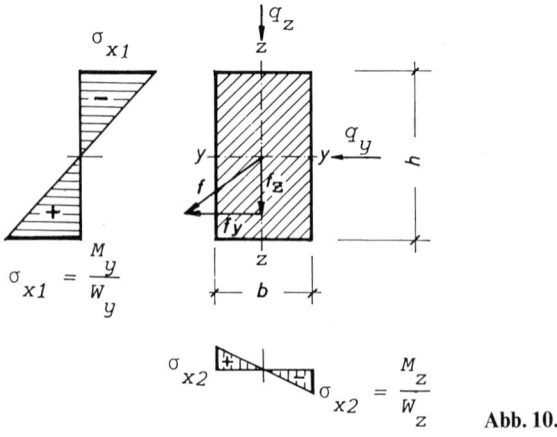

Abb. 10.15

Aus f_z infolge q_z und f_y infolge q_y folgt nach Abb. 10.15

$$f = \sqrt{f_z^2 + f_y^2} \leqq \text{zul } f \text{ nach Tafel 10.2} \tag{10.21}$$

Beispiel: Mittelpfette eines abgestrebten Pfettendaches

NH II Lastfall HZ

Kraftfluß und Stützweiten nach Abb. 10.16

Die lotrechten Lasten q_z werden durch die Stütze A aufgenommen. Die horizontalen Lasten q_y (Wind) werden durch die Zangen in die rechten Stützböcke BC geleitet, vgl. Abb. 10.16.

Die Stützweite $l_y = 4,3$ m ist festgelegt durch die Stützenabstände $A_1 A_2$ bzw. $B_1 B_2$.

Die Stützweite l_z darf für Kopfbandbalken nach $-8.2.4-$ reduziert werden, wenn die benachbarten Stützenabstände um nicht mehr als 1/5 voneinander abweichen. Danach wird für Biegung um die y-Achse die Pfette vereinfacht als frei aufliegender Träger der Stützweite $l_z = 2,5$ m nach Abb. 10.16 berechnet.

Die durch die Sparren in die Mittelpfette eingeleiteten Lasten sollen im Lastfall HZ betragen (Abb. 10.17)

$$q_z = 6,0 \text{ kN/m}$$

$$q_y = 1,2 \text{ kN/m}$$

Biegemomente

$$M_y = \frac{q_z \cdot l_z^2}{8} = \frac{6,0 \cdot 2,5^2}{8} = 4,69 \text{ kNm}$$

$$M_z = \frac{q_y \cdot l_y^2}{8} = \frac{1,2 \cdot 4,3^2}{8} = 2,77 \text{ kNm}$$

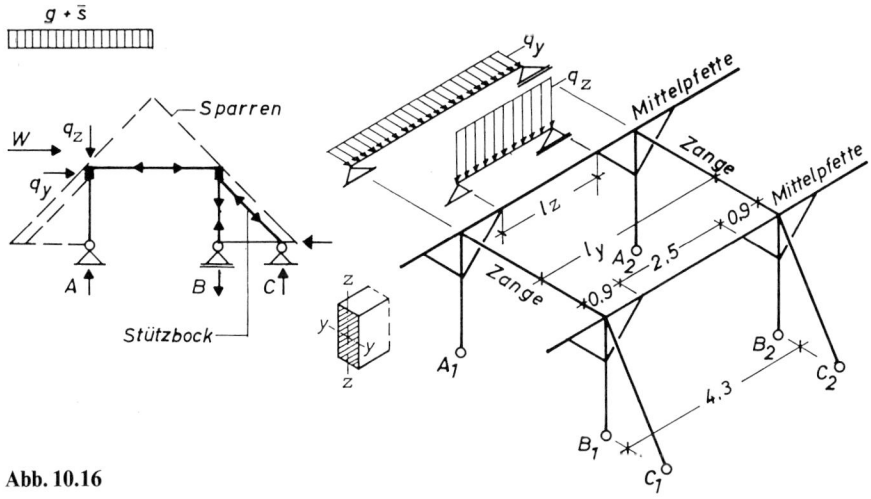

Abb. 10.16

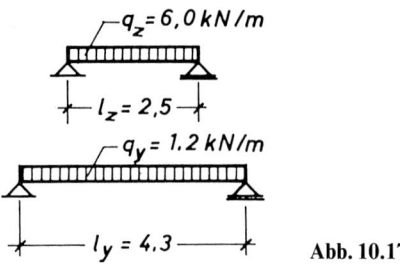

Abb. 10.17

Bemessung nach (10.20) mit $\mathrm{zul}\,\sigma_B = 1{,}25 \cdot 10\,\mathrm{N/mm^2} = 12{,}5\,\mathrm{N/mm^2}$ und Schätzwert $K = 1{,}5$

$$\mathrm{erf}\,W_y = \frac{M_y + K \cdot M_z}{\mathrm{zul}\,\sigma_B} \approx \frac{(4{,}69 + 1{,}5 \cdot 2{,}77) \cdot 10^6}{12{,}5} = 708 \cdot 10^3\,\mathrm{mm^3}$$

Gewählt 12/20 $W_y = 800 \cdot 10^3\,\mathrm{mm^3}$, $W_z = 480 \cdot 10^3\,\mathrm{mm^3}$

$$\sigma = \frac{M_y}{W_y} + \frac{M_z}{W_z} = \frac{4690}{800} + \frac{2770}{480} = 5{,}86 + 5{,}77 = 11{,}6\,\mathrm{N/mm^2}$$

$$11{,}6/12{,}5 = 0{,}93 < 1$$

Durchbiegung

$$f_z = \frac{100 \cdot \sigma_{x1} \cdot l_z^2}{c \cdot h} = \frac{5{,}86 \cdot 10^2 \cdot 2{,}5^2}{4{,}8 \cdot 200} = 3{,}8\,\mathrm{mm}$$

$$f_y = \frac{100 \cdot \sigma_{x2} \cdot l_y^2}{c \cdot b} = \frac{5{,}77 \cdot 10^2 \cdot 4{,}3^2}{4{,}8 \cdot 120} = 18{,}5\,\mathrm{mm}$$

$$f = \sqrt{f_z^2 + f_y^2} = \sqrt{3{,}8^2 + 18{,}5^2} = 18{,}9\,\mathrm{mm} < \frac{4300}{200} = 21{,}5\,\mathrm{mm}$$

Zur Berechnung der übrigen Bauteile siehe Holzbau, Teil 2.

10.3 Nicht gespreizter mehrteiliger Querschnitt mit kontinuierlicher Leimverbindung (DIN)

10.3.1 Allgemeines

Dieser Abschnitt behandelt Querschnitte, die aus rechteckigen Einzelteilen gemäß Abb. 9.1 a, b, c, d zusammengesetzt sind. Die Flächenmomente 2. Grades werden für starre Verbindung nach den Regeln der Festigkeitslehre berechnet, vgl. Gln. (9.2) und (9.3).

Die Berechnung wird an Beispielen erläutert.

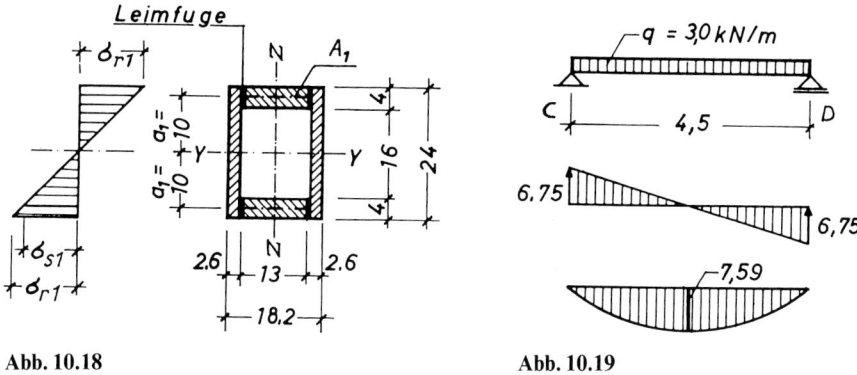

Abb. 10.18   **Abb. 10.19**

10.3.2 Hohlkastenträger aus Vollhölzern NH II (Abb. 10.18)

Deckenträger Lastfall H

Biegeachse $y-y$

10.3.2.1 Querschnittswerte

$$
\begin{aligned}
A = 2 \cdot 40 \cdot 130 \quad &= \quad 104 \cdot 10^2 \, \text{mm}^2 \\
+ 2 \cdot 26 \cdot 240 \quad &= \quad 124{,}8 \cdot 10^2 \, \text{mm}^2 \\
\hline
&\quad 228{,}8 \cdot 10^2 \, \text{mm}^2
\end{aligned}
$$

$$
\begin{aligned}
I_y = 104 \cdot 10^2 \cdot \frac{40^2}{12} \quad &= \quad 139 \cdot 10^4 \, \text{mm}^4 \\
+ 124{,}8 \cdot 10^2 \cdot \frac{240^2}{12} &= \quad 5990 \cdot 10^4 \, \text{mm}^4 \\
+ 104 \cdot 10^2 \cdot 10^4 \quad &= 10\,400 \cdot 10^4 \, \text{mm}^4 \\
\hline
&\quad 16\,529 \cdot 10^4 \, \text{mm}^4
\end{aligned}
$$

$$
W_y = \frac{16\,529 \cdot 10^4}{120} \quad = \quad 1377 \cdot 10^3 \, \text{mm}^3
$$

10.3.2.2 Schnittgrößen (Abb. 10.19)

$$
C = D = 3{,}0 \cdot \frac{4{,}5}{2} \quad = 6{,}75 \, \text{kN}
$$

$$
\max Q \qquad\qquad = 6{,}75 \, \text{kN}
$$

$$
\max M = 3{,}0 \cdot \frac{4{,}5^2}{8} = 7{,}59 \, \text{kNm}
$$

10.3.2.3 Spannungsnachweise

Nach – *8.2.1.1* – sind nachzuweisen (Abb. 10.18):

Biegerandspannung

$$\sigma_{r1} = \frac{\max M_y}{W_y} = \frac{7590}{1377} = 5,5 \, \text{N/mm}^2$$

$$5,5/10,0 = 0,55 < 1$$

Schwerpunktsspannung in den gezogenen Gurtteilen

$$\sigma_{s1} = \frac{M}{I_y} \cdot a_1; \quad \text{zul } \sigma_{Z\|} \quad \text{(Tafel 2.4 Zeile 2)} \quad \sigma_{s1}/\text{zul } \sigma_{Z\|} \leqq 1 \qquad (10.22)$$

$$\sigma_{s1} = \frac{\max M_y}{I_y} \cdot a_1 = \frac{7590 \cdot 10^3}{16\,529 \cdot 10^4} \cdot 10^2 = 4,6 \, \text{N/mm}^2$$

$$4,6/8,5 = 0,54 < 1$$

Größte Schubspannung in der Schwerachse

$$\max \tau_Q = \frac{\max Q \cdot \max S_y}{I_y \cdot \Sigma b} \qquad (10.23)$$

$$\max S_y = 40 \cdot 130 \cdot 100 + 2 \cdot 26 \cdot 120 \cdot \frac{120}{2} = 894 \cdot 10^3 \, \text{mm}^3$$

$$\max \tau_Q = \frac{6,75 \cdot 10^3 \cdot 894 \cdot 10^3}{16\,529 \cdot 10^4 \cdot 2 \cdot 26} = 0,7 \, \text{N/mm}^2$$

$$0,7/0,9 = 0,78 < 1$$

Schubspannung in der Leimfuge (zul $\tau_{\text{Leim}} \geqq$ zul τ_{Holz})

$$S_1 = 40 \cdot 130 \cdot 100 = 520 \cdot 10^3 \, \text{mm}^3$$

$$\tau_L = \frac{6,75 \cdot 10^3 \cdot 520 \cdot 10^3}{16\,529 \cdot 10^4 \cdot 2 \cdot 40} = 0,3 \, \text{N/mm}^2$$

$$0,3/0,9 = 0,33 < 1$$

10.3.2.4 Kippuntersuchung

Vereinfachter Nachweis gemäß – *8.6.1* –
Dieser Nachweis führt bei Kastenquerschnitten infolge der Vernachlässigung der Torsionssteifigkeit zu stabilen, in der Regel aber unwirtschaftlicheren Konstruktionen – *E67* –.

Bei geleimten Trägern darf die gesamte Gurtbreite b_g einschließlich Steganteilen gleicher Höhe in Rechnung gestellt werden.

$$b_g = 130 + 2 \cdot 26 = 182 \, \text{mm}$$

$$i_z = 0,289 \cdot 182 \cdot 52,6 \, \text{mm}$$

Ohne Scheibenwirkung der Decke ist $s = l = 4,50\,\text{m}$

$$i_z = 52,6\,\text{mm} < \frac{s}{40} = \frac{4500}{40} = 112,5\,\text{mm}$$

$$\lambda_z = \frac{4500}{52,6} = 85,6 \rightarrow \omega_z = 2,41$$

Beim vereinfachten Nachweis darf die Schwerpunktspannung σ_{s1} des gedrückten Querschnittteiles den Wert $k_s \cdot \text{zul}\,\sigma_k$ nicht überschreiten.

$$\sigma_{s1} = \frac{M}{I} \cdot a_1 \leqq \frac{k_s \cdot \text{zul}\,\sigma_{D\parallel}}{\omega_z}$$

$$k_s = \omega\,(\lambda_z = 40) = 1,26 \text{ für NH} \quad -8.6.1-$$

$$\frac{1,26 \cdot 8,5}{2,41} = 4,44\,\text{MN/m}^2; \quad 4,6/4,44 = 1,04 \approx 1$$

Zum Vergleich soll der genauere Nachweis für den Hohlkastenträger geführt werden, um seine hohe Kippsteifigkeit zu zeigen.

Genauerer Kippsicherheitsnachweis [7]
Der genauere Nachweis kann nach [117] geführt werden. Danach ergibt sich für den gabelgelagerten Einfeldträger mit $M = \text{const}$ und $N = 0$ (Abb. 10.20):

kritisches Moment crit $M = \sqrt{\dfrac{N_{eu,z} \cdot G \cdot I_T}{\alpha}}$ \hspace{2em} (10.24)

Torsionsflächenmoment 2. Grades $I_T = 2 \cdot \sum\limits_{i=1}^{2} I_{Ti} + \dfrac{2 \cdot b_m^2 \cdot h_m^2}{\dfrac{b_m}{d_2} + \dfrac{h_m}{d_1}}$ \hspace{1em} (10.25)

Die Torsionsflächenmomente 2. Grades I_{Ti} [117] der Einzelquerschnitte können im Holzbau für Kastenträger in vielen Fällen gegenüber dem sich nach der 2. Bredt'schen Formel ergebenden Anteil vernachlässigt werden.

$$I_T \approx (2 \cdot b_m^2 \cdot h_m^2) / \left(\frac{b_m}{d_2} + \frac{h_m}{d_1} \right) \hspace{2em} \text{vgl. (Abb. 10.21)}$$

$$\alpha = 1 - \frac{EI_z}{EI_y}$$

$$N_{eu,z} = \frac{\pi^2}{l^2} \cdot E \cdot I_z \hspace{5em} (10.26)$$

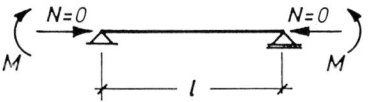

Abb. 10.20

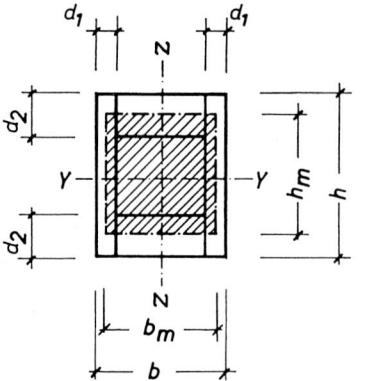

Abb. 10.21

Für $M_y(x) \neq$ const ist die Angriffshöhe e_z der Belastung q bei der Ermittlung von M_z^{II} zu berücksichtigen.

Das Moment um die z-Achse nach Theorie II. Ordnung beträgt [117]:

$$M_z^{II} = \frac{\dfrac{N_{eu,z}}{\alpha}\left(\dfrac{M_z^I}{\text{crit } M}\right)^2}{1 - \dfrac{e_z \cdot M_y^I}{G \cdot I_T} - \left(\dfrac{M_y^I}{\text{crit } M}\right)^2} \cdot e \qquad (10.27)$$

mit

$$e_z = 0{,}5 \cdot h = 0{,}5 \cdot 240 = 120\,\text{mm}$$

$$e = \eta \cdot k \cdot \frac{l}{i} \qquad \text{nach } -9.6.3-$$

$$M_y^I = \gamma_1 \cdot M_y = 2{,}0 \cdot 7{,}59 = 15{,}18\,\text{kNm} = M_y^{II}$$

$$\gamma_1 = 2{,}0 \qquad \text{nach } -9.6.2-$$

Für den geleimten Querschnitt nach Abb. 10.18 ergibt sich somit:

$$I_y = 2 \cdot \frac{26 \cdot 240^3}{12} + 2 \cdot \frac{130 \cdot 40^3}{12} + 2 \cdot 52 \cdot 10^2 \cdot 100^2$$

$$= 16\,530 \cdot 10^4\,\text{mm}^4$$

$$I_z = 2 \cdot \frac{240 \cdot 26^3}{12} + 2 \cdot \frac{40 \cdot 130^3}{12} + 2 \cdot 62{,}4 \cdot 10^2 \cdot 78^2$$

$$= 9130 \cdot 10^4\,\text{mm}^4$$

$$W_y = 1378 \cdot 10^3\,\text{mm}^3; \quad W_z = 1003 \cdot 10^3\,\text{mm}^3$$

$$I_T \approx \frac{2 \cdot 156^2 \cdot 200^2}{\dfrac{156}{40} + \dfrac{200}{26}} = 16\,795 \cdot 10^4\,\text{mm}^4$$

$$\alpha = 1 - \frac{E \cdot 9130}{E \cdot 16\,530} = 0,448$$

$$N_{\text{eu,z}} = \frac{\pi^2}{4500^2} \cdot 10^4 \cdot 9130 \cdot 10^4 = 445 \cdot 10^3\,\text{N} = 445\,\text{kN}$$

Damit wird

$$\text{crit}\,M = \sqrt{\frac{0,445 \cdot 500 \cdot 1,679 \cdot 10^{-4}}{0,448}} = 0,289\,\text{MNm} = 289\,\text{kNm}$$

Vorkrümmung $e = 0,006 \cdot k \cdot \dfrac{l}{i} = 0,006 \cdot 43,8 \cdot \dfrac{4500}{63,2} = 18,7\,\text{mm}$

$$k = \frac{W_z}{A} = \frac{1003 \cdot 10^3}{2 \cdot (52,0 + 62,4) \cdot 10^2} = 43,8\,\text{mm}$$

$$i_z = \sqrt{\frac{9130 \cdot 10^4}{228,8 \cdot 10^2}} = 63,2\,\text{mm}$$

$$\frac{M_y^{\text{I}}}{\text{crit}\,M} = \frac{15,18}{289} = 0,0525$$

$$M_z^{\text{II}} = \frac{\dfrac{445}{0,448} \cdot 0,0525^2}{1 - \dfrac{0,12 \cdot 15,18}{500 \cdot 10^3 \cdot 1,679 \cdot 10^{-4}} - 0,0525^2} \cdot 0,0187 = 0,052\,\text{kNm}$$

Spannungsnachweis nach Theorie II. Ordnung –9.6 und 8.6.2–:

$$\frac{\dfrac{15,18 \cdot 10^3}{1378}}{2,0 \cdot 1,1 \cdot 10} + \frac{\dfrac{0,052 \cdot 10^3}{1003}}{2,0 \cdot 1,1 \cdot 10} = 0,501 + 0,002 = 0,503 < 1$$

Wenn der Spannungsnachweis nach Theorie II. Ordnung benutzt wird, ist zusätzlich der Nachweis nach Theorie I. Ordnung für die einfache Biegung zu führen –9.4–.

10.3.2.5 Durchbiegung

Biegeverformung bei symmetrischem Querschnitt nach (10.13), Schubverformung nach (10.15) mit A_{St} nach Tafel 10.3.

$$f_\sigma = \frac{100 \cdot \sigma_{\text{r1}} \cdot l^2}{c \cdot h} = \frac{5,5 \cdot 4,5^2 \cdot 10^2}{4,8 \cdot 240} = 9,7\,\text{mm}$$

$$f_\tau = \frac{M}{G \cdot A_{\text{St}}} = \frac{7,59 \cdot 10^6}{500 \cdot 200 \cdot 2 \cdot 26} = 1,5\,\text{mm}$$

$$f = f_\sigma + f_\tau = 9,7 + 1,5 = 11,2\,\text{mm} < \frac{4500}{300} = 15\,\text{mm}$$

10.3.3 Hohlkastenträger mit BFU-Stegen nach Abb. 10.22 [7]

Gurte NH II wie 10.3.2
Deckenträger Lastfall H
Fa-Ri der Deckfurniere ∥ Trägerachse
Spannweite, Belastung, Schnittgrößen wie 10.3.2

10.3.3.1 Besonderheiten des Verbundquerschnittes

$$E_{BFU} = \ \ 4\,500 \ \text{MN/m}^2 \quad \| \text{ Fa der Deckfurniere}$$
$$E_{NH} \ = 10\,000 \ \text{MN/m}^2 \quad \| \text{ Fa}$$

$$n = \frac{E_{BFU}}{E_{NH}} = \frac{4500}{10\,000} = 0,45 \qquad (10.28)$$

Wegen gleicher Dehnungen des Gurtholzes und der Plattenstege in jeder gemeinsamen Faser verhalten sich die Spannungen wie die E-Moduln.

$$\varepsilon_{BFU} = \varepsilon_{NH} \rightarrow \sigma_{BFU} = \frac{E_{BFU}}{E_{NH}} \cdot \sigma_{NH} = n \cdot \sigma_{NH} \qquad (10.29)$$

Die Biegesteifigkeit des Verbundquerschnittes ist

$$EI = E_{NH} \cdot I_{NH} + E_{BFU} \cdot I_{BFU} = E_{NH}(I_{NH} + n \cdot I_{BFU}) \qquad (10.30)$$

Bezogen auf das Vollholz, sind Flächenmoment 2. und 1. Grades für die y-Achse

$$I_y = I_{NH} + n \cdot I_{BFU} \qquad (10.31)$$
$$S_y = S_{NH} + n \cdot S_{BFU} \qquad (10.32)$$

10.3.3.2 Querschnittswerte

Stegdicke $t = 12 \ \text{mm} > 6 \ \text{mm}$ nach $-6.3.3-$

$$A_{NH} = 2 \cdot 40 \cdot 130 = 104 \cdot 10^2 \ \text{mm}^2$$
$$A_{BFU} = 2 \cdot 12 \cdot 240 = 57,6 \cdot 10^2 \ \text{mm}^2$$
$$I_y = I_{NH} + n \cdot I_{BFU} \ = \left(104 \cdot \frac{40^2}{12} + 104 \cdot 100^2 + 0,45 \cdot 57,6 \cdot \frac{240^2}{12}\right) \cdot 10^2$$
$$= (139 + 10\,400 + 1245) \cdot 10^4 = 11\,780 \cdot 10^4 \ \text{mm}^4$$

$$\max S_y = S_{NH} + n \cdot S_{BFU} = 5200 \cdot 10^2 + 0,45 \cdot 24 \cdot 120 \cdot \frac{120}{2}$$
$$= (520 + 78) \cdot 10^3 = 598 \cdot 10^3 \ \text{mm}^3$$

Gurt

$$S_1 = A_1 \cdot a_1 = 52 \cdot 10^2 \cdot 100 = 520 \cdot 10^3 \ \text{mm}^3$$

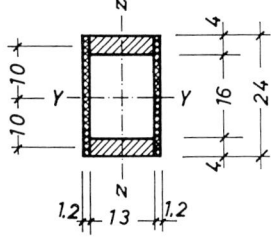

Abb. 10.22

10.3.3.3 Spannungsnachweis

Gurte aus NH II (vgl. Abb. 10.18)

$$\sigma_{r1} = \frac{M_y}{I_y} \cdot \frac{h}{2} = \frac{7,59 \cdot 10^6}{11\,780 \cdot 10^4} \cdot \frac{240}{2} = 7,7\,\text{N/mm}^2$$

$$\text{zul}\,\sigma_B = 10,0\,\text{MN/m}^2 \quad \text{(Tafel 2.4 Zeile 1)}$$

$$7,7/10,0 = 0,77 < 1$$

$$\sigma_{s1} = \frac{M_y}{I_y} \cdot a_1 = \frac{7,59 \cdot 10^6 \cdot 100}{11\,780 \cdot 10^4} = 6,4\,\text{N/mm}^2$$

$$\text{zul}\,\sigma_{D,z\,\|} = 8,5\,\text{MN/m}^2 \quad \text{(Tafel 2.4 Zeile 2)}$$

$$6,4/8,5 = 0,75 < 1$$

Stege aus BFU

$$\sigma_{r2} = n \cdot \sigma_{r1} = 0,45 \cdot 7,7 = 3,5\,\text{N/mm}^2$$

$$\text{zul}\,\sigma_B = 9,0\,\text{MN/m}^2 \quad [36]$$

$$3,5/9,0 = 0,39 < 1$$

$$\max \tau_Q = \frac{\max Q \cdot \max S_y}{I_y \cdot \Sigma t} = \frac{6,75 \cdot 10^3 \cdot 598 \cdot 10^3}{11\,780 \cdot 10^4 \cdot 2 \cdot 12} = 1,43\,\text{N/mm}^2$$

$$\text{zul}\,\tau_Q = 1,8\,\text{MN/m}^2 \quad [36]$$

$$1,4/1,8 = 0,78 < 1$$

In der Leimfuge

$$\tau_L = \frac{\max Q \cdot S_1}{I_y \cdot 2 \cdot h_1} = \frac{6,75 \cdot 10^3 \cdot 520 \cdot 10^3}{11\,780 \cdot 10^4 \cdot 2 \cdot 40} = 0,37\,\text{N/mm}^2$$

$$\text{zul}\,\tau_Q = \text{zul}\,\tau_a = 0,9\,\text{N/mm}^2 \leqq \text{zul}\,\tau_L \quad \text{(Tafel 2.4)}$$

$$0,37/0,9 = 0,41 < 1$$

10.3.3.4 Kippen und Beulen

Vereinfachter Kippnachweis sinngemäß wie Abschn. 10.3.2.4 unter Berücksichtigung des Quotienten aus (10.28)

$$n = \frac{E_{\text{BFU}}}{E_{\text{NH}}} = 0,45$$

mit

$$b_g = 130 + 0,45 \cdot 2 \cdot 12 = 141 \text{ mm}$$
$$i_z = 0,289 \cdot 141 = 41 \text{ mm}$$

Gleiches gilt sinngemäß auch für den genaueren Nachweis.

Beulnachweis für die Stege nach $-8.4.1-$:

$$\frac{h_{sl}}{b_s} = \frac{160}{12} = 13,3 < 35$$

Berechnungsbeispiel siehe auch [33].

10.3.3.5 Durchbiegung nach (10.13, 10.15)

$$f_\sigma = \frac{100 \cdot \sigma_{r1} \cdot l^2}{c \cdot h} = \frac{100 \cdot 7,7 \cdot 4,5^2}{4,8 \cdot 240} = 13,5 \text{ mm}$$

$$f_\tau = \frac{M}{G \cdot A_{St}} = \frac{7,59 \cdot 10^6}{500 \cdot 200 \cdot 2 \cdot 12} = 3,2 \text{ mm}$$

$$f = f_\sigma + f_\tau = 13,5 + 3,2 = 16,7 \text{ mm} \approx \frac{4500}{300}$$

10.4 Nicht gespreizter mehrteiliger Querschnitt mit kontinuierlicher nachgiebiger Verbindung (DIN)

Es handelt sich um Querschnittstypen nach Tafel 9.1.

10.4.1 Biegung um die „starre" Achse

Berechnung wie einteilige Stäbe. Das Flächenmoment 2. Grades I_z wird gemäß (9.1) nach den Regeln der Festigkeitslehre berechnet.

10.4.2 Biegung um die „nachgiebige" Achse [7]

Wegen der Nachgiebigkeit in den Verbindungsfugen wird das wirksame Flächenmoment 2. Grades ef I nach (9.4) berechnet.

$$\text{ef } I = \sum_{i=1}^{n} I_i + \sum_{i=1}^{n} (\gamma_i \cdot A_i \cdot a_i^2)$$

γ_i nach (9.6, 9.7); k_i nach (9.8);
a_2 nach (9.8a/9.8b)

In der Formel (9.8) bedeutet abweichend von Abschn. 9.3.1.2

l die maßgebende Stützweite $-8.3.2-$

bei frei aufliegenden Trägern $\quad l = $ Stützweite
bei Durchlaufträgern $\qquad\qquad l = 4/5 \cdot$ Stützweite
bei Kragträgern $\qquad\qquad\quad l = 2 \cdot$ Kraglänge

Der Spannungsverlauf für Biegung um die „nachgiebige" Achse (hier y-Achse), der mit den in $-8.3.1-$ enthaltenen Gln. (33) und (34) bestimmt werden kann, ist in der Abb. 10.23 dargestellt.

Biegespannungen um die y-Achse
Träger mit doppeltsymmetrischen Querschnitten

Typ 1 bis 3 (s. Tafel 9.1 und Abb. 10.23 a, b):

$$\gamma_1 = \gamma_3 = \gamma;\ a_2 = 0$$

$$E_v = \text{beliebiger Vergleichs-}E\text{-Modul}$$

$$n_i = E_i/E_v$$

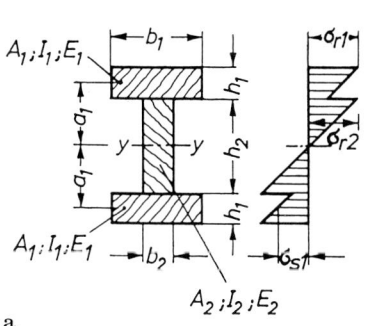

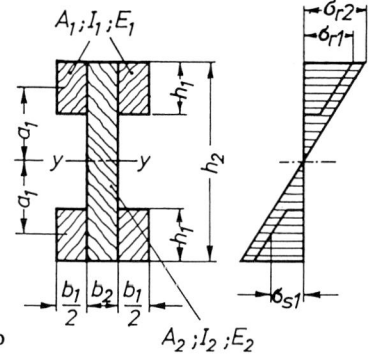

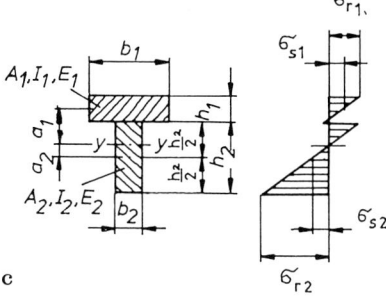

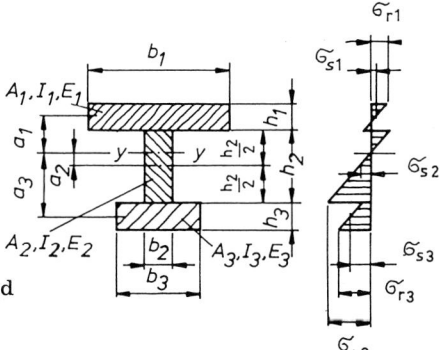

Abb. 10.23. [7]

am Gurtrand

$$\sigma_{r1} = \pm \frac{M}{ef\,I_y} \cdot \left(\gamma \cdot a_1 \cdot \frac{A_1}{A_{1n}} + \frac{h_1}{2} \cdot \frac{I_1}{I_{1n}} \right) \cdot n_1 \qquad (10.33\,a)$$

am Stegrand

$$\sigma_{r2} = \pm \frac{M}{ef\,I_y} \cdot \frac{h_2}{2} \cdot \frac{I_2}{I_{2n}} \cdot n_2 \qquad (10.33\,b)$$

im Gurtschwerpunkt

$$\sigma_{s1} = \pm \frac{M}{ef\,I_y} \cdot \gamma \cdot a_1 \cdot \frac{A_1}{A_{1n}} \cdot n_1 \qquad (10.34)$$

Träger mit einfachsymmetrischen Querschnitten **Typ 4 und 5:**
Es wird vorausgesetzt: $\quad 0 \leqq a_2 \leqq h_2/2$

Träger nach Typ 4 (Tafel 9.1 und Abb. 10.23c)
$A_3 = 0; \ \gamma_1 = \gamma; \ \gamma_2 = 1$

$$\sigma_{r1} = - \frac{M}{ef\,I_y} \cdot \left(\gamma \cdot a_1 \cdot \frac{A_1}{A_{1n}} + \frac{h_1}{2} \cdot \frac{I_1}{I_{1n}} \right) \cdot n_1 \qquad (10.35\,a)$$

$$\sigma_{r2} = + \frac{M}{ef\,I_y} \cdot \left(a_2 \cdot \frac{A_2}{A_{2n}} + \frac{h_2}{2} \cdot \frac{I_2}{I_{2n}} \right) \cdot n_2 \qquad (10.35\,b)$$

$$\sigma_{s1} = - \frac{M}{ef\,I_y} \cdot \gamma \cdot a_1 \cdot \frac{A_1}{A_{1n}} \cdot n_1 \qquad (10.36\,a)$$

$$\sigma_{s2} = + \frac{M}{ef\,I_y} \cdot a_2 \cdot \frac{A_2}{A_{2n}} \cdot n_2 \qquad (10.36\,b)$$

Träger nach Typ 5 (s. Tafel 9.1 und Abb. 10.23d)

$$\sigma_{ri} = \pm \frac{M}{ef\,I_y} \cdot \left(\gamma_i \cdot a_i \cdot \frac{A_i}{A_{in}} + \frac{h_i}{2} \cdot \frac{I_i}{I_{in}} \right) \cdot n_i \qquad (10.37\,a)$$

$$\sigma_{si} = \pm \frac{M}{ef\,I_y} \cdot \gamma_i \cdot a_i \cdot \frac{A_i}{A_{in}} \cdot n_i \qquad (10.37\,b)$$

Die Flächenmomente 2. Grades I_{in} der geschwächten Querschnitte A_{in} dürfen auf die Achse des ungeschwächten Querschnitts bezogen werden.

Die größten Schubspannungen in der neutralen Faser $y-y$ sind:
Träger nach Typ 1–3

$$\max \tau_Q = \frac{\max Q}{ef\,I_y \cdot b_2} \cdot \left(\gamma \cdot n_1 \cdot a_1 \cdot A_1 + n_2 \frac{b_2 \cdot h_2^2}{8} \right) \qquad (10.38\,a)$$

Träger nach Typ 4 und 5 $-8.3.3-$

$$\max \tau_Q = \frac{\max Q}{ef\,I_y \cdot b_2} \cdot \left(\gamma_1 \cdot n_1 \cdot a_1 \cdot A_1 + n_2 \cdot b_2 \frac{(h_2/2 - a_2)^2}{2} \right) \qquad (10.38\,b)$$

$S_2 = b_2 \cdot (h_2/2 - a_2)^2/2$ ist das auf y–y bezogene Flächenmoment 1. Grades der oberhalb der maßgebenden Spannungsnullebene y–y liegenden Stegfläche.

Berechnung der Verbindungsmittel

Der größte Schubfluß in der Fuge ergibt sich aus der größten Querkraft sinngemäß wie (9.10)

$$\text{ef}\, t_{1,3} = \frac{\max Q \cdot \gamma_{1,3} \cdot S_{1,3}}{\text{ef}\, I_y} = \frac{\max Q \cdot \gamma_{1,3} \cdot n_{1,3} \cdot a_{1,3} \cdot A_{1,3}}{\text{ef}\, I_y} \quad (10.39)$$

Der Abstand der Verbindungsmittel wird nach Gl. (9.11) für $\text{ef}\, t_{1,3}$ ermittelt und in der Regel unabhängig vom Querkraftverlauf konstant über die ganze Trägerlänge ausgeführt.

Nach –8.3.3– darf der Verbindungsmittelabstand linear entsprechend dem Q-Verlauf abgestuft werden

von $\min e$ bis $\max e = 4 \cdot \min e$

Zur Berechnung der k-Werte nach Gl. (9.8) wird dann anstelle von e' der wirksame VM-Abstand $\bar{e}'$ eingesetzt:

$$\bar{e}' = \frac{1}{m} \cdot (0{,}75\,\min e + 0{,}25\,\max e)$$

$m \triangleq$ Anzahl der VM-Reihen nach Abb. 9.6.

Durchbiegungsnachweis am Beispiel des Einfeldträgers

Biegeverformung

$$f_\sigma = \frac{5}{384} \cdot \frac{q \cdot l^4}{E_\parallel \cdot \text{ef}\, I} = \frac{5}{48} \cdot \frac{M \cdot l^2}{E_\parallel \cdot \text{ef}\, I} \quad (10.40)$$

Schubverformung

$$f_\tau = \frac{q \cdot l^2}{8 \cdot G \cdot A_{\text{St}}} = \frac{M}{G \cdot A_{\text{St}}} \qquad \text{wie } (10.15)$$

Gesamtverformung

$$f = f_\sigma + f_\tau \leqq \text{zul}\, f \qquad \text{wie } (10.16)$$

A_{St} nach Tafel 10.3

Der Spannungsverlauf gemäß Abb. 10.23b nach (10.33a, b) und (10.34) wird mit Hilfe der Abb. 10.24 noch einmal für die obere Trägerhälfte übersichtlich dargestellt.

Zur Vereinfachung wird ein genagelter Träger mit $d_n \leqq 4{,}2$ mm (nicht vorgebohrt) gewählt. Dann gilt

$$\frac{A_1}{A_{1n}} = 1 \quad \text{und} \quad \frac{I_1}{I_{1n}} = \frac{I_2}{I_{2n}} = 1$$

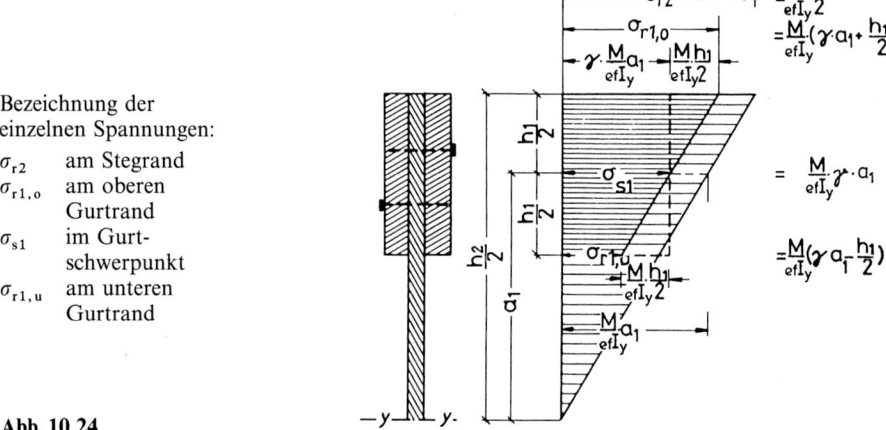

Bezeichnung der
einzelnen Spannungen:

σ_{r2} am Stegrand

$\sigma_{r1,o}$ am oberen
   Gurtrand

σ_{s1} im Gurt-
   schwerpunkt

$\sigma_{r1,u}$ am unteren
   Gurtrand

Abb. 10.24

In der Fuge zwischen Gurt und Steg tritt wegen der durch die nachgiebigen Verbindungsmittel entstehenden Verschiebung ein Spannungssprung auf den γ-fachen Betrag auf (Abminderung, da $\gamma < 1$).

$$E_1 = E_2 = E_v$$

Spannungen im Abstand a_1 von der y-Achse nach Abb. 10.24:

Steg: $\sigma_{a1} = \dfrac{M}{ef\,I_y} \cdot a_1$ (starr)

Gurt: $\sigma_{s1} = \gamma \cdot \dfrac{M}{ef\,I_y} \cdot a_1$ (Nachgiebigkeit in der Fuge)

1. Beispiel: Deckenträger, genagelt, NH II, Lastfall H

Biegung um „nachgiebige" Achse $y-y$
vgl. Abschn. 10.3.2, Abb. 10.18 und 10.19

Der Querschnitt entspricht Typ 2 nach Tafel 9.1 für die z-Achse mit einschnittigen Nägeln.

Nach (9.8): $k_1 = k = \dfrac{\pi^2 \cdot E_1 \cdot A_1 \cdot e'}{l^2 \cdot C}$

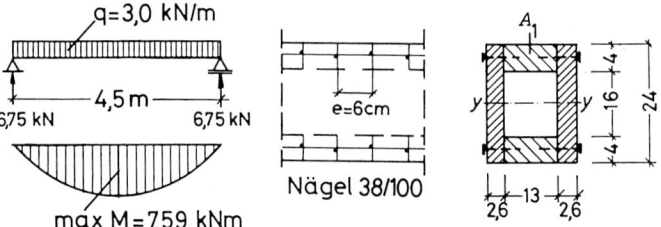

Nägel 38/100

Abb. 10.25

Da ein Gurtquerschnitt A_1 mit zwei gegenüberliegenden Nagelreihen an die Stege angeschlossen wird, ist $e' = \dfrac{1}{2} \cdot e$

Nagelabstand geschätzt [122] $e' = \dfrac{1}{2} \cdot e = 30\,\text{mm}$

Stützweite $l = 4,5\,\text{m}$

Gurtquerschnitt $A_1 = 40 \cdot 130 = 52 \cdot 10^2\,\text{mm}^2$

Verschiebungsmodul (Tafel 9.1) $C = 900\,\text{N/mm}$

Elastizitätsmodul $= 10^4\,\text{N/mm}^2$

$$k = \frac{\pi^2 \cdot 10^4 \cdot 52 \cdot 10^2 \cdot 30}{4,5^2 \cdot 10^6 \cdot 900} = 0,845 \qquad \gamma = \frac{1}{1+k} = \frac{1}{1,845} = 0,542$$

Wirksames Flächenmoment 2. Grades um die y-Achse

$$\text{ef}\,I_y = 2 \cdot A_1 \cdot \frac{h_1^2}{12} + 2 \cdot A_2 \cdot \frac{h_2^2}{12} + \gamma \cdot 2 \cdot A_1 \cdot a_1^2$$

$$= \left(2 \cdot 52 \cdot \frac{40^2}{12} + 2 \cdot 62,4 \cdot \frac{240^2}{12} + 0,542 \cdot 2 \cdot 52 \cdot 100^2 \right) \cdot 10^2$$

$$= (139 + 5990 + 5637) \cdot 10^4\,\text{mm}^4 \approx 11\,770 \cdot 10^4\,\text{mm}^4$$

Schubfluß in den Fugen nach Gl. (10.39)

$$\text{ef}\,t_1 = \frac{\max Q \cdot \gamma \cdot S_1}{\text{ef}\,I_y} = \frac{6,75 \cdot 10^3 \cdot 0,542 \cdot 52 \cdot 10^4}{11\,770 \cdot 10^4} = 16,2\,\text{N/mm}$$

Erforderlicher Nagelabstand für Nä 38/100 nach (9.11)

$$\text{erf}\,e_1 = \frac{m_1 \cdot \text{zul}\,N_1}{\text{ef}\,t_1} = \frac{2 \cdot 523}{16,2} = 64,6\,\text{mm} > 60\,\text{mm} = e$$

Spannungsnachweise für NH II, Lastfall H

Kein Querschnittsabzug, da $d_\text{n} = 3,8\,\text{mm} < 4,2\,\text{mm}$.

$$\frac{A_1}{A_{1\text{n}}} = 1; \quad \frac{I_1}{I_{1\text{n}}} = 1$$

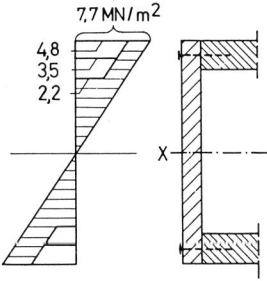

Abb. 10.26

Stegrandspannung (Abb. 10.24):

$$\sigma_{r2} = \frac{M}{\text{ef } I_y} \cdot \frac{h_2}{2} = \frac{759 \cdot 10^4 \cdot 240}{11\,770 \cdot 10^4 \cdot 2} = 7,74\,\text{N/mm}^2$$

$$7,7/10,0 = 0,77 < 1$$

Schwerpunktsspannung im Gurt (Abb. 10.24):

$$\sigma_{s1} = \frac{M}{\text{ef } I_y} \cdot a_1 \cdot \gamma = \frac{759 \cdot 10^4 \cdot 100 \cdot 0,542}{11\,770 \cdot 10^4} = 3,50\,\text{N/mm}^2$$

$$3,5/8,5 = 0,41 < 1$$

Gurtrandspannungen (Abb. 10.24):

$$\sigma_{r1,o} = \frac{M}{\text{ef } I_y} \cdot \left(\gamma \cdot a_1 + \frac{h_1}{2}\right)$$

$$= \frac{759 \cdot 10^4}{11\,770 \cdot 10^4}\left(0,542 \cdot 100 + \frac{40}{2}\right) = 4,78\,\text{N/mm}^2$$

$$4,8/10 = 0,48 < 1$$

$$\sigma_{r1,u} = \frac{759 \cdot 10^4}{11\,770 \cdot 10^4}\left(0,542 \cdot 100 - \frac{40}{2}\right) = 2,21\,\text{N/mm}^2$$

Größte Schubspannung im Doppelsteg $\left(2 \cdot \dfrac{b_2}{2}\right)$

$$S = \frac{b_2 \cdot h_2^2}{8} + \gamma \cdot a_1 \cdot A_1$$

$$= 2 \cdot 26 \cdot \frac{240^2}{8} + 0,542 \cdot 10^2 \cdot 52 \cdot 10^2 = 656 \cdot 10^3\,\text{mm}^3$$

$$\max \tau_Q = \frac{\max Q \cdot S}{\text{ef } I_y \cdot b_2}$$

$$= \frac{6,75 \cdot 10^3 \cdot 656 \cdot 10^3}{11\,770 \cdot 10^4 \cdot 2 \cdot 26} = 0,72\,\text{N/mm}^2$$

$$0,72/0,9 = 0,8 < 1$$

Kippnachweis s. [117]

Durchbiegungsnachweis

Biege- und Schubverformung sind zu berücksichtigen.

Für f_τ gilt: $A_{St} = 2 \cdot 26 \cdot 200 = 104 \cdot 10^2\,\text{mm}^2$ vgl. Tafel 10.3

Gl. (10.40): $f_\sigma = \dfrac{5}{48} \cdot \dfrac{M \cdot l^2}{E_{\parallel} \cdot \text{ef } I_y} = \dfrac{5 \cdot 759 \cdot 10^4 \cdot 4500^2}{48 \cdot 10^4 \cdot 11\,770 \cdot 10^4} = 13,6\,\text{mm}$

Gl. (10.15): $f_\tau = \dfrac{M}{G \cdot A_{St}} = \dfrac{759 \cdot 10^4}{500 \cdot 104 \cdot 10^2} = \underline{1,5\,\text{mm}}$

$$f = 15,1\,\text{mm}$$

$$\approx 15\,\text{mm} = \frac{4500}{300}$$

2. Beispiel: Dachbinder als zweiteiliger Balken, verdübelt, NH II, Lastfall H

Lastannahmen

Dachhaut	$0,20 \, \text{kN/m}^2$
Sp.-Pfetten	$0,10 \, \text{kN/m}^2$
Binder	$0,15 \, \text{kN/m}^2$

$$g = 0,45 \, \text{kN/m}^2$$
Schnee $\quad s = 0,75 \, \text{kN/m}^2$

$$q_{\text{Fl}} = 1,20 \, \text{kN/m}^2$$

Binderabstand $b = 5,0 \, \text{m}$

$$q = 1,2 \cdot 5,0 = 6,0 \, \text{kN/m}$$
$$C = D = 6,0 \cdot 8,4/2 = 25,2 \, \text{kN} \quad \text{(s. Abb. 10.27)}$$
$$\max M = 6,0 \cdot 8,4^2/8 = 52,9 \, \text{kNm}$$

Querschnittswerte

Dü $\varnothing \, 165\text{–C}$, zul $N = 30 \, \text{kN}$:

$$C = 22\,500 \, \text{N/mm}$$
$$E_1 = E_2 = E_{\parallel} = 10^4 \, \text{N/mm}^2$$
$$n_1 = n_2 = 1$$

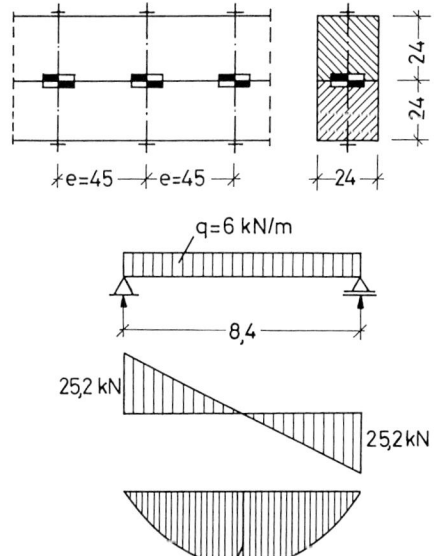

Abb. 10.27

$$A_1 = A_2 = A = 240^2 = 576 \cdot 10^2 \, \text{mm}^2$$

$$e_1' = e' = e = 450 \, \text{mm} \quad \text{geschätzt [122]}$$

$$l = 8400 \, \text{mm}$$

Die näherungsweise Berechnung mit den Abminderungswerten η und ζ nach Abb. 9.7 mit (9.12a) und (9.12b) ist hier nicht angebracht, da die Bedingung:

$$A_1 \cdot e'/C \leqq 800$$

nicht erfüllt ist.

$$A_1 \cdot e'/C = 576 \cdot 10^2 \cdot 450/22\,500 = 1152 > 800$$

Sonderfall: Doppelt symmetrischer zweiteiliger Querschnitt

$$\text{ef} \, I_y = 2A_1 \cdot \frac{h_1^2}{12} + \gamma \cdot 2A_1 \cdot a_1^2$$

mit

$$k_1 = \frac{\pi^2 \cdot 10^4 \cdot 576 \cdot 450}{8{,}4^2 \cdot 10^4 \cdot 22\,500} = 1{,}611$$

$$\gamma = \frac{1}{1 + k_1/2} = \frac{1}{1 + 0{,}806} = 0{,}554 \quad \text{(folgt aus (9.5a))}$$

$$\text{ef} \, I_y = 2 \cdot 576 \cdot 10^2 \cdot \frac{240^2}{12} + 0{,}554 \cdot 2 \cdot 576 \cdot 10^2 \cdot 120^2 = 147\,200 \cdot 10^4 \, \text{mm}^4$$

Eine Berechnung des ef I_y mit (9.5) oder (9.5a) und (9.6) ist möglich [7], aber für diesen Sonderfall nicht sinnvoll.

Berechnung der Verbindungsmittel
Schubfluß in der Fuge nach (10.39)

$$\text{ef} \, t = \frac{\max Q \cdot \gamma \cdot S_1}{\text{ef} \, I_y}$$

$$= \frac{25{,}2 \cdot 10^3 \cdot 0{,}554 \cdot 576 \cdot 10^2 \cdot 120}{147\,200 \cdot 10^4} = 65{,}6 \, \text{N/mm}$$

Erforderlicher Dübelabstand für zul $N = 30 \, \text{kN}$ (Dü $\oslash$ 165–C)

$$\text{erf} \, e = \frac{\text{zul} \, N}{\text{ef} \, t} = \frac{30 \cdot 10^3}{65{,}6} = 457 \, \text{mm} > 450 \, \text{mm} = e$$

Spannungsnachweis

$$A_1 = 240 \cdot 240 = 576 \cdot 10^2 \, \text{mm}^2$$

$$A_{1n} = 576 \cdot 10^2 - 25 \cdot 240 - 11{,}0 \cdot 10^2 = 505 \cdot 10^2 \, \text{mm}^2$$

$$I_1 = 576 \cdot 10^2 \cdot \frac{240^2}{12} = 27\,650 \cdot 10^4 \, \text{mm}^4$$

$$I_{1n} = 27\,650 \cdot 10^4 - 25 \cdot \frac{240^3}{12} - 11 \cdot 10^2 \left(120 - \frac{32}{4}\right)^2$$

$$= 23\,390 \cdot 10^4 \, \text{mm}^4$$

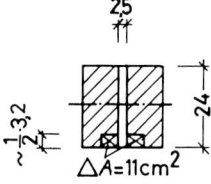

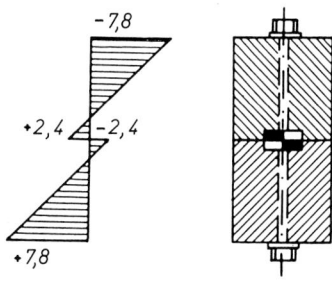

Abb. 10.28. σ_B – Verteilung

Gurtrandspannungen im oberen Querschnitt:

$$\sigma_{r1} = -\frac{M}{\text{ef } I_y} \cdot \left(\gamma \cdot a_1 \cdot \frac{A_1}{A_{1n}} \pm \frac{h_1}{2} \cdot \frac{I_1}{I_{1n}} \right)$$

$$= -\frac{5290 \cdot 10^4}{147\,200 \cdot 10^4} \left(0,554 \cdot 120 \cdot \frac{576}{505} \pm \frac{240}{2} \cdot \frac{27\,650}{23\,390} \right)$$

$$= -0,0359\,(75,8 \pm 141,8)$$

$$\sigma_{r1,o} = -0,0359\,(+217,6) = 7,81\,\text{N/mm}^2$$

$$\sigma_{r1,u} = -0,0359\,(-66,0) = 2,37\,\text{N/mm}^2$$

Nachweis: $7,8/10,0 = 0,78 < 1$

Schwerpunktsspannung

$$\sigma_{s1} = 0,0359 \cdot 75,8 = 2,72\,\text{N/mm}^2$$

$$2,7/8,5 = 0,32 < 1$$

Die größte Schubspannung tritt in den neutralen Fasern, die in den Einzelquerschnitten liegen, auf.

Das auf die neutrale Faser bezogene Flächenmoment 1. Grades beträgt:

$$S = \frac{b}{2} \left(\gamma \cdot a_1 + \frac{h_1}{2} \right)^2$$

$$= \frac{240}{2} \left(0,554 \cdot 120 + \frac{240}{2} \right)^2 = 4173 \cdot 10^3\,\text{mm}^3$$

und damit

$$\max \tau_Q = \frac{\max Q \cdot S}{\text{ef } I_y \cdot b} = \frac{25,2 \cdot 10^3 \cdot 4173 \cdot 10^3}{147\,200 \cdot 10^4 \cdot 240} = 0,30\,\text{N/mm}^2$$

$$0,3/0,9 = 0,33 < 1$$

Durchbiegungsnachweis nach Gl. (10.40)

$$f = \frac{5}{48} \cdot \frac{M \cdot l^2}{E_{\parallel} \cdot \mathrm{ef}\, I_y} = \frac{5 \cdot 5290 \cdot 10^4 \cdot 8400^2}{48 \cdot 10^4 \cdot 147\,200 \cdot 10^4} = 26{,}4\,\text{mm} < \frac{8400}{300} = 28\,\text{mm}$$

Weitere Beispiele verdübelter oder genagelter Träger s. [2, 108, 123]. Kreuzweise verbretterte Träger gemäß Abb. 6.46 und 6.60 s. [89].

10.5 Gespreizter mehrteiliger Querschnitt (DIN)

Es handelt sich um Querschnittstypen nach Abb. 9.9.

10.5.1 Biegung um die „starre" Achse

Berechnung wie einteilige Stäbe. Das Flächenmoment 2. Grades I_z kann nach (9.1) bestimmt werden. Da Rahmen- bzw. Gitterstäbe im allgemeinen aus mehreren gleich großen Kanthölzern bestehen, kann man auch das Widerstandsmoment

$$W_z = \frac{\Sigma b \cdot h^2}{6}$$

nach den Regeln der Festigkeitslehre berechnen.

10.5.2 Biegung um die „nachgiebige" Achse

Nach $-9.4-$ dürfen Rahmen- und Gitterstäbe auf Biegung um die „nachgiebige" Achse *nur durch Zusatzlasten (z. B. Wind)* beansprucht werden.

In Anlehnung an die Berechnung *nicht gespreizter Stäbe* kann der Nachweis gemäß $-E88-$ folgendermaßen durchgeführt werden.

Bekannt sind:

Knicklänge s_{ky}
wirksamer Schlankheitsgrad $\mathrm{ef}\,\lambda_y$

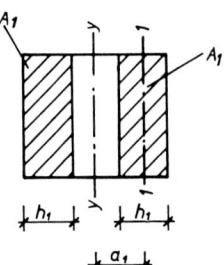

Abb. 10.29

aus (9.14) $\rightarrow$ ef $i_y = \dfrac{s_{ky}}{\text{ef}\,\lambda_y}$

$$\text{ef}\,I_y = 2 \cdot A_1 \cdot \text{ef}\,i_y^2 \qquad\qquad (10.41)$$

Setzt man ef I_y in (9.4) ein, dann kann man für doppeltsymmetrische Querschnitte den Abminderungswert $\gamma = \gamma_1 = \gamma_3$ berechnen.

$$\text{ef}\,I_y = 2 \cdot I_1 + \gamma \cdot 2 \cdot A_1 \cdot a_1^2$$

$$2 \cdot A_1 \cdot \text{ef}\,i_y^2 = 2 \cdot A_1 \cdot \frac{h_1^2}{12} + 2 \cdot A_1 \cdot \gamma \cdot a_1^2$$

$$\gamma = \frac{12 \cdot \text{ef}\,i_y^2 - h_1^2}{12 \cdot a_1^2} \qquad\qquad (10.42)$$

Die Biegespannungen infolge Zusatzlasten dürfen dann nach (10.33a) berechnet werden.

Beispiel: Stütze nach Abb. 10.30 (vgl. Abb. 9.11)

Windlast $w = 1,5\,\text{kN/m}$

$$A = B = 1,5 \cdot \frac{4,2}{2} = 3,15\,\text{kN}$$

$$\max M = 1,5 \cdot \frac{4,2^2}{8} = 3,31\,\text{kNm}$$

Querschnittswerte:

$$\text{ef}\,\lambda_y = 66,6 \quad \text{vgl. Abb. 9.11}$$

$$\text{ef}\,i_y = \frac{s_{ky}}{\text{ef}\,\lambda_y} = \frac{4200}{66,6} = 63,1\,\text{mm}$$

$$\text{ef}\,I_y = 2 \cdot A_1 \cdot \text{ef}\,i_y^2 = 2 \cdot 160 \cdot 10^2 \cdot 63,1^2 = 12\,740 \cdot 10^4\,\text{mm}^4$$

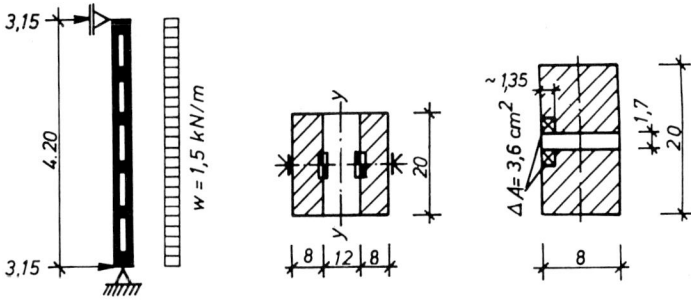

Abb. 10.30

Abminderungswert nach Gl. (10.42)

$$\gamma = \frac{12 \cdot \text{ef}\, i_y^2 - h_1^2}{12 \cdot a_1^2} = \frac{12 \cdot 63{,}1^2 - 80^2}{12 \cdot 100^2} = 0{,}345$$

Gewählt: Dü $\varnothing\, 65-D$ mit Bolzen M 16

$$\Delta A = 3{,}6 \cdot 10^2\,\text{mm}^2, \quad t_d = \frac{27}{2} = 13{,}5\,\text{mm}$$

$$A_1 = 80 \cdot 200 = 160 \cdot 10^2\,\text{mm}^2$$

$$A_{1n} = 160 \cdot 10^2 - 17 \cdot 80 - 3{,}6 \cdot 10^2 = 143 \cdot 10^2\,\text{mm}^2$$

$$I_1 = 160 \cdot 10^2 \cdot \frac{80^2}{12} = 853 \cdot 10^4\,\text{mm}^4$$

$$I_{1n} = 853 \cdot 10^4 - 17 \cdot \frac{80^3}{12} - 3{,}6 \cdot 10^2 \cdot \left(40 - \frac{13{,}5}{2}\right)^2 = 741 \cdot 10^4\,\text{mm}^4$$

Spannungsnachweis für Biegung um die „nachgiebige" Achse $y-y$ infolge Windlast

$$\sigma_{r1} = \frac{M}{\text{ef}\, I_y} \cdot \left(\gamma \cdot a_1 \cdot \frac{A_1}{A_{1n}} + \frac{h_1}{2} \cdot \frac{I_1}{I_{1n}}\right)$$

$$= \frac{331 \cdot 10^4}{12\,740 \cdot 10^4} \left(0{,}345 \cdot 100 \cdot \frac{160}{143} + \frac{80}{2} \cdot \frac{853}{741}\right)$$

$$= 0{,}026 \cdot (38{,}6 + 46{,}0) = 2{,}2\,\text{N/mm}^2$$

$$2{,}2/10{,}0 = 0{,}22 < 1$$

Dieselbe Stütze mit Druckkraft und Biegung s. Abb. 11.5.

10.6 Zusammengesetzte Stahl-Holz-Träger (DIN)

Bisweilen werden Holzbalken durch Stahlprofile verstärkt. Das kann bei Um- und Ausbauten geschehen. Es kommt auch bei Neubauten vor, insbesondere für mehrfeldrige Träger konstanter Bauhöhe mit unterschiedlichen Stützweiten.

Meistens wählt man den kombinierten Querschnitt nach Abb. 10.31. Dabei sollte der gegenseitigen Verbindung der Holz- und Stahlteile besondere Beachtung geschenkt werden. Trotz möglichst starrer Kopplung in Richtung der Biegeverformung sollten Spannungen infolge nachträglicher Feuchteänderung vermieden werden.

Nach $-T2, 5.2-$ dürfen Bolzen für Dauerbauten nur dann verwendet werden, wenn das Holz zum Zeitpunkt des Ein- oder Umbaues die Ausgleichsfeuchte erreicht hat, mit einem weiteren Nachtrocknen also nicht mehr zu rechnen ist.

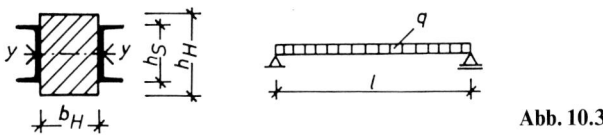

Abb. 10.31

Dübelverbindungen sind wegen des größeren Arbeitsaufwandes relativ teuer.

Bei Neubauten sollte deshalb vor der Verwendung einer Stahl-Holz-Kombination immer geprüft werden, ob ein Träger aus BSH oder Stahl nicht vorteilhafter wäre.

Berechnung eines Stahl-Holz-Trägers nach Abb. 10.31

Holz: $I_H = \dfrac{b_H \cdot h_H^3}{12}$

Stahl: $I_S = 2 \cdot I_y$ [36]

Die Lastverteilung auf Holz- und Stahlteile ergibt sich aus der gemeinsamen Verformung.

$$f_H = \frac{5}{384} \cdot \frac{q_H \cdot l^4}{E_H \cdot I_H} = \frac{5}{384} \cdot \frac{q_S \cdot l^4}{E_S \cdot I_S} = f_S$$

$$\frac{q_S}{q_H} = \frac{E_S \cdot I_S}{E_H \cdot I_H} = 21 \frac{I_S}{I_H} = j \text{ für VH aus NH} \tag{10.43}$$

$$q = q_H + q_S = q_H \cdot (1 + j)$$

$$q_H = \frac{1}{1 + j} \cdot q \tag{10.44}$$

$$q_S = \frac{j}{1 + j} \cdot q \tag{10.45}$$

Die Biegespannungen sind den Belastungen proportional.

$$\sigma_H = \frac{1}{1 + j} \cdot \frac{M}{W_H} \tag{10.46}$$

$$\sigma_S = \frac{j}{1 + j} \cdot \frac{M}{W_S} \tag{10.47}$$

Der Gesamtquerschnitt ist optimal gewählt, wenn die zulässigen Spannungen für Holz und Stahl ausgenutzt sind.

Aus (10.46) und (10.47) folgt mit (10.43)

$$\frac{\text{zul } \sigma_S}{\text{zul } \sigma_H} = j \cdot \frac{W_H}{W_S} = 21 \cdot \frac{I_S}{I_H} \cdot \frac{W_H}{W_S} = 21 \cdot \frac{h_3}{h_H}$$

Mit

$$\frac{zul\,\sigma_S}{zul\,\sigma_H} = \frac{140}{10} = 14$$

ergibt sich nach Gleichsetzen die günstigste Ausnutzung für Holz- und Stahlteile, wenn

$$h_H = 1{,}5 \cdot h_S \qquad\qquad (10.48)$$

Beispiel: Kombinierter Stahl-Holz-Träger (Pfette)

aus 18/24 NH II
und][160 St 37

$l = 5{,}0\,\mathrm{m};\; q = 16\,\mathrm{kN/m}$

$$\frac{h_H}{h_S} = \frac{24}{16} = 1{,}5$$

Querschnittswerte nach [36]

$$I_H = 20\,740 \cdot 10^4\,\mathrm{mm^4};\; W_H = 1730 \cdot 10^3\,\mathrm{mm^3};\; A_H = 432 \cdot 10^2\,\mathrm{mm^2}$$
$$I_S = 2 \cdot 925 \cdot 10^4 = 1850 \cdot 10^4\,\mathrm{mm^4}$$
$$W_S = 2 \cdot 116 \cdot 10^3 = 232 \cdot 10^3\,\mathrm{mm^3}$$
$$A_S = 2 \cdot 24 \cdot 10^2 = 48 \cdot 10^2\,\mathrm{mm^2}$$

$$j = 21 \cdot \frac{I_S}{I_H} = 21 \cdot \frac{1850}{20\,740} = 1{,}875$$

Anteilige Belastungen

$$q_H = \frac{1}{1+j} \cdot q = \frac{1}{2{,}875} \cdot 16 = 5{,}6\,\mathrm{kN/m}$$

$$q_S = \frac{j}{1+j} \cdot q = \frac{1{,}875}{2{,}875} \cdot 16 = 10{,}4\,\mathrm{kN/m}$$

Anteilige Spannungen

$$M = \frac{q \cdot l^2}{8} = \frac{16 \cdot 5^2}{8} = 50\,\mathrm{kNm}$$

$$\sigma_H = \frac{1}{1+j} \cdot \frac{M}{W_H} = \frac{1 \cdot 5000 \cdot 10^4}{2{,}875 \cdot 1730 \cdot 10^3} = 10\,\mathrm{N/mm^2} = zul\,\sigma_H$$

$$\sigma_S = \frac{j}{1+j} \cdot \frac{M}{W_S} = \frac{1{,}875 \cdot 5000 \cdot 10^4}{2{,}875 \cdot 232 \cdot 10^3} = 140\,\mathrm{N/mm^2} = zul\,\sigma_S$$

Durchbiegung

Nach Voraussetzung müssen wegen der starren Verbindungen die Durchbiegungen der Holz- und Stahlteile gleich groß sein.

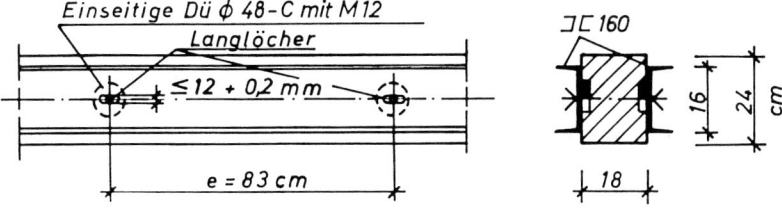

Abb. 10.32. Kombinierter Stahl-Holz-Träger

$$f_H = \frac{100 \cdot \sigma_H \cdot l^2}{c_H \cdot h_H} = \frac{10 \cdot 5^2 \cdot 10^2}{4,8 \cdot 240} = 21,7\,\text{mm} \left.\vphantom{\frac{100 \cdot \sigma_S \cdot l^2}{c_S \cdot h_S}}\right\}$$

$$f_S = \frac{100 \cdot \sigma_S \cdot l^2}{c_S \cdot h_S} = \frac{140 \cdot 5^2 \cdot 10^2}{101 \cdot 160} = 21,7\,\text{mm} \left.\vphantom{\frac{100 \cdot \sigma_S \cdot l^2}{c_S \cdot h_S}}\right\} < \frac{5000}{200} = 25\,\text{mm}$$

(nicht ausgebautes Dach)

Verbindungsmittel

Diesem Beispiel soll der ungünstige Fall zugrunde gelegt werden, daß der Feuchtegehalt ω des Holzes beim Einbau des kombinierten Trägers größer ist als die im fertigen Bauwerk zu erwartende Ausgleichsfeuchte.

Gewählt werden einseitige Dübel vom Typ C nach Abb. 10.32.

Die Einzellasten aus den Sparren werden als Gleichlast q auf den Holzbalken verteilt. Die Dübelkräfte werden näherungsweise für die anteilige Belastung der Stahlprofile q_S bemessen.

Feldbereich: je ein Dübelpaar auf $e = 0,83\,\text{m}$

anteilige Kraft $\qquad q_S = 10,4\,\text{kN/m}$

Je Dübel: $\quad N = \frac{1}{2} \cdot 10,4 \cdot 0,83 = 4,32\,\text{kN}$

$$< 4,50\,\text{kN} = \text{zul}\,N_\perp$$

$$- T2,\,Tab.\,6,\,Sp.\,15 -$$

Auflagerkraft je Stahlprofil: $B_S = 6 \cdot 4,32 \cdot 1/2 = 13,0\,\text{kN}$
(6 Dübelpaare)

Kontrolle: $\qquad\qquad B_S = \frac{10,4 \cdot 5,0}{2 \cdot 2} = 13,0\,\text{kN}$

In den Stahlprofilen werden Langlöcher vorgesehen, um Spannungen aus Feuchteänderungen zu vermeiden.

Normalspannungen durch Feuchteänderungen

Für den Fall, daß in den Stahlprofilen keine Langlöcher vorgesehen würden, wären Normalspannungen infolge $\Delta\omega$ zu erwarten, deren Größe abgeschätzt werden kann.

Dazu sei folgendes Zahlenbeispiel gewählt:

im Einbauzustand $\qquad \omega = 24\%$ (halbtrocken nach DIN 4074)
im fertigen Bauwerk $\qquad \underline{\omega - 10\%}$ (s. $-4.2.1-$)

$$\Delta\omega = 14\%$$

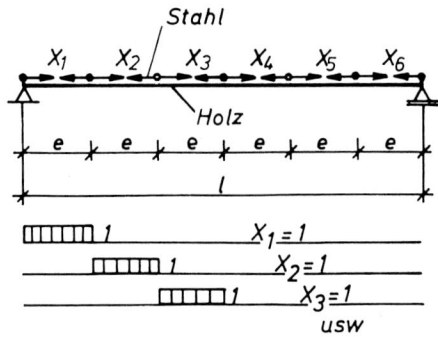

Abb. 10.33

Das Schwindmaß ∥ Fa nach – *4.2.4* – darf bei behinderter Schwindung mit dem halben Wert der Tafel 2.2 in Rechnung gestellt werden – *4.2.5* –.

$$\alpha_\| = \frac{1}{2} \cdot 0,01 = 0,005$$

Der Träger ist für diesen Lastfall 6fach statisch unbestimmt.

a) Die Nachgiebigkeit der Dübel wird nicht berücksichtigt:
Da sich die 6 statisch überzähligen Kräfte (Abb. 10.33) nicht gegenseitig beeinflussen ($\delta_{iK} = 0$), läßt sich die Aufgabe auf ein einfach statisch unbestimmtes Problem zurückführen.

$$X_i \cdot \delta_{ii} + \delta_{i\Delta\omega} = 0$$

$$\delta_{i\Delta\omega} = \alpha_\| \cdot \Delta\omega \cdot e \quad \text{bei Schwinden}$$

$$\delta_{ii} = \frac{1^2 \cdot e}{E_H \cdot A_H} + \frac{1^2 \cdot e}{E_S \cdot A_S} = \frac{e}{E_H \cdot A_H} \cdot \left(1 + \frac{E_H \cdot A_H}{E_S \cdot A_S}\right)$$

$$X_i = -\frac{\delta_{i\Delta\omega}}{\delta_{ii}} = -\frac{\alpha_\| \cdot \Delta\omega \cdot E_H \cdot A_H}{1 + \dfrac{E_H \cdot A_H}{E_S \cdot A_S}} \tag{10.49}$$

Mit $E_H = 10^4\,\text{N/mm}^2$ und $E_S = 21 \cdot 10^4\,\text{N/mm}^2$ wird $\dfrac{E_S}{E_H} = 21$.

Normalspannung im Holz infolge $\Delta\omega = 14\%$ (Schwinden):

$$\sigma_H = -\frac{X_i}{A_H} = \frac{\alpha_\| \cdot \Delta\omega \cdot E_H}{1 + \dfrac{A_H}{21 \cdot A_S}} = \frac{5 \cdot 10^{-5} \cdot 14 \cdot 10^4}{1 + \dfrac{432}{21 \cdot 48}} = 4,9\,\text{N/mm}^2$$

Normalspannung im Stahl infolge $\Delta\omega = 14\%$

$$\sigma_S = \frac{X_i}{A_S} = -\sigma_H \cdot \frac{A_H}{A_S} = -4,9 \cdot \frac{432}{48} = -44,1\,\text{N/mm}^2$$

Berücksichtigt man die Nachgiebigkeit der Dübel, dann werden diese Spannungen erheblich reduziert.

b) Die Nachgiebigkeit der Dübel wird berücksichtigt:

$$\delta_{i\Delta\omega} = \alpha_\parallel \cdot \Delta\omega \cdot e = 5 \cdot 10^{-5} \cdot 14 \cdot 830 = 58,1 \cdot 10^{-2}\,\text{mm}$$

$$\delta_{ii} = \sum \frac{\overline{N}_i^2 \cdot s_i}{E_i \cdot A_i} + \sum \overline{N}_i \cdot \Delta_i \qquad\qquad \text{vgl.} - E60 -$$

Infolge $\overline{X}_i = 1$ werden mit dem Verschiebungsmodul C nach $-T2$, *Tab. 13* – die Längskraft in Stahl- und Holzteilen $\overline{N}_i = \pm 1$ die Verschiebung *eines* Dübelpaares $\Delta_i = 1/2\,C$

$$\delta_{ii} = \left(\frac{e}{E_H \cdot A_H} + \frac{e}{E_s \cdot A_s} \right) + 2 \cdot \frac{1}{2C}$$

$$= \left(\frac{830}{10 \cdot 432 \cdot 10^2} + \frac{830}{21 \cdot 10 \cdot 48 \cdot 10^2} \right) + 2 \cdot \frac{1}{2 \cdot 5}$$

$$= 0,274 \cdot 10^{-2} + 20,0 \cdot 10^{-2} = 20,274 \cdot 10^{-2}\,\text{mm/kN}$$

mit $\qquad C = 1 \cdot \text{zul}\,N_d = 5000\,\text{N/mm} = 5\,\text{kN/mm}$

Die Nachgiebigkeit der Dübel beeinflußt die unmittelbaren Nachbarfelder:

$$\delta_{i,i-1} = \delta_{i,i+1} = -\frac{1}{2C} = -\frac{1}{2 \cdot 5} = -10 \cdot 10^{-2}\,\text{mm/kN}$$

Alle anderen Koeffizienten δ_{ik} sind Null.

Wegen der Symmetrie des Systems ($X_6 = X_1$, $X_5 = X_2$, $X_4 = X_3$) kann sofort die reduzierte Matrix angeschrieben werden.

X_1	X_2	X_3		
20,27	−10,0	0	−58,1	
−10,0	20,27	−10,0	−58,1	[a] $\;10,27 = 20,27 - 10,0$
0	−10,0	$10,27^{\text{a}}$	−58,1	wegen $X_4 = X_3$

$$\Delta N = 20,27^2 \cdot 10,27 - 10^2 (20,27 + 10,27) = 1165,7\,\text{mm}^3/\text{kN}^3$$

$$\Delta X_3 = -58,1\,(20,27^2 + 10^2 - 10^2)$$
$$-58,1 \cdot 20,27 \cdot 10 = -35\,648,6\,\text{mm}^3/\text{kN}^2$$

$$\max X = X_3 = \frac{\Delta X_3}{\Delta N} = \frac{-35\,648,6}{1165,7} = -30,6\,\text{kN}$$

$$\sigma_H = \frac{30,6 \cdot 10^3}{432 \cdot 10^2} = 0,71\,\text{N/mm}^2$$

$$\sigma_S = -\frac{30,6 \cdot 10^3}{48 \cdot 10^2} = -6,4\,\text{N/mm}^2$$

10.7 Einteiliger Rechteckquerschnitt (EC 5)

10.7.1 Biegespannung (einachsig)

$$\sigma_{\mathrm{m,d}} = \frac{M_{\mathrm{d}}}{W_{\mathrm{n}}} \quad \text{(s. Abb. 10.3)} \tag{10.50}$$

$$\frac{\sigma_{\mathrm{m,d}}}{f_{\mathrm{m,d}}} \leqq 1 \tag{10.51}$$

10.7.2 Schubspannung

Schubspannung infolge Querkraft

$$\max \tau_{\mathrm{d}} = 1{,}5 \cdot \frac{V_{\mathrm{d}}}{b \cdot h} \quad \text{(Rechteckquerschnitt, s. Abb. 10.4)} \tag{10.52}$$

$$\frac{\tau_{\mathrm{d}}}{f_{\mathrm{v,d}}} \leqq 1 \tag{10.53}$$

Die Berechnung der wirksamen Querkraft im Auflagerbereich mit der reduzierten Einflußlinie ist nach EC 5 und DIN 1052 identisch [125] und kann nach Tafel 10.1 erfolgen.

Schubspannung infolge Torsion
Rechteckquerschnitte aus VH der Fkl S 10−MS 17 und BSH der Fkl BS 11 bis BS 18 [124]:

$$\max \tau_{\mathrm{tor,d}} = \frac{3 \cdot \max M_{\mathrm{tor,d}}}{h b^2} \cdot \eta \tag{10.54}$$

Beiwert η nach Tafel 10.1 T [93].

$$\frac{\tau_{\mathrm{tor,d}}}{f_{\mathrm{v,d}}} \leqq 1 \tag{10.55}$$

Die charakteristischen Festigkeiten für Schub und Torsion sind nach EC 5 gleich.

10.7.3 Ausklinkungen

Bemessungsformel:

$$\tau_{\mathrm{d}} = 1{,}5 \frac{V_{\mathrm{d}}}{b \cdot h_{\mathrm{e}}} \leqq k_{\mathrm{v}} \cdot f_{\mathrm{v,d}} \tag{10.56}$$

mit

$k_{\mathrm{v}} = 1$ \quad für oben ausgeklinkte Träger

$$k_\mathrm{v} = \min \begin{cases} 1 \\[2ex] \dfrac{k_n\left(1 + \dfrac{1{,}1 \cdot i^{1{,}5}}{\sqrt{h}}\right)}{\sqrt{h}\left(\sqrt{\alpha(1-\alpha)} + 0{,}8\,\dfrac{x}{h}\sqrt{\dfrac{1}{\alpha} - \alpha^2}\right)} \end{cases} \qquad (10.57)$$

für unten ausgeklinkte Träger

$\alpha = h_\mathrm{e}/h \geqq 0{,}5;\; x/h \leqq 0{,}4$ [126]

	VH	BSH
k_n	5,0	6,5

vgl. Abb. 10.34

Im NAD sind ggf. zusätzliche Regelungen aufgrund neuer Erkenntnisse vorgesehen.

Beispiel: (s. Abb. 10.5 A)
Ausgeklinkter Träger aus BSH der Fkl BS 14, kurze LED Nkl 1, $V = 78\,\mathrm{kN}$
Verstärkung mit eingeleimten Gewindestangen
Bemessungswert $V_\mathrm{d} = 1{,}43 \cdot 78 = 112\,\mathrm{kN}$
Aufnehmbare Querkraft bei Verstärkungen:

$$V_\mathrm{d} = \frac{2}{3} \cdot b \cdot h_\mathrm{e} \cdot k_\mathrm{v} \cdot f_\mathrm{v,d}$$

mit $k_\mathrm{v} = 1$ bei Verstärkung $-8.2.2.1-$

$$f_\mathrm{v,d} = \frac{0{,}9}{1{,}3} \cdot 2{,}7 = 1{,}87\,\mathrm{N/mm^2}$$

$$V_\mathrm{d} = \frac{2}{3} \cdot 160 \cdot 700 \cdot 1 \cdot 1{,}87 = 139\,627\,\mathrm{N} = 140\,\mathrm{kN} > 112\,\mathrm{kN}$$

Die Verstärkung kann näherungsweise für die Zugkraft

$$Z_\mathrm{d} = 1{,}3 \cdot V_\mathrm{d} \cdot \left[3 \cdot \left(\frac{h - h_\mathrm{e}}{h}\right)^2 - 2 \cdot \left(\frac{h - h_\mathrm{e}}{h}\right)^3\right] \quad -8.2.2.1- \quad (10.58)$$

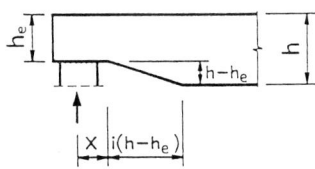   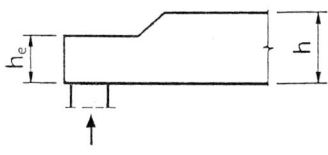

a) Ausklinkung unten   b) Ausklinkung oben

Abb. 10.34

bemessen werden (Empfehlung, Zustimmung der Bauaufsichtsbehörde erforderlich).

$$Z_d = 1,3 \cdot 112 \cdot \left[3\left(\frac{350}{1050}\right)^2 - 2\left(\frac{350}{1050}\right)^3 \right] = 37,7 \, \text{kN}$$

Gewählt: 2 Gewindestangen M20 aus St37, da 1GS zur Aufnahme von $Z_{\perp,d} = 36,7 \, \text{kN}$ nach Tafel 6.2A, Spalte 8 nicht ausreicht.

Für 2 GS M20 mit vorh $l_E = 350 \, \text{mm}$ ist:

Gl. (6.0f): $\quad Z_{\perp,d} = 2 \cdot 0,5 \cdot \pi \cdot d_{GS} \cdot l_E \cdot f_{v,d}$

$$= 2 \cdot 0,5 \cdot \pi \cdot 20 \cdot 350 \cdot 1,72 = 37\,825 \, \text{N}$$

$$= 37,8 \, \text{kN} > 37,7 \, \text{kN}$$

mit $\quad f_{v,d} = 1,72 \, \text{N/mm}^2 \quad$ (s. Abschn. 6.1.5)

Mindesteinleimlänge nach Abschn. 6.1.5, 2. Fall:

$$l_E \geqq 0,5 \cdot h_e = 0,5 \cdot 700 = 350 \, \text{mm} \to 450 \, \text{mm}$$

Aufnehmbare Querkraft – ohne Verstärkung – in Abhängigkeit von dem Faktor i der Geometrie der Ausklinkung (mit $x = 120 \, \text{mm}$):

i	0	5	10	14
k_v	0,355	0,490	0,736	1
V_d [kN]	50	68	103	140

Für die gewählte Ausklinkung folgt für

$$i \geqq 14 \to k_v = 1 \quad \text{(unabhängig von den Fkl} -8.2.2.1-)$$

Solange keine neueren Erkenntnisse vorliegen, sollten die in Abschn. 10.2.4.2 enthaltenen Hinweise beachtet werden.

10.7.4 Kippuntersuchung

Kippnachweis:

$$\sigma_{m,d} \leqq k_{crit} \cdot f_{m,d} \tag{10.59}$$

mit

$$\text{rel} \, \lambda_m = \sqrt{f_{m,k}/\text{crit} \, \sigma_m} \tag{10.60}$$

$$\text{crit} \, \sigma_m = \frac{\pi \cdot b^2 \cdot E_{0,05}}{l_{ef} \cdot h} \cdot \sqrt{\frac{G_{mean}}{E_{0,\,mean}}} \quad \text{(Rechteckquerschnitt)}$$

rel λ_m	k_{crit}
$\leq 0,75$	1
$0,75 < $ rel $\lambda_m \leq 1,4$	$1,56 - 0,75$ rel λ_m
$> 1,4$	$1/$rel λ_m^2

rel λ_m relativer Schlankheitsgrad für Biegung ($= \lambda_B$ nach DIN)
l_{ef} wirksame Trägerlänge ($=$ s, Abschn. 10.2.6), abhängig von Lagerungsbedingungen und Belastung [36]

10.7.5 Grenzwerte der Durchbiegung

Die Durchbiegung u_{net} infolge der Gesamtbelastung und mit Überhöhung ist (s. Abb. 10.35)

$$u_{net} = f_g + f_p - u_0 = f_q - u_0 \qquad (10.61)$$

u_0 Überhöhung
$f_g = u_1$ Durchbiegung infolge ständiger Einwirkungen
$f_p = u_2$ Durchbiegung infolge veränderlicher Einwirkungen

Wird überhöht, so steht der Grenzwert der Durchbiegung zum größten Teil für den Durchbiegungsanteil aus veränderlicher Last zur Verfügung. Die Durchbiegung aus ständiger Last kann teilweise durch die Überhöhung ausgeglichen werden.

Ohne Überhöhung:

$$u_{net} = f_q = f_g + f_p$$

Beim Nachweis der Verformungen nach EC 5 sind stets die Einflüsse des Kriechens und der Holzfeuchte über den Deformationsfaktor k_{def} (s. Tafel 2.12) zu berücksichtigen.

$$f = f_{fin} = f_0 (1 + k_{def}) \qquad (2.7)$$

Grenzwerte der Durchbiegung:
Elastische Durchbiegung infolge veränderlicher Einwirkung

                               Kragträger:

$$f_{p,inst} = u_{2,inst} \leq l/300 \qquad l/150$$

Enddurchbiegung

$$f_{p,fin} = u_{2,fin} \leq l/200 \qquad l/100$$

$$f_{q,fin} = u_{net,fin} \leq l/200 \qquad l/100$$

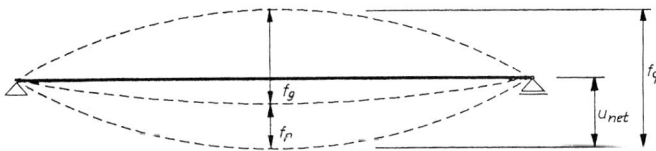

Abb. 10.35. Durchbiegungskomponenten

Außer der elastischen Durchbiegung – auch Anfangsdurchbiegung f_0 genannt – unter der veränderlichen Last werden nach EC 5 die Durchbiegung unter Verkehrslast und die Durchbiegung unter Gesamtlast mit Berücksichtigung des Kriechens und der Feuchtigkeit nachgewiesen.

Obige Grenzwerte gelten auch für Fachwerkträger, sowohl für die gesamte Spannweite als auch für die Stäbe zwischen den Knotenpunkten.

Im weiteren wird mit der im Holzbau gebräuchlichen Bezeichnung f statt u gerechnet.

10.7.6 Beispiel: Deckenbalken

VH der Sortierklasse S 10/MS 10, mittlere LED, Nkl 1 oder 2

Lichte Weite $w = 4,0$ m (Abb. 10.9)

Belastung eines Balkens:

ständige Einwirkungen $g = 1,8$ kN/m
veränderliche Einwirkungen $p^{1)} = 1,6$ kN/m
                               $F = 3,6$ kN

Stützweite:

$$l = 1,05 \cdot w = 1,05 \cdot 4,0 = 4,2 \text{ m}$$

Bemessungswert der Einwirkungen:

$$q_d = 1,35 \cdot 1,8 + 1,5 \cdot 1,6 = 4,83 \text{ kN/m}$$
$$F_d = 1,5 \cdot 3,6 = 5,4 \text{ kN}$$

Lagerreaktionen und Schnittgrößen:

$$C = D = 4,83 \cdot \frac{4,2}{2} + \frac{5,4}{2} = 12,8 \text{ kN}$$

$$\max V_d = 12,8 \text{ kN}$$

$$\max M_d^{2)} = 4,83 \cdot \frac{4,2^2}{8} + 5,4 \frac{4,2}{4} = 16,3 \text{ kNm}$$

Querschnitt: gewählt 10/26

$$A = 260 \cdot 10^2 \text{ mm}^2; \quad W_y = 1127 \cdot 10^3 \text{ mm}^3; \quad I_y = 14\,647 \cdot 10^4 \text{ mm}^4$$

Spannungsnachweise

$$\sigma_{m,d} = \frac{M_d}{W_n} = \frac{16,3 \cdot 10^6}{1127 \cdot 10^3} = 14,5 \text{ N/mm}^2$$

---

[1]) p und F werden als eine veränderliche Einwirkung betrachtet
[2]) Mit (2.4) und 2 veränd. Einwirkungen $\rightarrow M_d = 15,2$ kNm
   Mit (2.2) und $\psi_0 = 0,7 \rightarrow M_d = 14,7$ kNm

$$f_{m,d} = 24 \cdot \frac{0,8}{1,3} = 14,8 \, \text{N/mm}^2 \quad (\text{s. Tafel 2.10})$$

$$14,5/14,8 = 0,98 < 1$$

$$\tau_d = 1,5 \cdot \frac{V_d}{A} = 1,5 \cdot \frac{12,8 \cdot 10^3}{260 \cdot 10^2} = 0,74 \, \text{N/mm}^2$$

$$f_{v,d} = 2,5 \cdot \frac{0,8}{1,3} = 1,54 \, \text{N/mm}^2$$

$$0,74/1,54 = 0,48 < 1$$

$$\sigma_{c,90,d} = \frac{C}{A_C} = \frac{12,8 \cdot 10^3}{130 \cdot 10^2} = 0,985 \, \text{N/mm}^2$$

mit $A_C = 130 \cdot 100 = 130 \cdot 10^2 \, \text{mm}^2$ (s. Abb. 10.9)

$$\sigma_{c,90,d} \leqq k_{c,90} \cdot f_{c,90,d}$$

Tafel 5.5: $k_{c,90} = 1$

$$f_{c,90,d} = 5 \cdot \frac{0,8}{1,3} = 3,1 \, \text{N/mm}^2$$

$$0,99/3,1 = 0,32 < 1$$

Die Auflagerpressung infolge $\sigma_{c,90,d}$ muß auch vom Mauerwerk aufgenommen werden.

Kippnachweis entfällt, da gilt:

Gl. (10.60): $\text{rel} \, \lambda_m = \sqrt{24/53,3} = 0,67 \leqq 0,75 \rightarrow k_{\text{crit}} = 1$

mit

$$\text{crit} \, \sigma_m = \frac{\pi \cdot 100^2 \cdot 7400}{4200 \cdot 260} \sqrt{690/11\,000} = 53,3 \, \text{N/mm}^2$$

Durchbiegungsnachweise:

elastische Durchbiegung infolge veränderlicher Einwirkung:

$$f = f_p + f_F = \frac{5 \cdot p \cdot l^4}{384 \cdot E_{0,\text{mean}} I} + \frac{F \cdot l^3}{48 \cdot E_{0,\text{mean}} I}$$

$$= \frac{10^{-4}}{11\,000 \cdot 14647} \left(\frac{5 \cdot 1,6 \cdot 10^3 \cdot 4200^4}{384 \cdot 10^3} + \frac{3,6 \cdot 10^3 \cdot 4200^3}{48} \right)$$

$$= 4,02 + 3,45 = 7,5 \, \text{mm} < l/300 = 14 \, \text{mm}$$

Enddurchbiegung:

Gl. (2.7): $f_{p,F} = 4,02 \, (1 + 0,25) + 3,45 \, (1 + 0,25)$
$$= 9,3 \, \text{mm} < l/200 = 21 \, \text{mm}$$

Gl. (10.61): $f_{q,F} = \dfrac{1,8}{1,6} \cdot 4,02 \, (1 + 0,6) + 9,3 - u_0 = 16,5 \, \text{mm} < l/200$

mit $u_0 = 0$ (ohne Überhöhung)

10.7.7 Doppelbiegung

Spannungsnachweise

$$k_{\mathrm{m}} \cdot \frac{\sigma_{\mathrm{m,y,d}}}{f_{\mathrm{m,y,d}}} + \frac{\sigma_{\mathrm{m,z,d}}}{f_{\mathrm{m,z,d}}} \leqq 1 \tag{10.62}$$

$$\frac{\sigma_{\mathrm{m,y,d}}}{f_{\mathrm{m,y,d}}} + k_{\mathrm{m}} \cdot \frac{\sigma_{\mathrm{m,z,d}}}{f_{\mathrm{m,z,d}}} \leqq 1 \tag{10.63}$$

$k_{\mathrm{m}} = 0{,}7$ für Rechteckquerschnitte
$k_{\mathrm{m}} = 1{,}0$ für andere Querschnittsformen

Durchbiegungsnachweis

$$f = \sqrt{f_z^2 + f_y^2} \leqq f_{\mathrm{GW}} \quad \text{(GW Grenzwert)} \tag{10.64}$$

Beispiel: Mittelpfette eines abgestrebten Pfettendaches
VH S10/MS10, kurze LED, Nkl1 oder 2

Kraftfluß und Stützweiten nach Abb. 10.16

$$q_z = g + s = 3{,}2 + 2{,}8 = 6\,\mathrm{kN}$$
$$q_y = w = 1{,}2\,\mathrm{kN/m}$$

Lastfall $g + w + s$ maßgebend

Bemessungswert der Einwirkungen:

$$q_{z,\mathrm{d}} = 1{,}35 \cdot 3{,}2 + 1{,}5 \cdot 0{,}7 \cdot 2{,}8 = 7{,}26\,\mathrm{kN/m} \quad \text{vgl. (2.2)}$$
$$q_{y,\mathrm{d}} = 1{,}5 \cdot 1{,}2 = 1{,}8\,\mathrm{kN/m}$$

Biegemomente (s. Abb. 10.17)

$$M_{y,\mathrm{d}} = \frac{q_{z,\mathrm{d}} \cdot l_z^2}{8} = \frac{7{,}26 \cdot 2{,}5^2}{8} = 5{,}67\,\mathrm{kNm}$$

$$M_{z,\mathrm{d}} = \frac{q_{y,\mathrm{d}} \cdot l_y^2}{8} = \frac{1{,}8 \cdot 4{,}3^2}{8} = 4{,}16\,\mathrm{kNm}$$

Querschnitt: gewählt 12/20

$$W_y = 800 \cdot 10^3\,\mathrm{mm}^3; \quad W_z = 480 \cdot 10^3\,\mathrm{mm}^3$$
$$I_y = 8000 \cdot 10^4\,\mathrm{mm}^4; \quad I_z = 2880 \cdot 10^4\,\mathrm{mm}^4$$

Spannungsnachweise

$$f_{\mathrm{m,y,d}} = f_{\mathrm{m,z,d}} = 24 \cdot \frac{0{,}9}{1{,}3} = 16{,}6\,\mathrm{N/mm}^2$$

Gl. (10.62): $0{,}7 \cdot \dfrac{5{,}67 \cdot 10^6/(800 \cdot 10^3)}{16{,}6} + \dfrac{4{,}16 \cdot 10^6/(480 \cdot 10^3)}{16{,}6} = 0{,}821 < 1$

Gl. (10.63): $0{,}427$ $+$ $0{,}7 \cdot 0{,}522$ $= 0{,}792 < 1$

Durchbiegungsnachweise

$$q_{z,d} = 3,2 + 0,2 \cdot 2,8 = 3,76 \, \text{kN/m}$$

$$q_{y,d} = 1,2 \, \text{kN/m} \quad \text{vgl. (2.6)}$$

elastische Durchbiegung infolge veränderlicher Einwirkung:

$$f_z = \frac{5 \cdot p_z \cdot l_z^4}{384 \cdot E_{0,\text{mean}} \cdot I_y} = \frac{5 \cdot 0,56 \cdot 2500^4}{384 \cdot 11\,000 \cdot 8000 \cdot 10^4} = 0,324 \, \text{mm}$$

$$f_y = \frac{5 \cdot p_y \cdot l_y^4}{384 \cdot E_{0,\text{mean}} \cdot I_z} = \frac{5 \cdot 1,2 \cdot 4300^4}{384 \cdot 11\,000 \cdot 2880 \cdot 10^4} = 16,9 \, \text{mm}$$

$$f = \sqrt{f_z^2 + f_y^2} = \sqrt{0,324^2 + 16,9^2} = 16,9 \, \text{mm} > \frac{4300}{300} = 14,3 \, \text{mm}$$

(für Pfetten in nicht ausgebauten Dachräumen zulässig)

Enddurchbiegung infolge Verkehrslast:
Die Ermittlung der Enddurchbiegung infolge der Verkehrslasten Schnee und Wind kann bei diesem Beispiel entfallen, da jeweils

$$k_{\text{def}} = 0 \rightarrow f_{p,\text{inst}} = f_{p,\text{fin}}$$

infolge Gesamtlast

$$f_z = \frac{3,2}{0,56} \cdot 0,324 \, (1 + 0,6) + 0,324 = 3,29 \, \text{mm}$$

$$f_y = 16,9 \, \text{mm}$$

$$f = \sqrt{3,29^2 + 16,9^2} = 17,2 \, \text{mm} < \frac{4300}{200} = 21,5 \, \text{mm}$$

Zur Berechnung der übrigen Bauteile s. Holzbau, Teil 2.

10.8 Nicht gespreizter mehrteiliger Querschnitt (EC 5)

Es handelt sich um Querschnittstypen nach Tafel 9.1.

10.8.1 Biegung um die „starre" Achse

Berechnung wie einteilige Stäbe. Das Flächenmoment 2. Grades I_z wird nach (9.1) bestimmt.

10.8.2 Biegung um die „nachgiebige" Achse

Wegen der Nachgiebigkeit in den Verbindungsfugen wird die effektive Biegesteifigkeit (s. Abb. 9.5) nach (9.20) berechnet.

$$\text{ef}\,(EI_y) = \sum_{i=1}^{3} (E_i I_{iy} + \gamma_i E_i A_i a_i^2)$$

γ_i nach (9.21, 9.22); a_2 nach (9.23)

Hinweise zur Festlegung der maßgebenden Stützweite l in (9.22) s. Abschn. 10.4.2.

Normalspannungen

$$\sigma_i = \gamma_i E_i a_i M_d / \text{ef}(EI_y) \tag{10.65}$$

$$\sigma_{m,i} = 0,5 E_i h_i M_d / \text{ef}(EI_y) \tag{10.66}$$

$\sigma_i = \sigma_{si}$ (DIN)

$\sigma_i + \sigma_{m,i} = \sigma_{ri}$

Maximale Schubspannung (Typ 5)
Die maximalen Schubspannungen treten in der neutralen Faser auf und sind unter Berücksichtigung von ef(EI_y) nachzuweisen.
Für Träger nach Typ 5 ist die größte Schubspannung

$$\max \tau_d = \frac{\max V_d}{b_2 \,\text{ef}(EI_y)} \sum_{i=1}^{2} \gamma_i E_i S_i \tag{10.67}$$

mit

$$S_i = b_i h_i a_i \qquad i = 1 \text{ und } 3 \tag{10.68}$$

$$S_2 = b_2 (h_2/2 - a_2)^2/2 \tag{10.69}$$

Berechnung der Verbindungsmittel

$$F_i = \gamma_i E_i A_i a_i s_i V_d / \text{ef}(EI_y) \tag{10.70}$$

mit

$i = 1 \text{ und } 3$

$s_i = s_i(x) \text{ und } V_d = V_d(x)$

F_i Belastung je VM

Die VM werden in der Regel unabhängig vom Verlauf der Querkraftlinie gleichmäßig über die Trägerlänge angeordnet. Eine Abstufung der VM-Abstände ist auch nach EC 5 möglich (s. Abschn. 10.4).

Beispiel: Deckenträger, genagelt (s. Abb. 10.25)

VH S10/MS10, mittlere LED, Nkl1 oder 2

Bemessungswert der Einwirkungen

$$q_d = 1,43 \cdot 3,0 = 4,29 \,\text{kN/m}$$

$$\max M_d = 1,43 \cdot 7,59 = 10,9 \,\text{kNm}$$

$$\max V_d = 1,43 \cdot 6,75 = 9,65 \,\text{kN}$$

Gl. (9.20): $\text{ef}\,I_y = \sum_{i=1}^{3} (I_{iy} + \gamma_i A_i a_i^2)$

Gl. (9.22): $\gamma_1 = [1 + \pi^2 E_1 A_1 s_1/(K_1 \cdot l^2)]^{-1}$

$$s_1 = e' = \frac{1}{2} e$$

Nagelabstand geschätzt $e' = \dfrac{60}{2} = 30\,\text{mm}$ (s. Abb. 10.25)

NAD [124]: $E_1 = E_{0,05}$ und $K_1 = K_u$ für Tragfähigkeitsnachweis
$E_1 = E_{0,\,\text{mean}}$ und $K_1 = K_{\text{ser}}$ für Gebrauchstauglichkeits-
nachweis

Verschiebungsmodul K_1

Tafel 9.6: $K_{\text{ser}} = 380^{1,5} \cdot 3{,}8^{0,8}/25 = 862\,\text{N/mm}$, ohne Vorbohrung

Gl. (9.25): $K_1 = K_u = \dfrac{2}{3} \cdot 862 = 575\,\text{N/mm}$

$$\gamma_1 = [1 + \pi^2 \cdot 7400 \cdot 52 \cdot 10^2 \cdot 30/(575 \cdot 4500^2)]^{-1} = 0{,}505$$

Wirksames Flächenmoment 2. Grades um die y-Achse

$$\text{ef}\, I_y = 2 \cdot A_1 \cdot h_1^2/12 + 2 \cdot A_2 \cdot h_2^2/12 + \gamma_1 \cdot 2 \cdot A_1 \cdot a_1^2$$

$$= 2 \cdot 52 \cdot 10^2 \cdot \frac{40^2}{12} + 2 \cdot 26 \cdot 240 \cdot \frac{240^2}{12} + 0{,}505 \cdot 2 \cdot 52 \cdot 10^2 \cdot 100^2$$

$$= 139 \cdot 10^4 + 5990 \cdot 10^4 + 5252 \cdot 10^4 = 11\,381 \cdot 10^4\,\text{mm}^4$$

Berechnung der Verbindungsmittel

Gl. (9.28): $F_1 = \gamma_1 \cdot A_1 \cdot a_1 \cdot s_1 \cdot V_d/\text{ef}\, I_y$

$$= 0{,}505 \cdot 52 \cdot 10^2 \cdot 100 \cdot 30 \cdot 9{,}65 \cdot 10^3/(11\,381 \cdot 10^4) = 668\,\text{N}$$

Gl. (6.7d): $\min R_d = \dfrac{1{,}1 \cdot 12{,}9 \cdot 26 \cdot 3{,}8}{3} \left[\sqrt{4 + \dfrac{12 \cdot 5264}{12{,}9 \cdot 3{,}8 \cdot 26^2}} - 1\right] = 668\,\text{N}$

$$F_1 = R_d$$

$$\text{erf}\, e = \frac{m_1 \cdot R_d}{t_{\text{ef}}} = \frac{2 \cdot 668}{22{,}3} = 60{,}0\,\text{mm} = e$$

mit $t_{\text{ef}} = \dfrac{F_1}{s_1} = \dfrac{668}{30} = 22{,}3\,\text{N/mm}$

Spannungsnachweise

Stegrandspannung:

$$\sigma_{r2} = \frac{M_d}{\text{ef}\, I_y} \cdot \frac{h_2}{2} = \frac{1090 \cdot 10^4 \cdot 240}{11\,381 \cdot 10^4 \cdot 2} = 11{,}5\,\text{N/mm}^2$$

$$f_{m,d} = \frac{24 \cdot 0{,}8}{1{,}3} = 14{,}8\,\text{N/mm}^2$$

$$11{,}5/14{,}8 = 0{,}78 < 1$$

Schwerpunktspannung im Gurt:

$$\sigma_{s1} = \frac{M_d}{ef I_y} \cdot \gamma_1 \cdot a_1$$

$$= \frac{1090 \cdot 10^4 \cdot 0{,}505 \cdot 100}{11\,381 \cdot 10^4} = 4{,}84\,\text{N/mm}^2$$

$$f_{t,d} = \frac{14 \cdot 0{,}8}{1{,}3} = 8{,}61\,\text{N/mm}^2$$

$$4{,}84/8{,}61 = 0{,}56 < 1$$

Größte Schubspannung im Doppelsteg:

$$S = 2 \cdot 26 \cdot \frac{240^2}{8} + 0{,}505 \cdot 100 \cdot 52 \cdot 10^2 = 637 \cdot 10^3\,\text{mm}^3$$

$$\max \tau_d = \frac{\max V_d \cdot S}{ef I_y \cdot b_2} = \frac{9{,}65 \cdot 10^3 \cdot 637 \cdot 10^3}{11\,381 \cdot 10^4 \cdot 2 \cdot 26} = 1{,}04\,\text{N/mm}^2$$

$$f_{v,d} = \frac{2{,}5 \cdot 0{,}8}{1{,}3} = 1{,}54\,\text{N/mm}^2$$

$$1{,}04/1{,}54 = 0{,}67 < 1$$

Kippnachweis für Kastenquerschnitt mit nachgiebigem Verbund s. [117].

Durchbiegungsnachweise
ständige Einwirkungen:

$$g = 1{,}6\,\text{kN/m}$$

veränderliche Einwirkungen:

$$p = 1{,}4\,\text{kN/m}$$

elastische Durchbiegung infolge veränderlicher Einwirkung:

$$f_p = \frac{5 \cdot M \cdot l^2}{48 \cdot E_{0,\,mean} \cdot ef I_{y,\,ser}} + \frac{M}{G \cdot A_{St}}$$

$$M = pl^2/8 = 1{,}4 \cdot 4{,}5^2/8 = 3{,}54\,\text{kNm}$$

Tragfähigkeit [124]	Gebrauchstauglichkeit
$\dfrac{E_{0,05}}{K_u} = \dfrac{7400}{575} = 12{,}9$	$\dfrac{E_{0,\,mean}}{K_{ser}} = \dfrac{11\,000}{862} = 12{,}8$

$$\rightarrow ef I_{y,\,u}\,(E_{0,05}/K_u \text{ in } \gamma_1) \approx ef I_{y,\,ser}\,(E_{0,\,mean}/K_{ser} \text{ in } \gamma_1)$$

$$f_p = \frac{5 \cdot 3{,}54 \cdot 10^6 \cdot 4500^2}{48 \cdot 11\,000 \cdot 11\,381 \cdot 10^4} + \frac{3{,}54 \cdot 10^6}{690 \cdot 104 \cdot 10^2}$$

mit $A_{St} = 2 \cdot 26 \cdot 200 = 104 \cdot 10^2\,\text{mm}^2$ vgl. Tafel 10.3

$\qquad f_p = 5,96 + 0,49 = 6,45\,\text{mm} < 4500/300 = 15\,\text{mm}$

Enddurchbiegung:

Gl. (2.7): $f_p = 6,45\,(1 + 0,25) = 8,1\,\text{mm} < 4500/200 = 22,5\,\text{mm}$

Gl. (10.61): $f_q = \dfrac{1,6}{1,4} \cdot 6,45\,(1 + 0,6) + 8,1 = 19,9\,\text{mm} < l/200 \; (u_0 = 0)$

10.9 Gespreizter mehrteiliger Querschnitt (EC 5)

Es handelt sich um Querschnittstypen nach Abb. 9.9.

10.9.1 Biegung um die „starre" Achse

Berechnung wie einteilige Stäbe.

10.9.2 Biegung um die „nachgiebige" Achse

Rahmen- und Gitterstäbe auf Biegung um die „nachgiebige" Achse sollten nur durch Zusatzlasten (z.B. Wind) beansprucht werden $-9.4-$.
   Der Nachweis kann folgendermaßen durchgeführt werden (s. Abschn. 10.5.2).

Bekannt sind:

Knicklänge s_{ky}

wirksamer Schlankheitsgrad ef $\lambda_y \rightarrow$

$\qquad \text{ef } i_y = s_{ky}/\text{ef } \lambda_y$

$\qquad \text{ef } I_y = 2 \cdot A_1 \cdot \text{ef } i_y^2 \quad \text{(s. Abb. 10.29)} \hfill (10.71)$

Mit Gl. (10.71) kann für doppeltsymmetrische Querschnitte der Abminderungswert γ berechnet werden.

Gl. (9.20): $\text{ef } I_y = 2 \cdot I_{1y} + \gamma \cdot 2 \cdot A_1 \cdot a_1^2$

$$2 \cdot A_1 \cdot \text{ef } i_y^2 = 2 \cdot A_1 \cdot \frac{h_1^2}{12} + \gamma \cdot 2 \cdot A_1 \cdot a_1^2$$

$$\gamma = \frac{12 \cdot \text{ef } i_y^2 - h_1^2}{12 \cdot a_1^2} \hfill (10.72)$$

Die Biegespannungen infolge Zusatzlasten können dann mit (10.65) und (10.66) berechnet werden.

Beispiel: Stütze nach Abb. 10.30 (vgl. Abb. 9.11)

VH S10/MS10, kurze LED, Nkl1 oder 2

Windlast $w = 1,5\,\text{kN/m}$

Bemessungswert $w_\text{d} = 1,5 \cdot w = 2,25\,\text{kN/m}$

$$A_\text{d} = B_\text{d} = 2,25 \cdot \frac{4,2}{2} = 4,73\,\text{kN}$$

$$\max M_\text{d} = 2,25 \cdot \frac{4,2^2}{8} = 4,96\,\text{kNm}$$

Querschnittswerte:

$$\text{ef}\,\lambda_\text{y} = 70,3 \quad \text{(s. Abschn. 9.4.3.1, Beispiel)}$$

$$\text{ef}\,i_\text{y} = \frac{s_\text{ky}}{\text{ef}\,\lambda_\text{y}} = \frac{4200}{70,3} = 59,7\,\text{mm}$$

$$\text{ef}\,I_\text{y} = 2 \cdot A_1 \cdot \text{ef}\,i_\text{y}^2 = 2 \cdot 80 \cdot 200 \cdot 59,7^2 = 11\,405 \cdot 10^4\,\text{mm}^4$$

Abminderungswert nach (10.72)

$$\gamma = \frac{12 \cdot 59,7^2 - 80^2}{12 \cdot 100^2} = 0,303$$

Gewählt: Dü $\varnothing\,65\text{–}D$

$$\Delta A = 3,6 \cdot 10^2\,\text{mm}^2, \qquad t_\text{d} = \frac{27}{2} = 13,5\,\text{mm}$$

$$A_1 = 160 \cdot 10^2\,\text{mm}^2, \quad A_{1\text{n}} = 143 \cdot 10^2\,\text{mm}^2$$

$$I_1 = 853 \cdot 10^4\,\text{mm}^4, \quad I_{1\text{n}} = 741 \cdot 10^4\,\text{mm}^4$$

(s. Abb. 10.30)

Spannungsnachweis für Biegung um die „nachgiebige" Achse $y\text{–}y$ infolge Windlast

$$\sigma_{\text{r}1} = \frac{M_\text{d}}{\text{ef}\,I_\text{y}}\left(\gamma \cdot a_1 \cdot \frac{A_1}{A_{1\text{n}}} + 0,5 \cdot h_1 \cdot \frac{I_1}{I_{1\text{n}}}\right)$$

$$\sigma_{\text{r}1} = \frac{496 \cdot 10^4}{11\,405 \cdot 10^4}\left(0,303 \cdot 100 \cdot \frac{160}{143} + 0,5 \cdot 80 \cdot \frac{853}{741}\right)$$

$$= 0,0435\,(33,9 + 46,0) = 3,48\,\text{N/mm}^2$$

$$f_{\text{m,d}} = 24 \cdot \frac{0,9}{1,3} = 16,6\,\text{N/mm}^2$$

$$3,48/16,6 = 0,21 < 1$$

Die gleiche Stütze mit Druckkraft und Biegung s. Abb. 11.5.

11 Biegung mit Längskraft

11.1 Allgemeines (DIN)

Dieser Abschnitt behandelt Stäbe, deren Längskraft planmäßig ausmittig angreift oder die gleichzeitig senkrecht und parallel zur Stabachse beansprucht werden.

Da die zulässigen Spannungen für Biegung und Zug oder Biegung und Druck nicht gleich sind, geht man von der Summe der Spannungsverhältnisse aus, die nicht größer als 1 werden darf. Für diese kombinierten Spannungen ist die lineare Interaktionsbeziehung

$$\frac{\text{vorh}\,\sigma_N}{\text{zul}\,\sigma_N} + \frac{\text{vorh}\,\sigma_B}{\text{zul}\,\sigma_B} \leqq 1 \tag{11.1}$$

einzuhalten.

11.2 Biegung mit Zug (nach $-7.2-$)

Für ein- und mehrteilige Querschnitte gilt

$$\frac{N/A_n}{\text{zul}\,\sigma_{Z\|}} + \frac{M/W_n}{\text{zul}\,\sigma_B} \leqq 1 \tag{11.2}$$

$A_n \triangleq$ Nettoquerschnitt vgl. Abschn. 7.3.

Ausmittig beanspruchte Bauteile in Zugstößen und -anschlüssen vgl. Abschn. 5.1.

11.3 Biegung mit Druck (nach $-9.4-$)

11.3.1 Einteiliger Rechteckquerschnitt
und mehrteiliger symmetrischer geleimter Querschnitt

Es sind zwei Nachweise zu führen:

a) Spannungsnachweis

$$\frac{N/A_n}{\text{zul}\,\sigma_{D\|}} + \frac{M/W_n}{\text{zul}\,\sigma_B} \leqq 1 \tag{11.3}$$

Tafel 11.1. In (11.3–11.5) einzusetzende Werte A_n und W_n nach $-E87-$ [7]

Belastungsart	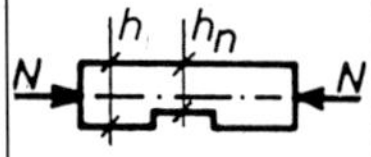	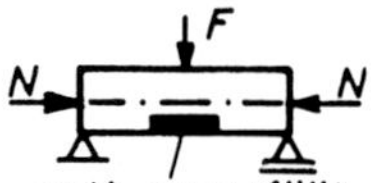		
			$|\sigma_{D\parallel}| \geqq |\sigma_B|$	$|\sigma_{D\parallel}| < |\sigma_B|$
$A_n, W_n =$	A_n, W_n	A, W	A_n, W_n	A, W

Darin sind nach $-E87-$ A_n und W_n abhängig von der Belastungsart gemäß Tafel 11.1.

b) Stabilitätsnachweis (nach $-9.4-$)

$$\frac{N/A_n}{\text{zul}\,\sigma_k} + \frac{M/W_n}{k_B \cdot 1{,}1 \cdot \text{zul}\,\sigma_B} \leqq 1 \tag{11.4}$$

wenn $1{,}1 \cdot k_B > 1$ (z.B. für $\lambda_B \leqq 0{,}75$ der Fall, da $k_B = 1$), dann folgt:

$$\frac{N/A_n}{\text{zul}\,\sigma_k} + \frac{M/W_n}{\text{zul}\,\sigma_B} \leqq 1 \tag{11.5}$$

Bei zul σ_k ist für ω in Gl. (8.4) stets der größte Wert ohne Rücksicht auf die Richtung der Biegebeanspruchung einzusetzen.

Beispiel: Pendelstütze nach Abb. 11.1 [7]

NH II, Lastfall H für $g + \dfrac{s}{2} + w$

Vorbemerkung zum Lastfall, vgl. Teil 2, Abschn. 14.1:

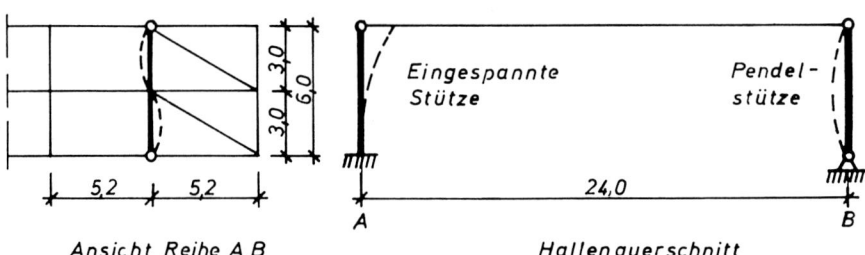

Ansicht Reihe A,B   Hallenquerschnitt

Abb. 11.1. Übersichtszeichnung (Hallenlänge $L = 52$ m)

Nach DIN 1055 T 5 (6/75) dürfen die Lastkombinationen

$$s + \frac{w}{2} \quad \text{bzw.} \quad w + \frac{s}{2}$$

in Rechnung gestellt werden.

Bei Anwendung dieser Überlagerungsregeln gelten nach DIN 1055 T4 (8/1986) *Schnee- und Windlast als Hauptlasten.*
Daneben darf nach –6.2.2– mit den vollen Regelwerten $g + s + w$ als Lastfall HZ gerechnet werden.

Lastannahmen:	Eigenlast	Dachhaut	$0{,}20\,\text{kN/m}^2$
		Sp.-Pfetten	$0{,}10\,\text{kN/m}^2$
		Binder	$0{,}15\,\text{kN/m}^2$
		$g =$	$0{,}45\,\text{kN/m}^2$
	Schnee	$s =$	$0{,}75\,\text{kN/m}^2$
		$g + s =$	$1{,}20\,\text{kN/m}^2$
		$g + \frac{s}{2} =$	$0{,}83\,\text{kN/m}^2$

Wind: Die Pendelstütze gilt als *einzelnen Tragglied,* vgl. Teil 2, Abschn. 14.5.4. Nach DIN 1055 T4, 5.2.2 ist hierfür die Winddruckkraft um 25% zu erhöhen.

$$w = 1{,}25 \cdot 0{,}8 \cdot 0{,}50 = 0{,}5\,\text{kN/m}^2$$
$$\frac{w}{2} \qquad\qquad = 0{,}25\,\text{kN/m}^2$$

Maßgebend für die Bemessung ist der Lastfall „$g + \frac{s}{2} + w$". Windsog auf das Dach wird vernachlässigt.

$F = 0{,}83 \cdot \dfrac{24}{2} \cdot 5{,}2 \qquad = 51{,}8\,\text{kN}$

Eigenlast Stütze $\qquad\qquad = \underline{1{,}5\,\text{kN}}$

$\qquad\qquad\qquad\qquad\qquad\quad 53{,}3\,\text{kN}$

$W = 0{,}50 \cdot 3{,}0 \cdot 5{,}2 \qquad = 7{,}8\,\text{kN}$

$M_y = 7{,}8 \cdot 6{,}0/4 \qquad = 11{,}7\,\text{kNm}$

Knicklängen: $\qquad s_{ky} = 6{,}0\,\text{m}$

$\qquad\qquad\qquad\qquad s_{kz} = 3{,}0\,\text{m}$

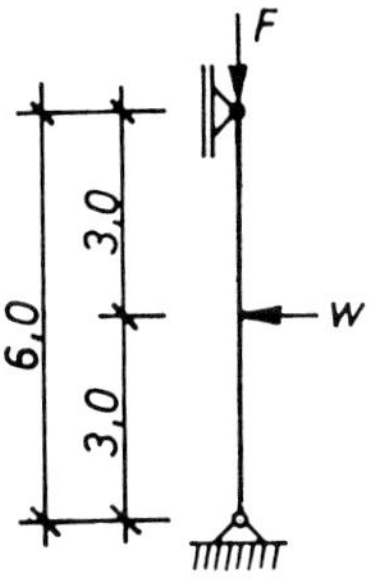

Abb. 11.2

Gewählt 16/26 NH II: $A = 416 \cdot 10^2\,\text{mm}^2,\ W_y = 1803 \cdot 10^3\,\text{mm}^3$

$$\lambda_z = \frac{3000}{0,289 \cdot 160} = 65$$

$$\lambda_y = \frac{6000}{0,289 \cdot 260} = 80 \rightarrow \omega = 2,2 \rightarrow \text{zul}\, \sigma_k = 8,5/2,2 = 3,86\,\text{MN/m}^2$$

$$\sigma_{D\parallel} = \frac{53,3 \cdot 10^3}{416 \cdot 10^2} = 1,3\,\text{N/mm}^2$$

$$\sigma_B = \frac{1170 \cdot 10^4}{1803 \cdot 10^3} = 6,5\,\text{N/mm}^2$$

$$\frac{1,3}{3,86} + \frac{6,5}{10,0} = 0,99 < 1$$

Durchbiegung

$$\sigma_B = 6,5\,\text{MN/m}^2$$

$$f = \frac{100 \cdot \sigma \cdot l^2}{c \cdot h} = \frac{100 \cdot 6,5 \cdot 6^2}{6,0 \cdot 260} = 15\,\text{mm} < \frac{6000}{200} = 30\,\text{mm}\quad -8.5.9-$$

11.3.2 Mehrteiliger, nachgiebig verbundener Querschnitt

11.3.2.1 Nicht gespreizt (Abb. 9.1a–9.1d)

Es sind zwei Nachweise zu führen:

a) Spannungsnachweis für Biegung um die „nachgiebige" Achse und Druck
(nach –8.3.1– und –9.4–) [7]

$$\frac{\dfrac{N}{\bar{A}_n} \cdot n_i}{\text{zul}\, \sigma_{D\parallel}} \pm \frac{\dfrac{M}{\text{ef}\, I_y} \cdot \left(\gamma_i \cdot a_i \cdot \dfrac{A_i}{A_{in}} + \dfrac{h_i}{2} \cdot \dfrac{I_i}{I_{in}} \right) \cdot n_i}{\text{zul}\, \sigma_B} \leqq 1 \qquad (11.6)$$

und

$$\frac{\dfrac{N}{\bar{A}_n} \cdot n_i \pm \dfrac{M}{\text{ef}\, I_y} \cdot \gamma_i \cdot a_i \cdot \dfrac{A_i}{A_{in}} \cdot n_i}{\text{zul}\, \sigma_{D,Z\parallel}} \leqq 1 \qquad (11.7)$$

Bei Querschnittsteilen mit unterschiedlichem E-Modul sind zur Berechnung von $\bar{A}_n$ und ef I_y die Werte $n_i = E_i/E_v$ zu berücksichtigen – Gl. (62) und (35) –.

Der Index Z muß deshalb berücksichtigt werden, weil bei unsymmetrischen Querschnitten (Abb. 9.1b) z.B. die Schwerpunktsspannung auf der Biegezugseite maßgebend sein kann.

b) Knicknachweis für Biegung um die „nachgiebige" Achse und Druck (nach
   $-8.3-$ und $-9.4-$) [7]

$$\frac{\dfrac{N}{\bar{A}_n} \cdot n_i}{\text{zul}\,\sigma_k} + \frac{\dfrac{M}{\text{ef}\,I_y} \cdot \left(\gamma_i \cdot a_i + \dfrac{h_i}{2}\right) \cdot n_i}{\text{zul}\,\sigma_B} \leqq 1 \tag{11.8}$$

Stets max ω einsetzen wie in Gl. (11.4) bzw. (11.5).

Für die Bemessung der Verbindungsmittel solcher Stäbe ist der ideellen Querkraft Q_i
nach (9.9) bzw. (9.9a) die größte Querkraft aus der Querbelastung hinzuzufügen.

Beispiel: Eingespannte Stütze nach Abb. 11.1 [7]

NH II, Lastfall H für $g + \dfrac{s}{2} + w$ (vgl. Pendelstütze)

Die Winddruckkraft ist nach DIN 1055 T4, 5.2.2 um 25 % zu erhöhen (Ein-
zugsfläche der Stütze ist $< 15\,\%$ der Fläche, über die der Druckbeiwert gemit-
telt wurde).

$g + \dfrac{s}{2}$: $F = F_2 + F_{\text{Stütze}} = 51{,}8 + 4{,}2 = 56{,}0\,\text{kN}$

Wind nach Abb. 14.25a (Teil 2) mit Abb. 11.3:

$$w_D = 1{,}25 \cdot 0{,}8 \cdot 0{,}5 \cdot 5{,}2 = 2{,}60\,\text{kN/m}$$
$$w_{SH} = 0{,}5 \cdot 0{,}5 \cdot 5{,}2 = 1{,}30\,\text{kN/m}$$
$$w_{SV} = 0{,}6 \cdot 0{,}5 \cdot 5{,}2 = 1{,}56\,\text{kN/m}$$

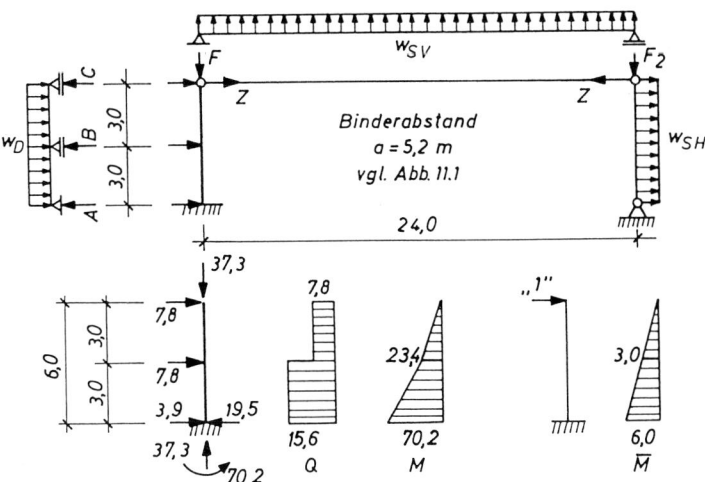

Abb. 11.3. Belastung und Schnittgrößen der eingespannten Stütze

Daraus:
$$F = F_2 = -1,56 \cdot 24,0/2 = -18,7 \, \text{kN}$$
$$Z = 1,30 \cdot 6,0/2 = 3,90 \, \text{kN}$$
$$A = C = 2,60 \cdot 3,0/2 = 3,90 \, \text{kN}$$
$$B = 2,60 \cdot 3,0 = 7,80 \, \text{kN}$$

Insgesamt:
$$F = 56,0 - 18,7 = 37,3 \, \text{kN}$$
$$F_2 = 53,3 - 18,7 = 34,6 \, \text{kN}$$
$$W_1 = 3,9 + 3,9 = 7,8 \, \text{kN}$$
$$W_2 = B = 7,8 \, \text{kN}$$
$$\max M = 7,8 \cdot 6 + 7,8 \cdot 3 = 70,2 \, \text{kNm}$$

Knicklängen:
$$s_{kz} = 3,0 \, \text{m} \qquad \text{nach Abb. 11.1}$$
$$^1 \, s_{ky} = 2 \cdot h \cdot \sqrt{1 + 0,96 \cdot n} \quad \text{nach (8.18)}$$

mit $\quad n = \dfrac{F_2}{F} = 1$ (Stützenlasten ohne Stützeneigen-

gewicht)
$$s_{ky} = 2,8 \cdot h$$
$$s_{ky} = 2,8 \cdot 6 = 16,8 \, \text{m}$$

Gewählt: zweiteiliger verdübelter Balken nach Abb. 11.4

Querschnittswerte und Berechnung von $\text{ef} \, I_y$:

vgl. Beispiel zu Abb. 10.27

geschätzt: $e' = e = 550 \, \text{mm}$

Sonderfall: Doppelt symmetrischer zweiteiliger Querschnitt

$$\text{ef} \, I_y = 2 A_1 \cdot \frac{h_1^2}{12} + \gamma \cdot 2 A_1 \cdot a_1^2$$

mit

$$k_1 = \frac{\pi^2 \cdot E_{\parallel} \cdot A_1 \cdot e'}{s_{ky}^2 \cdot C}$$

$$= \frac{\pi^2 \cdot 10^4 \cdot 576 \cdot 10^2 \cdot 550}{16\,800^2 \cdot 22\,500} = 0,492$$

$$\gamma = \frac{1}{1 + k_1/2} = 0,803$$

$$\text{ef} \, I_y = 2 \cdot 576 \cdot 10^2 \cdot \frac{240^2}{12} + 0,803 \cdot 2 \cdot 576 \cdot 10^2 \cdot 120^2$$

$$= 188\,500 \cdot 10^4 \, \text{mm}^4$$

$$\text{ef} \, i_y = \sqrt{\frac{\text{ef} \, I_y}{2 \cdot A_1}} = \sqrt{\frac{188\,500 \cdot 10^4}{2 \cdot 576 \cdot 10^2}} = 128 \, \text{mm}$$

---

[1] Bei elastischer Einspannung s. [101].

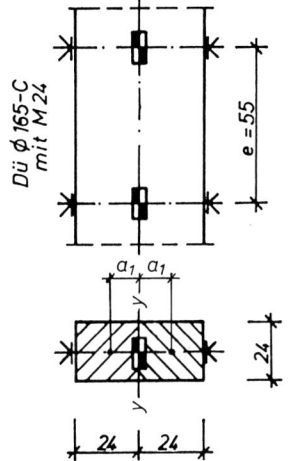

Abb. 11.4

$$\mathrm{ef}\,\lambda_y = \frac{s_{ky}}{\mathrm{ef}\,i_y} = \frac{16\,800}{128} = 131 < 175$$
$$\rightarrow \mathrm{ef}\,\omega_y = 5,15 \rightarrow \mathrm{zul}\,\sigma_k = 8,5/5,15 = 1,65\,\mathrm{MN/m^2}$$
$$\lambda_z = \frac{3000}{0,289 \cdot 240} = 43 < 131$$

Nachweis der Verbindungsmittel nach (10.39)

Dü $\varnothing$ 165–C mit M 24:   zul $N = 30\,\mathrm{kN}$

$$Q = \max Q + \frac{\mathrm{ef}\,\omega_y \cdot N}{60} = 15,6 + \frac{5,15 \cdot 37,3}{60} = 18,8\,\mathrm{kN}$$

$$\mathrm{ef}\,t = \frac{18,8 \cdot 10^3 \cdot 0,803 \cdot 120 \cdot 576 \cdot 10^2}{188\,500 \cdot 10^4} = 55,4\,\mathrm{N/mm}$$

$$\mathrm{erf}\,e = \frac{\mathrm{zul}\,N}{\mathrm{ef}\,t} = \frac{30 \cdot 10^3}{55,4} = 542\,\mathrm{mm} \approx 550\,\mathrm{mm} = \mathrm{vorh}\,e$$

Spannungsnachweise nach (11.6, 11.7) Lastfall H

$$A_n = 2 \cdot 576 \cdot 10^2 = 1152 \cdot 10^2\,\mathrm{mm^2}\quad\text{(Fehlflächen vernachlässigt)}$$

$$\left.\begin{array}{l}\dfrac{A_1}{A_{1n}} = \dfrac{576}{505} = 1,14 \\[2mm] \dfrac{I_1}{I_{1n}} = \dfrac{27\,650}{23\,390} = 1,18\end{array}\right\}\quad\text{s. Beispiel zu Abb. 10.28}$$

$$\sigma_{\mathrm{D\|}} = \frac{37,3 \cdot 10^3}{2 \cdot 576 \cdot 10^2} = 0,3\,\mathrm{N/mm^2}$$

$$\sigma_{r1,0} = \frac{7020 \cdot 10^4}{188\,500 \cdot 10^4} \cdot \left(0{,}803 \cdot 120 \cdot 1{,}14 + \frac{240}{2} \cdot 1{,}18 \right)$$

$$= 0{,}0372 \cdot (109{,}8 + 141{,}6) = 9{,}4\,\text{N/mm}^2$$

$$\frac{0{,}3}{8{,}5} + \frac{9{,}4}{10{,}0} = 0{,}98 < 1$$

$$\sigma_{s1} = 0{,}0372 \cdot 0{,}803 \cdot 120 \cdot 1{,}14 = 4{,}1\,\text{N/mm}^2$$

$$\frac{0{,}3 + 4{,}1}{8{,}5} = 0{,}52 < 1$$

Knicknachweis nach (11.8) Lastfall H

$$\sigma_{D\parallel} = 0{,}3\,\text{N/mm}^2$$

$$\sigma_{r1,0} = 0{,}0372 \cdot \left(0{,}803 \cdot 120 + \frac{240}{2} \right) = 8{,}1\,\text{N/mm}^2$$

$$\frac{0{,}3}{1{,}65} + \frac{8{,}1}{10{,}0} = 0{,}99 < 1$$

Schubspannungsnachweis Lastfall H

Das auf die neutrale Faser bezogene Flächenmoment 1. Grades beträgt (s. Abb. 11.4):

$$S = \frac{b}{2} \left(\gamma \cdot a_1 + \frac{h_1}{2} \right)^2$$

$$= \frac{240}{2} \left(0{,}803 \cdot 120 + \frac{240}{2} \right)^2 = 5617 \cdot 10^3\,\text{mm}^3$$

$$\max \tau_Q = \frac{\max Q \cdot S}{\text{ef } I_y \cdot b} = \frac{18{,}8 \cdot 10^3 \cdot 5617 \cdot 10^3}{188\,500 \cdot 10^4 \cdot 240} = 0{,}23\,\text{N/mm}^2$$

$$0{,}23/0{,}9 = 0{,}26 < 1$$

Durchbiegungsnachweis nach den Regeln der Festigkeitslehre

$$E_\parallel \cdot \text{ef } I_y \cdot \delta = \int M \cdot \overline{M} \cdot \mathrm{d}x \qquad\qquad M, \overline{M} \text{ nach Abb. 11.3}$$

$$E_\parallel \cdot \text{ef } I_y \cdot \delta = \frac{3{,}0}{3} \cdot 23{,}4 \cdot 3{,}0 + \frac{3{,}0}{6} [3{,}0 \cdot (2 \cdot 23{,}4 + 70{,}2)$$

$$+ 6{,}0 \cdot (2 \cdot 70{,}2 + 23{,}4)]$$

$$= 70{,}2 + 666{,}9 = 737\,\text{kNm}^3$$

$$\delta = \frac{737 \cdot 10^{12}}{10^4 \cdot 18{,}85 \cdot 10^8} = 39\,\text{mm} < \frac{600}{150} = 40\,\text{mm}$$

Konstruktion des Stützenfußes vgl. z. B. Abb. 6.24

11.3.2.2 Gespreizt (nach Abb. 9.9) [7]

Rahmen- und Gitterstäbe dürfen rechtwinklig zur „nachgiebigen" Achse *nur durch Zusatzlasten* beansprucht werden, vgl. Abschn. 10.5.2. Für Rahmenstäbe sind zwei Nachweise zu führen:

a) Spannungsnachweis für Biegung und Druck

$$\frac{\dfrac{N}{A_n}}{\text{zul }\sigma_{D\parallel}} + \frac{\dfrac{M}{\text{ef }I_y} \cdot \left(\gamma \cdot a_1 \cdot \dfrac{A_1}{A_{1n}} + \dfrac{h_1}{2} \cdot \dfrac{I_1}{I_{1n}} \right)}{\text{zul }\sigma_B} \leqq 1 \tag{11.9}$$

ef I_y nach (10.41), γ nach (10.42)

b) Knicknachweis für Biegung und Druck

$$\frac{\dfrac{N}{A}}{\text{zul }\sigma_k} + \frac{\dfrac{M}{\text{ef }I_y} \cdot \left(\gamma \cdot a_1 + \dfrac{h_1}{2} \right)}{\text{zul }\sigma_B} \leqq 1 \tag{11.10}$$

Zur Berechnung von zul σ_k ist stets max ω einzusetzen gemäß Erläuterung zu (11.5).

Bei Gitterstäben ist zusätzlich zu a und b erforderlich:

c) der Knicknachweis für den Einzelstab

$$\frac{\dfrac{N}{A} + \dfrac{M}{\text{ef }I_y} \cdot \gamma \cdot a_1}{\text{zul }\sigma_k} \leqq 1 \tag{11.11}$$

Die zur Berechnung von zul σ_k erforderliche Knickzahl ω ergibt sich aus

$$\lambda_1 = \frac{s_1}{i_1}$$

Beispiel: Stütze nach Abb. 11.5

vgl. Abb. 9.11 und 10.30

$S = 110\,\text{kN}$, $w = 1,5\,\text{kN/m}$, NH II, Lastfall HZ

Folgende Werte werden übernommen:

aus dem Beispiel zu Abb. 9.11	aus dem Beispiel zu Abb. 10.30
$A \quad = 320 \cdot 10^2\,\text{mm}^2$ $a_1 \quad = 100\,\text{mm}$ $h_1 \quad = \; 80\,\text{mm}$ $s_1 \quad = 770\,\text{mm}$ ef ω_y — 1,79 $\omega_z \quad = 1,97$	ef $I_y \quad = 12\,740 \cdot 10^4\,\text{mm}^4$ $\gamma \quad = 0,345$ $M_y \quad = 3,31\,\text{kNm}$ max $Q \quad = 3,15\,\text{kN}$ $\sigma_{i1} \quad = 2,2\,\text{N/mm}^2$

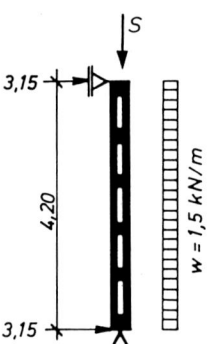

Abb. 11.5
vgl. Abb. 10.30

a) Spannungsnachweis

$$\sigma_{D\parallel} = \frac{N}{A_n} = \frac{110 \cdot 10^3}{320 \cdot 10^2} = 3,4\,\text{N/mm}^2$$

$$\sigma_{r1} = \frac{M_y}{\text{ef}\,I_y} \cdot \left(\gamma \cdot a_1 \cdot \frac{A_1}{A_{1n}} + \frac{h_1}{2} \cdot \frac{I_1}{I_{1n}} \right) = 2,2\,\text{N/mm}^2$$

$$\frac{3,4}{1,25 \cdot 8,5} + \frac{2,2}{1,25 \cdot 10,0} = 0,5 < 1$$

b) Knicknachweis

$$\text{zul}\,\sigma_k = 1,25 \cdot 8,5/1,97 = 5,4\,\text{N/mm}^2$$

$$\sigma_{D\parallel} = 3,4\,\text{N/mm}^2$$

$$\sigma_{r1} = \frac{3,31 \cdot 10^6}{12\,740 \cdot 10^4} \cdot \left(0,345 \cdot 100 + \frac{80}{2} \right) = 1,9\,\text{N/mm}^2$$

$$\frac{3,4}{5,4} + \frac{1,9}{1,25 \cdot 10,0} = 0,78 < 1$$

Verbindungsmittel

$$Q = 3,15 + \frac{1,79 \cdot 110}{60} = 6,43\,\text{kN}$$

$$T = \frac{Q \cdot s_1}{2 \cdot a_1} = \frac{6,43 \cdot 770}{2 \cdot 100} = 24,8\,\text{kN}$$

$$\text{ef}\,T = \psi \cdot T = 0,866 \cdot 24,8 = 21,5\,\text{kN} \quad \text{nach (9.16) und}$$
Beispiel zu Abb. 9.11

Gewählt:

$$2\,\text{Dü}\,\varnothing\,65\text{--D}\quad \text{zul}\,N = 1,25 \cdot 11,5 = 14,4\,\text{kN}$$
$$\text{zul}\,T = 2 \cdot 14,4 = 28,8\,\text{kN} > 21,5\,\text{kN}$$

11.4 Biegung mit Zug (EC 5)

Es ist folgender Nachweis zu führen:

$$\frac{\sigma_{t,0,d}}{f_{t,0,d}} + \frac{\sigma_{m,d}}{f_{m,d}} \leqq 1 \tag{11.12}$$

Die Erfassung der Interaktion der Spannungen entspricht dem Verfahren nach DIN 1052.

11.5 Biegung mit Druck (EC 5)

Es sind zwei Nachweise zu führen:

a) Spannungsnachweis

$$\left(\frac{\sigma_{c,0,d}}{f_{c,0,d}}\right)^2 + \frac{\sigma_{m,d}}{f_{m,d}} \leqq 1 \tag{11.13}$$

Wegen des Plastifizierungsvermögens des Holzes ist die Erfassung der Interaktion der Spannungen nach EC 5 günstiger.

b) Stabilitätsnachweis

$$\frac{\sigma_{c,0,d}}{k_{c,y} \cdot f_{c,0,d}} + \frac{\sigma_{m,d}}{k_{crit} \cdot f_{m,d}} \leqq 1 \tag{11.14}$$

mit $k_{crit} \leqq 1$ s. (10.59)

Falls $k_{c,z} < k_{c,y}$, ist darauf zu achten, daß die Bedingung

$$\frac{\sigma_{c,0,d}}{k_{c,z} \cdot f_{c,0,d}} \leqq 1 \tag{11.15}$$

ebenfalls erfüllt ist.

EC 5 verwendet die Festlegung der DIN 1052 nicht, daß für ω stets der größte Wert ohne Rücksicht auf die Richtung der Ausbiegung einzusetzen ist.

Beispiel: Pendelstütze nach Abb. 11.1

VH S 10/MS 10, kurze LED, Nkl 1 oder 2

Folgende Werte wurden übernommen:
Ständige Einwirkungen ($g = 0,45\,\text{kN/m}^2$)   28,1 kN

Veränderliche Einwirkungen

Schnee ($s = 0,75\,\text{kN/m}^2$)   46,8 kN
Wind   ($w = 0,5\,\text{kN/m}^2$)   7,8 kN

$A = 416 \cdot 10^2\,\text{mm}^2$; $I_y - 23435 \cdot 10^4\,\text{mm}^4$; $W_y = 1803 \cdot 10^3\,\text{mm}^3$
$\lambda_y = 80$; $\lambda_z = 65$

Bemessungswert der Einwirkungen [127]

Gl. (2.2): $F_d^1 = \gamma_G \cdot G_k + \gamma_Q \cdot Q_{k,1} + \gamma_Q \cdot \sum\limits_{i>1} \psi_{0,i} \cdot Q_{k,i}$

Tafel 2.5: $\gamma_G = 1{,}35$ für ständige

Gl. (2.3): $\gamma_Q = 1{,}5$ für veränderliche Einwirkungen

Kombinationsbeiwerte:

Abschn. 2.11.3: $\psi_{0,1} = 0{,}70$ für Schnee s. NAD [124]

$\psi_{0,2} = 0{,}60$ für Wind

Kombination 1 (Eigengewicht + Schnee + Wind):

$$F_d = 1{,}35 \cdot 28{,}1 + 1{,}5 \cdot 46{,}8 = 108\,\text{kN}$$
$$W_d = 1{,}5 \cdot 0{,}6 \cdot 7{,}8 = 7{,}0\,\text{kN}$$

Kombination 2 (Eigengewicht + Wind + Schnee):

$$F_d = 1{,}35 \cdot 28{,}1 + 1{,}5 \cdot 0{,}7 \cdot 46{,}8 = 87\,\text{kN}$$
$$W_d = 1{,}5 \cdot 7{,}8 = 11{,}7\,\text{kN}$$

Kombination 3 (Eigengewicht + Schnee):

$$F_d = 1{,}35 \cdot 28{,}1 + 1{,}5 \cdot 46{,}8 = 108\,\text{kN}$$

Kombination 4 (Eigengewicht + Wind):

$$F_d = 1{,}35 \cdot 28{,}1 = 37{,}9\,\text{kN}$$
$$W_d = 1{,}5 \cdot 7{,}8 \quad = 11{,}7\,\text{kN}$$

Aus der Zusammenstellung der Lastkombinationen ist zu erkennen, daß die Kombinationen 3 und 4 für die Stütze nicht maßgebend werden.

Bemessungswert der Beanspruchungen (Schnittgrößen)
Kombination 1:

$$F_d = 108\,\text{kN}$$
$$M_{y,d} = \frac{7{,}0 \cdot 6{,}0}{4} = 10{,}5\,\text{kNm}   \text{s. Abb. 11.2}$$

Kombination 2:

$$F_d = 87\,\text{kN}$$
$$M_{y,d} = \frac{11{,}7 \cdot 6{,}0}{4} = 17{,}6\,\text{kNm}$$

---

[1]) Windsog auf das Dach wird vernachlässigt, vgl. Abb. 11.2

Knicknachweis:

Gl. (8.29): $\text{rel}\,\lambda_y = \dfrac{80}{\pi}\sqrt{\dfrac{21}{7400}} = 1{,}36 > 0{,}5$

$\text{rel}\,\lambda_z = \dfrac{65}{\pi}\sqrt{\dfrac{21}{7400}} = 1{,}10 > 0{,}5$

Gl. (8.31): $k_y = 0{,}5\,[1 + 0{,}2\,(1{,}36 - 0{,}5) + 1{,}36^2] = 1{,}51$

$k_z = 0{,}5\,[1 + 0{,}2\,(1{,}10 - 0{,}5) + 1{,}10^2] = 1{,}17$

Gl. (8.30): $k_{c,y} = \dfrac{1}{1{,}51 + \sqrt{1{,}51^2 - 1{,}36^2}} = 0{,}462$

$k_{c,z} = \dfrac{1}{1{,}17 + \sqrt{1{,}17^2 - 1{,}10^2}} = 0{,}638$

$k_{c,z} > k_{c,y}$

Gl. (10.60): $\text{crit}\,\sigma_m = \dfrac{\pi \cdot 160^2 \cdot 7400}{3000 \cdot 260}\cdot\sqrt{\dfrac{690}{11\,000}} = 191\ \text{N/mm}^2$

$\text{rel}\,\lambda_m = \sqrt{24/191} = 0{,}354 \rightarrow k_{\text{crit}} = 1$

Gl. (11.14): $\dfrac{F_d/A}{k_{c,y}\cdot f_{c,0,d}} + \dfrac{M_{y,d}/W_y}{f_{m,d}} \leqq 1$

$f_{c,0,d} = 21 \cdot \dfrac{0{,}9}{1{,}3} = 14{,}5\ \text{N/mm}^2$

$f_{m,d} = 24 \cdot \dfrac{0{,}9}{1{,}3} = 16{,}6\ \text{N/mm}^2$

mit $k_{\text{mod}} = 0{,}9$ und $\gamma_M = 1{,}3$

Kombination 1:

$$\dfrac{108 \cdot 10^3/(416 \cdot 10^2)}{0{,}462 \cdot 14{,}5} + \dfrac{10{,}5 \cdot 10^6/(1803 \cdot 10^3)}{16{,}6} = 0{,}74 < 1$$

Kombination 2:

$$\dfrac{87 \cdot 10^3/(416 \cdot 10^2)}{0{,}462 \cdot 14{,}5} + \dfrac{17{,}6 \cdot 10^6/(1803 \cdot 10^3)}{16{,}6} = 0{,}90 < 1$$

Gebrauchstauglichkeitsnachweis
Einwirkungen

Gl. (2.6): $F = G_k + Q_{k,1} + \sum\limits_{i>1} \psi_{1,i}\cdot Q_{k,i}$

mit den Kombinationsbeiwerten

$\psi_{1,1} = 0,2$ für Schnee   s. NAD [124] oder Abschnitt 2.11.7

$\psi_{1,2} = 0,5$ für Wind

Kombination 1:

$$F = 28,1 + 46,8 = 74,9\,\text{kN}$$

$$W = 7,8 \cdot 0,5 = 3,9\,\text{kN}$$

Kombination 2:

$$F = 28,1 + 0,2 \cdot 46,8 = 37,5\,\text{kN}$$

$$W = 7,8\,\text{kN} \quad \text{(maßgebend)}$$

Schnittgrößen

$$M = \frac{7,8 \cdot 6}{4} = 11,7\,\text{kNm}$$

Durchbiegungsnachweis infolge veränderlicher Einwirkungen

Elastische Durchbiegung $f_{p,\text{inst}} = f_p$:

$$f_p = \frac{M \cdot l^2}{12 \cdot E_{0,\text{mean}} \cdot I_y} \quad \text{(s. Abb. 11.2)}$$

$$f_p = \frac{11,7 \cdot 10^6 \cdot 6000^2}{12 \cdot 11\,000 \cdot 23\,435 \cdot 10^4} = 13,6\,\text{mm} < \frac{6000}{300} = 20\,\text{mm}$$

Grenzwerte für f_p s. Abschn. 10.7.5

Enddurchbiegung $f_{p,\text{fin}}$:

$$f_{p,\text{fin}} = f_{p,\text{inst}}(1 + k_{\text{def}})$$

$$\text{Wind} \triangleq \text{kurze LED} \rightarrow k_{\text{def}} = 0 \quad \text{s. Tafel 2.12}$$

$$f_{p,\text{fin}} = f_{p,\text{inst}}.$$

Anhang

Zulässige Belastung einteiliger Holzstützen aus NH II, Lastfall H

Quadratholz zul $\sigma_{D\parallel} = 8,5\,\text{MN/m}^2$; zul $\sigma_k = $ zul $\sigma_{D\parallel}/\omega$

Trägheitsradius $\quad i = 0,289 \cdot a$; max $N = A \cdot$ zul σ_k

a	A	max N in kN bei einer Knicklänge in m von:										
cm	cm^2	2,00	2,50	3,00	3,50	4,00	4,50	5,00	5,50	6,00	6,50	7,00
10	100	45,7	34,8	26,2	19,3	14,8	11,7	9,44	7,80	6,55	5,58	4,81
12	144	78,0	62,8	50,0	39,9	30,6	24,1	19,6	16,2	13,6	11,6	9,97
14	196	118	100	83,0	68,3	56,5	44,7	36,2	30,0	25,2	21,4	18,5
16	256	167	145	125	106	89,2	75,3	62,2	51,2	43,0	36,7	31,6
18	324	222	200	175	152	131	113	97,3	82,0	68,8	58,7	50,5
20	400	284	260	233	209	184	160	139	122	105	89,4	77,0
22	484	353	329	302	270	243	216	192	168	149	131	113
24	576	429	405	377	342	312	281	252	226	201	179	160
26	676	510	487	460	422	388	355	321	292	262	235	212
28	784	600	575	546	513	473	436	401	366	333	301	273
30	900	695	671	638	607	567	524	484	448	411	376	343

——— $\lambda > 150$ - - - - $\lambda > 200$

Knickzahlen ω NH I bis NH III

λ	0	1	2	3	4	5	6	7	8	9
0	1,00	1,00	1,01	1,01	1,02	1,02	1,02	1,03	1,03	1,04
10	1,04	1,04	1,05	1,05	1,06	1,06	1,06	1,07	1,07	1,08
20	1,08	1,09	1,09	1,10	1,11	1,11	1,12	1,13	1,13	1,14
30	1,15	1,16	1,17	1,18	1,19	1,20	1,21	1,22	1,24	1,25
40	1,26	1,27	1,29	1,30	1,32	1,33	1,35	1,36	1,38	1,40
50	1,42	1,44	1,46	1,48	1,50	1,52	1,54	1,56	1,58	1,60
60	1,62	1,64	1,67	1,69	1,72	1,74	1,77	1,80	1,82	1,85
70	1,88	1,91	1,94	1,97	2,00	2,03	2,06	2,10	2,13	2,16
80	2,20	2,23	2,27	2,31	2,35	2,38	2,42	2,46	2,50	2,54
90	2,58	2,62	2,66	2,70	2,74	2,78	2,82	2,87	2,91	2,95
100	3,00	3,06	3,12	3,18	3,24	3,31	3,37	3,44	3,50	3,57
110	3,63	3,70	3,76	3,83	3,90	3,97	4,04	4,11	4,18	4,25
120	4,32	4,39	4,46	4,54	4,61	4,68	4,76	4,84	4,92	4,99
130	5,07	5,15	5,23	5,31	5,39	5,47	5,55	5,63	5,71	5,80
140	5,88	5,96	6,05	6,13	6,22	6,31	6,39	6,48	6,57	6,66
150	6,75	6,84	6,93	7,02	7,11	7,21	7,30	7,39	7,49	7,58
160	7,68	7,78	7,87	7,97	8,07	8,17	8,27	8,37	8,47	8,57
170	8,67	8,77	8,88	8,98	9,08	9,19	9,29	9,40	9,51	9,61
180	9,72	9,83	9,94	10,05	10,16	10,27	10,38	10,49	10,60	10,72
190	10,83	10,94	11,06	11,17	11,29	11,41	11,52	11,64	11,76	11,88
200	12,00	12,12	12,24	12,36	12,48	12,61	12,73	12,85	12,98	13,10
210	13,23	13,36	13,48	13,61	13,74	13,87	14,00	14,13	14,26	14,39
220	14,52	14,65	14,79	14,92	15,05	15,19	15,32	15,46	15,60	15,73
230	15,87	16,01	16,15	16,29	16,43	16,57	16,71	16,85	16,99	17,14
240	17,28	17,42	17,57	17,71	17,86	18,01	18,15	18,30	18,45	18,60
250	18,75	–	–	–	–	–	–	–	–	–

Querschnittswerte und Eigenlasten für Rechteckquerschnitte
Rechenwert für Eigenlast: $6{,}0\,\text{kN/m}^3$
Kanthölzer nach DIN 4070 T 2

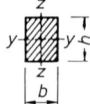

b/h cm/cm	A cm^2	G kN/m	W_y cm^3	I_y cm^4	W_z cm^3	I_z cm^4	i_y cm	i_z cm
6/6 [a]	36	0,022	36	108	36	108	1,73	1,73
6/7	42	0,025	49	171	42	126	2,02	1,73
6/8 [a]	48	0,029	64	256	48	144	2,31	1,73
6/9	54	0,032	81	364	54	162	2,60	1,73
6/10	60	0,036	100	500	60	180	2,89	1,73
6/12 [a]	72	0,043	144	864	72	216	3,46	1,73
6/14	84	0,050	196	1 372	84	252	4,04	1,73
6/16	96	0,058	256	2 044	96	288	4,62	1,73
6/18	108	0,065	324	2 916	108	324	5,20	1,73
6/20	120	0,072	400	4 000	120	360	5,77	1,73
6/22	132	0,079	484	5 324	132	396	6,36	1,73
6/24	144	0,086	576	6 910	144	432	6,94	1,73
6/26	156	0,094	676	8 790	156	468	7,51	1,73
8/8 [a]	64	0,038	85	341	85	341	2,31	2,31
8/9	72	0,043	108	486	96	384	2,60	2,31
8/10 [a]	80	0,048	133	667	107	427	2,89	2,31
8/12 [a]	96	0,058	192	1 152	128	512	3,46	2,31
8/14	112	0,067	261	1 829	149	597	4,04	2,31
8/16 [a]	128	0,077	341	2 731	171	683	4,62	2,31
8/18	144	0,086	432	3 888	192	768	5,20	2,31
8/20	160	0,096	533	5 333	213	853	5,77	2,31
8/22	176	0,106	645	7 099	235	939	6,35	2,31
8/24	192	0,115	768	9 216	256	1 024	6,94	2,31
8/26	208	0,125	901	11 715	277	1 109	7,51	2,31
10/10 [a]	100	0,060	167	833	167	833	2,89	2,89
10/12 [a]	120	0,072	240	1 440	200	1 000	3,46	2,89
10/14	140	0,084	327	2 287	233	1 167	4,04	2,89
10/16	160	0,096	427	3 413	267	1 333	4,62	2,89
10/18	180	0,108	540	4 860	300	1 500	5,20	2,89
10/20 [a]	200	0,120	667	6 667	333	1 667	5,77	2,89
10/22 [a]	220	0,132	807	8 873	367	1 833	6,35	2,89
10/24	240	0,144	960	11 520	400	2 000	6,93	2,89
10/26	260	0,156	1 127	14 647	433	2 167	7,51	2,89
12/12 [a]	144	0,086	288	1 728	288	1 728	3,46	3,46
12/14 [a]	168	0,101	392	2 744	336	2 016	4,04	3,46
12/16 [a]	192	0,115	512	4 096	384	2 304	4,62	3,46
12/18	216	0,130	648	5 832	432	2 592	5,20	3,46
12/20 [a]	240	0,144	800	8 000	480	2 880	5,77	3,46
12/22	264	0,158	968	10 648	528	3 168	6,35	3,46
12/24	288	0,173	1 152	13 824	576	3 456	6,93	3,46
12/26	312	0,187	1 352	17 576	624	3 744	7,51	3,46

[a] Vorratskanthölzer und -dachlatten
Kursivdruck: Querschnitte mit günstiger Rundholzausnutzung

Zahlenwerte gelten im Zeitpunkt des Einschnitts ($\omega \approx 30\%$). Sie dürfen auch im Zeitpunkt des Einbaues zugrunde gelegt werden.

b/h cm/cm	A cm^2	G kN/m	W_y cm^3	I_y cm^4	W_z cm^3	I_z cm^4	i_y cm	i_z cm
14/14 [a]	196	0,118	457	3 201	457	3 201	4,04	4,04
14/16 [a]	224	0,134	597	4 779	523	3 659	4,62	4,04
14/18	252	0,151	756	6 801	588	4 116	5,20	4,04
14/20	280	0,168	933	9 333	652	4 573	5,77	4,04
14/22	308	0,185	1 129	12 422	719	5 031	6,35	4,04
14/24	336	0,202	1 344	16 128	784	5 488	6,93	4,04
14/26	364	0,218	1 577	20 505	849	5 945	7,51	4,04
14/28	392	0,235	1 829	25 611	915	6 403	8,08	4,04
16/16 [a]	256	0,154	683	5 461	683	5 461	4,62	4,62
16/18 [a]	288	0,173	864	7 776	768	6 144	5,20	4,62
16/20 [a]	320	0,192	1 067	10 667	853	6 827	5,77	4,62
16/22	352	0,211	1 291	14 197	939	7 509	6,35	4,62
16/24	384	0,230	1 536	18 432	1 024	8 192	6,93	4,62
16/26	416	0,250	1 803	23 435	1 109	8 875	7,51	4,62
16/28	448	0,269	2 091	29 269	1 185	9 557	8,08	4,62
16/30	480	0,288	2 400	36 000	1 280	10 240	8,66	4,62
18/18	324	0,194	972	8 748	972	8 748	5,20	5,20
18/20	360	0,216	1 200	12 000	1 080	9 720	5,78	5,20
18/22 [a]	396	0,238	1 452	15 972	1 188	10 692	6,35	5,20
18/24	432	0,259	1 728	20 736	1 296	11 664	6,93	5,20
18/26	468	0,281	2 028	26 364	1 404	12 636	7,51	5,20
18/28	504	0,302	2 352	32 928	1 512	13 608	8,08	5,20
18/30	540	0,324	2 700	40 500	1 620	14 580	8,66	5,20
20/20 [a]	400	0,240	1 333	13 333	1 333	13 333	5,77	5,77
20/22	440	0,264	1 613	17 747	1 467	14 667	6,35	5,77
20/24 [a]	480	0,288	1 920	23 040	1 600	16 000	6,93	5,77
20/26	520	0,312	2 253	29 293	1 733	17 333	7,51	5,77
20/28	560	0,336	2 613	36 587	1 867	18 667	8,08	5,77
20/30	600	0,360	3 000	45 000	2 000	20 000	8,66	5,77
22/22	484	0,290	1 775	19 520	1 775	19 520	6,35	6,35
22/24	528	0,317	2 110	25 340	1 936	21 296	6,93	6,35
22/26	572	0,343	2 480	32 223	2 097	23 071	7,51	6,35
22/28	616	0,370	2 875	40 245	2 259	24 845	8,08	6,35
22/30	660	0,396	3 300	49 500	2 420	26 620	8,66	6,35
24/24	576	0,346	2 304	27 648	2 304	27 648	6,93	6,93
24/26	624	0,374	2 704	35 152	2 496	29 952	7,51	6,93
24/28	672	0,403	3 136	43 904	2 688	32 256	8,08	6,93
24/30	720	0,432	3 600	54 000	2 880	34 560	8,66	6,93
26/26	676	0,406	2 929	38 081	2 929	38 081	7,51	7,51
26/28	728	0,437	3 397	47 563	3 155	41 011	8,08	7,51
26/30	780	0,468	3 900	58 500	3 380	43 940	8,66	7,51

[a] Vorratskanthölzer und -dachlatten
Kursivdruck: Querschnitte mit günstiger Rundholzausnutzung

Dachlatten nach DIN 4070 T 1

b/h mm/mm	A cm^2	G kN/m	W_y cm^3	I_y cm^4	W_z cm^3	I_z cm^4	i_y cm	i_z cm
24/48 [a]	11,5	0,0069	9,2	22,1	4,57	5,5	1,39	0,69
30/50 [a]	15,0	0,0090	12,5	31,3	7,50	11,3	1,45	0,87
40/60 [a]	24,0	0,0144	24,0	72,0	16,0	32,0	1,73	1,16

Verleimte Rechteckquerschnitte (BSH) gerundete Zahlen

$b = 10\,\text{cm}$ Rechenwert für Eigenlast: $5{,}0\,\text{kN/m}^3$

h cm	A cm^2	G $\frac{\text{kN}}{\text{m}}$	W_y cm^3	I_y cm^4	i_y cm
30	300	0,15	1 500	22 500	8,66
32	320	0,16	1 710	27 300	9,24
34	340	0,17	1 930	32 800	9,81
36	360	0,18	2 160	38 900	10,4
38	380	0,19	2 410	45 700	11,0
40	400	0,20	2 670	53 300	11,6
42	420	0,21	2 940	61 700	12,1
44	440	0,22	3 230	71 000	12,7
46	460	0,23	3 530	81 100	13,3
48	480	0,24	3 840	92 200	13,9
50	500	0,25	4 170	104 200	14,4
52	520	0,26	4 510	117 200	15,0
54	540	0,27	4 860	131 200	15,6
56	560	0,28	5 230	146 300	16,2
58	580	0,29	5 610	162 600	16,7
60	600	0,30	6 000	180 000	17,3
62	620	0,31	6 410	198 600	17,9
64	640	0,32	6 830	218 500	18,5
66	660	0,33	7 260	239 600	19,1
68	680	0,34	7 710	262 000	19,6
70	700	0,35	8 170	285 800	20,2
72	720	0,36	8 640	311 000	20,8
74	740	0,37	9 130	337 700	21,4
76	760	0,38	9 630	365 800	21,9
78	780	0,39	10 140	395 500	22,5
80	800	0,40	10 670	426 700	23,1
82	820	0,41	11 210	459 500	23,7
84	840	0,42	11 760	493 900	24,3
86	860	0,43	12 330	530 000	24,8
88	880	0,44	12 910	567 900	25,4
90	900	0,45	13 500	607 500	26,0
92	920	0,46	14 110	648 900	26,6
94	940	0,47	14 730	692 200	27,1
96	960	0,48	15 360	737 300	27,7
98	980	0,49	16 010	784 300	28,3
100	1 000	0,50	16 670	833 300	28,9
102	1 020	0,51	17 340	884 300	29,4
104	1 040	0,52	18 030	937 400	30,0
106	1 060	0,53	18 730	992 500	30,6
108	1 080	0,54	19 440	1 050 000	31,2
110	1 100	0,55	20 170	1 109 000	31,8
112	1 120	0,56	20 910	1 171 000	32,3
114	1 140	0,57	21 660	1 235 000	32,9
116	1 160	0,58	22 430	1 301 000	33,5
118	1 180	0,59	23 210	1 369 000	34,1
120	1 200	0,60	24 000	1 440 000	34,6
122	1 220	0,61	24 810	1 513 000	35,2
124	1 240	0,62	25 630	1 589 000	35,8
126	1 260	0,63	26 460	1 667 000	36,4
128	1 280	0,64	27 310	1 748 000	37,0
130	1 300	0,65	28 170	1 831 000	37,5
132	1 320	0,66	29 040	1 917 000	38,1
134	1 340	0,67	29 930	2 005 000	38,7
136	1 360	0,68	30 830	2 096 000	39,3
138	1 380	0,69	31 740	2 190 000	39,8
140	1 400	0,70	32 670	2 287 000	40,4
142	1 420	0,71	33 610	2 386 000	41,0
144	1 440	0,72	34 560	2 488 000	41,6
146	1 460	0,73	35 530	2 593 000	42,1
148	1 480	0,74	36 510	2 701 000	42,7
150	1 500	0,75	37 500	2 813 000	43,3
152	1 520	0,76	38 510	2 927 000	43,9
154	1 540	0,77	39 530	3 044 000	44,5
156	1 560	0,78	40 560	3 164 000	45,0
158	1 580	0,79	41 610	3 287 000	45,6
160	1 600	0,80	42 670	3 413 000	46,2
162	1 620	0,81	43 740	3 543 000	46,8
164	1 640	0,82	44 830	3 676 000	47,3
166	1 660	0,83	45 930	3 812 000	47,9
168	1 680	0,84	47 040	3 951 000	48,5

Normentwurf E DIN 1052 – Holzbauwerke, Berechnung und Ausführung, Änderung A 1 (Auszug)

Die Qualität des Bauholzes wird nach bestimmten Gütebedingungen bewertet und bezüglich der Tragfähigkeit klassifiziert, vgl. Abschn. 2.4. Nach der „alten" DIN 4074 (12/58) wurde das Nadelholz in die Güteklassen I, II und III eingeteilt, denen in DIN 1052 (4/88) bestimmte zulässige Beanspruchungen und E-Moduln zugeordnet worden sind.

Nach der „neuen" DIN 4074 T 1 (9/89) wird das Nadelschnittholz in Sortierklassen nach der Tragfähigkeit eingeteilt. War bisher nur visuelle Sortierung – S 7, S 10 und S 13 – möglich, erlaubt die neueste technische Entwicklung jetzt auch maschinelle Sortierung – MS 7, MS 10, MS 13 und MS 17 –. Die maschinelle Sortierung darf z. Z. nur von den wenigen Betrieben vorgenommen werden, die bereits über geprüfte Sortiermaschinen nach DIN 4074 T 3 verfügen und Eignungsbescheinigungen nach DIN 4074 T 4 besitzen, vgl. bmh 4/94 „ZUSAMMENGESCHRIEBEN".

Da die Sortierklassen nach DIN 4074 (9/89) die in DIN 1052 (4/88) verwendeten Güteklassen als Klassifizierungsmerkmale ablösen, mußte die Zuordnung zu den Festigkeitswerten neu geregelt werden, insbesondere für die neu aufgenommenen höherwertigen Sortierklassen MS 13 und MS 17.

Inzwischen ist in einem Merkblatt des Instituts des Zimmerer- und Holzbaugewerbes – siehe bmh 4/93 – eine Zuordnung der visuellen Sortier- und Güteklassen gemäß Tafel 1 bekannt gegeben worden.

Tafel 1. Zuordnung der Sortier- und Güteklassen

Güteklasse	Gkl III	Gkl II	Gkl I
Sortierklasse	S 7	S 10	S 13
Biegung zul σ_R	7 MN/m^2	10 MN/m^2	13 MN/m^2

Der Normentwurf E DIN 1052, Änderung A 1, enthält die Rechenwerte der Tafel 2 (E- und G-Moduln) sowie der Tafeln 3 bzw. 4. (Zulässige Spannungen) für VH bzw. BSH aus NH für alle Sortierklassen, vgl. bmh 5/95 und 6/95.

Auf folgende Abweichungen gegenüber DIN 1052 (4/88) sei hingewiesen:

- **Tafel 2:** a) $E_\parallel$-Werte dürfen für Durchbiegungsberechnungen um 10% erhöht werden, wenn Holz mit einer Feuchte $\leq 15\%$ eingebaut wird.

- **Tafel 3:** Die zul $\sigma_{Z\parallel}$-Werte nach Zeile 2 für S 10/MS 10 und S 13 werden nach neuen Forschungsergebnissen gegenüber DIN 1052 (4/88) reduziert von 8,5 auf 7,0 bzw. 10,5 auf 9,0 MN/m^2. [Glos, P.: Qualitätsbauschnittholz als unternehmerische Notwendigkeit, bmh 6/95.]

Tafel 2. Elastizitäts- und Schubmoduln in MN/m² für VH und BSH Holzfeuchte $\leq 20\%$ nach E DIN 1052 A 1

Holzart			Sortierklasse	$E_{\parallel}$	$E_{\perp}$	G
VH (NH)	FI, KI, TA, LA, DG, PIR, HEM, Yellow Cedar		S7 /MS7	8000	250	500
			S10/MS10	10000[a,b]	300	
			S13	10500[a,b]	350	
			MS13	11500[a]		550
			MS17	12500[a]	400	600
BSH (NH)	Lamellen aus Holzarten wie VH (NH)		S10/MS10	11000	350	550
			S13	12000	400	600
			MS13	13000		650
			MS17	14000	450	700
VH (LH)	A	EI, BU, TEK, YAN	mittlere Güte[c]	12500	600	1000
	B	AFZ, MEB, AGQ		13000	800	
	C	AZO, GRE		17000[d]	1200[d]	1000[d]

[a] Werte dürfen für Durchbiegungsberechnungen um 10% erhöht werden, wenn das Holz mit einer Feuchte $\leq 15\%$ eingebaut wird.

[b] Für Baurundholz: $E_{\parallel} = 12000 \, \mathrm{MN/m^2}$.

[c] Mindestens S 10 im Sinne von DIN 4074-1 bzw. Gkl II im Sinne von DIN 4074-2.

[d] Unabhängig von der Holzfeuchte.

Tafel 3. Zulässige Spannungen in MN/m² für VH im Lastfall H nach EDIN 1052 A1

Beanspruchungsart		VH (NH) Holzarten wie Tafel 2					VH (LH) wie Tafel 2 mittlere Güte[a]		
		S7 MS7	S10 MS10	S13	MS13	MS17	A	B	C
Biegung	zul σ_B	7	10	13	15	17	11	17	25
Zug ∥ Fa	zul $\sigma_{Z\parallel}$	0[b]	7	9	10	12	10		15
Zug ⊥ Fa	zul $\sigma_{Z\perp}$		0,05				0,05		
Druck ∥ Fa	zul $\sigma_{D\parallel}$	6	8,5	11	11	12	10	13	20
Druck ⊥ Fa	zul $\sigma_{D\perp}$	2 (2,5)[c]			2,5 (3)[c]		3 (4)[c]	4	8
Abscheren	zul τ_a	0,9			1		1	1,4	2
Schub aus Q	zul τ_Q								
Torsion[d]	zul τ_T	0	1				1,6		2

[a] Mindestens S 10 im Sinne von DIN 4074-1 bzw. Gkl II im Sinne von DIN 4074-2.
[b] Für MS 7 gilt: zul $\sigma_{Z\parallel}$ = 4 MN/m², zul $\sigma_{Z\perp}$ = 0,05 MN/m².
[c] (···)-Werte nur, wenn größere Eindrückungen konstruktiv vertretbar sind, bei Anschlüssen mit verschiedenen Verbindungsmitteln nicht zulässig!
[d] Für Kastenquerschnitte gelten zul τ_Q-Werte.

Tafel 4. Zulässige Spannungen in MN/m² für BSH im Lastfall H nach EDIN 1052 A1

Beanspruchungsart		BSH (NH) aus Lamellen der Sortierklasse			
		S 10/MS 10	S 13	MS 13	MS 17
		BS 11[a]	BS 14[a]	BS 16[a]	BS 18[a]
Biegung	zul σ_B	11	14	16	18
Zug ∥ Fa	zul $\sigma_{Z\parallel}$	8,5	10,5	11	13
Zug ⊥ Fa	zul $\sigma_{Z\perp}$	0,2			
Druck ∥ Fa	zul $\sigma_{D\parallel}$	8,5	11	11,5	13
Druck ⊥ Fa	zul $\sigma_{D\perp}$	2,5 (3)[b]			
Abscheren	zul τ_a	0,9		1	
Schub aus Q	zul τ_Q	1,2		1,3	1,5
Torsion[c]	zul τ_T	1,6			

[a] Die dazugehörige Sortierklasse muß bei Biegeträgern mindestens in den äußeren Sechsteln der Trägerhöhe, mindestens jedoch in 2 Lamellen, vorhanden sein. Für die inneren Lamellen genügt die nächst niedrigere Sortierklasse.
[b] wie Tafel 3, Anmerkung [c].
[c] wie Tafel 3, Anmerkung [d].

Normenverzeichnis

DIN-Normen [7]

DIN	Teil	Ausg.	Titel
96		12/86	Halbrund-Holzschrauben mit Schlitz
97		12/86	Senk-Holzschrauben mit Schlitz
571		12/86	Sechskant-Holzschrauben
ISO 898			Mechanische Eigenschaften von Verbindungselementen
	1	1/89	Schrauben
975		9/86[a]	Gewindestangen (nicht für Neukonstruktionen)
976		9/86[a]	Gewindebolzen
1052			Holzbauwerke
	1	4/88	Berechnung und Ausführung
	2	4/88	Mechanische Verbindungen
	3	4/88	Holzhäuser in Tafelbauart, Berechnung und Ausführung
1055			Lastannahmen für Bauten
	1	7/78	Lagerstoffe, Baustoffe und Bauteile, Eigenlasten und Reibungswinkel
	4	8/86[b]	Verkehrslasten, Windlasten bei nicht schwingungsanfälligen Bauwerken
	5	6/75[b]	Verkehrslasten, Schneelasten und Eislast
1074		5/91	Holzbrücken
1143	1	8/82	Maschinenstifte, rund, lose
1151		4/73	Drahtstifte, rund, Flachkopf, Senkkopf
4070	1	1/58	Querschnittsmaße und statische Werte für Schnittholz, Vorratskantholz und Dachlatten
4070	2	10/63	Querschnittsmaße und statische Werte, Dimensions- und Listenware
4071	1	4/77	Ungehobelte Bretter und Bohlen aus Nadelholz, Maße
4072		8/77	Gespundete Bretter aus Nadelholz
4073	1	4/77	Gehobelte Bretter und Bohlen aus Nadelholz, Maße
4074	1	9/89	Gütebedingungen für Nadelschnittholz, Sortierung nach der Tragfähigkeit
4074	2	12/58	Gütebedingungen für Baurundholz (Nadelholz)
4102			Brandverhalten von Baustoffen und Bauteilen
	1	5/81	Baustoffe; Begriffe, Anforderungen und Prüfungen
	4	3/94	Zusammenstellung und Anwendung klassifizierter Baustoffe, Bauteile und Sonderbauteile
4112		2/83	Fliegende Bauten, Richtlinien für Bemessung und Ausführung
7961		2/90	Bauklammern
7996		12/86	Halbrund-Holzschrauben mit Kreuzschlitz
7997		12/84	Senk-Holzschrauben mit Kreuzschlitz
17100		1/80	Ersetzt durch EN 10025
EN 10025		3/94	Warmgewalzte Erzeugnisse aus unlegierten Baustählen. Technische Lieferbedingungen
18800			Stahlbauten
	1	5/92[c]	Bemessung und Konstruktion

[a] Entwurf 1/93.
[b] Ergänzungsblatt A1 beachten.
[c] Berichtigte Neuauflage.

DIN-Normen [7] (Fortsetzung)

DIN	Teil	Ausg.	Titel
55928			Korrosionsschutz von Stahlbauten durch Beschichtungen und Überzüge
	8	7/94	Korrosionsschutz von tragenden dünnwandigen Bauteilen (Stahlleichtbau)
68140		10/71	Keilzinkenverbindung von Holz
68141		10/69	Ersetzt durch EN 301 und 302
EN 301		8/92	Klebstoffe für tragende Holzbauteile; Phenoplaste und Aminoplaste; Klassifizierung und Leistungsanforderungen
EN 302		8/92	Klebstoffe für tragende Holzbauteile; Prüfverfahren
68705			Sperrholz
	3	12/81	Bau-Furniersperrholz
	5	10/80	Bau-Furniersperrholz aus Buche
	Bbl. 1	10/80	Zusammenhänge zwischen Plattenaufbau, elastischen Eigenschaften und Festigkeiten
68754	1	2/76	Harte und mittelharte Holzfaserplatten für das Bauwesen, Holzwerkstoffklasse 20
68763		9/90	Spanplatten, Flachpreßplatten für das Bauwesen; Begriffe, Anforderungen, Prüfung, Überwachung
68800			Holzschutz im Hochbau
	2	1/84	Vorbeugende bauliche Maßnahmen
	3	4/90	Vorbeugender chemischer Schutz

Europäische Normen [1]

EN [a]	Teil	Titel
301		Leime für tragende Holzbauteile – Polykondensationsleime auf Phenol- und Aminoplast-Basis – Klassifizierungs- und Festigkeitsanforderungen
302		Leime für tragende Holzbauteile – Prüfverfahren
335		Dauerhaftigkeit von Holz und Holzprodukten – Definition der Gefährdungsklassen für einen biologischen Befall
	1	Allgemeines
	2	Anwendung bei Vollholz
(pr)	3	Anwendung bei Holzwerkstoffplatten
350	2	Dauerhaftigkeit von Holz und Holzprodukten – Natürliche Dauerhaftigkeit von Vollholz – Leitfaden für die natürliche Dauerhaftigkeit und Tränkbarkeit von ausgewählten Holzarten von besonderer Bedeutung in Europa
10025		Warmgewalzte Erzeugnisse aus unlegierten Baustählen – Technische Lieferbedingungen
pr EN [b]		
312		Spanplatten – Anforderungen
	4	Anforderungen an Platten für tragende Zwecke im Trockenbereich
	5	Anforderungen an Platten für tragende Zwecke im Feuchtbereich
	6	Anforderungen an hochbelastbare Platten für tragende Zwecke im Trockenbereich
	7	Anforderungen an hochbelastbare Platten für tragende Zwecke im Feuchtbereich
336		Bauholz aus Nadelhölzern und Pappelholz – Maße – Zulässige Abweichungen und Vorzugsmaße
338		Bauholz; Festigkeitsklassen
351	1	Dauerhaftigkeit von Holz und Holzwerkstoffen – Mit Holzschutzmitteln behandeltes Vollholz – Anforderungen an mit Holzschutzmitteln behandeltes Holz in Abhängigkeit von den Gefährdungsklassen
384		Bauholz – Bestimmung charakteristischer Festigkeits-, Steifigkeits- und Rohdichtewerte
385		Keilzinkenverbindungen in Bauholz
386		Brettschichtholz – Anforderungen an die Herstellung
387		Brettschichtholz – Herstellungsanforderungen für Universal-Keilzinkenverbindungen
390		Brettschichtholz – Maße – Zulässige Abweichungen
460		Dauerhaftigkeit von Holz und Holzprodukten – Natürliche Dauerhaftigkeit von Vollholz – Teil 3: Leitfaden für die Anforderungen an die Dauerhaftigkeit von Holz für die Anwendung in den Gefährdungsklassen
518		Bauholz für tragende Zwecke – Sortierung – Anforderungen an Normen über visuelle Sortierung und nach der Festigkeit
519		Bauholz für tragende Zwecke – Sortierung – Anforderungen an maschinell nach der Festigkeit sortiertes Bauholz und an Sortiermaschinen
622		Faserplatten – Anforderungen
	3	Platten für tragende Zwecke im Trockenbereich
	5	Platten für tragende Zwecke im Feuchtbereich

[a] Europäische Normen; [b] Europäische Normenentwürfe.

Europäische Normen [1] (Fortsetzung)

pr.EN [b]	Teil	Titel
636		Sperrholz – Anforderungen
	1	Anforderungen an Sperrholz für Innenverwendung im Trockenen
	2	Anforderungen an Sperrholz für Außenverwendung unter Dach
	3	Anforderungen an Sperrholz für Außenverwendung nicht unter Dach
1058		Holzwerkstoffe – Bestimmung der charakteristischen Werte der mechanischen Eigenschaften und der Rohdichte
1059		Holzbauwerke – Anforderungen an die Herstellung von vorgefertigten Fachwerkträgern mit Nagelplatten
1194		Holzbauwerke – Brettschichtholz – Festigkeitsklassen und Bestimmung charakteristischer Werte

[a] Europäische Normen;   [b] Europäische Normenentwürfe.

Literatur

Die in der Literatur aufgeführten Forschungsberichte können bezogen werden von:
Informationszentrum Raum und Bau der Fraunhofer-Gesellschaft, Nobelstr. 12,
70569 Stuttgart 80, Tel.: 07 11/9 70-25 00; FAX: 07 11/9 70-25 07.

Abkürzungen

BAZ — Bauaufsichtliche Zulassungen
bmh — Zeitschrift „Bauen mit Holz", Bruderverlag, Karlsruhe
EGH — Entwicklungsgemeinschaft Holzbau in der Deutschen Gesellschaft für Holzforschung (DGfH), München
HSA — Holzbau – Statik – Aktuell, Informationen zur Berechnung von Holzkonstruktionen. Arbeitsgemeinschaft Holz e.V. (Hrsg.)
IfBt — Institut für Bautechnik, Berlin
Arge Holz — Arbeitsgemeinschaft Holz e.V.
Info Holz — Informationsdienst Holz der Arbeitsgemeinschaft Holz e.V., Füllenbachstr. 6, 40474 Düsseldorf

1. DIN V ENV 1995 Teil 1-1: Eurocode 5. Entwurf, Berechnung und Bemessung von Holzbauwerken. Teil 1-1: Allgemeine Bemessungsregeln für den Holzbau, 1994
2. Brüninghoff, H., u.a.: Beuth-Kommentare: Holzbauwerke. Eine ausführliche Erläuterung zu DIN 1052 Teil 1 bis 3, Ausgabe April 1988. Beuth Verlag/Bauverlag, 1989
3. Grosser, D.: Einheimische Nutzhölzer und ihre Verwendungsmöglichkeiten. Info Holz/EGH-Bericht, 1989
4. Nürnberger, W.: Zweckbauten für die Landwirtschaft. Info Holz/EGH-Bericht, 1988
5. SIGMA Karlsruhe GmbH: Arbeits- und Schutzgerüste. Info Holz/EGH, 1990
6. SIGMA Karlsruhe GmbH: Schalungen für den Betonbau. Info Holz/EGH, 1990
7. Werner, G., Steck, G.: Holzbau. Teil 1, Grundlagen. 4. Auflage, Werner-Verlag, Düsseldorf, 1991
8. Info Holz: Mehrzweckhallen. Info Holz/EGH-Bericht, 1988
9. Cyron, G., Sengler, D.: Holzleimbau, Bauen mit Brettschichtholz. Info Holz, 1988
10. Schmidt, H.: Entwurfsblätter Brettschichtholz, Beispiele aus dem Hallenbau. Info Holz, 1988
11. Götz, K.-H., u.a.: Holzbauatlas. Studienausgabe. Centrale marketing Gesellschaft der deutschen Agrarwirtschaft mbH, München, 1980
12. Natterer, J., u.a.: Holzbau Atlas Zwei. Holzwirtschaftlicher Verlag der Arbeitsgemeinschaft Holz, Düsseldorf, 1990
13. Brüninghoff, H.: Holzbauhandbuch, Reihe 1, Entwurf und Konstruktion; Teil 7: Hallen, Folge 1: Standardhallen aus Brettschichtholz. Info Holz/EGH, 1992
14. Brüninghoff, H., Heimeshoff, B., Sengler, D.: Brücken, Planung – Konstruktion – Berechnung. Info Holz/EGH-Bericht, 1988
15. Irmschler, H.-J.: Allgemeine bauaufsichtliche Zulassungen im Holzbau. bmh 11/1993
16. Milbrandt, E.: Holzbauhandbuch, Reihe 2, Tragwerksplanung; Teil 2: Verbindungsmittel, Folge 2: Genauere Nachweise, Sonderbauarten. Info Holz/EGH, 1991
17. Ruske, W.: Holzbauhandbuch, Reihe 1, Entwurf und Konstruktion; Teil 17: Bauteile, Folge 4: Nagelplatten-Konstruktionen. Info Holz/EGH, 1992
18. Info Holz: Dauerhafte Holzbauten bei chemisch-aggressiver Beanspruchung. Arge Holz, 1989
19. Dokumentation des Info Holz: Beispiele moderner Holzarchitektur. Holzwirtschaftlicher Verlag der Arge Holz, 1990

20. Kordina, K., Meyer-Ottens, C.: Holz-Brandschutz-Handbuch. Deutsche Gesellschaft für Holzforschung e.V., München 1994
21. Dittrich, W., Göhl, J.: Überdachungen mit großen Spannweiten. Info Holz/EGH, 1988
22. Heimeshoff, B., Schelling, W., Reyer, E.: Zimmermannsmäßige Holzverbindungen. Info Holz/EGH-Bericht, 1988
23. Milbrandt, E.: Holzbauhandbuch, Reihe 2, Tragwerksplanung; Teil 2: Verbindungsmittel (1). Info Holz/EGH, 1990
24. Mönck, W.: Zimmererarbeiten. 3. Aufl. VEB Verlag für Bauwesen, Berlin, 1984
25. Dittrich, W., Göhl, J.: Anschlüsse im Ingenieurholzbau. Info Holz/EGH-Bericht, 1987
26. Schelling, W.: Bemessungshilfen, Knoten, Anschlüsse Teil 1. Info Holz/EGH-Bericht, 1987
27. Krabbe, E., Kintrup, H.: Gelenkkonstruktionen bei Durchlaufträgern mit Gelenken. In: HSA, Folge 2, 11/1977
28. Milbrandt, E.: Konstruktionsbeispiele, Berechnungsverfahren, Teil 2. Info Holz/EGH-Bericht, 1986
29. Scholz, W.: Baustoffkenntnis. 12. Auflage. Werner-Verlag, Düsseldorf, 1991
30. Wagenführ, R., Scheiber, Chr.: Holzatlas. 3. Aufl. VEB Fachbuchverlag, Leipzig, 1989
31. ENV 1995-1-1: Eurocode Nr. 5 – Bemessung und Konstruktion von Holzbauten. Teil 1-1: Allgemeine Bemessungsregeln und Regeln für den Hochbau. November 1992 (englisch)
32. Zulassungsbescheid Nr. Z-9.1-100: Furnierschichtholz „Kerto-Schichtholz". IfBt, Berlin, 1990
33. Steck, G.: Bau-Furniersperrholz aus Buche. Info Holz/EGH-Bericht, 1988
34. Zulassungsbescheid Nr. Z-9.1-241: Furnierstreifenholz „Parallam PSL". IfBt, Berlin, 1993
35. Glos, P.: Aktuelle Entwicklungen im Bereich der Holzsortierung – Anforderungen der Praxis und Stand der Normung. Tagungsband der 15. Dreiländer-Holztagung. Garmisch-Partenkirchen, 1993
36. Schneider, K.-J. (Hrsg.): Bautabellen mit Berechnungshinweisen und Beispielen. 11. Aufl. Werner-Verlag, Düsseldorf, 1994
37. Ehlbeck, J., Larsen, H.J.: Grundlagen der Bemessung von Verbindungen im Holzbau. bmh 10/1993
38. Blaß, H.J., Ehlbeck, J., Werner, H.: Grundlagen der Bemessung von Holzbauwerken nach dem EC 5 Teil 1-Vergleich mit DIN 1052. Sonderdruck aus dem Beton-Kalender 1992. Verlag Ernst & Sohn, Berlin, 1992
39. Zimmer, K.: Zur Bemessung von Holzkonstruktionen nach Grenzzuständen. 12. IVBH-Kongreß, Vancouver, 1984
40. Görlacher, R.: Grundlagen der Bemessung nach Entwurf Eurocode 5. Ingenieurtagung „Der Holzbau und die europäische Normung". Friedrichshafen/Bodensee, 1992
41. Brüninghoff, H.: Das neue Bemessungskonzept. Ingenieurtagung „Der Holzbau und die europäische Normung". Friedrichshafen/Bodensee, 1992
42. Schröder, K., Drigert, K.-A.: Neues Sicherheitskonzept in der europäischen Normung. Werner-Verlag, Düsseldorf, 1993
43. Lißner, K.: Ein Beitrag zur Bemessung von Holzkonstruktionen nach der Methode der Grenzzustände. Dissertation der TU Dresden, 1989
44. v. Halász, R. (Hrsg.), Scheer, C. (Hrsg.): Holzbau-Taschenbuch. Bd. 1: Grundlagen, Entwurf und Konstruktionen. 8. Aufl. Verlag Ernst & Sohn, Berlin, 1986
45. Schulze, H.: Baulicher Holzschutz. Holzbauhandbuch, Reihe 3, Bauphysik. Info Holz/EGH, 1991
46. Brüninghoff, H.: Heimisches Holz im Wasserbau. Info Holz/EGH, 1990
47. Meyer-Ottens, C.: Holzbauhandbuch, Reihe 3, Bauphysik; Teil 4: Brandschutz, Folge 2: Feuerhemmende Holzbauteile (F30-B). Info Holz/EGH, 1994
48. Willeitner, H.: Holzschutz. In: [44]
49. Widmann, S.: Anleitung zum Entwerfen von Skelettbaudetails, Heft 2. Info Holz/EGH-Bericht, 1987
50. Institut für Bautechnik (Hrsg.): Verzeichnis der Prüfzeichen für Holzschutzmittel. E. Schmidt Verlag, Berlin

51. Merkblatt für den sicheren Betrieb von Nichtdruckanlagen mit wasserlöslichen Holzschutzmitteln, DGfH, München, 1993
52. Marutzky, R., Peek, R.-D., Willeitner, H.: Entsorgung von schutzmittelhaltigen Hölzern und Reststoffen. Info Holz, DGfH, München, 1993
53. Nebgen, N.: Entwurf, Gestaltung und Realisierung von Holzbauwerken im Wohn- und Verwaltungsbau unter Berücksichtigung brandschutztechnischer Anforderungen. Tagungsband der 6. Brandschutz-Tagung. Würzburg, 1993
54. Moser, K.: Brandschutztechnische Problemfälle aus der Praxis. Tagungsband der 6. Brandschutz-Tagung. Würzburg, 1993
55. Meyer-Ottens, C.: Bemessen und Konstruieren mit DIN 4102 Teil 4 (Ausgabe 1994). Tagungsband der 6. Brandschutz-Tagung. Würzburg, 1993
56. Scheer, C., Knauf, T.: Bemessung von Bauteilen nach nationalen und internationalen Regeln. Tagungsband der 6. Brandschutz-Tagung. Würzburg, 1993
57. Kersken-Bradley, M.: Bemessung von Verbindungen nach nationalen und internationalen Regeln. Tagungsband der 6. Brandschutz-Tagung. Würzburg, 1993
58. Milbrandt, E.: Konstruktionsbeispiele, Berechnungsverfahren, Teil 5. Info Holz/EGH-Bericht, 1986
59. Zulassungsbescheid Nr. Z-9.1-193: Multi-Krallen-Dübel (MKD) als Holzverbindungsmittel. IfBt, Berlin, 1993
60. Zimmer, K.: Anpassungsfaktoren für die Bemessung nach Grenzzuständen im Holzbau. Intern. Holzbautagung, Dresden 1986. In: Bauforschung-Baupraxis Nr. 205, Berlin 1987
61. Moers, F.: Anschluß mit eingeleimten Gewindestäben. bmh 4/1981
62. Möhler, K., Hemmer, K.: Eingeleimte Gewindestangen. In: HSA, Folge 6, 5/1981
63. Möhler, K., Siebert, W.: Ausbildung und Bemessung von Queranschlüssen bei BSH-Trägern oder VH-Balken. In: HSA, Folge 6, 5/1981
64. Ehlbeck, J., Görlacher, R., Werner, H.: Empfehlung zum einheitlichen, genaueren Querzugnachweis für Anschlüsse mit mechanischen Verbindungsmitteln. In: HSA, Ausgabe 5, 7/1992
65. Dröge, G., Stoy, K.-H.: Grundzüge des neuzeitlichen Holzbaues. Bd. 1: Konstruktionselemente. Verlag Ernst & Sohn, Berlin 1981
66. Mönck, W.: Holzbau. 7. Auflage, VEB Verlag für Bauwesen, Berlin, 1979
67. Blaß, H.J.: Zum Einfluß der Nagelanzahl auf die Tragfähigkeit von Nagelverbindungen. bmh 1/1991
68. Süffert, E. Ch.: Entwicklung der Verleimtechnik bei Bauholz. Schweizer Holzbau 10/1991
69. Glos, P., Henrici, D., Horstmann, H.: Festigkeitsverhalten großflächig geleimter Knotenverbindungen mit variablem Anschlußwinkel der Stäbe. Forschungsbericht des Institutes für Holzforschung der Uni München, 1986
70. Radovic, B., Goth, H.: Entwicklung und Stand eines Verfahrens zur Sanierung von Fugen im Brettschichtholz. bmh 9/1992
71. Kolb, H.: Leimbauweisen. In: [44]
72. Aicher, S. Klöck, W.: Spannungsberechnungen zur Optimierung von Keilzinkenprofilen für Brettschichtholz-Lamellen. bmh 5/1990
73. Colling, F., Ehlbeck, J.: Tragfähigkeit von Keilzinkenverbindungen im Holzleimbau. bmh 7/1992
74. Radovic, B., Rohlfing, H.: Über die Festigkeit von Keilzinkenverbindungen mit unterschiedlichem Verschwächungsgrad. bmh 3/1993
75. Ehlbeck, J., Siebert, W.: Praktikable Einleimmethoden und Wirkungsweise von eingeleimten Gewindestangen unter Axialbelastung bei Übertragung von großen Kräften und bei Aufnahme von Querzugkräften in Biegeträgern. Teil 1 Einleimmethoden, Meßverfahren, Haftspannungsverlauf. Forschungsbericht Versuchsanstalt für Stahl, Holz und Steine, Abt. Ingenieurholzbau, Universität Karlsruhe, 1987
76. Brüninghoff, H., Schmidt, K., Wiegand, T.: Praxisnahe Empfehlungen zur Reduzierung von Querzugrissen bei geleimten Satteldachbindern aus Brettschichtholz. bmh 11/1993

77. Möhler, K., Siebert, W.: Untersuchungen zur Erhöhung der Querzugfestigkeit in gefährdeten Bereichen. In: HSA, Folge 8, 2/1987
78. Werner, G.: Holzbau. Teil 1, Grundlagen. 3. Aufl. Werner-Verlag, Düsseldorf, 1984
79. Radovic, B., Goth, H.: Einkomponenten-Polyurethan-Klebstoffe für die Herstellung von tragenden Holzbauteilen. bmh 1/1994
80. Möhler, K., Hemmer, K.: Hirnholzdübelverbindungen bei Brettschichtholz. In: HSA, Folge 5, 4/1980
81. Ehlbeck, K., Schlager, M.: Hirnholzdübelverbindungen bei Brettschichtholz und Nadelvollholz. bmh 6/1992
82. Hempel, G., Wienecke, N.: Hallen. 3. Info Holz/EGH-Bericht
83. Brüninghoff, H.: Verbände und Abstützungen. Info Holz/EGH-Bericht, 1988
84. Kolb, H., Radovic, B.: Tragverhalten von Stabdübelanschlüssen, bei denen die Herstellung von DIN 1052 (alt) abweicht. In: HSA, Folge 6, 5/1981
85. Ehlbeck, J., Werner, H.: Tragende Holzverbindungen mit Stabdübeln. bmh 6/1991
86. Wienecke, N.: Hallentragwerke. Info Holz
87. Johansen, K.W.: Theory of Timber Connections. IABSE, Publ. Nr. 9, 1949
88. Zulassungsbescheid Nr. Z-9.1-212: Stahlblech-Holz-Nagelverbindung mit Stahlblechdicken von 2,0 mm bis 3,0 mm ohne Vorbohren. IfBt, Berlin, 1990
89. Hempel, G.: Freigespannte Holzbinder, 10. Auflage, Bruderverlag Karlsruhe, 1973
90. Ehlbeck, J., Hättich, R.: Ingenieur-Holzverbindungen mit mechanischen Verbindungsmitteln. In: [44]
91. Schutte, A.: Stahlblechformteile-Holz-Nagelverbindungen. bmh 4/1975
92. Gränzer, M., Ruhm, D.: Berechnung von Sparrenpfettenankern. bmh 1/1978
93. Möhler, K., Hemmer, K.: Rechnerischer Nachweis von Spannungen und Verformungen aus Torsion bei einteiligen VH- und BSH-Bauteilen. In: HSA, Folge 2, 11/1977
94. Ehlbeck, J., Görlacher, R.: Tragfähigkeit von Balkenschuhen unter zweiachsiger Beanspruchung. HSA, Folge 8, 2/1987
95. Anrig, A.: Gang-Nail System. Info Holz
96. Gränzer, M., Riemann, H.: Anschlüsse mit Nagelplatten. bmh 7/1978
97. Zulassungsbescheid Nr. Z-9.1-230: Gang-Nail-Nagelplatten GN 200 als Holzverbindungsmittel. IfBt, Berlin, 1990
98. Ehlbeck, J., Görlacher, R.: Querzuggefährdete Anschlüsse mit Nagelplatten. HSA, Folge 8, 2/1987
99. Milbrandt, E.: Konstruktionsbeispiele, Berechnungsverfahren Teil 3. Info Holz/EGH-Bericht, 1978
100. Fonrobert, F.: Versuche mit Bau- und Gerüstklammern. Bauplanung-Bautechnik 1/1947
101. Heimeshoff, B.: Probleme der Stabilitätstheorie und Spannungstheorie II. Ordnung im Holzbau. In: HSA, Folge 9, 3/1987
102. Möhler, K., Scheer, C., Muszala, W.: Knickzahlen ω für Voll-, Brettschichtholz und Holzwerkstoffe. In: HSA, Folge 7, 7/1983
103. Möhler, K.: Die wirksame Knicklänge der Sparren von Kehlbalkendächern. Berichte aus der Bauforschung, Heft 33, Verlag Ernst & Sohn, Berlin 1963
104. Heimeshoff, B.: Hausdächer. In [44]
105. Heimeshoff, B.: Bemessung von Holzstützen mit nachgiebigem Fußanschluß. In: HSA, Folge 3, 5/1979
106. Möhler, K., Freiseis, R.: Untersuchungen zur Bemessung von Holzstützen mit nachgiebigem Fußanschluß. In: HSA, Folge 7, 7/1983
107. Möhler, K., Herröder, W.: Holzschrauben oder Schraubnägel bei Dübelverbindungen. In: HSA, Folge 5, 4/1980
108. v. Halasz, R. (Hrsg.), Scheer, C. (Hrsg.): Holzbau-Taschenbuch. Bd. 2: DIN 1052 und Erläuterungen, Formeln, Tabellen, Nomogramme, 8. Aufl. Verlag Ernst & Sohn, Berlin 1989
109. Möhler, K.: Über das Tragverhalten von Biegeträgern und Druckstäben mit zusammengesetztem Querschnitt und nachgiebigen Verbindungsmitteln. Habilitationsschrift TH Karlsruhe, 1956

110. Ehlbeck, J., Köster, P., Schelling, W.: Praktische Berechnung und Bemessung nachgiebig zusammengesetzter Holzbauteile. bmh 6/1967
111. Schneider, K.-J. (Hrsg.): Bautabellen mit Berechnungshinweisen und Beispielen. 9. Aufl. Werner-Verlag, Düsseldorf, 1990
112. Möhler, K.: Zur Berechnung von BSH-Konstruktionen. In: HSA, Folge 1, 5/1976
113. Ehlbeck, J. (Hrsg.), Steck, G. (Hrsg.): Ingenieurholzbau in Forschung und Praxis. Bruderverlag, Karlsruhe, 1982
114. Möhler, K., Mistler, L.: Ausklinkungen am Endauflager von Biegeträgern. In: HSA, Folge 4, 11/1979
115. Henrici, D.: Beitrag zur Spannungsermittlung in ausgeklinkten Biegeträgern aus Holz. Dissertation TU München, 1984
116. Hempel, G.: Der ausgeklinkte Balken. bmh 8/1970
117. Brüninghoff, H.: Verbände und Abstützungen; genauere Nachweise. Info Holz/EGH-Bericht, 1989
118. Schneider, K.-J.: Baustatik, Statisch unbestimmte Systeme. 2. Aufl., Werner-Verlag, Düsseldorf, 1988
119. Ehlbeck, J.: Durchbiegungen und Spannungen von Biegeträgern aus Holz unter Berücksichtigung der Schubverformung. Dissertation TH Karlsruhe, 1967
120. Scheer, C., Laschinski, Ch., Szu, F. S.: Vorschlag eines lastabhängigen k_B-Wertes. In: HSA, Ausgabe 4, 7/1992
121. Reyer, E., Stojic, D.: Zum genaueren Nachweis der Kippstabilität biegebeanspruchter parallelgurtiger BSH-Träger mit seitlichen Zwischenabstützungen des Obergurtes nach Theorie II. Ordnung. In: HSA, Ausgabe 4, 7/1992
122. Kröger, C.: Unmittelbare Bestimmung des Verbindungsmittelabstandes e′ bei mehrteiligen, kontinuierlich verbundenen Holzquerschnitten. In: HSA, Folge 4, 11/1979
123. Cziesielski, E., Friedmann, M., Schelling, W.: Holzbau. Statische Berechnungen. Info Holz, 1988
124. Heimeshoff, B.: Nationales Anwendungsdokument (NAD). Richtlinie zur Anwendung von DIN V ENV 1995 Teil 1-1. In: Tagungsband zum Ingenieurtag, Nürnberg, 1994
125. Blaß, H. J.: Berechnung und Bemessung von Holztragwerken nach dem EC 5. In: Tagungsband zum Ingenieurtag, Nürnberg, 1994
126. Nationales Anwendungsdokument (NAD). Richtlinie zur Anwendung von DIN V ENV 1995 Teil 1-1. Eurocode 5. 1994
127. Brüninghoff, H.: Vergleichende Betrachtungen zur Berechnung von Holzbauwerken nach DIN V ENV 1995-1-1 und DIN 1052. In: Tagungsband zum Ingenieurtag, Nürnberg, 1994

Sachverzeichnis

Allgemeingültige und für eine Bemessung nach DIN 1052

Druck: Saladruck, Berlin
Verarbeitung: Buchbinderei Lüderitz & Bauer, Berlin